装备科技译著出版基金

红外热成像

Infrared Thermal Imaging

［德］ 迈克尔·沃尔默（Michael Vollmer）

［德］ 克劳斯·彼得·莫尔曼（Klaus-Peter Möllmann）   著

陈世国 译

国防工业出版社

·北京·

著作权合同登记　图字：军—2015—099 号

图书在版编目（CIP）数据

红外热成像/（德）迈克尔·沃尔默，（德）克劳斯·彼得·莫尔
曼著；陈世国译. —北京：国防工业出版社，2022.8

书名原文：Infrared Thermal Imaging

ISBN 978-7-118-12526-9

Ⅰ．①红…　Ⅱ．①迈…②克…③陈…　Ⅲ．①红外成像系统
Ⅳ．①TN216

中国版本图书馆 CIP 数据核字（2022）第 121772 号

※

国防工业出版社出版发行

（北京市海淀区紫竹院南路 23 号　邮政编码 100048）

三河市腾飞印务有限公司印刷

新华书店经售

*

开本 710×1000　1/16　插页 6　印张 29¾　字数 582 千字

2022 年 8 月第 1 版第 1 次印刷　印数 1—1300 册　定价 198.00 元

（本书如有印装错误，我社负责调换）

国防书店：（010）88540777　　书店传真：（010）88540776

发行业务：（010）88540717　　发行传真：（010）88540762

纵观红外热成像发展史，几次较大的技术进步前后跨越了 200 多年。1800年，红外线被研究太阳辐射的威廉·赫希尔所发现，而在 1900 年普朗克才对热辐射原理做出定量描述。自那以后又花了 50 多年，才有第一台红外成像仪问世，起初这些庞大的设备大多用于军事目的。20 世纪 70 年代以后，出现了小型、便携的由液氮致冷的单光子红外探测器扫描系统，并得以拓展到商业和工业应用。在 20 世纪末，微系统技术的发展促进了可靠、定量的红外成像系统的发展。如今红外热成像仪已经开始广泛应用，甚至有厂商宣称："让红外热像仪成为新的个人高端消费品"。但较为矛盾的是：很多使用者并不明白红外伪彩色图像背后的物理原理，甚至有时候有些专业人员也难以定量解释一些最简单的实验或现象。

针对红外热成像仪不同用户的具体应用，本书介绍了红外热成像在不同应用领域中的背景知识，主要针对三大类读者：首先，适用于日常工作中使用红外热像仪的工程师和技术人员。书中不仅提供了关于红外探测器和光学的大量背景知识，而且也介绍了红外热成像系统的实际使用案例。其次，本书适合所有中学或大学的自然科学教师，因为红外热成像能够使与能量传递有关的物理和化学现象可视化。这些读者可以受益于许多领域的案例，根据给出的定性或定量的基本物理解释，有助于提高其教学和科研水平。最后，本书还详细介绍了整个红外热成像领域从基础、应用到最新的研究成果。因此，本书也适合其他初入该行业的读者作为教科书使用，或者作为想要深入该领域的专业人员的参考书。

本书针对不同的应用领域，尽量独立成章，全书共分为 10 章。为了提高各章的可读性，各章之间会有一些重复和交叉引用。例如，教师或医生可以跳过入门的基础理论、探测器或探测器系统等章节，直接进入他们所需的应用部分。显然，这时意味着并非所有细节均会进行细致的理论解释，但基本的研究思路变得更为清晰。

本书的内容安排如下：前 3 章主要介绍辐射物理学、单元探测器和探测器阵列、光学摄像系统，以及红外图像分析等广泛的背景知识。第 4 章是三种不同传热方式的理论部分，这将有助于读者更好地理解在各种物体的表面的温度分布，如建筑等。第 5 章提出了一个在物理学实验中获取有关物理现象的新方法，并部分介绍了在脑科学研究中的应用。随后的三章讨论三个选定的应用领域并给出了极为详细的研究细节：①建筑物热传递属于日常生活中非常突出的应用；②气体检测作为一个新兴的工业应用具有很好的应用前景；③微系统热分析研究。最后两章给出了大量的例子和重要的应用范围，如从汽车行业，到体育、电气、医疗、艺术，以及火山监测等。

两位作者的研究背景涵盖较广。其中迈克尔·沃尔默原本研究红外探测器设计，后来转到微系统技术方面，克劳斯·彼得·莫尔曼则研究光学和光谱学。后来，他们一起进入现在的领域：红外热成像，一个全新的硕果累累的合作领域。他们的研究始于 1996 年购置的第一台中波红外热像仪。目前，他们的红外公司已开发出三种不同类型的红外成像系统，波段范围从中波扩展到长波，包括高速摄像机和其他附属设备，如显微镜镜片等。除了应用研究，他们公司还非常关注红外成像基本知识对的教学应用，例如，在他们任职的大学对微系统和光学专业的学生推广该领域技术的应用。

本书能够顺利完成，要归因于多方面的帮助。因此，作者要特别感谢他的同事 Frank Pinno、Detlef Karstädt 和 Simone Wolf，根据不同阶段的任务，他们总能在非常短的时间内提供所需的帮助。

此外，我们要特别感谢 Bernd Schönbach、Kamayni Agarwal、Gary Orlove 和 Robert Madding，与他们就某些专题进行了富有成果的讨论，并允许我们使用大量的红外图像。

我们也感谢美国的 S. Calvari、J. Giesicke、M. Goff、P. Hopkins、A. Mostovoj、M. Ono、M. Ralph、A. Richards、H. Schweiger、D. Sims、S. Simser、C. Tanner、G. Walford 提供的红外图像和 A. Krabbe、D. Angerhausen 以及 DLR 提供其他所需的红外图像。以下机构允许使用它们的红外图像，对此我们非常感谢：宝马公司、奔驰公司、FLIR 系统公司、IPCC、ITC 公司、moviTHERM 公司、IRIS 公司、美国国家航空航天局、《自然》杂志、加拿大 NRC、PVflex、Raytek 公司、Telops 公司、Ulis 公司以及联合红外公司等。

最后我们要特别感谢家人的宽容和耐心，特别是在最后几个月。此外，还需要特别感谢 Wiely-VCH 的沃纳夫人卓有成效的工作。

目 录

第1章　红外热成像基础理论

1.1　引　言

　　红外热成像，又称热成像，由于近二十年来在红外探测器设计、电子和计算机科学等微系统技术方面取得了巨大的进展，使得其在科学和工业领域发展迅速。目前，热成像技术不仅应用于研究和开发，而且还应用于工业的许多不同领域，如无损检测、状态监测和预测维护、降低工艺和建筑物的能源成本、检测气体种类等。此外，相机制造商为了竞争，最近推出了仅几千美元（或欧元）的低成本机型，开辟了新的使用领域。红外相机可能很快就会在五金店打广告，称其为"必备"产品，用于分析建筑物的绝缘材料、供暖管道或自己家里的电子元件。发展低成本相机既有优点也有缺点。

　　这些优点可以通过一个关于学校物理教学的亲身经历来说明。物理一直以来都被认为是一门很难的学科。其中一个原因可能是简单的物理现象，如摩擦力或力学中的能量守恒原理，经常以一种抽象的方式教授，学生们不是被这门学科所吸引，而是被吓跑了。迈克尔·沃尔默清楚地记得曾在学校上过一堂令人沮丧的物理课，内容是关于自由落体和人在地板上行走的动作。首先，老师解释一块落下的石头会把能量转移到地板上，这样总能量就是守恒的。他只使用了数学方程，但在石头撞击地面之前，石头的初始势能转化为动能时，停止了论证。接下来直接给出了一个理所当然的结论：能量会转化为热量。最后这个论点并非逻辑推导而来的，这只是一个典型的值得相信（或不相信）的教师论点。当然，在那个时候，学校里很难测量动能转化为热量的过程。如果他至少试着把这个过程形象化地进行解释，也许孩子们会更满意。第二个例子——解释步行的简单动作——同样令人沮丧。老师认为，由于鞋和地板之间存在摩擦力，因此运动是可能的。然后他写下了一些描述其背后物理原理的方程式，仅此而已。同样，这也存在缺失的论据：如果有人必须在摩擦力的作用下行走，那么一定会有一些动能转化为热能，鞋子和地板都会变热。当然，在那个时候，学校里很难真正测量鞋子和地板的微小温升。然而，根本不讨论这些问题则是一种糟糕的教学方式。再次强调，也许某种形象化的方法会有所帮助。但是，形象化并不是这位老教师的强项之一，他更喜欢用拉丁文背诵牛顿定律。

　　可视化技术是用于创建图像、图表或动画以传达抽象或具体论点的技术。它有助于将结构引入复杂的上下文中，使口头陈述更清晰，和/或对情况或过程给出清晰和适当的视觉表示。其基本思想是提供有助于更好地理解和记忆上下文的光学概念。如今,在计算机时代,可视化在科学、工程、医学等领域的应用日益广泛。在自然科学中,可视化技术经常被用来模拟实验中的数据,以使数据分析尽可能简单。强大的软件技术常常使用户能够实时修改可视化,从而方便地感知所讨论的抽象数据中的模式和关系。

热成像是可视化技术的一个很好的例子,它可以应用于物理和科学的许多不同领域。此外,它在可视化方面开辟了一个全新的物理领域。如今,人们可以很容易地看到(对人眼而言)下落物体冲击地板的升温或与步行者的鞋子与地板的相互作用所产生的不可见的影响。这将使得我们能够以全新的教学方式讲授物理和自然科学,从学校开始到各种行业的专业人员培训。用热成像技术对物理和/或化学的"无形"过程进行可视化,可以为这些科目创造吸引力和兴趣。本书后面描述的几乎每一个例子都可以在这种背景下进行研究。

推广红外相机作为大众化产品面向广大消费者的缺点并不明显。任何拥有红外相机的人都能拍摄出漂亮多彩的图像,但大多数人永远无法充分利用这种照相机的潜力——而且大多数人永远无法正确使用它。

通常,用任何相机记录的第一个图像都是周围人的脸。图1.1给出了两位作者的红外图像示例。任何人第一次面对这样的图像,通常都会觉得它们很迷人,因为它们提供了一种全新的看待人的方式。面部仍然可以辨认,但有些部位看起来很奇怪,如眼睛。此外,鼻孔(图1.1(b))似乎很独特,头发似乎被"光环"所包围。

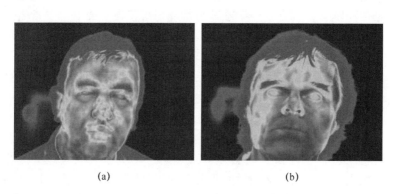

(a)   (b)

图1.1　克劳斯·彼得·莫尔曼(a)和迈克尔·沃尔默(b)的红外热图像

对于想要创造新效果的艺术家来说,这样的图像是很好的,但如果要用热成像技术来分析诸如建筑隔热等实际问题的话,它就远不止于此。现代的红外照相机可以提供定性的图像,彩色的图像看起来很漂亮但毫无意义,或者它们可以用作定量测量仪器。后者的使用是开发这些系统的原始动因。热成像是一种测量技术,在大多数情况下,它能够定量测量物体的表面温度。为了正确使用这项技术,专业人士必须准确地知道相机的功能,以及他们如何才能从这样的红外图像中提取有用的信息。这些知识只有通过专业培训才能获得。因此，购买红外摄像机的缺点是，每个人都需要经过专业培训才能正确使用这种摄像机。许多因素可能对红外图像产生影响，因此也可能对此类图像的任何分析产生影响（见图1.2和第2、6章）。

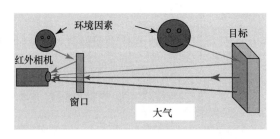

图 1.2　各种外部因素对红外摄像机输出信号的贡献（见彩插）

首先，目标物体的辐射在穿过大气（第1.5.2节）、红外窗口或照相机光学系统（第1.5.4节）时通过吸收或散射而衰减；其次，大气本身会因其温度（蓝色）（这也适用于窗口或照相机光学装置和外壳本身）而发出辐射；最后，周围的温暖物体或热物体（即使是热成像仪也是这样的热源）可能会导致物体或窗口发出额外的红外辐射反射，等等（图中的粉红色光线）。此外，物体或窗口的辐射贡献主要取决于材料、表面结构等，这些都由参数发射率进行描述。这些参数和其他参数在表1.1中列出，它们都会在后面的章节中讨论。

即使处理了所有这些参数，仍然有一些悬而未决的问题需要回答。试想一下，例如，有人使用红外热像仪在预测维修中做电气部件检查。假设红外图像的记录显示了一个温度升高的组件，则其根本问题是红外图像分析的评价标准。一个组件的温度可以在多高的情况下仍然正常工作？立即替换的标准是什么，或者在替换之前可以使用多久？如果该组件关系到一个工业综合体的电力供应，其发生故障可能会导致设施在一段时间内关闭，那么这些问题就关乎大量成本。

显然，购买相机并录制红外图像有时只会将矛盾从根本不知道问题的存在转移到如何正确理解所使用的红外技术和分析红外图像的各个方面。本书重点讨论红外图像分析问题，在这方面，它至少可使三个不同群体受益。第一，它通过介绍红外热成像的一般主题、讨论基础物理以及在研究和工业中提供大量的技术示例，用于帮助对该领域感兴趣的任何新手；第二，它向希望将红外成像纳入其课程的各级教育工作者提供帮助，以帮助他们理解物理和科学主题以及一般的红外成像；第三，它面向所有拥有红外摄像机的从业者，他们希望将其用作业务的定量或定性工具。本书应补充几乎所有此类摄像机系统制造商提供的任何类型的现代红外摄像机培训/认证课程。

表 1.1　对现代红外摄像系统记录图像的产生影响参数和因素

物体发射率 物体与相机间的距离（m 或者美制 ft） 物体尺寸 相对湿度 环境温度（通常为℃或 K，美制℉） 大气温度 外部光学温度 外部光学透过率	影响相机内原始探测器数据生成的红外图像的参数，通常可以在相机软件中进行调整。定量结果很大程度上取决于其中的一些参数。 如果使用适当的软件，在分析图像时（录制后），它们常常可以更改（对于非常便宜的模型，这也许是不可能的）
温度间隔 ΔT 温度范围和电平 调色板	影响数据绘制成图像的参数。如果选择不当，重要细节可能会被掩盖
发射率与波长的关系（相机工作光谱） 发射率与角度的关系（观测角度） 发射率与温度的关系 物体与相机之间物质的光学特性 滤光片（高温、窄带等） 热反射 风速 太阳负载 周围物体的遮挡效应 水分 物体的热特性，如时间常数	一些对分析和解释红外图像产生重要影响的参数

作者真诚地希望本书能有助于减少五花八门的解释，但在日常报纸上经常错误地解读建筑物和其他物体的红外图像。在一个典型的例子中，在拍摄红外图像之前，被太阳照射了几个小时的房子的一面墙（可能是南面的）当然比窗户和房子的其他墙壁要暖和。然而，关于墙壁明显绝缘性很差的解释纯属胡说八道（见第 6 章）。此外，希望在未来，训练有素的专家将不再打电话给相机制造商，例如，为什么不能在他们的水族馆或池塘看到鱼。由于红外相机能够测量的表面温度远高于 45℃，因此不再出现这是系统故障的投诉或抱怨。或者，举最后一个例子，人们将不再询问他们是否也能够使用红外成像测量高温惰性气体或氧气的温度。

接下来，关于出版这本红外热成像的新书的原因做简单阐述。当然，在各种手册[1-6]中都有关于几个相关主题的文章，在某些方面有很多书也可供选择，如辐射测温原理[7-9]、探测器和探测器系统及其测试[10-16]、红外材料特性[17-18]、热传递基础[19-20]、红外及其相邻波段电磁（EM）波谱概述[21]，最后还有一些关于实际应用的简明书籍[22-24]。然而，在过去十年中，红外探测器技术及其应用范围也大大增加。因此，对技术和应用的最新调研似乎已经过期。

本书采用国际单位制。唯一偏离这一规律的是温度，它可能是热成像最重要的量。虽然温度应该以开氏温标为单位，但红外照相机制造商大多使用摄氏温标来拍摄图像。对于北美客户，可以选择华氏温标表示温度。表 1.2 简要介绍了如何将这些温度读数从一种单位制转换为另一种单位制。

表 1.2　热成像中常用的三种温标之间的关系

T/K	$T/℃$	$T/℉$
0（绝对零度）	−273.15	−459.67
273.15	0	32
373.15	100	212
1273.15	1000	1832

注：$\Delta T(K) = \Delta T(℃)$；$\Delta T(℃) = (5/9) \times \Delta T(℉)$；
　　$T(K) = T(℃) + 273.15$；$T(℃) = (5/9) \times (T(℉) - 32)$；
　　$T(℉) = (9/5) \times T(℃) + 32$

1.2　红外辐射

1.2.1　电磁波与电磁波谱

从物理角度来看，可见光、紫外辐射、红外辐射等都属于电磁波。虽然在有些场合，将红外辐射描述为粒子的观点也广为接受，但其他更多的应用场合波动学更为适用。

与一块石头被扔进水坑或湖面之后形成水波的传动和垂直位移类似，波是一种以时间为单位，在空间中向前传动的呈周期性变化的波形。空间的周期性称为波长 λ，单位通常是 m、μs、ns 等；时间的周期性称为振荡周期 T，单位是 s，它的倒数是频率 ν，单位是 1/s 或者 Hz。波长 λ、周期 T（频率 ν）的关系通过波的传播速度 c 联系起来，见下式：

$$c = \nu \cdot \lambda \tag{1.1}$$

如图 1.3 所示，用线标出了一个波长的信号是如何在时间维度上进行传播的，$t = 0$ 时刻开始的曲线落后于半周期、全周期的曲线，而且经历一个周期的时间后，整个波形刚好向前传播一个波长的长度。

波的传播速度取决于波的具体类型。例如，声波只能借助物质进行传播，在空气中的传播速度约为 340 m/s。想象在一个电闪雷鸣的夜晚，如果在闪电之后的 3s 听到雷声，则表明我们与打雷的地方相距约 1km。在液体环境中，声音的传播速度大约是空气中声速的 3 倍；而在固体

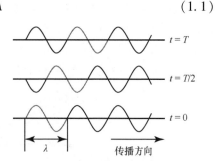

图 1.3　正弦波从左向右传播的三个瞬间

中，声音的传播速度甚至可高达 5 km/s。相比之下，电磁波以更快的光速进行传播，其在真空中的速度 c = 300000 km/s，在介质中的速度 $v = c/n$，其中 n 是光的折射率，这是一个无量纲的数。

在自然界中，扰动的几何形式往往是正弦的，也就是说，它可以用正弦函数来描述。图 1.3 的示意图描述了正弦波从左到右在空间中的传播过程。最下方图像是指启动时间 $t = 0$ 时刻的波形，图中用线条标记了一个波长的长度。当 $t = T/2$ 时，波向前传播了半个波长 $\lambda/2$ 的距离；当 $t = T$ 时，波向前传播了一个波长 λ 的距离。

与水波类似，波的扰动是多种多样的。例如，气体中的声波沿着传播方向的压力变化。水波是垂直于水面的位移变化。根据干扰类型，将波分为两类：①扰动与传播方向平行的纵波，如气体中的声波；②扰动与传播方向垂直的横波，如水波。对于弹簧，两种类型的波都是可能的。对于横波，扰动可以在许多不同的方向上振荡，这种特点被称为极化特性。极化平面是由扰动方向与传播方向共同定义的平面。

可见光和红外辐射都是电磁波。在电磁波中，扰动是电场和磁场。它们彼此垂直，而且垂直于传播方向，也就是说，电磁波是横波（图 1.4），其最大扰动（或伸长率）称为振幅。

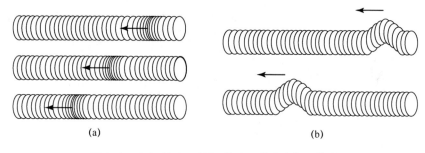

(a)   (b)

图 1.4　(a) 纵波，(b) 横波，并伴有极化特性

极化是由电场及其传播方向决定的。也就是说，图 1.5 所示的 xz 平面是极化平面。太阳光以及其他可见光源，如蜡烛、火焰、电灯等都是非极化的，即这些光波的极化平面是四面八方的。诸如此类的非极化辐射也可以通过表面反射或者透射等方式进行极化，这类可以极化辐射的物体称为偏振器。

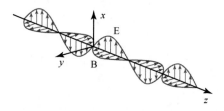

图 1.5　红外辐射是一种特殊的电磁波。在电磁波中，电场和磁场相互垂直，并且均垂直于波的传播方向

对于可见光和红外辐射，与金属线栅格可以极化微波辐射一样，最简单的偏振器是由极小的导电栅格组成的。如果非极化辐射入射到这种栅格上，只有那些电场恰好振荡垂直于栅格线的辐射能够透过，如图1.6所示。这种偏振滤光片有助于抑制相机拍照时的反射，具体请参阅文献［25-26］和9.2节。

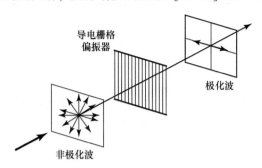

图1.6　细导线栅格对红外辐射可以起到偏振器的作用。透射电场振荡垂直于细导线的方向

图1.7给出了按照波长或频率顺序排列的电磁波谱。电磁波谱由一系列不同类型的波组成。所有的波均可在自然界中被观测到，并且有许多的技术应用。从上往下，γ射线的频率最高，也就是说波长最短。在医学领域广为人知的X射线和紫外线辐射非常重要，因为高层大气中臭氧减少而产生臭氧空洞意味着更多的紫外线到达地球，从而引起皮肤癌变。我们人眼敏感的可见光只占电磁频谱很小的一部分，其光谱波长范围为380～780nm。其相邻波长范围为780nm～1mm的光谱区域通常称为红外，这正是本书的主题。紧随其后的是微波，雷达、电视、广播等，都工作在这个波段。最近，0.1～10THz范围内的新型传感技术的发展定义了一种新的太赫兹辐射，它的光谱与红外和微波存在重叠。

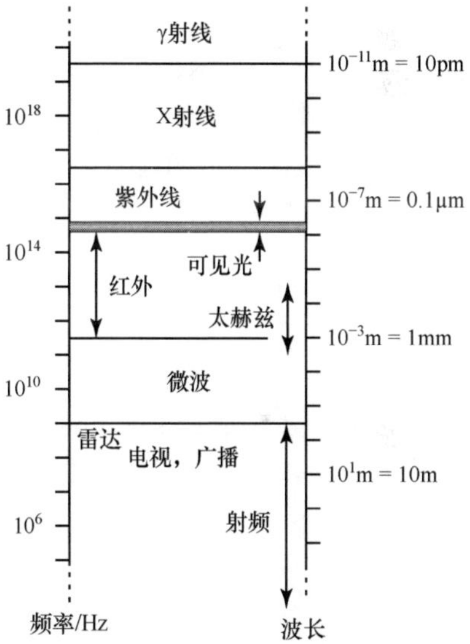

图1.7　电磁波谱。可见光谱范围占整个频谱的一小部分为0.38～0.78μm，比它波长更长的是红外辐射为0.78μm～1mm

对于红外成像，只利用了红外光谱的一小部分。如图1.8所示，典型的三个光谱范围被红外热成像仪所使用，即7～14μm的长波（LW）、3～5μm的中波（MW）和0.9～1.7μm的短波（SW）。上述三个波长范围均有成熟的商用红外相机。对这些波长的限制主要源于：①从待测热辐射量的角度考虑，详见1.3.2节；②从探测器的物理特性角度考虑，详见第2章；③从大气传输特性角度考虑，详见1.5.2节。

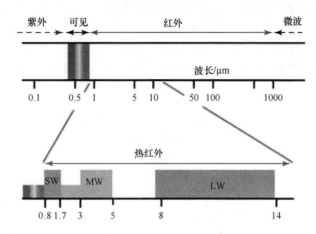

图 1.8 红外及其相邻谱段与热红外光谱的细节。短波、中波、长波红外成像系统
均处于这个区域。特殊的系统拓宽了中波和长波的范围

自然界中电磁辐射的起因是多方面的。最重要的热成像过程就是所谓的热辐射，1.3 节将予以详述。简而言之，热辐射这个术语意味着自然界中绝对温度 $T > 0K$ 的任意物体均向外发射电磁辐射。向外发射辐射能量的大小及其分布是波长、温度及材料性质的函数。在自然界和工艺过程中涉及的温度，其热辐射均处于红外光谱区域。

1.2.2 红外几何光学基础

1.2.2.1 反射和折射的几何性质

从观察阴影或使用激光笔的经验来看，可见光以直线传播。这种现象最容易用几何光学来描述。如果光的波长比光入射路径上遇到的物体或者结构的尺度小得多，那么这种描述就是有效的。红外辐射与可见光具有非常类似的性质，因此，它也经常可以用几何光学进行描述。

（1）在均质材料中，红外辐射以直线传播。它可以被描述为射线，其传播遵循几何规律，通常用带箭头的直线表示。

（2）在两种材料的边界处，部分入射辐射被反射，部分红外辐射通过折射传播（图 1.9）。

（3）均质材料的光学性质通过折射率 n 描述，如红外相机的透镜组。对于非吸收材料而言，参数 n 是大于 1 的实数。

（4）入射辐射方向与两种材料结合表面法线方向之间的夹角称为入射角，记为 α_1。在反射线与表面法线之间的夹角称为反射角，记为 α'_1。反射定律——这是镜面光学的基础。

$$\alpha'_1 = \alpha_1 \tag{1.2}$$

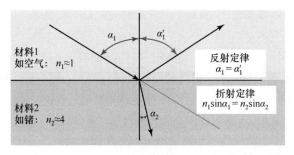

图 1.9　几何光学的反射和折射定律。图中给出的是红外辐射从空气中进入锗元素表面

（5）透射辐射方向与两种材料结合表面法线方向之间的夹角被称为折射角，记为 α_2。如果两种材料的折射率记为 n_1 和 n_2，折射定律（也称斯涅耳定律）同样是透镜光学的基础，表述为

$$n_1 \sin\alpha_1 = n_2 \sin\alpha_2 \tag{1.3}$$

辐射在物质中的传播规律可以用反射定律、折射定律进行描述。目前，射线追踪方法广泛用于解决多种物质多重边界的辐射传输问题，例如，红外相机所采用的复杂光学系统。

折射同样是光谱研究和定义红外光谱范围的基础。早在 17 世纪，牛顿通过可见光波长定义材料的折射率，对红外辐射也采用同样的方法。但是典型的光学材料呈现正常色散，也就是说，随着波长的增加，折射率是递减的。如果入射光线照到棱镜上，则棱镜内的折射光线方向遵循折射定律。如果折射率随着波长增加而减小，那么波长更长的辐射的折射角要小于短波长的辐射，这对于光线从棱镜的另一侧射出也是一样的。结果入射电磁波辐射通过棱镜就被分成一系列光谱辐射。如果入射光是热红外辐射，棱镜是红外透射型材料，那么长波辐射就会在上方而短波辐射就会出现在光谱下方，如图 1.10 所示。

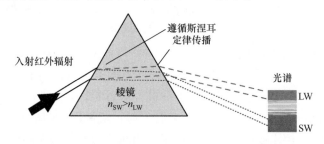

图 1.10　通过非吸收型棱镜产生分光谱电磁辐射

1.2.2.2　镜面反射和漫反射

事实上，红外成像通常研究的是粗糙表面。在这种情况下，不仅存在直接反射，而且还有漫反射分量。图 1.11 给出了从镜面反射（直接反射）到漫反射的变化过程。

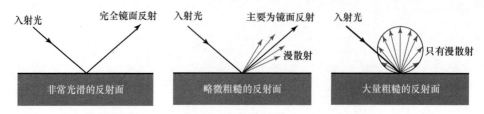

图 1.11 从光滑表面到粗糙表面，反射从镜面到漫反射。最普遍的情况是两种反射类型都存在

1.2.2.3 反射和透射辐射的分量：菲涅尔公式

式（1.2）和式（1.3）给出了反射辐射和透射辐射的规律。与入射角密切相关的反射辐射和透射辐射的分量则能够通过波动光学中的菲涅尔公式进行精确计算，详见文献［25，27］。对于本书而言，图示的结果足以说明该问题。图 1.12 分别给出了波长 0.5μm 的可见光在空气和玻璃边界处反射分量的结果和波长 10μm 的红外辐射在空气和硅材料边界处反射分量的结果。

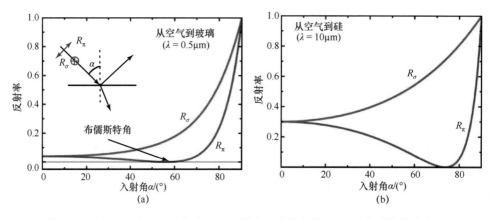

图 1.12 （a）可见光在空气和玻璃边界处的反射分量和（b）红外辐射在空气和硅材料边界处的反射分量

由图可以看出，反射光由两部分组成：平行于入射平面的偏振光 R_π 和垂直于入射平面的偏振光 R_σ。后者定义为由边界的表面法向量与电磁辐射传播方向共同构成的平面。对于反射辐射的垂直分量，称为反射率，它由可见光情况下的 0.04 和红外光情况下的 0.3（$\alpha = 0°$，垂直入射）缓慢增加到最大值的 1.0（$\alpha = 90°$，切线入射）。相比之下，平行分量先从相同的初始值（$\alpha = 0°$）开始递减到一个特定的布儒斯特角（也称作偏振角）时反射率为零，此后再增加到最大值的 1.0（$\alpha = 90°$）。

一般来说，从透明材料 A（如空气）传递到透明材料 B（如玻璃）的布儒斯特角 α_{Br} 可由如下条件确定：

$$\tan(\alpha_{Br}) = \frac{\sin(\alpha_{Br})}{\cos(\alpha_{Br})} = \frac{n_B}{n_A} \tag{1.4}$$

对于图 1.12 的例子，可见光在空气—玻璃中的布儒斯特角 α_{Br} = 56.3°，红外辐射在空气—硅中的布儒斯特角 α_{Br} = 75°。对于吸收材料，曲线的大致形状保持不变，但是，最小值可能不会为零，而且布儒斯特角也会发生偏移。

热的反射现象在热成像的许多应用中都很重要。对于透明材料反射率 R（反射辐射部分）的快速数值估计可根据垂直入射情况下的折射率，如式（1.5）。入射辐射的物质 A 被认为是透明的（如空气），而反射辐射的物质 B 则可以是不透明的。在这种情况下，折射率可作为波长的函数在手册的表格中直接查到（文献 [18]），它在数学上则是一个复数 $n_B = n_1 + in_2$：

$$R(\alpha = 0°, n_A, n_B = n_1 + in_2) = \frac{(n_1 - n_A)^2 + n_2^2}{(n_1 + n_A)^2 + n_2^2} \qquad (1.5)$$

在上面的图例中，如果 $n_A = 1.0, n_1 = 1.5, n_2 = 0$，则对于波长 0.5μm 的可见光在空气—玻璃边界的反射率 $R = 0.04$；如果 $n_A = 1.0, n_1 = 3.42, n_2 = 6.8 \times 10^{-5}$，则对于波长 10μm 的红外辐射在空气—硅边界的反射率 $R = 0.30$。上述结果的应用将在热反射抑制部分进行讨论，详见 9.2 节。

1.3 辐射度量学与热辐射

在采用红外相机进行实际测量的场景中，物体发射的红外辐射进入相机的光学系统并在处于焦点位置处的探测器上进行会聚和定量地测量。红外热像仪绝大多数情况下用于固体物质的测量，红外辐射无法穿透这些物体，因此辐射主要来自固体壁面，气体辐射呈现另外一种不同的辐射特点，详见第 7 章。假设有一个面积为 dA 的表面微元产生的辐射投射到特定方向的探测器上，就将占有一定的空间立体角度。为了便于描述任何一种辐射——也就是这里讨论的热辐射向探测器的发射、传播和辐照，定义了一组辐射量，这将在 1.3.1 节详细介绍。很明显，某些特定发射体——所谓黑体，在发射辐射总能量及其几何分布方面具有独特的性质，这将在 1.3.2 节详细介绍。

1.3.1 辐射度量学基础

1.3.1.1 辐射功率、辐出度和辐照度

考虑一个物体表面的微元 dA 向整个半球空间辐射的总能量为 dΦ，称为功率、辐射功率或者与单位立体角（Si）内的辐射通量（W），如图 1.13 所示。如果探测器能够收集整个半球的辐射，则这个量能够被直接测量，但实际情况很难做到。

如果辐射功率与发射表面积有关，就可以得到辐射出射度 M 的单位制为 $W \cdot m^{-2}$，即

图 1.13 由表面微元 dA 向整个半球空间辐射的总能量为 dΦ

$$M = \frac{\mathrm{d}\Phi}{\mathrm{d}A} \tag{1.6}$$

很显然，辐射出射度（有时也称为发射度或发射功率[16,20]）表征了由表面微元向半球空间发射的总辐射功率，包含了所有波段的辐射贡献。为简单起见，我们写成了全导数，但是要注意到，它是依赖于角度和波长的偏导数。

相比之下，假设在半球空间上也取一个表面微元 $\mathrm{d}A$，那么该微元接收到的入射辐射功率为辐射照度，采用相同的定义就可以得到辐射照度 $E = \mathrm{d}\Phi/\mathrm{d}A$。很显然，辐射出射度和辐射照度的单位制相同，均为 $\mathrm{W} \cdot \mathrm{m}^{-2}$，但是相应的辐射能量要么由特定的表面微元 $\mathrm{d}A$ 发射，要么由特定的表面微元 $\mathrm{d}A$ 接收。

1.3.1.2 辐射量的光谱密度

目前为止提到的辐射功率、辐射出射度和辐射照度均是指微元 $\mathrm{d}A$ 向半球空间发射或半球空间上微元 $\mathrm{d}A$ 接收到的总辐射功率。实际上，所有的辐射物理量均与波长有关。因此，我们就极易定义各种辐射物理量的光谱密度。例如，图 1.14 给出了辐射功率与其光谱密度之间的关系。

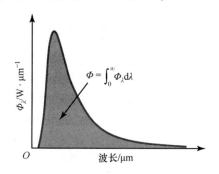

图 1.14 辐射功率与其光谱密度之间的关系：红色部分表示总的辐射功率是整个波长范围内的光谱辐射功率之和（蓝线范围内）（见彩插）

$$\Phi_\lambda = \frac{\mathrm{d}\Phi}{\mathrm{d}\lambda} \tag{1.7}$$

其他辐射物理量也存在相似的关系，如表 1.3 所列。例如，对于辐射出射度或发射功率可以被称为光谱辐射出射度或者光谱发射功率。

表 1.3 重要的辐射物理量

名称	符号	单位	定义
辐射通量或辐射功率	Φ	W	单位时间内向半球空间内辐射的能量
辐射出射度	M	$\mathrm{W} \cdot \mathrm{m}^{-2}$	$M = \dfrac{\mathrm{d}\Phi}{\mathrm{d}A}$，$\mathrm{d}A$：向半球空间辐射的面元
辐射照度	E	$\mathrm{W} \cdot \mathrm{m}^{-2}$	$E = \dfrac{\mathrm{d}\Phi}{\mathrm{d}A}$，$\mathrm{d}A$：接收来自半球空间辐射的面元
辐射强度	I	$\mathrm{W} \, (\mathrm{Sr})^{-1}$	$I = \dfrac{\mathrm{d}\Phi}{\mathrm{d}\Omega}$

名称	符号	单位	定义
辐射亮度	L	W（m²·Sr）⁻¹	$L = \dfrac{\mathrm{d}^2\Phi}{\cos\delta\,\mathrm{d}\Omega\,\mathrm{d}A}$
上述任意辐射量 X 的光谱密度 X_λ	X_λ	（X 的单位）（μm）⁻¹ 或（X 的单位）（nm）⁻¹ 或（X 的单位）（m）⁻¹	$X_\lambda = \dfrac{\mathrm{d}X}{\mathrm{d}\lambda}$

1.3.1.3 立体角

在大多数情况下，物体表面确实会向半球空间发射辐射，但并非均匀分布。为了解释这种发射辐射的方向性，必须在三维坐标系中引入立体角的概念。如图 1.15（a）所示的几何关系：发射面元位于 xy 平面上，z 轴垂直于发射面。然后，空间任意方向都可以由两个角度进行定义，第一个角度是方位角 φ，表示空间方向在 xy 平面的投影线与 x 轴的夹角；第二个角度是天顶角 δ，表示空间方向与 z 轴的夹角。

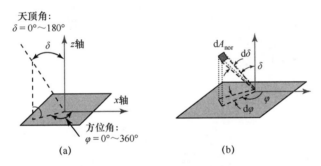

图 1.15　（a）空间角度的定义与立体角的可视化，（b）在与表面的一定距离处，与垂直于所选方向的面元 $\mathrm{d}A_{\mathrm{nor}}$ 相关

通常，方向本身并不重要，辐射朝着给定探测器的表面发射。为简单起见，假设面积为 $\mathrm{d}A$ 的微元垂直于所选方向，且距离发射面元的距离为 R。如图 1.15（b）所示，微元面可以用角度增量 $\mathrm{d}\phi$ 和 $\mathrm{d}\delta$ 进行表征。由此可以定义微元立体角 $\mathrm{d}\Omega$：

$$\mathrm{d}\Omega(\delta,\varphi) = \sin\delta \cdot \mathrm{d}\delta \cdot \mathrm{d}\varphi = \frac{\mathrm{d}A_{\mathrm{nor}}}{R^2} \tag{1.8}$$

立体角的单位制是 Sr，与平面角的弧度（rad）相似。完整的立体角 4π。利用 δ、φ 以及 $\mathrm{d}\Omega(\delta,\varphi)$ 并结合辐射强度和辐射亮度等辐射物理量就可以表示任意给定方向的发射辐射。

1.3.1.4 辐射强度、辐射亮度和朗伯体

辐射强度 I 是指从点源 a 在单位立体角 $\mathrm{d}\Omega$ 方向上发出的辐射功率，立体角 $\mathrm{d}\Omega$ 的方向由（δ，φ）表征。数学上采用 $I = \mathrm{d}\Phi/\mathrm{d}\Omega$ 表示，单位是 W·sr⁻¹。

辐射强度（光学中唯一一个定义为强度的量［文献28］）与辐射测量中最常用的量有关，即辐射亮度 L。辐射亮度用来描述扩展源辐射，它被定义为单位立体角内单位投影面积内的辐射功率。

$$L = \frac{\mathrm{d}^2\Phi}{\cos\delta\mathrm{d}\Omega\mathrm{d}A}, \text{或 } \mathrm{d}^2\Phi = L\cos\delta\mathrm{d}\Omega\mathrm{d}A \qquad (1.9\mathrm{a})$$

如果把式（1.9a）写成从辐射亮度计算总辐射功率的公式，那么这个稍显复杂的辐射亮度定义的意义可能会变得更为明显。

$$\Phi = \iint L\cos\delta\mathrm{d}\Omega\mathrm{d}A \qquad (1.9\mathrm{b})$$

由式（1.9b）可见，总的辐射功率是对半球空间内面积和立体角的辐射贡献之和。如果只对立体角积分，就可以得到辐射出射度。

$$M = \frac{\mathrm{d}\Phi}{\mathrm{d}A} = \int_{\text{半球空间}} L\cos\delta\mathrm{d}\Omega \qquad (1.10\mathrm{a})$$

如果只对表面积积分，就可以导出辐射强度。

$$I = \frac{\mathrm{d}\Phi}{\mathrm{d}\Omega} = \int_{\text{辐射源面积}} L\cos\delta\mathrm{d}A \qquad (1.10\mathrm{b})$$

由图1.16很容易理解 $\cos\delta$ 的几何意义。对于发射微元 $\mathrm{d}A$ 而言，在与其垂直的方向上接收到的辐射是最大的。对于任何其他方向，只有 $\mathrm{d}A$ 与该方向垂直的投影面积才能发出最大的辐射。

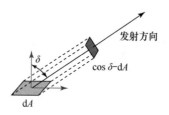

图1.16 对于任意给定方向，从发射面元 $\mathrm{d}A$ 只能看到投影面积 $\mathrm{d}A \cdot \cos\delta$

因此，辐射亮度是一种度量表面积为 $\mathrm{d}A$ 的辐射源垂直于发射方向表面的辐射功率。由于该表面在这个发射方向上形成了一个立体角，因此辐射亮度是对发射到某个特定方向和立体角的辐射量的真实度量。

重要辐射量汇总如表1.3所列。然而，对于光谱密度，使用国际单位制，波长间隔通常以微米或纳米为单位。这有助于避免误解。例如，考虑光谱辐射出射度，即单位面积和单位波长间隔的总辐射功率，其单位可表示为 $\mathrm{W}\,(\mathrm{m}^2 \cdot \mu\mathrm{m})^{-1}$ 或 $\mathrm{W} \cdot \mathrm{m}^{-3}$。第一种选择要好得多，因为它可以避免任何误解，尤其是当提到单位体积的功率密度时。

辐射强度和辐射亮度之间的差别对于所谓的朗伯辐射体（J. H. Lambert，他在光度学领域做了大量工作）将变得最为明显。朗伯辐射体是一种发射或反射辐射与角度无关的辐射体，也就是说，它均匀地发射到半球内。朗伯辐射体是一种理论结构，在现实世界中可以用黑体源（第1.4.6节）或完美的扩散散射表面来近似。在这种情况下，$L = $ 常数，$I = L \cdot A \cdot \cos\delta = I_0 \cdot \cos\delta$。这种辐射强度和辐射亮度与角度的相互关系如图 1.17 所示。

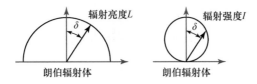

图 1.17　朗伯辐射体具有各向同性的辐射亮度，但辐射强度取决于发射方向

恒定辐射亮度是什么意思？如上所述，辐射亮度描述了发射面元向给定方向和立体角发射的辐射量。因此，朗伯辐射源似乎在每个方向发射等量的辐射。这种行为的一个典型例子可以从可见光学中得知。漫射散射的表面，如挂毯，在每个方向上反射相同数量的辐射。这意味着，无论观察方向如何，被照亮的表面在视觉上都具有相同的亮度。类似地，红外摄像机检测物体的辐射，因为摄像机镜头的区域定义了立体角，立体角用于在摄像机的方向上进行检测。

对于朗伯体表面，辐射出射度 M 与表面辐射亮度 L 之间的关系简单地用 $M = \pi L$ 给出。这也适用于各自的光谱密度，即通常朗伯辐射体的辐射出射度等于其辐射亮度的 π 倍。表 1.4 总结了朗伯辐射体的特性。

表 1.4　朗伯辐射体或反射体辐射量之间的关系

辐射亮度	$L = $ 常数	各向同性
辐射强度	$I = I_0 \cdot \cos\delta$	辐射方向与法向面元之间的夹角 δ
辐射出射度与辐射亮度的关系	$M = \pi L$，$M(\lambda) = \pi L(\lambda)$	

1.3.1.5　表面间的辐射传递：辐射测量学的基本定律和角系数

辐射亮度的概念有助于描述两个表面之间的辐射能量交换。这在后面讨论实际示例时将变得非常重要，如建筑热成像，在这里相邻的建筑或物体都会对墙体或屋面实测的表面温度有显著影响（见 6.4 节）。此处介绍了它们之间的基本关系。

考虑空间任意位置和方向的两个面元 dA_1 和 dA_2，如图 1.18 所示。

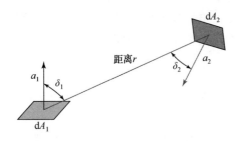

图 1.18　两个面元之间辐射传递的几何关系

根据式（1.9a），由面元 dA_1 发射且由 dA_2 接收的辐射功率为

$$\mathrm{d}^2\Phi = L_1\cos\delta_1\mathrm{d}A_1\mathrm{d}\Omega_2 \tag{1.11}$$

式中：L_1 为面元 $\mathrm{d}A_1$ 发出的辐射亮度；$\mathrm{d}\Omega_2$ 为由 $\mathrm{d}A_1$ 对 $\mathrm{d}A_2$ 所张的立体角，进一步可表示为 $(\cos\delta_2)\mathrm{d}A_2/r^2$，由此导出基本的辐射公式为

$$\mathrm{d}^2\Phi = \frac{L_1\cos\delta_1\cos\delta_2}{r^2}\mathrm{d}A_1\mathrm{d}A_2 \tag{1.12}$$

由式（1.12）可见，$\mathrm{d}A_2$ 所接收的由 $\mathrm{d}A_1$ 发出的辐射功率取决于两面元间的距离和两面元法线方向与两面元连线间的夹角。利用式（1.12）能够计算出作为发射体的某一特定面元 A_1 对作为接收体的某一特定面元 A_2 所投射的辐射分量占总辐射功率的比例，如图 1.19 所示。

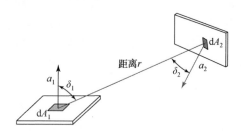

图 1.19　角系数的几何定义。简单起见，A_1 和 A_2 用平面表示，但适用于任意类型曲面

从式（1.12）可见，由 A_1 发出 A_2 接收的总的辐射功率可写为

$$\Phi_{12} = L_1\iint_{A_1,A_2} \frac{\cos\delta_1\cos\delta_2}{r^2}\mathrm{d}A_1\mathrm{d}A_2 \tag{1.13}$$

由于表面 A_1 向整个半球空间发出的总辐射功率 $\Phi_1 = \pi L_1 A_1$，因此，只需确定 Φ_1 被 A_2 所接收的比例，就是所谓的角系数。

$$F_{12} = \frac{\Phi_{12}}{\Phi_1} = \frac{1}{\pi A_1}\iint_{A_1,A_2} \frac{\cos\delta_1\cos\delta_2}{r^2}\mathrm{d}A_1\mathrm{d}A_2 \tag{1.14a}$$

类似地，也可以确定角系数 F_{21}，表示 Φ_2 被 A_1 所接收的比例。利用上述定义，可以得出如下关系：

$$A_1 F_{12} = A_2 F_{21} \tag{1.14b}$$

对于任何实际情况，通常至少处理两个处于不同温度的物体，最常见的是待研究物体和红外相机，因此，角系数这个物理量将有助于分析从一个物体到红外相机的总的净辐射通量。当 6.4.4 节讨论物体间辐射交换时，我们将再次回到角系数的话题。

1.3.2　黑体辐射

1.3.2.1　定义

根据基础物理学，任何温度大于绝对 0K 的物体均会向外发出热辐射。任何物体能发出的最大辐射能量只取决于导致"热辐射"一词的物体的温度。对于实际的物体，另外的物质属性，发射率也将开始发挥作用，详见 1.4 节。

本节我们主要讨论热辐射中最理想的发射体，被称为黑体，详见 1.4.5 节。黑体类似于理想表面，具有以下性质[20]：

（1）黑体能够吸收所有入射的辐射，且与波长和方向无关；

（2）对于给定温度和波长，黑体的辐射能力最强；

（3）黑体辐射能力取决于波长，但是与方向无关，也就是说，黑体是一种特殊的朗伯辐射体。

作为理想的吸收体和发射体，黑体被看作辐射计量学中的标准。

在实验中，黑体最容易被保持恒温的空腔所实现。黑色的概念（由性质 1 定义）可以很容易地从可见光光谱范围内的光学模拟物中加以理解。如果你看到远处有一幢开着窗户的建筑物，窗户的内部看起来确实是黑色的。

1.3.2.2　描述黑体辐射的普朗克分布函数

在 19 世纪末就已经实现了对空腔热辐射非常精确的光谱测量，也就是实验黑体。然而，直到 1900 年，马克斯·普朗克提出了著名的普朗克常数 h 的概念，测量到的光谱才能够得到满意的解释。普朗克的理论以热力学为基础，但辐射的发射和吸收具有量子性质，他不仅在黑体辐射理论中引入了一个全新的概念，而且在整个物理学世界中引入了一个全新的概念。黑体在给定温度和波长间隔 $(\lambda，\lambda + \mathrm{d}\lambda)$ 内的光谱出射度或者想整个半球空间的辐射功率，可以写为

$$M_\lambda(T)\mathrm{d}\lambda = \frac{2\pi hc^2}{\lambda^5}\frac{1}{\mathrm{e}^{\frac{hc}{\lambda kT}} - 1}\mathrm{d}\lambda \tag{1.15}$$

其中辐射亮度 $L_\lambda(T) = M_\lambda(T)/\pi$，普朗克常数 $h = 6.626 \times 10^{-34}$ J，真空中的光速 $c = 2.998 \times 10^8$ m·s^{-1}，λ 是辐射波长，黑体绝对温度为 T，单位是 K。

图 1.20 所示为不同温度下的黑体光谱分布曲线。光谱分布与辐射亮度或者辐射出射度有关，由图可以总结如下特性：

（1）与光谱灯的发射相比，这些光谱是连续的；

（2）对于任何固定的波长，辐射度随温度的升高而增加（不同温度的光谱曲线是不相交的）；

（3）辐射的光谱区域与温度有关。低温辐射的波长较长，高温辐射的波长较短。

通过对普朗克公式在 $(\mathrm{d}M_\lambda(T))/(\mathrm{d}\lambda) = 0$ 下求最大值，可以得到黑体辐射的峰值波长，这就能够直接导出维恩位移定律：

$$\lambda_{max} \cdot T = 2897.8\mu m \cdot K \tag{1.16}$$

对于温度分别为 300K、1000K、6000K 的黑体，对应的峰值辐射波长分别约为 10μm、3μm 和 0.5μm。第一种情况代表的是环境辐射，第二种的典型情况可以是电炉加热的平板，第三种情况则是太阳外层的表观平均温度。根据日常经验，加热的平板开始发出红光，因为热辐射的短波长部分与可见光谱的红色部分重叠。太阳辐射在我们看来是白色的，因为它在可见光谱的中间达到峰值。

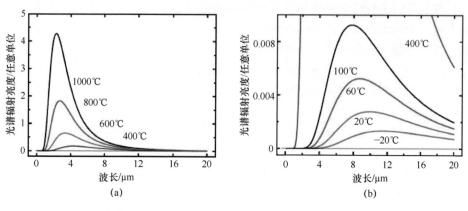

图 1.20　黑体温度在 −20℃ ～1000℃ 的光谱辐射亮度，（a）、（b）处于同一刻度单位

1.3.2.3　普朗克定律的不同表述

除了大多数教科书中通常采用的以辐射亮度或者辐射出射度作为波长的函数表述普朗克定律外（见式（1.15）），还有很多其他表述形式用于表征这种物理现象。许多光谱仪器用于测量黑体辐射光谱，例如，测量信号作为频率 $v = c/\lambda$（单位：Hz）或波数 $\tilde{v} = 1/\lambda$（单位：cm^{-1}）的函数。普朗克定律相应的光谱表述形式揭示了与波长表述形式的重要区别。例如，下式给出了黑体辐射的频率分布函数：

$$M_v(T)\mathrm{d}v = \frac{2\pi h v^3}{c^2} \frac{1}{\mathrm{e}^{\frac{hv}{kT}} - 1}\mathrm{d}v \tag{1.17}$$

图 1.21 比较了一组黑体光谱的辐射出射度（即光谱发射功率）作为波长的函数 $M_\lambda\mathrm{d}\lambda$ 和作为频率的函数 $M_v\mathrm{d}v$ 在双对数图。与维恩位移的波长定律相似（式（1.16）），对于频率表述形式也存在位移定律：

$$\frac{v_{\max}}{T} = 5.8785 \times 10^{10}\,\mathrm{Hz \cdot K^{-1}} \tag{1.18}$$

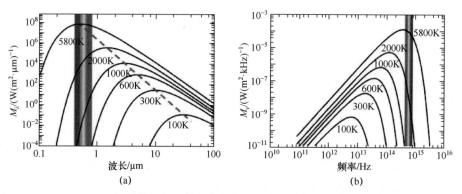

图 1.21　（a）、（b）两组图像比较了普朗克定律的两种不同表述形式。曲线的最大值所对应的光谱位置取决于所选的变量。图（a）中虚线是根据维恩位移定律确定的波长函数的最大值

必须指出的是：显然，在相同的温度下，这两种表述形式均可在光谱的不同位置处取得峰值，因为黑体光谱分布函数是一个包含 dλ 和 dν 的非线性式[29]。例如，对于 $M_\lambda d\lambda$，当 $T = 5000K$ 时，其辐射峰值对应的波长为处于可见光区域的500nm，此时对于 $M_\nu d\nu$，其辐射峰值对应的频率为 $3.41 \times 10^{14} Hz$，根据 $c = \nu\lambda$，对应的波长为880nm。这种情况是使用分布函数的结果。在讨论普朗克黑体光谱的最大值时，我们需要非常小心。最大值的位置实际上取决于所选的表示形式。事实上，对于红外相机来说，可以忽略上述影响，因为人们更感兴趣的是一定光谱范围内的总辐射功率。当然，总辐射功率在一个特定的光谱范围，例如，$T = 5800K$ 的可见光谱范围（或 $T = 300 K$ 的 $7 \sim 14 \mu m$ 范围或任何其他范围），其结果并不因表述形式的不同而不同。

黑体辐射是少数几个产生了诺贝尔物理学奖的研究课题之一。首先，1911年威廉·维恩（Wilhelm Wien）因其在热辐射方面的研究而获得诺贝尔物理学奖，尽管最终解开准确描述黑体辐射理论难题的是马克斯·普朗克（Max Planck）。尽管如此，普朗克在1918年还是因为他对辐射量子性质的一般性概念而获奖，这一概念的影响远远超出了热辐射在整个物理学领域的影响。该领域的第三个诺贝尔物理学奖于2006年授予乔治·斯穆特和约翰·马瑟，因为他们成功地记录了天体物理学中最著名的黑体辐射光谱。宇宙背景辐射的频谱被认为类似于宇宙大爆炸的回声。这是美国国家航空航天局（NASA）的卫星COBE在20世纪90年代初记录的。图1.22描述了COBE对宇宙射线背景光谱的测量结果，该结果与普朗克函数在温度2.728（±0.002）K时的计算结果高度吻合。

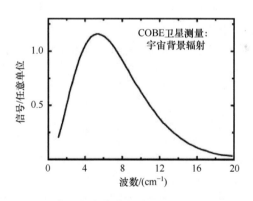

图 1.22　用 COBE 卫星测量的宇宙射线背景光谱。理论拟合为 $T = 2.728$ K（NASA 提供）

在通常情况下，红外成像只利用了黑体辐射光谱的一小部分。在下面两个小节中，我们将讨论在一定光谱范围内的总辐射量。斯蒂芬 – 玻耳兹曼定律适用于从零到无穷大的整个光谱，而波段内的辐射计算则稍微复杂一些。

1.3.2.4　斯蒂芬 – 玻耳兹曼定律

黑体源的辐射出射度可以通过下式计算：

$$M(T) = \int_0^\infty M_\lambda(T)\,\mathrm{d}\lambda = \int_0^\infty M_v(T)\,\mathrm{d}v = \sigma T^4 \qquad (1.19)$$

式中：$\sigma = 5.67 \times 10^{-12}\,\mathrm{W \cdot m^{-2} \cdot K^{-4}}$ 为斯蒂芬 – 玻耳兹曼常数。

如图 1.23 所示，由光谱辐射出射度（光谱发射功率）曲线围成的面积就是总的辐射出射度（发射功率），该值仅取决于黑体温度。因此，黑体辐射的总辐射强度为 M/π。在天体物理学中，利用斯蒂芬 – 玻耳兹曼定律，就可以根据恒星（如太阳）的表面积和表面温度计算其产生的总能量。

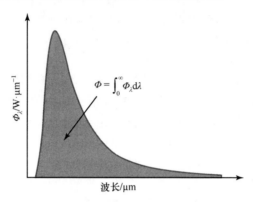

图 1.23 斯蒂芬 – 玻耳兹曼定律的示意图

1.3.2.5 能带发射

在红外成像中，从来没有必要检测整个光谱范围的辐射，而只需检测预先设定的光谱范围内的辐射，这是由探测器以及光学材料和大气传输特性决定的。不幸的是，式（1.19）的积分对于上下限的任意值没有解析解。为了简化计算结果，定义了黑体辐射函数 $F_{(0\to\lambda)}$ 作为 $0 \sim \lambda$ 光谱范围的黑体辐射与 0 到 ∞ 总辐射能量的比值，如图 1.24 所示。

$$F_{(0\to\lambda)} = \frac{\int_0^\lambda M_\lambda\,\mathrm{d}\lambda}{\int_0^\infty M_\lambda\,\mathrm{d}\lambda} \qquad (1.20)$$

我们注意到，不幸的是，角系数和黑体辐射函数 $F_{(0\to\lambda)}$ 采用相同的字母 F 表示，唯一的区别是下标。然而，这两个物理量的上下文截然不同，可以很容易地从下标中猜测出来。因此，我们对两者都采用这种类似的通用符号。

被积函数的数学分析显示，仅依赖于参数 $\lambda \cdot T$，因此，积分可以用于评估这个参数数值。为此，$F_{(0\to\lambda)}$ 是列表的函数 λT（见文献 [20]）。图 1.25（a）描述了相应的结果。

显然，函数 $F_{(0\to\lambda)}$ 可以很容易地用于计算任意波长间隔（λ_1, λ_2）内的黑体辐射。

$$F_{(\lambda_1\to\lambda_2)} = F_{(0\to\lambda_2)} - F_{(0\to\lambda_1)} \qquad (1.21)$$

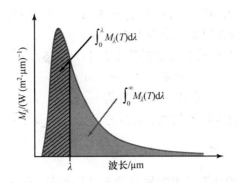

图 1.24　黑体辐射函数的定义：谱带辐射出射度的分数（详见正文）

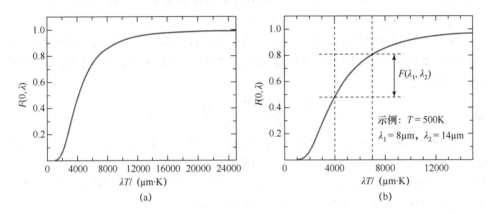

图 1.25　黑体辐射在波长间隔 $0 \sim \lambda$ 的辐射出射度 $F(0, \lambda)$ 是 λT 的函数（a），
以及如何用它来估计波长间隔 $\lambda_1 \to \lambda_2$ 中的辐射占比 $F(\lambda_1 \to \lambda_2)$（b）

图 1.25（b）描述了一个如何快速图形估计 $F_{(\lambda_1 \to \lambda_2)}$ 的例子，其中 $T =$ 500 K，对应的波长范围为 $8 \sim 14 \mu m$。一般地，通过一个给定的温度和波长范围 $\lambda_1 \to \lambda_2$ 能够确定 $\lambda \cdot T$ 值（垂直方向的虚线）。它们在 $F(0, \lambda)$ 曲线上能够截取两个特定的值。它们对应的水平虚线之间的距离便是 $F_{(\lambda_1 \to \lambda_2)}$。

例如，温度为 500 K 物体在半球空间内的黑体辐射，在 $7 \sim 14 \mu m$ 的长波红外范围内辐射占比约为 42.5%，但在 $3 \sim 5 \mu m$ 的中波红外范围内只有 8.8%。又如，一个非常热的物体，温度为 2800 K 的灯泡灯丝，其在 $0.39 \sim 0.78 \mu m$ 的可见光波长间隔内产生 10.0% 的辐射占比，同样，在 $3 \sim 5 \mu m$ 的中波红外范围内也产生约 9.2% 的辐射占比。

1.3.2.6　红外相机探测器灵敏度的数量级估计

通常，标准黑体用于校准红外相机（第 2 章）。利用辐射计量学的基本概念和黑体辐射基本定律，可以估计热辐射探测器灵敏度的典型数量级，也就是说，探测两个物体之间 1K 的温差需要多少瓦的输入功率。

例如，假设将一个温度为 T_{BB} 的黑体置于环境温度为 T_{cam} 的长波红外相机前，

距离 $R = 1$ m。黑体为圆形，直径 $2 r_{BB} = 5$cm，红外相机镜头直径也为 $2 r_{cam} = 5$cm。红外相机检测到辐射光谱范围为 $7 \sim 14 \mu m$。

从黑体目标入射到相机上的总辐射功率可以通过式（1.11）计算。

$$\mathrm{d}^2 \Phi = L_1 \cos\delta_1 \mathrm{d}A_1 \mathrm{d}\Omega_2$$

其中，$\cos\delta_1 \approx 1$，对黑体区域积分得到 $A_{BB} \approx \pi r_{BB}^2$，$L_1 = M_1/\pi$，$\mathrm{d}\Omega_2 = \pi r_{cam}^2/R^2$。因此，照射到红外相机上总的光谱辐射功率可由下式得出：

$$\Phi_{BB \to cam} = M_{BB}(T_{BB}) \frac{r_{BB}^2 \cdot r_{cam}^2 \cdot \pi}{R^2} \tag{1.22}$$

同理，探测器向黑体源发射的辐射功率也差不多，但由于我们只处理辐射功率 Φ 随物体温度的变化，因此探测器温度对黑体源辐射功率的贡献被抵消。因此，这个参数也适用于所有的探测器类型（冷却的和室温的）。

在下面的数值示例中，考虑一个长波红外成像系统（也可以对中波或短波系统进行类似的计算）。探测器波长范围内温度为 T_{BB} 的黑体发射的辐射能量通量可由下式得出：

$$\Phi_{BB} = \frac{r_{BB}^2 \cdot r_{cam}^2 \cdot \pi}{R^2} \int_{8\mu m}^{14\mu m} M_{\lambda BB}(T_{BB}) \mathrm{d}\lambda \tag{1.23}$$

积分可由 $F(\lambda_1 \to \lambda_2) \sigma T^4$ 给出，任何进一步的计算均需要温度数值。为简单起见，可以假设 $T_{BB1} = 303$ K，$T_{BB2} = 302$ K，因为大多数探测器敏感等级为 $T = 30°C$。积分值可以很容易由 $F(\lambda_1 \to \lambda_2)$ 计算。对于 303K 和 302 K，计算结果非常接近（0.378 和 0.377），因此取该值为 0.38。

在这种情况下，黑体温度从 303 K 到 302 K 变化时入射辐射功率的差异由下式得出：

$$\frac{\Delta \Phi}{\Delta T} \approx \frac{r_{BB}^2 \cdot r_{cam}^2 \cdot \pi}{R^2} \cdot F_{\lambda_1 \to \lambda_2} \cdot \sigma(T_{BB1}^4 - T_{BB2}^4) \tag{1.24}$$

代入上述数值，可以算得结果为 2.9×10^{-6} W·K^{-1}（温度为 303 K 的黑体总辐射功率约为 2.2×10^{-4} W）。

常见的红外相机标准镜头的视场角为 24°，在 1m 距离处，黑体源只占据一个 2.86° 的角直径。如果 24° 对应于探测器的 320 个像素宽度，则黑体源将在约 19 个像素的角直径上成像，对应于约 1140 个像素的圆形区域，这意味着每个像素接收的平均辐射功率约为 2.54 nW·K^{-1}。

上述数值的形成至少可能是三个方面的主要因素，首先从辐射源到红外相机的部分辐射在大气层中衰减（1.5.2 节）；其次，红外相机光学系统的透射率要小于 100%；最后，有效探测器区域仅为整个像素区域的 50% 左右。最终结果是当黑体温度变化为 1K 时，每个像素能够得到的辐射功率差异的估计值约为 1 nW·K^{-1}。在讨论探测器时，将再次回顾这个估计值，并将其与噪声等效温度联系起来（第 2.2.2 节）。

人们可以通过类似地推导太阳常数来获得这种估算的可信度，也就是说，在太阳辐射经地球大气衰减之后的 $1 m^2$ 区域上的总辐射通量。根据式（1.11），使用 $A_{BB} = \pi r_{sun}^2$，$L_1 = M_1/\pi$，$d\Omega_2 = 1 m^2/R_{sun-earth}^2$，可以得出

$$\Phi_{solarconstant} = M_{BB}(T_{sun}) \frac{r_{sun}^2 \cdot 1}{R_{sun-earth}^2} \tag{1.25}$$

其中 $r_{sun} = 6.96 \times 10^5$ km，$R_{sun-earth} = 149.6 \times 10^6$ km，且 $T_{sun} = 5800$K 和 $M_{BB}(T_{sun}) \approx 1390$W $\cdot$ m^{-2}。考虑到太阳并非真正的黑体，这是一个非常好的近似太阳常数。

1.3.2.7 黑体辐射随温度改变的微小变化

在热成像技术中，红外传感器应该能够检测微小的温度变化。为了比较不同传感器的成像质量（第2章），研究物体温度 $\Delta T/T$ 的微小变化如何导致传感器接收的入射辐射的微小变化 $\Delta L/L$ 是很有用的。由于辐射亮度与辐射出射度成正比，我们讨论了温度 T 下黑体 dM/M 随温度 dT/T 变化的情况。

对式（1.15）求关于 T 的微分并重新排列这些量，可以发现：

$$\frac{dM_\lambda(T)}{M_\lambda(T)} \Big/ \frac{dT}{T} = \frac{c_2}{\lambda T} \frac{e^{\frac{c_2}{\lambda T}}}{e^{\frac{c_2}{\lambda T}} - 1} \tag{1.26a}$$

式中：$c_2 = hc/k = 14387.7 \mu m \cdot K$。图1.26描述了该量与 $\lambda \cdot T$ 的函数关系。

对于大多数实际情况，式（1.26a）还可以简化。如果 $\lambda \cdot T < 2898$ $\mu m \cdot K$（式（1.16）），则该指数函数值远大于1。因此，公式右边的第二项接近于1，这种情况下式（1.26a）变为

$$\frac{dM_\lambda(T)}{M_\lambda(T)} \Big/ \frac{dT}{T} \approx \frac{c_2}{\lambda T} \tag{1.26b}$$

而最大偏差仅约为0.7%。对于较大的值，例如，如果 $\lambda \cdot T$ 为4000 $\mu m \cdot K$，则式（1.26b）近似解与式（1.26a）精确解之间的偏差小于2.8%。

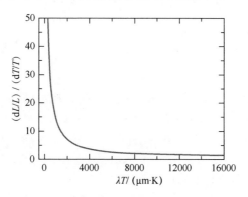

图 1.26　根据式（1.26a），由于温度的微小变化而引起的黑体辐射出射度的变化

式（1.26a）或式（1.26b）给我们估算入射到探测器上的总辐射功率随温度变化（波长的函数）而变化的程度提供了方便。例如，讨论了温度从 $T = 400$K

到 $T=404K$ 的 1% 的变化如何导致中波红外 MW 和长波红外 LW 光谱区域中辐射出射度不同的变化情况。为简单起见，MW 区域的特征波长取为 $\lambda_1=4\mu m$，LW 区域的特征波长取为 $\lambda_2=10\mu m$。

利用式（1.26a）且 $\lambda_1 T=1600\mu m \cdot K$，$\lambda_2 T=4000\mu m \cdot K$，可以得出

$$\frac{\mathrm{d}M_{4\mu m}(T)}{M_{4\mu m}(T)} \Big/ \frac{\mathrm{d}T}{T} \approx 2.43 \times \frac{\mathrm{d}M_{10\mu m}(T)}{M_{10\mu m}(T)} \Big/ \frac{\mathrm{d}T}{T} \tag{1.27}$$

这意味着，4K 的温度变化导致 MW 红外辐射比 LW 红外辐射的分数变化大 2.43 倍。由于这种分数变化的原因，与 LW 红外相机相比，中波或短波相机具有优势，因为信号对物体温度的依赖性更明显。

当然，相机系统只检测特定波长范围的频谱，即正确的方法是必须计算各自的波长范围 $3\sim5\mu m$ 和 $8\sim14\mu m$ 内的总入射辐射功率。图 1.27（a）描述了黑体辐射随温度变化的部分波长范围内的情况，普朗克曲线（图 1.20 和图 1.21）显示，随着温度的升高，峰值波长向短波长的方向移动。因此，曲线在 $8\sim14\mu m$ 波长范围中的部分首先增加，在 $T\approx350$ K 时达到最大值，然后减小。同样的情况也发生在高温下的中波区域（$T\approx950K$ 处的峰值）。然而，根据普朗克曲线，随着黑体温度的升高，其辐射亮度大大增加，这样曲线下降的部分就得到了补偿。如图 1.27（b）所示，图中描述了光谱范围（即 $F_{(\lambda_1\to\lambda_2)} \cdot \sigma T^4$）内的辐射出射度。

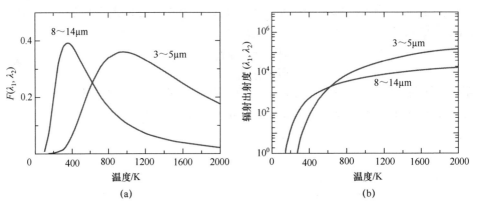

图 1.27　（a）中波和长波相机波长范围内黑体辐射部分，
（b）这些波长范围内作为黑体温度函数的辐射出射度

传感器信号随微小温度变化的变化体现在曲线的不同斜率上（图 1.27（b））。对于任何温度，选择 $3\sim5\mu m$ 曲线的斜率比为 $8\sim14\mu m$ 曲线更陡峭。详细的分析结果如图 1.28 所示。

式（1.26a）在波长范围 $3\sim5\mu m$ 和 $8\sim14\mu m$ 的精确计算结果表明，与上述简化计算结果相比，略有变化。例如，对于 400 K，结果是 2.415 而不是 2.43。此外，还观察到该比例随温度上升而下降。总的来看，在任何情况下，波长越短，任何给定的温度变化所导致的信号变化就越大。

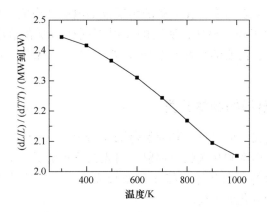

图 1.28　在中波和长波范围内，信号随温度变化的比率

1.4　发射率

1.4.1　发射率定义

黑体是理想物体，而且自然界里面并不存在特定温度下能够发射最大热辐射的物体。然而，通过将黑体辐射与描述被研究对象影响的发射率 ε 相乘，可以很容易地计算出任何物体的实际热辐射。换句话说，物体的发射率是物体表面实际发射的辐射量与黑体在相同温度下发射的辐射量之比。

根据所采用的描述辐射量的类型的不同，发射率可以有不同的定义。在辐射度量学中，有四种常见的定义方式，如表 1.5 所列。相关的辐射量包括：①光谱定向发射率（用光谱辐射亮度 L 定义）；②光谱半球发射率，定向平均（用光谱辐射出射度 M 定义）；③定向总发射率（波长平均，用光谱辐射亮度 L 定义）；④半球总发射率（波长和定向平均，用光谱辐射出射度 M 定义）。

表 1.5　不同的发射率定义方式

光谱定向发射率：L，光谱辐射亮度	$\varepsilon(\lambda,\delta,\varphi,T) = \dfrac{L(\lambda,\delta,\varphi,T)}{L_{BB}(\lambda,T)}$	（1.28a）
光谱半球发射率，定向平均：M，光谱辐射出射度	$\varepsilon(\lambda,T) = \dfrac{M(\lambda,\delta,\varphi,T)}{M_{BB}(\lambda,T)}$ 且 $M = \displaystyle\int_{半球} L\cos\delta\,\mathrm{d}\Omega$	（1.28b）
定向总发射率：波长平均	$\varepsilon(\delta,\varphi,T) = \dfrac{L(\delta,\varphi,T)}{L_{BB}(T)}$	（1.28c）
半球总发射率：波长和定向平均	$\varepsilon(T) = \dfrac{M(T)}{M_{BB}(T)} = \dfrac{M(T)}{\sigma T^4}$	（1.28d）

遗憾的是，这些定义都没有涉及实际红外成像的必要条件。在实际红外成像中，首先处理的通常是在接近法向入射角或法向附近较小角度内观察到的物体。

因此，需要一个方向发射率，在期望的角度范围内取平均值。其次，红外相机在预定的波长范围内工作。显然，所需的发射率同样需要在给定的波长范围内平均。从符号上来说，需要的是发射率 $\varepsilon(\lambda, T)$。在本章末尾，我们将讨论其对实际工作的影响。

1.4.2　基于发射率的物体分类

从发射率的定义显而易见，其取值范围 $0 \leqslant \varepsilon \leqslant 1$。图 1.29 说明了给定温度下物体的光谱半球发射率和相应的热辐射发射光谱分布情况，第一种是黑体；第二种是具有常数 ε 值的所谓灰体，即 ε 与波长无关；第三种是所谓的选择性发射体，其 ε 随波长的变化而变化。

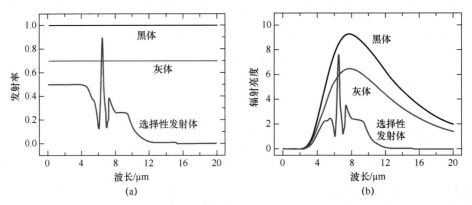

图 1.29　黑体、灰体和选择性发射体的半球光谱发射率（a）和相应的热辐射光谱（b）

对于热成像中的大多数实际应用来说，$\varepsilon(\lambda, T)$ 是一个常量，类似于灰体。但是当研究的物质在热红外光谱范围内具有吸收和发射带时，如气体或塑料箔，就必须按照选择性发射体处理，这可能会使定量分析复杂化。

1.4.3　发射率与基尔霍夫定律

发射率可以从基尔霍夫定律中推测出来（如文献 [20，30]），该定律规定任何物体吸收辐射的能力等于该物体发射辐射的能力。通常写成如下形式：

$$\varepsilon = \alpha \tag{1.29}$$

ε 和所谓的吸收率 α 表示物体发射或吸收辐射的比例。根据能量守恒定律，对于任何入射到任何物体上的辐射（Φ_0），要么是被反射（Φ_R 是根据反射定律被定向反射，或被粗糙表面散射），要么是穿透该物体继续传输（Φ_T），要么是在该物体内部被吸收（Φ_A）。

$$\Phi_0 = \Phi_R + \Phi_T + \Phi_A \tag{1.30a}$$

考虑入射辐射的比例（如激发态或辐射态），该定律可写为

$$1 = R + t + \alpha \tag{1.30b}$$

式中：R 和 t 分别为物体反射和透射入射辐射的比例。

这样就结合式（1.29）和式（1.30b）来推算发射率 ε。最简单的情况是对于不透明固体，其透射率 $t = 0$，在这种情况下：

$$\varepsilon = 1 - R \tag{1.31}$$

也就是说，发射率可以直接通过已知的全反射率值得出。需要注意的是，R 不仅包括抛光表面通常的定向反射率（图 1.9），还包括漫反射率（图 1.11），后者还包括粗糙表面。采用式（1.31）可以推测 ε 的值，例如，玻璃在红外光谱中或多或少不透明，其红外反射率在百分之几的范围内，其发射率 $\varepsilon > 0.95$。相比之下，反射率高于 90% 的金属的发射率将低于 0.1。抛光非常好的金属表面可能具有 0.01 级的极低发射率，这种情况下红外成像是不可能的。

1.4.4 发射率的影响参数

作为一种材料特性，发射率取决于以下参数（表 1.6）。

表 1.6 影响发射率 ε 的参数

内在目标属性	其他参数引起的变化
材料（金属、绝缘体等）	观察方向（视角）
表面结构（粗糙/抛光）	波长（LW/MW/SW 等）
规则几何形状（凹槽、空腔等）	温度（相变等）

1.4.4.1 材料

主要参数是材料的种类。根据测量技术的不同，在某些角度和光谱范围内取平均值，这在热成像中很有用。在一个简化的分类中，可以分别讨论非金属和金属，幸运的是，实际热成像应用的大多数非金属材料，如皮肤、纸张、油漆、石头、玻璃等，都可按灰色发射体对待，并且具有相当高的（0.8 以上）发射率值。相比之下，金属，特别是抛光金属，由于它们的发射率通常很低，甚至低于 0.2，因此会产生问题。

1.4.4.2 表面结构

对于任何特定的材料，由于表面结构的不同，发射率可能会有很大的变化。这就导致了不利的情况，对于相同的材料，可以找到许多不同的发射率值，这种效应在金属上最为明显。抛光金属的发射率可以达到 0.02，但如果表面粗糙，发射率可以大得多，甚至达到 0.8 以上。如果金属零件的表面经过一段时间的氧化/腐蚀被改性，则发现原来金属零件的发射率可以达到最大值。例如，想象一下，使用多年的电气连接的金属螺栓，同时暴露在空气中的氧气和雨水中，等等。据报道，强氧化铜的氧化值高达 0.78，某些钢化合物的氧化值为 0.90。这个因素对于任何检查都是最重要的，例如，螺栓、螺母、电气夹具和电气元件中的类似部件，因为热成像仪必须具备以下标准：组件的"失败"或"通过"。因此，有必要进行定量分析，也就是说，我们必须知道这些部件的确切温差与它们已知发射率周围的关系。测得的温度很大程度上取决于发射率的实际值。

为了说明材料和表面结构对发射率的影响，我们使用了所谓的莱斯利立方体。这是一个空心铜金属立方体（边长约为10cm），其侧面以不同的方式处理。一面涂白漆，一面涂黑漆，一面不涂，只是抛光铜，第四面是粗铜。

立方体被放置在一些泡沫塑料上作为保温材料，然后装满热水。由于金属具有良好的导热性，立方体的所有侧面很快就会具有相同的温度。利用红外相机可以很容易地分析各个侧面发射的热辐射。图1.30描述了一些测量结果（有关如何在使用的长波红外相机中计算温度的详细信息，参见2.3节）。

对于两个涂漆侧面选择的 ε 值为0.96，或多或少产生了正确的温度（可通过接触式探头检查）。粗铜表面热辐射和抛光铜表面的发射量要小得多。使用相机软件，可以调整发射率值。这样，铜表面也能给出正确的壁温值。在我们的例子中，发现抛光铜表面的发射率在0.03附近，粗糙铜表面的发射率约为0.11。

图1.30说明了一种寻找正确的发射率值的方法：用接触式探头测量物体温度，然后调整红外相机中的发射率，直到相机显示正确的温度读数（当然，假设所有其他的相机参数选择是正确的，详见2.3节）。

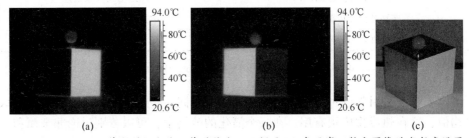

图1.30　（a）、（b）莱斯利立方体，装满热水，从侧面45°角观察。整个图像的发射率设置为 $\varepsilon = 0.96$，导致以下温度读数（从左到右）。（a）抛光铜（$T = 22.6℃$）和白漆（$T = 84.3℃$）。（b）黑漆（$T = 83.4℃$）和粗铜（$T = 29.3℃$）。顶部的旋钮是一个搅拌器，可以更快地达到热平衡。（c）莱斯利立方块的可见光图像

1.4.4.3　视角

发射率定义为从物体表面实际发射的辐射量与在相同温度下黑体发射的辐射量之比。就辐射量而言，将发射率定义为在给定波长 λ 和两个角 δ 和 φ（图1.15）定义的方向上，物体发射的辐射与黑体在相同温度和波长下发射的辐射之比。

黑体的辐射行为类似于完美的各向同性漫发射体，也就是说，对于任何表面发射的辐射，其发射的辐射亮度与发射方向无关（比较朗伯辐射体的讨论，图1.17）。不幸的是，任何实际物体的表面都表现出不同的行为，也就是说，它的辐射度随发射方向的不同而变化。如图1.31所示。除了在相同的温度下，任何实际表面发出的辐射都小于黑体这一事实之外，实际物体发出的辐射亮度通常还取决于发射角度。图1.31中假设了方位是对称的，因此只有角 δ 如图1.31所示。

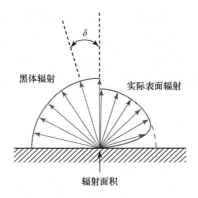

图1.31 黑体辐射（左/红）与角度无关和实际表面辐射（右/蓝）与方向相关的示意图（见彩插）

这种现象会强烈影响任何使用红外相机进行的非接触式温度测量，因为通常是从垂直方向观察的物体，在其表面（$\delta=0$）会比在斜向观察时接收到更多的辐射。这意味着发射率取决于相对于表面法线的观测角度。幸运的是，已经进行了许多测量，并对各种材料的定向发射率进行了研究。这种实验的典型设置如图1.32（a）所示。

将0°~180°的角度刻度固定到桌面上，90°指向红外相机。将要研究的（热的或高温的）物体放在刻度盘的顶部，其表面法向为90°，即正对红外相机。然后，当旋转物体时，辐射的测量值被记录为角度的函数。在图1.32（b）中，展示了一个莱斯利立方体的白色油漆面示例，该立方体充满了热水。实际表面温度可通过接触式测温法测量，得到法向发射率的正确值。通过更改相机软件中的发射率值，直到显示实际温度，即可找到角度相关值（有关相机中信号处理的详细信息，请参阅第2章）。5.5.4节讨论了一些关于$\varepsilon(\varphi)$的实验。

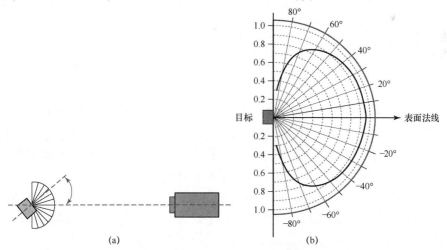

图1.32 使用带有涂漆侧面（高发射率）的莱斯利立方体作为被测物体，测量方向发射率（长波范围内的平均值），作为相对于表面法向0°~85°视角的函数。立方体相对于相机（a）旋转并记录温度。（b）然后通过改变相机软件中的发射率，直到旋转侧面的温度读数给出正确值，找到作为视角函数的发射率

图 1.32（b）展示了一种很好的效果，幸运的是，几乎所有实际重要的表面材料都具有这种效果：发射率从正常方向 0°～40°，或 45° 几乎是恒定的。金属和非金属材料的大角度特性不同（图 1.33）。对于绝缘体，我们观察到 ε 在较大角度时下降，而金属表面则通常先向较大角度增加，然后在掠入射时再次降低[7,20,31]。

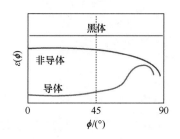

图 1.33　非导体和导体相对于黑体发射率的典型方向依赖关系概述

暂时忽略漫反射，这种现象已经可以从不同偏振辐射的定向反射特性来理解。图 1.34 为非金属和抛光表面金属在红外光谱区域直接反射辐射部分 R 随入射角的函数示意图（与图 1.12 类似）。

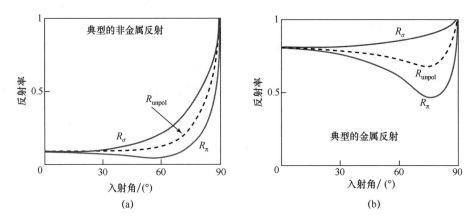

图 1.34　金属（a）和非金属（b）的极化和非极化红外辐射反射率随入射角变化的关系示意图

定向反射率取决于辐射的偏振。未极化辐射的特征是折线，它代表两个极化的平均值。显然，随着入射角的增加，绝缘体的反射率呈现单调下降的趋势，而金属在以较大角度再次下降之前，首先呈现上升趋势。这个特性（理论上可以用菲涅耳方程解释）解释了观测到的发射率角图，因为根据式（1.31），不透明材料的 $\varepsilon = 1 - R$。然而，我们也注意到，大多数金属物体都有粗糙的表面，这会对发射率产生额外的贡献，也会引起观察到的发射率随入射角的变化。

1.4.4.4　几何形状

表面的几何结构与表面结构有关。然而，这里指的是定义良好的结构，如用于系统地改变发射率的凹槽。在 1.4.6 节黑体校准源的背景下，单独详细讨论了空腔。

考虑一个抛光金属表面（如 $\varepsilon_{normal} = 0.04$），其表面结构明确定义为给定倾斜角的凹槽形式（图1.35，此处顶角为60°）。

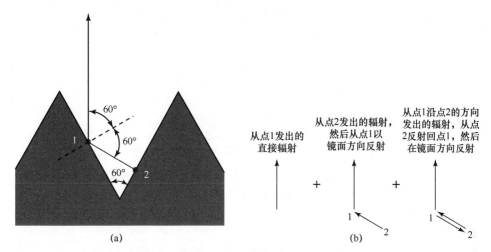

图1.35　低发射率金属抛光表面V形槽模型（a），宏观表面为水平。
（b）对沟槽表面的辐射亮度和发射率有三种影响

凹槽增强了垂直于宏观表面方向上的发射率，这可以从以下观点中加以理解。从点1沿垂直于凹槽宏观表面方向发出的辐射由三部分辐射贡献组成：

（1）从点1发出的直接辐射。该部分贡献的特征是相对于实际凹槽表面的 $\varepsilon(60°)$。

（2）从点2发出的辐射，然后从点1以镜面方向反射。该贡献的特征是关于凹槽表面的 $\varepsilon(0°) \cdot R(60°) = \varepsilon(0°) \cdot [1 - \varepsilon(60°)]$。

（3）从点1沿点2的方向发出的辐射，从点2反射回点1，然后在镜面方向反射。这种贡献的特征是关于凹槽表面的 $\varepsilon(0°) \cdot R(0°) \cdot R(60°) = \varepsilon(0°) \cdot [1 - \varepsilon(0°)] \cdot [1 - \varepsilon(60°)]$。

把这些辐射贡献加起来除以黑体辐射，可以很容易地看出沟槽表面的法向发射率增加了。对于具体的数值，假设抛光表面发射率为 $\varepsilon(0°) = 0.04$ 和 $\varepsilon(60°) = 0.05$。在这种情况下，沟槽表面总的发射率 $\varepsilon_{total,normal} = 0.04 + 0.04 \times (1 - 0.05) + 0.04 \times (1 - 0.04) \times (1 - 0.05) = 0.114$，也就是说，由于这种表面结构，发射率增加了近3倍。这种增强背后的基本思想解释了为什么任何粗糙表面都要比抛光平面具有更高的发射率。

规则的表面结构往往导致发射率的角向分布不均匀。对宏观凹槽表面不同发射角的发射率[32]重复进行上述计算，可以看出发射率随观测角度变化较大，如图1.36所示。

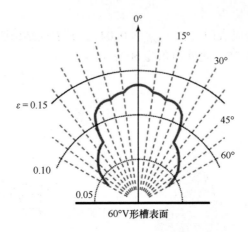

图 1.36　表面发射率为 0.04 的抛光金属表面的 60°V 形槽模型的预期发射率与
观测角函数关系的极坐标图

1.4.4.5　波长

众所周知，材料的性质通常取决于波长。例如，考虑贵金属金（Au）、银（Ag）和铜（Cu）的反射率。Au 和 Cu 在可见光谱范围内具有电子带间跃迁，从而产生随波长变化的反射辐射，最终形成这些金属特有的金黄色和红棕色。反射率与材料的发射率密切相关，因此，任何随波长变化的反射率也会体现在发射率中。详细的理论论证超出了本书的范围，我们给出了各自的参考文献［20，30］，并给出了某些材料的发射率总体变化的示意图（图 1.37）。

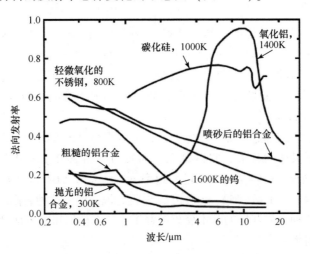

图 1.37　不同材料的法向发射率随波长变化示例

如图 1.37 所示，金属的发射率通常随波长的增加而降低（其反射率变化正好相反），而氧化物和其他非金属的发射率也会增加。铝合金的例子则清楚地强调了从抛光表面增加表面粗糙度到网格纸粗糙度和最终被喷砂处理导致发射率急剧增加的影响。

因此，在处理发射率对波长敏感的物质时，首先要确定发射率在所使用的红外相机工作光谱范围内是否恒定。如果不恒定，建议使用窄带滤光片或其他波段的相机进行热成像，从而要尽量确保物体的发射在红外相机工作光谱范围内几乎是恒定的。如果这种条件也不具备，则必须意识到，要进行任何定量分析将变得更加复杂，因为信号评估必须已知发射率的变化情况。

最后，除了作为波长函数的这些缓慢变化的发射率之外，还有一些选择性吸收体和发射体，如塑料薄膜或许多气体种类，它们在红外成像中有着特殊的应用，这些将在其他章节中有详细的论述（如第7章、第9.6.5节）。

1.4.4.6 温度

材料性能通常随温度变化，这同样适用于发射率，图1.38给出了一些示例。一些材料的发射率随温度变化表现出相当强的变化，因此为了实际的目的，就有必要知道在红外观测过程中材料的温度是否保持在一定的温度区间内，从而可使该研究过程中的发射率被认为是恒定的。此外，如果直接使用的是文献资料中给出的发射率值，就必须知道该发射率所对应的温度。

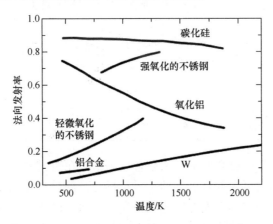

图1.38　不同材料发射率随温度变化示例

1.4.4.7 小结

在红外成像中，材料的发射率是至关重要的，它取决于许多参数。用热成像法精确测量温度需要对这个物理量有精确的了解。文献［1，10，23，30］和此类相机系统的制造商提供了几种不同材料的发射率表。不幸的是，如果不仔细了解这些参数，就不能正确使用这些工具。测量总是在特定的实验条件下开展的，如温度范围、波长范围（LW、MW、SW）或角度（方向或半球形测量）。这三个因素通常不是最关键的，因为对于大多数（并非所有）红外热成像的实际情况来说，发射率与波长和温度的相关性不大。此外，大多数实际发射体仅在观测角度大于表面法向45°时显示出方向依赖性。这意味着我们主要处理的是灰体，它们的发射率可以在一定的范围内被准确地猜测出来。

然而，不幸的是，金属物体存在严重的问题。抛光金属的发射率很小，ε 的微小变化会导致温度差异较大，因此发射率越小，其测温数值就越精确。

这就带来了严重的问题，因为抛光金属的 ε 值与粗糙或氧化金属的 ε 值相差甚远。在电气检查中，通常会处理高度氧化和/或腐蚀的金属零件。在这种情况下，从表中猜测发射率可能会导致严重错误的结果[33,34]。此外，金属工业（铝或钢生产等）也可能需要考虑发射率随温度的变化。

1.4.5 实际工作中测量/推测发射率的技术

由于在推测发射率精确值时存在无法克服的问题，因此常见的做法是直接测量发射率 ε。这可以通过多种方式实现，表 1.7 中列出了一些常用的方法。在不做特殊说明的情况下，我们所说的"发射率"是指方向接近法向的发射率，这些发射率已被集成在红外相机选定的波长范围内。

表 1.7 热像仪中调整法向发射率的一些常用方法

方法	胶带	涂层、修正液等	接触式温度计	钻孔
所需设备	胶带	涂层	热电偶	电钻
基本思想	由实验室实验得出的已知发射率，用接触式探针（通常是热电偶）校准	用接触式探针进行单点测量	由于空腔效应而增加的已知发射率	
优缺点	非破坏性、可移动性、非常粗糙表面的良好热接触问题	非破坏性，去除油漆的问题，也适用于粗糙表面	非破坏性，可能较为耗时	破坏性，与物体表面结构无关

最简单的方法是将已知发射率的胶带或油漆附在研究对象上。在分析中，胶带或油漆的表面温度可根据其已知的 ε 进行推算。假设热接触良好并等待热平衡建立，且假设物体的相邻表面温度相同，那么，通过改变相机软件中的 ε 值来寻找物体的发射率，直到物体温度等于已知的胶带表面温度。这种方法的精度取决于已知胶带或油漆发射率的精度。由于是实验室的测量，它们与接触探针（热电偶）的温度测量精度有关。

还可以直接用热电偶测量几个点的表面温度，并用它们校准红外图像。在这种情况下，必须确保获得良好的热接触，建立热平衡，热电偶本身不通过热传导改变物体的温度，这对小物体是至关重要的。一个有用的条件是热电偶的热容必须比物体的热容小得多。这种方法非常快速，但如果研究由许多不同材料制成的物体，可能会花费更多的时间。此外，必须确保红外图像中不存在热反射（9.2节），因为这将在分析中引入误差。

有时，在建筑热成像中，可能有机会在墙上钻一个洞。因此，就创建了一个具有非常高发射率值的空腔，然后可以在图像中使用它来获得正确的温度读数。

以类似于磁带法的方式，可以估计相邻区域的发射率。

1.4.6 黑体辐射源：校准用发射率标准

在红外成像技术中，所有的商用相机制造商都必须对其相机进行校准，以便用户能够在选择合适的发射率时获得红外图像中的温度读数。此外，一些研究用途的相机必须由用户自行校准。

校准通常是通过观察黑体辐射的最佳实验近似值来完成的，即所谓的黑体校准标准。负责标准的国家机构（如美国 NIST、德国 PTB 等）已经制定了标准（例如，$\varepsilon > 0.9996$，采用热管空腔式黑体[35]）。商业黑体辐射源，特别是大面积黑体，被红外相机制造商和其他用户用作实验室实验的二级标准（图 1.39）。它们可以追溯到原始空腔类型标准，但通常具有较小的发射率，约为 $\varepsilon = 0.98$。它们由具有附加表面结构（如金字塔）的高发射率材料制成，表面温度稳定。

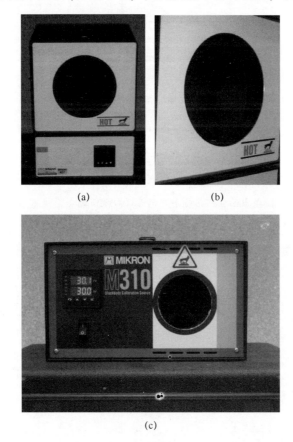

(a)　　　　　　　　　(b)

(c)

图 1.39　两个商业二级标准黑体源的照片，$\varepsilon = 0.98$
（a）、（b）具有圆形对称结构，在掠入射时可见；（c）无结构。

达到一级标准的高发射率的原则基于基尔霍夫定律（式（1.29））。我们需要建造一个具有高吸收率的物体。如上所述，当引入黑体辐射时，远处建筑物的一扇开着的窗户通常看起来很黑。原因如图1.40所示。

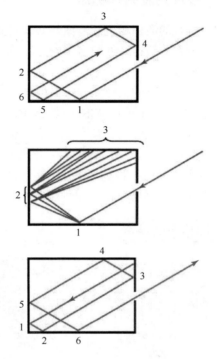

图1.40　带孔的空腔可以捕获入射辐射（蓝色），即使与表面的每次相互作用的吸收很小，因为辐射在再次发射之前经历了多次反射。如果内表面是漫射反射，效果会更强烈。同样，从壁面某点（红色）发出的任何热辐射在离开开口之前都会处于热平衡状态（见彩插）

辐射直接通过小孔进入一个不透明腔体，该腔体内壁在给定条件下温度是稳定的。辐射与壁面的每一次相互作用都有一定的吸收，辐射会逐渐衰减。通常内表面不抛光，即根据反射定律（式（1.2）），内表面不是反射面，而是漫反射面（图1.11）。如果孔洞相对于腔体总的表面积很小，则辐射在有机会通过入射孔洞再次离开腔体之前，会发生多次与吸收损失相关的相互作用。例如，如果吸收率 $\alpha = 0.5$，10次反射后辐射将衰减到 $(0.5)^{10}$，即小于 10^{-3}。这意味着总吸收率将大于99.9%，因此各自的发射率具有相同的值。

同样的情况也会发生在空腔内的任何辐射上，它们与内壁产生很多次相互作用，然后通过唯一的孔洞离开腔体。这就是这些空腔被认为是完美的热辐射发射体的原因。

多年来，人们研究了各种不同材料与许多不同几何形状的空腔和孔洞尺寸的组合（图1.41）[1,30]。球面和圆柱的简单几何形状通常被圆锥形状或至少有圆锥端面的圆柱所代替。对于高发射率源，内表面粗糙且材料应具有高发射率。

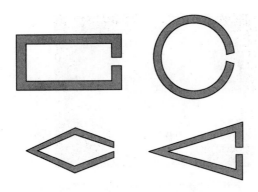

图 1.41　各种几何结构的黑体空腔

技术发展以后，现在很容易产生很高的发射率，但也表明，如果使用低发射率的内壁材料，可以实现中等发射率值约为 $0.3 \sim 0.7$[36] 范围内的空腔。例如，图 1.42（a）显示了抛光金属空腔的几何结构。图 1.42（b）将产生的理论发射率描述为材料发射率的函数，图 1.42（c）演示了空腔几何结构对产生的发射率的影响。后一种结果很容易理解：内表面积越大，辐射击中小孔的机会越小，因此发射率越大。

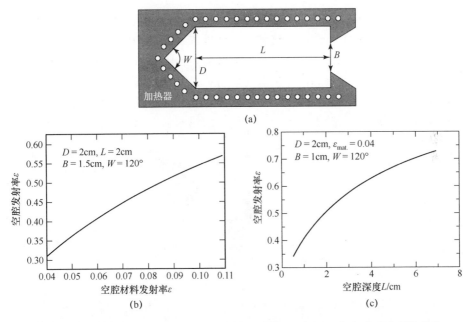

图 1.42　黑体腔体设计及腔体发射率随壁面材料和几何形状变化的理论预期结果

然而，在明确定义的几何形状中，抛光的腔体材料确实存在发射率与角度相关的副作用，与图 1.36 相似，即存在特定的角度，相对于其他角度，辐射会更多（或更少）地发射出来。如图 1.43 所示为 $L = 5\mathrm{mm}$ 加热空腔的红外测量结果，腔体几何结构如图 1.42 所示。

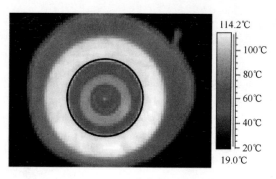

图 1.43　金属空腔发射率的几何谐振。黑色圆圈表示孔径的大小

综上所述，对于空腔黑体源，只要内表面由抛光金属制成，就可能获得 0.2 ~ 0.6 范围内的低和中等发射率；然而，发射率的方向性特征通常仍然存在，即空腔黑体源还不像朗伯源。最好的高发射率朗伯黑体源是由具有高发射率的壁面材料构成的，并且可能还需要对壁面进行粗糙化处理。

1.5　红外光学材料特性

在任何实际的非接触式温度测量中，无论是高温计还是红外成像，辐射必须从研究对象到达探测器。然而，这就需要红外辐射通过物体表面和相机外壳与探测器之间的空间（图 1.44）。辐射通常在这条路径上衰减，因为它必须通过各种物质，通常至少是大气层和固体聚焦光学材料，某些特殊应用可能还包括其他种类的物质，如其他气体、液体或额外的固体滤光片等。此外，固体材料会导致额外的热反射，如果在高温下，还会产生额外的热辐射，这可能会增加目标信号。

图 1.44　红外热成像测量的典型设置。目标物体是透过物质观察的，物质可以是气体、液体或固体。因此它可以衰减目标辐射。这同样适用于探测器前面的相机光学组件

本书主要总结了热红外光谱范围内大气和固体窗口或透镜材料的光学性质。其他种类，如特殊气体或塑料，在第 7 章和 9.6.5 节中单独处理。更多的信息可以在文献 [1, 4, 12, 13, 17, 30, 37 – 39] 中找到。

1.5.1 红外辐射在物质中的衰减

最常见的情况是研究已经包含在大气中的物体，也就是说，这些物体已经暴露在气体中，然后传输到相机光学系统中。红外辐射从物体表面发射到大气中，需要知道气体的散射/吸收过程，才能计算出红外辐射的衰减。

对于任何一种固体材料，入射辐射都会被有规律地反射、漫射散射、吸收或发射（图 1.45）。因此，对红外辐射衰减的一般处理必须能够计算物质内部的吸收/散射以及边界处对大气的反射损失。

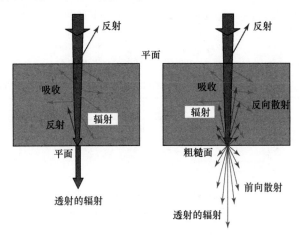

图 1.45　入射到平面物体上的红外辐射可以被反射、吸收或发射。
对于粗糙表面，可能会发生漫反射散射

根据布格尔–朗伯–比尔定律（式（1.32）），辐射沿其在物质内部的原始方向衰减，可以得到辐射的透射部分 T 作为物质内部移动距离 d 的函数：

$$T(\lambda,d) = \frac{I(\lambda,d)}{I(\lambda,0)} = \mathrm{e}^{-\gamma(\lambda)\cdot d} \tag{1.32}$$

式中：$\gamma(\lambda) = \alpha(\lambda) + \sigma(\lambda)$ 为总衰减系数，这是由于存在对辐射的吸收和散射，换句话说，就是改变了辐射的方向。吸收和散射部分都可以根据第一性原理计算出来。对于气体，吸收和散射都是由于电子的振动和/或旋转引起的能级跃迁，因此 γ 可以表示为

$$\gamma_{\text{gases}}(\lambda) = n \cdot (\sigma_{\text{abs}}(\lambda) + \sigma_{\text{sca}}(\lambda)) \tag{1.33}$$

式中：n 为气体的体积浓度（粒子数/体积）；σ_{abs} 和 σ_{sca} 为吸收和散射截面。大气分子的衰减结果是由许多著名的实验室通过实验得出的。

对于固体物质，衰减是由电子能带内的激发和晶格振动过程引起的。非散射固体中的衰减系数与宏观已知量有关，即折射率的虚部 $n = n_1 + in_2$（式（1.34））。

$$\gamma_{\text{solids}}(\lambda) = \alpha_{\text{solids}}(\lambda) = \frac{4\pi \cdot n_2}{\lambda} \tag{1.34}$$

许多固体的折射率已经测量过，并在一系列手册中列出[18]。

1.5.2　辐射在大气中的传输

干燥的大气由几种自然气体分子组成（表1.8），此外，还有不同数量的水蒸气，其体积浓度变化量高达数个百分点。同一原子种类的原子气体（如 Ar）和双原子气体（N_2 和 O_2）在热红外范围内不能吸收红外辐射。然而，由两个或两个以上不同的原子种类组成的分子，如 NO、CO、CO_2、CH_4、H_2O 等，原则上是能够吸收红外辐射的。图1.46 描绘了 10m 和 1000m 水平大气路径的两种宏观透射光谱，表明在其他纯空气中，以 CO_2 和 H_2O 吸收为主。气溶胶和云可以引起额外的衰减。

表 1.8　干燥空气的组成

（对于二氧化碳，可查询 http：//www.esrl.noaa.gov/gmd/ccgg/trends/）

气体	符号	含量 / %	浓度 / ×10⁻⁶
氮气	N_2	78.08	—
氧气	O_2	20.95	—
氩气	Ar	0.93	—
二氧化碳	CO_2	0.0388	388
氖气	Ne	0.0018	18
氦气	He	0.0005	5
甲烷	CH_4	0.00018	1.8

此外，还有浓度较低的气体，如氪（Kr）、氢（H_2）、氧化亚氮（N_2O、NO）、氙（Xe）、臭氧（O_3）等，具体组分取决于海拔高度。目前 CO_2 的年增长率约为 1.5×10^{-6}，而甲烷的年增长率约为 7×10^{-9}。

大气中存在几种特征吸收特性，特别是在 2.7μm（H_2O 和 CO_2）、4.2μm（CO_2）、5.5μm 和 7μm（H_2O）之间以及 14μm 以上（H_2O 和 CO_2）的波段。这些吸收波段对于确定红外相机的工作光谱波段非常重要（具体见图1.8）。

研究者已经开发了几种计算机程序可以非常精确地计算红外辐射在大气中的光谱传输特性，其中最著名的分别是低分辨率大气透射率计算模型（LOWTRAN）、中分辨率大气透射率计算模型（MODTRAN）或高分辨率大气透射率计算模型（HITRAN）。这些大气辐射传输计算模型均包括大气中所有相关气体组分的吸收和散射常数，还包括组分的垂直分布，以便为气体衰减提供适当的模型。LOWTRAN 是一种低分辨率的大气传输计算模型，是预测大气透过率和背景辐射的计算机程序。MODTRAN 与 LOWTRAN 相似，但具有更高的光谱分辨率。同样，HITRAN 的光谱分辨率更高。2004 年的 HITRAN 模型包括了多达 37 种不同分子的 173469 条谱线。然而，对于红外成像，主要处理两种组分和几个典型光谱带, 如图 1.46 所示。

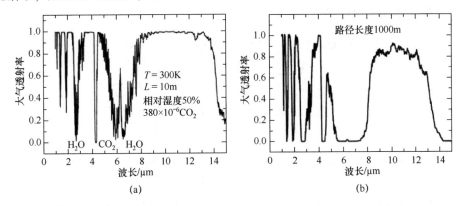

图 1.46　水平大气路径 10m (a) 和 1000m (b) 的大气透射率 $T(\lambda)$

　　这两个方面对于实际的红外热成像特别重要。首先, 衰减取决于吸收气体种类的浓度 (式 (1.33))。对于大气中的大多数气体来说, 浓度是恒定的或随时间缓慢变化的; 然而, 水蒸气会有很强的波动, 因此, 相对湿度是一个重要的量, 需要测量它来精确补偿物体和相机之间的水蒸气衰减。其次, 衰减还取决于物体到相机的距离 (式 (1.32)), 因此, 也需要知道这个物理量。不过, 相对湿度和距离都是红外相机分析软件中的输入参数。

　　最后, 对于较长的大气路径 (通常在热成像中没有遇到), 由气溶胶散射引起的衰减效应可能变得很重要, 因此, 相应的建模必须包括气溶胶的大小和高度分布。如果粒子很小, 例如, 典型的雾霾中含有直径 500nm 左右的水滴, 可见光就会非常有效地散射, 而波长较长的红外辐射受到的影响就小得多 (具体见 10.5.2 节)。

1.5.3　辐射在固体板材中的传输

1.5.3.1　非吸收性板材

　　对于固体材料, 红外辐射的衰减往往发生在红外相机的镜头上, 以及经常通过一些窗口观察物体的情形。在大多数情况下, 由于使用的是平面 (抛光) 表面, 因此忽略了来自表面粗糙度的散射。辐射衰减主要是由镜头边界处的反射及其材料内部的吸收引起的。为了简单起见, 接下来主要讨论平面几何学, 即具有给定厚度的板材, 以及在法向入射条件下具有明确的折射率和红外辐射。

　　对于曲面相机镜头, 我们应该重新讨论有限入射角的问题。在这种情况下, 反射系数会根据菲涅耳方程发生变化, 产生与偏振相关的效应 (见图 1.12 和图 1.34)。但是, 如果物体到透镜的距离比透镜的直径大, 那么角度就小, 通用结论仍然有效。

　　首先考虑一块非吸收性的平板 (共面板), 周围环绕着非吸收物质, 通常是大气（图1.47）。辐照度 L_0 的红外辐射为法向入射（在图1.47中，为分别显示各个贡献，传播方向以斜角绘制）。

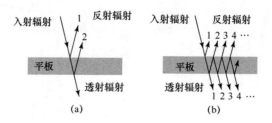

图1.47　空气中平板的辐射传输计算方案。为了清晰起见，将辐射传播方向画成斜线。然而在计算中，实际应为法向入射

在最简单的描述（图1.47（a））中，第一个界面处的辐射会有反射损失 L_R（定义反射率 $R = L_R/L_0$）。如果损失小，在第二个界面处会遇到类似的损失，也就是说，总反射损失达 $2R$ 和总传输率 $T_{total} = L_{Trans}/L_0$，可以写成 $T_{total} \approx 1 - 2R$，而 R 可根据式（1.5）得出。一个典型的例子可见光入射到在空气中的玻璃板上，其中 $n_{air} = 1.0$，$n_{glass} = 1.5 + i0.0$，$R = 0.04$ 和 $T_{total} \approx 0.92$。这意味着一个典型的玻璃板可以透射92%的入射可见光，这就是为什么我们可以通过窗户看得很清楚。在介绍红外窗口之前，先简要概括一下这个结论。

如果在第一个界面上的反射损失变大（这将是红外领域中大多数红外透明材料的情况），传输的推导必须考虑存在多个反射的所有贡献。图1.47（b）描述了计算背后的思想。部分入射辐射在第一次与平板接触时就被反射。使用符号 $R = L_R/L_0$ 和 $T = L_T/L_0 = (1 - R)$ 分别表示反射率和传输率，这样第一个反射贡献是 $L_0 \cdot R$。传输部分 $L_0 \cdot T$ 进入介质，最初假设为不被吸收。在第二次传输后，离开材料，辐射率降低到 $L_0 \cdot T^2$（传输光束编号1）。随着在平板内部反射的光束，以及随后在与平板表面的相互作用中研究更多的反射和透射，我们最终得到了一些射线（1，2，3，4，…），它们贡献了总的反射辐射和总的透射辐射。对于非吸收性材料 $T = 1 - R$，因此，所有反射贡献的总和可以写成代数和：

$$T_{slab} = (1 - R)^2 \cdot (1 + R^2 + R^4 + R^6 + \cdots) = \frac{(1 - R)^2}{1 - R^2} \tag{1.35}$$

对于空气—玻璃的例子（$n_A = 1.0, n_B = 1.5 + i0.0$），再次运用式（1.5），可以很容易地计算出透射率：

$$T_{slab} = \frac{2n_B}{n_B^2 + 1} \tag{1.36}$$

相比之下，像锗材料在波长为 $9\mu m$ 时的 $n_B \approx 4.0 + i0.0$。对 GE 板在空气中的简单推导可得出 $T_{total} = 1 - 2 \times 0.36 = 0.28$，而根据式（1.36）的正确处理可得出 $T = 0.47$。

1.5.3.2 吸收性板材

辐射在吸收平板内的传播的情形与图1.47（b）中所示相同，唯一的区别在于，在通过平板中每一个厚度 d 的连续通道时，都会有伴随额外的衰减，具体如式（1.32）所示。

重复上述透明板传输过程的计算，并从等式（1.5）中插入 R。最后，可以求得吸收性板（$n_B(\lambda) = n_1(\lambda) + in_2(\lambda)$）在空气（$n_{1A} = 1$）中的透射率。

$$T_{slab}(\lambda, d) = \frac{16n_1^2 \cdot e^{-\frac{4\pi n_2 d}{\lambda}}}{[(n_1 + 1)^2 + n_2^2]^2 - [(n_1 - 1)^2 + n_2^2]^2 \cdot e^{-\frac{8\pi n_2 d}{\lambda}}} \quad (1.37)$$

运用式（1.37）就可以方便地计算吸收性板的光谱透射率，前提是板的厚度 d 以及板材料的光学常数 $n_1(\lambda)$ 和 $n_2(\lambda)$ 是已知的。

1.5.4 红外热成像光学材料的透射光谱实例

1.5.4.1 灰体材料在红外波段的应用

热红外光谱范围内有许多常用材料[4,9,17]，包括 BaF_2、$NaCl$、$CdTe$、$GaAs$、Ge、LiF、MgF_2、KBr、Si、$ZnSe$ 或 ZnS 等晶体材料，以及熔融石英或 AMTIR – 1 等无机或有机玻璃。根据所使用材料的波长范围，可以对其进行表征。下面给出了具体示例。

图1.48（a）描述了7.5 mm厚 $NaCl$ 平板的透射、反射和吸收光谱分布情况。显然，$NaCl$ 的红外透过率在 $0.9 \sim 12\mu m$ 之间都很好，在 $14\mu m$ 时仍有约0.87的透过率。在 $\lambda > 12\mu m$ 时吸收开始起作用，此时透过率取决于板的厚度。但是，$NaCl$ 有易吸湿的缺点，即必须保护它不受水分和湿度的影响。因此，许多碱金属卤化物无法用于制造红外成像系统的透镜。然而，它们有时被当作特殊用途的红外窗口材料。

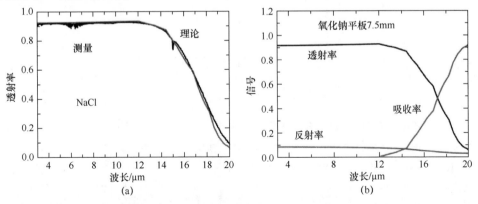

图1.48 7.5mm厚 NaCl 平板的实验（黑色）和理论（红色）透射光谱（a）
以及反射和吸收贡献（b）（见彩插）

如果所有文献数据都是这样，那么理论光谱就需要谨慎使用。精确测量材料的光学常数是困难的，经过多年的收集，在获得了更好的样品制备技术之后，这些光学常数已经得到了改进。以下所有理论图形均基于文献［18］中光学常数数据的收集。

通常，可以使用几组稍有不同的数据。这是由于这样的测量通常是在理想条件下进行的，例如，干净的样品、非常好的晶体或样品膜质量、极少的表面缺陷或划痕等，且几乎没有侧向散射。因此，当将这些数据与现实世界中相同材料的窗户或透镜进行比较时，通常会有百分之几的偏差；在有大量侧向散射且表面严重损伤的情况下，甚至可能有更大的偏差。因此，当需要进行定量分析比较时，理论光谱应被视为数学期望，实验光谱则应被记录下来。在图 1.48（b）中，用傅里叶变换式红外光谱仪（FT-IR）记录的实验光谱和基于表中光学常数的理论光谱的吻合非常好。

这里提供的数据均为法向入射数据。侧向辐射的光谱必须考虑菲涅耳方程的影响（图 1.34）。

红外相机的透镜、窗口和滤光片通常由 BaF_2、CaF_2、MgF_2、Al_2O_3（蓝宝石）或 Si 等材料制成，波长范围最多可达 $5\mu m$，而 Ge、ZnS 或 ZnSe 等材料则适用于长波范围（$8 \sim 14\mu m$）。其中一些非常适合红外成像系统的材料是通过特殊的热压技术制造的，因而具有特殊的名称，如 IRTran（红外发射的缩写）。

图 1.49 和图 1.50 均显示了在中波范围内所使用材料红外透射光谱的示例。

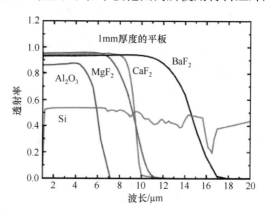

图 1.49　用于中波红外光谱范围 1mm 厚的不同材料平板的典型理论透射光谱

与 NaCl 的结果相似（图 1.48），吸收特性对于较长的波长很重要。在这种情况下，透射光谱取决于材料厚度，如图 1.50 中 BaF_2 和 MgF_2 所示。显然，如果所用的红外相机在各自光谱范围内吸收特性是敏感的，那么了解这种材料制成的窗户的确切厚度很重要。显然，BaF_2 也可用于长波红外相机。但是，必须注意保持窗口材料的厚度要小。

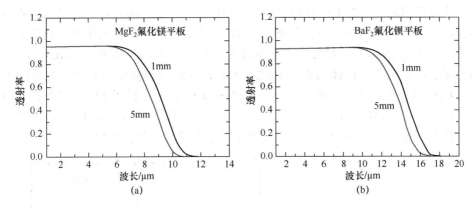

图 1.50　由于开始吸收,透射光谱取决于板的厚度

图 1.49 证明了 Si 在中波范围内的传输相当平坦;然而,其吸收特性在长波范围内占主导地位,这在图 1.51 中进行了说明。图 1.51 所示为不同厚度硅板的吸收光谱。近几十年来,硅晶体的纯度有了很大的提高。这意味着高质量的无氧硅晶体的吸收率可能比这里显示的样品要低很多,这是根据 1985 年的测量光学数据汇编得出的[18]。

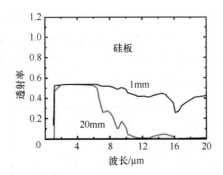

图 1.51　不同厚度硅板的透射光谱。对于 5μm 以上的波长,吸收特性是显著的

图 1.52 概述了可用于长波红外范围的材料的光谱特性。

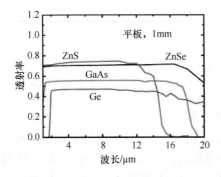

图 1.52　用于长波红外光谱范围 1mm 厚的不同材料平板的典型理论透射光谱

应该提到的是，如果以某种特殊工艺制造，则其中一些材料具有特殊的商品名，例如，含有约95%立方晶体和5%六角晶体的热压制多晶氧化锌，制造商柯达将其命名为 IRtran2。类似的其他商品名也存在，如用于 ZnSe 的 IRtran 4 等。由于光学性质取决于晶体结构，不同晶体形式的混合物会导致光透射光谱的差异。ZnSe 可用于整个长波范围；但对于 ZnS 或 Ge，即使低于 15μm 的波长，厚样品也显示出明显的吸收特征（图 1.53）。这种效应在 GaAs 中不太明显；但是，与其他材料相比，GaAs 非常昂贵，这影响了它在透镜上的商业用途。

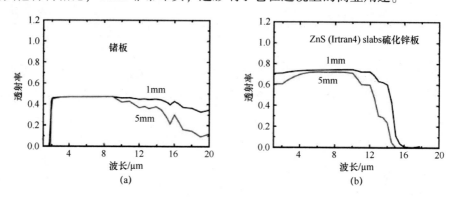

(a)   (b)

图 1.53　由于开始吸收，Ge（a）和 ZnS（b）的透射光谱取决于板的厚度

为了进行比较，图 1.54 描述了常规实验室玻璃 BK7（Schott）或熔融二氧化硅（即非晶态二氧化硅）的各自光谱。显然，普通玻璃不能用于中波或长波红外相机。合成熔融二氧化硅原则上可用于微波系统，用作带通滤波器。

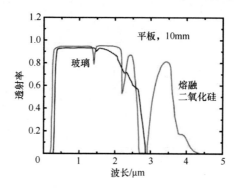

图 1.54　常规实验测量的玻璃 BK7 和熔融石英的透射光谱。由于这些材料中 OH 化学键含量的波动，吸水带周围 2.7μm 范围内通常会出现周期变化

1.5.4.2　部分选择性吸收剂

对于红外成像的初学者，一个常见的误解是期望能够观察浸入水中的热或热物体。这或多或少是不可能的，如图 1.55 所示。图 1.55 描述了水薄片的理论透射光谱。为了与图 1.48～图 1.54 直接比较，假设板被空气包围；但是，如果考虑到这种厚度的半无限液体，光谱看起来非常相似。显然，只有最薄的水层才能

在热红外光谱范围内传输辐射。

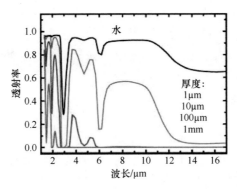

图 1.55　不同厚度水层的透射光谱

厚度为 1mm 的水层足以完全抑制中波和长波光谱范围内的任何红外辐射传输。原则上，短波红外成像（$\lambda < 1.7\,\mu m$）似乎是可能的，但是在这个光谱范围内，600K 以下物体的热辐射非常低（图 1.20 和图 1.21）。

原则上，还有其他液体，如油或有机化合物，可以进行有限的红外传输，但是，它们只用于特殊用途，此处不做讨论。

最后一个例子是红外成像中另一种常见材料——塑料，图 1.56 显示了塑料箔的红外透射光谱。塑料是一种复杂的有机复合材料，其化学成分因品种而异。因此，它们的红外光谱也会有很大的变化。显然，所选示例可用于中波相机，它在长波范围内有几种吸收特性，但可能会被用作特殊研究的带通滤光材料。

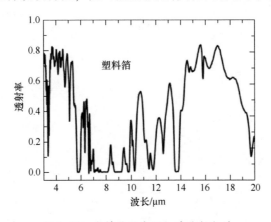

图 1.56　塑料箔的实测红外透射光谱

1.6　薄膜涂层：红外光学元件的定制化选择

许多红外透明光学材料的透射率远低于 100%，有些材料的透射率在 70% 范围内，有些材料的透射率甚至在 50% 以内（图 1.49 ~ 图 1.53）。这些透射损失主要是由于从空气到材料入射的反射损失和材料折射率较高导致的。显然，任何使用这种材料的光学系统都将遭受到达探测器的红外辐射的巨大损失。为了减少这些损耗，红外相机的透镜和光学部件通常采用减反射（AR）涂层进行处理。此外，涂层技术还可用于调整所需的光学性能，例如，红外带通滤光片。通过薄膜涂层沉积来改变光学性能的技术在可见光谱范围[25,27,40-42]内是众所周知的，并且已经成功地应用于红外光谱范围[2,4,17]。

1.6.1　波的干涉

AR 涂层的原理是基于辐射的波动性，特别是干涉现象。图 1.57 示意性地说明了干扰。红外辐射是一个新的波，可以用电场矢量的振荡来描述（第 1.2.1 节）。当两个单独的波（光波、声波、水波等）在同一时间和同一地点相遇时，它们的伸长量（此处为电场）叠加，即它们加在一起，得到一个新的总波伸长量和一个新的最大伸长量，即波幅。在图 1.57（a）中，两个波以这样的方式叠加，第一个波只移动了半个波长，也就是说，它与第二个波异相。在这种情况下，两个伸长量的相加导致电场完全抵消，新的总伸长量为零，这种现象称为破坏性干涉。在图 1.57（b）中，两个波以另外一种的方式叠加，第一个波没有移动，这意味着它与第二个波同相振荡。在这种情况下，两个伸长量的总和会导致电场的伸长更大，也就是说，新的总振幅是每个单独波的 2 倍，这被称为建设性干涉。然后，波传输的总能量与波振幅的平方成正比，即在第一种情况下，没有净能量通量，而在第二种情况下，是两个单独波的能量通量的 2 倍。每当发生干涉时，波的能量通量就会重新分布，这样在某些方向上，破坏性干涉会减小通量，而在其他方向上，会对较大的通量产生构造性干涉。当然，节能是全面实现的。

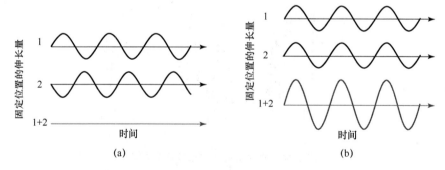

（a）　　　　　　　　　　　　　　　　（b）

图 1.57　在固定位置观测到的波的破坏性（a）和构造性（b）干涉

1.6.2　干涉与光学薄膜

通过在所需的光学材料上沉积薄膜，可以利用干涉来调整材料的光学性能。图 1.58 示意性地说明了工作原理。假设红外辐射是入射到由某种材料组成的光学元件上的，如 Ge、Si 或 ZnSe 等。这种成分材料称为基底。为了简单起见，假设组件是厚的，也就是说，只处理来自顶面的第一个反射（图 1.58（a））。根据式（1.5），可以很容易地计算出正常入射的反射率。

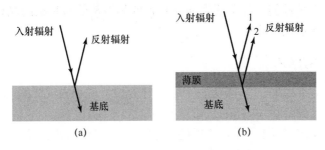

图 1.58　光学涂层的工作原理

如果将透明薄膜沉积到基板上（图 1.58（b）），则至少有两个主要反射：一个来自薄膜的上表面，另一个来自薄膜和基板之间的界面（为了简化论证，忽略了其他反射）。对于法向入射，这两个贡献在空间上重叠，并且在薄膜的上表面，这两个反射波可以相互干涉。对于顶部反射（线段 1），在干扰第一个波之前，反射辐射（线段 2）已经移动了 2 倍膜厚的额外距离，由此产生相移。为了获得合适的薄膜厚度和折射率，可以通过两个波的破坏性干涉来选择合适的相移。在这种情况下，薄膜的厚度需要为 $\lambda/4$，其中 λ 是薄膜材料内电磁辐射的波长。此外，如果两个反射波的振幅可以相等，破坏性干涉会导致对反射辐射的完全抑制。或者，可以使用构造性干涉来增强辐射的反射部分。5 个参数能够决定反射或透射辐射的光学特性：第一，基底材料的折射率；第二，薄膜材料的折射率；第三，薄膜材料的厚度；第四，入射角；第五，红外辐射的波长。

可见光谱范围内的光学干涉涂层已经被研究了几十年，最常见和最著名的例子是用于玻璃的 AR 涂层。研究表明，单层只对一个特定波长起作用，但对相邻波长的作用较小。如果在较宽的波长范围内需要特殊性能，如 AR 涂层、反射镜或窄带滤光片，则使用多层涂层（图 1.59）。它们可以从几层（如 3 层）到几百层。矩阵公式已被开发用于分析处理这种多层膜[40, 41]，然而，很明显，这种解决

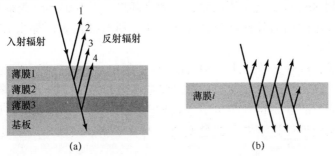

图 1.59　多层薄膜光学涂层示意图。在简化的概述（a）中，每个界面都有一个反射组件；实际上，每层薄膜（b）都有多个反射贡献，需要对其汇总处理

方案变得非常复杂，现在，计算机程序被用来计算光学性能。我们将在下面显示一些选定的结果。然而，在理论上讨论薄膜特性时需要注意一点。除了上述对光学性能有影响的理论参数外，还需要考虑透明薄膜材料的可用性以及它们在给定基板材料上的生长性能。如果所选薄膜材料的晶格常数与基板的晶格常数偏差过大，则可能是无法制造涂层。

1.6.3 减反射涂层

以可见光为例说明了薄膜光学涂层的有效性。图 1.60 描绘了普通玻璃以及涂有单层 MgF_2（厚度约 90 nm，对应于所选参考波长 500 nm 的 $\lambda/4$）或 3 层 MgF_2、ZrO_2、Al_2O_3 的同一玻璃基板的反射率。对于单层涂层而言，单个界面的典型玻璃反射率从约 4% 降至最低约 1.5%，对于适当的 3 层涂层而言，降至低于 0.1%。多层涂层具有在非常宽的可见光谱范围内降低反射率的优势。目前，这种 AR 涂层是玻璃的标准用途（当然，两个玻璃表面都必须经过处理）。

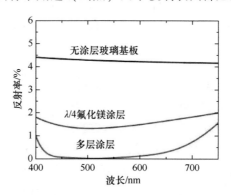

图 1.60　可见光谱范围内玻璃的光学 AR 涂层。多层涂层可导致反射的频带宽度
降低（用商业程序 Essential McLeod[42] 计算）

同样，AR 涂层也可以应用于红外光学元件材料，如红外相机。例如，硅的反射率很高，在中波范围内具有相应低的透射率。同样，由 MgF_2 和 ZrO_2 制成的简单双层涂层可以很容易地将反射率降低到 10% 以下（图 1.61），也就是说，将透射率提高到 90% 以上（由于吸收，两者之和略小于 100%）。类似地，AR 涂层可应用于长波范围内的其他材料。在实践中，所有部件表面都用 AR 涂层处理，而不仅仅是前表面。

综上所述，红外光学元件的 AR 涂层易于制备，但制造商确切的多层组成配方通常不为人知，但这种方法背后的原理是显而易见的。图 1.62 描述了在硅片上由 530nm 厚 ZnS 制成的简单单层 AR 涂层的透射光谱。通过对红外透射光谱进行分析，表明模型计算结果（蓝色实线）与真空室蒸发技术产生的真实系统非常吻合。

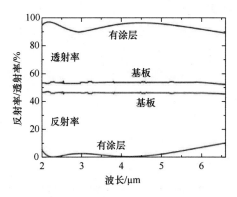

图 1.61　中波红外光谱范围内硅的 AR 涂层示例 (使用商业程序 Essential McLeod[42] 计算)

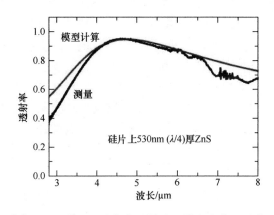

图 1.62　硅片表面 ZnS 单层抗反射涂层模型 (蓝色曲线) 的实例 (见彩插)

1.6.4　其他光学部件

最后, 红外成像中的一些应用需要特殊的光学涂层。有几个常见的例子。首先, 人们可能想要使用高通或低通滤光片, 也就是说, 要么只传输长波, 要么只传输短波。这在需要抑制特定波长范围的背景辐射时可能是非常有用的。其次, 如果入射到红外相机上的总辐射需要以一种确定的方式衰减, 那么所谓的中性滤光片可能会非常有用。这些滤光片具有与波长无关的透射率 (可以在很大范围内任意选择)。最后, 其他应用则需要带通滤光片。从可见光谱范围可知, 这类滤光片类似于干涉滤光片。图 1.63 所示为一个典型的商用滤光片, 其透射波段对应于 $\lambda \approx 4.23\mu m$ 处的 CO_2 吸收谱线, 该波段定义为最大透射率一半时的谱线宽度, 有时则是整个谱线。商业上, 在热红外范围内, 几乎每种波长都可以使用对应的各种各样的宽带或窄带滤光片 (如文献 [43])。

综上所述, 利用光学薄膜涂层, 可以在一定的范围内定制红外光学元件所需的光学性能。唯一需要记住的是, 薄膜材料不能在对应的光谱范围内产生吸收。否则, 它们的行为将类似于吸收窗口, 即吸收部分辐射, 从而升温并向外发射红外辐射，这将在测量物体温度时引入误差。

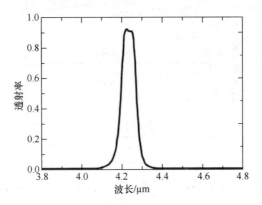

图 1.63　典型商用窄带红外滤光片的透射谱 4.23μm

红外系统中的干涉滤光片通常是通带滤光片和截止滤光片的组合（图 1.64），滤光片的使用在 3.2 节和第 7 章中详细讨论。许多滤光材料发射短波，并开始吸收大于某一波长的辐射，即滤光材料本身可以作为截止滤光片。在这种情况下，通过滤光片选择红外辐射的方向是很重要的。它应该首先通过截止滤光片，这样较长的波长就会被反射。如果它们进入滤光片，就会导致滤光片加热，从而产生额外的热辐射源，从而影响信噪比（第 2 章）。

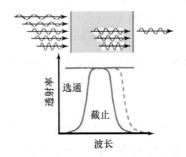

图 1.64　一种干涉滤光片，它的两边都有干涉涂层，一种起高通滤光片的作用（传输长波长），另一种起低通滤光片的作用（阻挡更长的波长），从而形成带通滤光片。如果滤光片本身吸收长波，它也类似于低通滤光片。只有波长合适的入射红外辐射被传输，其余的被反射，没有被吸收

参 考 文 献

[1] Wolfe, W. L. and Zissis, G. J. (eds) (1993) *The Infrared Handbook*, revised edition 4th printing, The Infrared Information Analysis Center, Environmental Research Institute of Michigan.

[2] Bass, M. (ed.) (1995) *Handbook of Optics*, Sponsored by the Optical Society of America, vol. 1, McGraw Hill, Inc.

[3] Dakin, J. R. and Brown, R. G. W. (eds) (2006) *Handbook of Optoelectronics*, vol. 1, Taylor and

Francis, New York.

[4] (2005) *The Photonics Handbook*, *Book* 3: The Photonics Directory, 51st edn, Laurin Publishing Company, Pittsfield.

[5] Gross, H. (ed.) (2005) *Handbook of Optical Systems*, vol. 1, Wiley-VCH Verlag GmbH, Weinheim.

[6] Gross, H. (ed.) (2008) *Handbook of Optical Systems*, vol. 4, Wiley-VCH Verlag GmbH, Weinheim.

[7] Bentley, R. E. (ed.) (1998) *Handbook of Temperature Measurement*, Temperature and Humidity Measurement, Vol. 1, Springer, Singapore.

[8] Michalski, L. , Eckersdorf, K. , Kucharski, J. , and McGhee, J. (2001) *Temperature Measurement*, 2nd edn, John Wiley & Sons, Ltd, Chichester.

[9] Hermann, K. and Walther, L. (eds) (1990) *Wissensspeicher Infrarottechnik* (*in German*), Fachbuchverlag, Leipzig.

[10] Dereniak, E. L. and Boreman, G. D. (1996) *Infrared Detectors and Systems*, John Wiley & Sons, Inc. , New York.

[11] Holst, G. C. (1993) *Testing and Evaluation of Infrared Imaging Systems*, JCD Publishing Company, Maitland.

[12] Jha, A. R. (2000) *Infrared Technology*: *Applications to Electro-Optics*, *Photonic Devices*, *and Sensors*, John Wiley & Sons, Inc. , New York.

[13] Schlessinger, M. (1995) *Infrared Technology Fundamentals*, 2nd edn, Marcel Dekker, New York.

[14] Schneider, H. and Liu, H. C. (2007) *Quantum Well Infrared Photodetectors*, Springer Series Optical Science, vol. 126, Springer, Heidelberg.

[15] Schuster, N. and Kolobrodov, V. G. (2000) *Infrarotthermographie*, Wiley-VCH Verlag GmbH, Berlin.

[16] Wolfe, W. L. (1996) Introduction to infrared system design, *Tutorial Texts in Optical Engineering*, vol. TT24, SPIE Press, Bellingham and Washington, DC.

[17] Savage, J. A. (1985) *Infrared Optical Materials and Their Antireflection Coatings*, Adam Hilger, Bristol.

[18] Palik, E. P. (ed.) (1985) *Handbook of Optical Constants of Solids*, vol. 1, Academic Press, Boston; vol. 2, (1991); vol. 3, (1998).

[19] Baehr, H. D. and Karl, S. (2006) *Heat and Mass Transfer*, 2nd revised edn, Springer, Berlin and New York.

[20] Incropera, F. P. and DeWitt, D. P. (1996) *Fundamentals of Heat and Mass Transfer*, 4th edn, John Wiley & Sons, Inc. , New York.

[21] Richards, A. (2001) *Alien Vision*, *Exploring the Electromagnetic Spectrum with Imaging Technology*, SPIE Press, Bellingham and Washington, DC.

[22] Kaplan, H. (1999) *Practical applications of infrared thermal sensing and imaging equipment*, Tutorial Texts in Optical Engineering, vol. T T34, 2nd edn, SPIE Press, Bellingham.

[23] Holst, G. C. (2000) *Common Sense Approach to Thermal Imaging*, SPIE Optical Engineering

Press, Washington, DC.

[24] Moore, P. O. (ed.) (2001) *Nondestructive Testing Handbook*, Infrared and Thermal Testing, vol. 3, 3rd edn, American Society for Nondestructive Testing, Inc. , Columbus.

[25] Hecht, E. (1998) *Optics*, 3rd edn, Addison-Wesley, Reading.

[26] Falk, D. S. , Brill, D. R. , and Stork, D. G. (1986) *Seeing the Light: Optics in Nature, Photography, Color Vision, and Holography*, Harper & Row, New York.

[27] Pedrotti, F. and Pedrotti, L. (1993) *Introduction to Optics*, 2nd edn, Prentice Hall, Upper Saddle River.

[28] Palmer, J. M. (1993) Getting intense on intensity. *Metrologia*, **30** , 371-372.

[29] Soffer, B. H. and Lynch, D. K. (1999) Some paradoxes, errors, and resolutions concerning the spectral optimization of human vision. *Am. J. Phys.* , **67** , 946-953.

[30] De Witt, D. P. and Nutter, G. D. (eds) (1988) *Theory and Practice of Radiation Thermometry*, John Wiley & Sons, Inc. , New York.

[31] Fronapfel, E. L. and Stolz, B. -J. (2006) Emissivity measurements of common construction materials. Inframation 2006, Proceedings vol. 7, pp. 13-21.

[32] Kanayama, K (1972) Apparent directional emittance of V-groove and circular-groove rough surfaces. *Heat Transfer Jpn. Res.* , **1** (1) , 11-22.

[33] deMonte, J. (2008) Guess the real world emittance. Inframation 2008, Proceedings vol. 9, pp. 111-124.

[34] Cronholm, M. (2003) Geometry effects: hedging your bet on emissivity. Inframation 2003, Proceedings vol. 4, pp. 55-68.

[35] Hartmann, J. and Fischer, J. (1999) Radiator standards for accurate IR calibrations in remote sensing based on heatpipe blackbodies. Proceedings of the EUROPTO Conference Environmental Sensing and Applications, SPIE vol. 3821, pp. 395-403.

[36] Henke, S. , Karstädt, D. , Möllmann, K. P. , Pinno, F. , and Vollmer, M. (2004) Challenges in infrared imaging: low emissivities of hot gases, metals, and metallic cavities. Inframation 2004, Proceedings vol. 5, pp. 355-363.

[37] Madding, R. P. (2004) IR window transmittance temperature dependence. Inframation 2004, Proceedings vol. 5, pp. 161-169.

[38] Richards, A. and Johnson, G. (2005) Radiometric calibration of infrared cameras accounting for atmospheric path effects, in *Thermosense XXVII*, Proceedings of SPIE, Vol. 5782 (eds G. R. Peacock, D. D. Burleigh, and J. J. Miles), SPIE Press, Bellingham, pp. 19-28.

[39] Vollmer, M. , Möllmann, K. -P. , and Pinno, F. (2007) Looking through matter: quantitative IR imaging when observing through IR windows. Inframation 2007, Proceedings vol. 8, pp. 109-127.

[40] Kaiser, N. and Pulker, H. K. (eds) (2003) *Optical Interference Coatings*, Springer, Berlin and Heidelberg.

[41] Bach, H. and Krause, D. (eds) (1997) *Thin Films on Glass*, Springer, Berlin and Heidelberg.

[42] *www. thinfilmcenter. com* (2010).

[43] *www. spectrogon. com* (2010).

第 2 章　红外热成像系统基本特性

2.1　引　言

本章简要概述热成像系统中使用的辐射探测器原理，包括操作原理、探测器性能限制因素和成像系统的背景知识。对于用户来说，使用红外成像系统不需要对探测器有详细的了解。然而，对红外图像的分析需要对相机参数的限制因素有一定的理解，如温度精度、温度分辨率（噪声等效温差（Noise Equivalent Temperatare Difference，NETD））、空间分辨率（调制传递函数（Modulation Transfer Function，MTF））等。

2.2　探测器和探测器系统

红外探测器或探测器系统作为传感器，将辐射转换成电信号。它是红外成像系统的核心。这种信号转换的质量在很大程度上决定了红外成像系统的性能。

红外探测器可以分为两类：光子探测器和热探测器。

在光子（或量子）探测器中，单步转换意味着探测器元件中的自由载流子在吸收来自红外辐射[1]的光子后，将导致自由载流子的浓度或迁移率发生变化。如果入射辐射产生非平衡载流子，则探测器元件的电阻发生变化（如光导体[2,3]）或产生额外的光电流（如光电二极管[2,3]）。

热探测器可以作为两步传感器处理：首先，入射辐射被吸收以改变材料的温度；其次，热传感器的电输出是由材料某些物理性质（例如，辐射热计中的温度相关电阻）的相应变化而产生的。

2.2.1　探测器性能表征参数

一般来说，辐射探测器的特点是参数很多[4]。与红外成像系统性能相关的参数，以表 2.1 所列的探测器参数最为重要。

表 2.1　几种对红外成像系统性能影响较大的探测器参数

名称、符号、首选单位制	定义，描述	功能关系
单个像素的响应面积 $A_{\mathrm{D}}/\mathrm{cm}^2$	通常等于单个像素的几何面积。热探测器一般为 $50\mu\mathrm{m} \times 50\mu\mathrm{m}$ 或 $25\mu\mathrm{m} \times 25\mu\mathrm{m}$，红外焦平面阵列中光子探测器一般为 $50\mu\mathrm{m} \times 50\mu\mathrm{m}$ 或 $15\mu\mathrm{m} \times 15\mu\mathrm{m}$	—

名称、符号、首选单位制	定义，描述	功能关系
时间常数 τ/s	表征探测器的响应时间（见图2.2）	入射辐射为矩形波脉冲时，等于探测器信号达到 $1/e$ 值或 $(1-1/e)$ 值所需的衰减时间或上升时间
光谱响应率 R_λ^U /（V·W⁻¹）或 R_λ^I /（A·W⁻¹）	波长 λ 处探测器面积上探测器信号电压或电流与入射单色辐射通量之比	$R_\lambda^U = \dfrac{U_{\text{Signal}}}{\Phi_{\text{radiation}}}$ 或 $R_\lambda^I = \dfrac{I_{\text{Signal}}}{\Phi_{\text{radiation}}}$
噪声电压 $\dfrac{U_N}{\sqrt{\Delta f}}$ /（V·Hz⁻¹ᐟ²）或电流密度 $\dfrac{I_N}{\sqrt{\Delta f}}$ /（A·Hz⁻¹ᐟ²）	探测器输出噪声电压 U_N 或电流 I_N 相对于信号测量带宽的平方根 $\sqrt{\Delta f}$	取决于噪声机制。示例： $\dfrac{U_N}{\sqrt{\Delta f}} = \sqrt{4kT_D R_D}$ ，约翰逊·奈奎斯特噪声占主导（ R_D 为探测器电阻）
光谱噪声等效功率 NEP$_\lambda$/W	必要的单色入射辐射功率对探测器面积产生的单位信噪比。这个值主要取决于探测器面积和信号检测的带宽[3,5]	$\text{NEP}_\lambda = \dfrac{U_N}{R_\lambda^U}$ 或 $\text{NEP}_\lambda = \dfrac{I_N}{R_\lambda^I}$
比光谱探测率 D_λ^* /（cm·Hz¹ᐟ²·W⁻¹）	归一化光谱噪声等效功率的倒数，消除了对探测器面积和信号检测带宽的依赖	$D_\lambda^* = \dfrac{\sqrt{A_D \Delta f}}{\text{NEP}_\lambda}$
工作温度 T_D /K	等于探测器温度	——

评价辐射探测器品质的指标是 D_λ^* 。利用 D_λ^* 可以比较所有不同辐射探测器的性能（商用红外探测器的光谱比探测率曲线如图2.1所示）。D_λ^* 由光谱响应率和频率相关噪声实验测量确定。

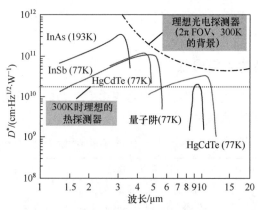

图2.1 用于红外辐射的各种光子和热探测器的光谱比探测率 D_λ^* ，分别与理想光子和热探测器的理论极限相比[6]（探测器工作温度在所有半球形空间低至300 K背景，假设光子探测器截止频率为1 kHz，热探测器截止频率为10 Hz）

对于任意给定几何结构和信号检测带宽的探测器，利用 D_λ^* 的知识就可以估计其噪声等效功率（Noise Equivalent Power, NEP）。例如，假设一个 InSb 光电二极管的波长为 $5\mu m$，比探测率约为 10^{11} cm · $Hz^{1/2}$ · W^{-1}，探测面积为 $25\mu m \times 25\mu m$，信号探测带宽为 10 kHz，能够发现 $NEP_\lambda = 2.5$ pW 的值。

如 1.3.2 节所述，对于红外相机任意的给定光学器件，可以根据目标温度估算探测器单元上的入射辐射功率。根据前述，黑体温度 ΔT_{BB} 的变化导致探测器接收到的辐射功率 $\Delta \Phi_{BB}$ 的变化为

$$\Delta \Phi_{BB} = \frac{\partial \Phi_{BB}}{\partial T_{BB}} \Delta T_{BB} \tag{2.1}$$

因此，目标温度变化量 ΔT_{BB} 可以通过测得的辐射功率的变化量 $\Delta \Phi_{BB}$ 计算得到，即

$$\Delta T_{BB} = \left(\frac{\partial \Phi_{BB}}{\partial T_{BB}}\right)^{-1} \Delta \Phi_{BB} \tag{2.2}$$

如果辐射功率变化量 $\Delta \Phi_{BB}$ 恰好等于 NEP，这就意味着达到了可能的信号检测极限（信噪比等于1）。

2.2.2 噪声等效温差

可探测辐射功率变化量的下限是 NEP。将 NEP 代入式（2.2），得到可以测量的黑体的最小温度差 ΔT_{BB}^{min}。

辐射功率差等于 NEP 时的最小温差定义为噪声等效温差（NETD）：

$$\Delta T_{BB}^{min} = NETD = \left(\frac{\partial \Phi_{BB}}{\partial T_{BB}}\right)^{-1} NEP \tag{2.3a}$$

$$NETD = \left(\frac{\partial \Phi_{BB}}{\partial T_{BB}}\right)^{-1} \frac{\sqrt{A_D \Delta f}}{D_\lambda^*} \tag{2.3b}$$

对于给定的 D_λ^*，探测器的 NETD 取决于探测器面积和信号检测带宽的平方根。例如，假设探测器具有非常低的时间常数，允许在 10 kHz 和频率无关的 D_λ^* 下进行信号检测。如果带宽从 100Hz 增加到 10kHz，则要想达到相同 NETD，就必须将所需的探测器（即红外相机的温度分辨率）D_λ^* 值增加 10 倍。如果将探测器面积降低为原来的 1/4（例如，探测器尺寸由 $50\mu m \times 50\mu m$ 减小到 $25\mu m \times 25\mu m$），那么 D_λ^* 就应为原来的 2 倍才能保持相同的 NETD。此外，NETD 受相机光学系统和入射辐射所有衰减因子（大气和光学的有限透射率、填充因子等）的影响，这些因素均会导致 NETD 增大。

如果 D_λ^* 与波长相关（图2.1），并且探测器接收波长范围为 $\lambda_1 \leqslant \lambda \leqslant \lambda_2$ 内的黑体辐射，根据式（1.23）和式（2.3），可以发现：

$$NETD = \frac{1}{FOV \int_{\lambda_1}^{\lambda_2} \tau_{optics}(\lambda) D_\lambda^*(\lambda) \frac{\partial M_{\lambda BB}(\lambda, T_{BB})}{\partial T_{BB}} d\lambda} \sqrt{\frac{\Delta f}{A_D}} \tag{2.4}$$

与半球视场（Field of View，FOV）和相机光学系统的光谱相关衰减系数 $\tau_{optics}(\lambda)$ 有关的视场内NETD。

根据红外相机探测器灵敏度的量级估计（第1.3.2.6节），忽略了 NETD 上入射辐射的所有衰减因子。

为了达到给定的 NETD 值，使用第1.3.2.6节的结论，可以对探测器的 D_λ^* 进行必要的简单估计。对于一个 24°标准物镜的长波红外成像系统（7~14μm）而言，目标温度从 302 K 变为 303 K，每个探测器像素接收到的入射辐射功率变化量为 2.54 nW。

如果假设辐射功率的差异恰好等于探测器尺寸为 50μm × 50μm 的 NEP，以及有效噪声信号检测带宽为 100 Hz，则可根据表2.1 中 D_λ^* 的函数关系计算其平均值（7~14μm 波长范围内 $D(\lambda)^*$ 的光谱平均值），估算得到 D_λ^* 的值为 2×10^7 cm·$Hz^{1/2}$·W^{-1}。如果目标温度差异低至 0.1K，那么所需的探测器 D_λ^* 的值应增至 2×10^8 cm·$Hz^{1/2}$·W^{-1}。对于更实际的情况，由于衰减因素的影响，只有辐射功率的减小才会产生探测器信号。在这种情况下，D_λ^* 至少必须超过 5×10^8~8×10^8 cm·$Hz^{1/2}$·W^{-1}。

2.2.3 热探测器

2.2.3.1 探测器的温度变化

热探测器将吸收的电磁辐射转化为热能，导致探测器温度升高。能量转换效率由吸收率 α 决定，即吸收/入射辐射的部分 $\Phi_{absorbed}/\Phi_{incident}$。

因此，响应率的光谱分布特性由吸收率 $\alpha(\lambda)$ 的光谱分布决定。能量转换可以用类似于能量守恒的微分方程表示：

$$\alpha\Phi_0 = C_{th}\frac{\mathrm{d}\Delta T}{\mathrm{d}t} + G_{th}\Delta T \tag{2.5}$$

式中：C_{th}、G_{th} 分别为探测器的比热容和热导率。热导率 G_{th} 包含探测器的所有热交换机制，如传导、对流和辐射。式（2.5）中的辐射功率 $\Phi_0 = \Phi(T_{object}) - \Phi(T_{detector})$ 表示传输到探测器的净辐射功率，该净辐射功率由物体接收的辐射功率 $\Phi(T_{object})$ 与探测器自身发出的辐射功率 $\Phi(T_{detector})$ 之差给出。吸收的辐射功率 $\alpha\Phi_0$ 导致了探测器温度升高 ΔT。

对于方波脉冲辐射信号，探测器温度变化 ΔT 随时间常数 τ 呈指数上升和下降（图2.2）。

式（2.5）可以很容易地求解。可以得出传感器在上升阶段的温度响应 $\Delta T(t)$：

$$\Delta T = \frac{\alpha\Phi_0}{G_{th}}\left(1 - e^{-\frac{t}{\tau}}\right) \tag{2.6}$$

其中时间常数：

$$\tau = \frac{C_{th}}{G_{th}} \tag{2.7}$$

对于稳态条件（$t \to \infty$）：

$$\Delta T = \frac{\alpha \Phi_0}{G_{th}} \quad\quad (2.8)$$

对于瞬态条件：

$$\Delta T = \frac{\alpha \Phi_0}{G_{th}} e^{-\frac{t}{\tau}} \quad\quad (2.9)$$

热探测器的时间常数 τ 是对探测器响应速度的测量，由传感器的比热容与热导率之比决定。如果由吸收辐射引起的温差 ΔT 线性转换成电信号，则探测器的响应率由吸收率 α 与探测器的热导率 G_{th} 之比确定。显然，一个快速而灵敏的热探测器需要低的热导率来实现最佳的温度升高，因此，也需要低的比热容（或质量）来实现小的时间常数。相关测量请参见第 8.4.1.2 节。

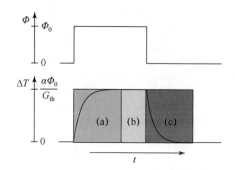

图 2.2　辐射方波脉冲信号作用下探测器温度随时间的变化情况

2.2.3.2　测辐射热计的温变电阻

为了完成探测器的工作，必须将温升转换为电信号输出。这可以通过使用任何与温度有关的物理特性来实现，如电阻的温变效应（测辐射热计）、温差产生的电压（热电效应或热电偶中的塞贝克效应和各种热电偶）、电极化的温变效应（热电探测器）等。目前，辐射热计原理是红外相机中唯一的一种探测器。因此，这里只详细讨论测辐射热计。

测热效应是由于探测器元件中吸收的辐射引起的温度升高，进而引起的材料电阻的变化。与温度升高有关的电阻 $R(T)$ 变化可以由温度系数 β 定义，表示为

$$\beta = \frac{1}{R} \frac{\partial R}{\partial T} \quad\quad (2.10)$$

如果测辐射热计的温度增加 ΔT，就能求出电阻的变化为

$$\Delta R = \frac{\partial R}{\partial T} \Delta T = \overline{\beta R} \Delta T \quad\quad (2.11)$$

式中：$\overline{\beta R}$ 为温度区间 ΔT 内电阻随温度变化的平均值。

利用式（2.8），稳态条件下的电阻变化可用吸收辐射功率 $\alpha \Phi_0$ 来表示：

$$\Delta R = \frac{\beta R \alpha \Phi_0}{G_{th}} \qquad (2.12)$$

2.2.3.3 微测辐射热计的 NEP 和 D^*

如果向测辐射热计施加稳态偏置电流 I，则可以测得信号电压 $U_{signal} = I\Delta R$。根据 R_λ^U 的定义，测辐射热计响应率计算公式由下式得出：

$$R_\lambda^U = \frac{\beta I R \alpha(\lambda)}{G_{th}} \qquad (2.13)$$

响应率主要受所用材料的温度系数 β 的影响。

因此，目前主要使用 $\beta = -3\% \sim -2\%\ \mathrm{K}^{-1}$ 的半导体材料，如氧化钒 VO_x 或非晶态硅 α-Si，代替 β 值在 $0.1\%\ \mathrm{K}^{-1}$ 左右的金属作为辐射热计的探测器材料。响应率随着施加于测辐射热计上的电流增加而增加。然而，随着电流的增加，由于测辐射热计材料的负温度系数，测辐射热计的自发热与测辐射热计电阻的降低相，这种现象定义了探测器的最佳工作点。

为了讨论辐射热计探测器的具体探测性能 D^*，有必要确定辐射热计探测器的主要噪声的产生机制。如果没有 $1/f$ 噪声发生，可以假设有两种主要的噪声机制：约翰逊噪声和温度波动引起的噪声[4,5]。如果忽略额外的放大器噪声，NEP 的这两个主要噪声机制表示为

$$\mathrm{NEP} = \sqrt{4kT_D^2 G_{th}\left(1 + \frac{I^2 R}{T_D G_{th}}\right)\Delta f + \frac{4kT_D G_{th}^2 \Delta f}{\beta^2 I^2 R}} \qquad (2.14)$$

其中包括了对辐射热计的电流加热。对于式（2.14），我们使用了这样一个事实，即电流加热引起的温差与施加电流前的探测器温度相比很小。式（2.14）中第一项代表由温度波动引起的噪声，表明电流加热引起 NEP 增加；第二项代表约翰逊噪声，描述了随着引起探测器信号响应增加有关的电流的增加而导致 NEP 的降低（式（2.13））。这些相反的趋势导致了一个最佳的电流和最小的 NEP。最小的 NEP 是通过区分 NEP 与电流的关系而得到的，进而可以通过 NEP 的最小值发现测辐射热计最佳的工作电流 $I(\mathrm{NEP_{min}})$：

$$I(\mathrm{NEP_{min}}) = \sqrt{\frac{G_{th}}{|\beta|R}} \qquad (2.15)$$

NEP 的最小值则可定义为

$$\mathrm{NEP_{min}} = \sqrt{4kT_D^2 G_{th}\left(1 + \frac{2}{|\beta|T_D}\right)\Delta f} \qquad (2.16)$$

式（2.16）表明，温度系数 β、热导率 G_{th} 和探测器温度 T_D 是表征辐射热计探测器 NEP 的优化参数。在使用测辐射热计焦平面阵列的红外相机中，焦平面阵列在室温（$T_D \approx 300\ \mathrm{K}$）附近工作。如上所述，所用材料的 β 值约为 $-3\% \sim -2\%\ \mathrm{K}^{-1}$。因此，系数 $\frac{2}{|\beta|T_D}$ 在 $0.22 \sim 0.33$ 之间变化。在测辐射热计探测器技

术中，最有趣的参数是热导率 G_{th}，它直接影响 NEP（式（2.16））。对于测辐射热计探测器，热传递可以用三个基本的热传递过程来描述：传导、对流和辐射。红外相机中的辐射热计阵列是在真空条件下工作的，因此，可以排除由周围气体环境引起的对流和传导。唯一剩下的传热过程就是辐射换热和通过测辐射热计的固态材料进行的热传导（图 2.3 所示的管脚等）。因此，总的热导率可根据辐射热导率 $G_{th}^{radiation}$ 和传导热导率 $G_{th}^{conduction}$ 计算得出：

$$G_{th} = G_{th}^{radiation} + G_{th}^{conduction} \tag{2.17}$$

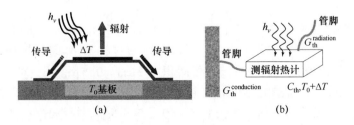

图 2.3　从辐射计膜进行的热传递

（a）通过膜的辐射损失和通过膜的管脚的传导损失；（b）能量传递的等效电路。

在假设单位发射率和半球形 FOV 的情况下，面积为 A_D 的探测器在温度 T_D 下的辐射损失引起的导热系数，可以通过微分斯蒂芬 – 玻耳兹曼方程对温度进行计算：

$$G_{th}^{radiation} = \frac{d(A_D \sigma T_D^4)}{dT} = 4 A_D \sigma T_D^3 \tag{2.18}$$

利用简化的一维传热模型（式（2.19）），可以估算热传导贡献 $G_{th}^{conduction}$：

$$G_{th}^{conduction} = \lambda \frac{A_{cross}}{l} \tag{2.19}$$

式中：λ 为涂覆测辐射热计膜的材料的热导率；A_{cross} 为横截面积；L 为测辐射热计管脚的长度。

为了得到低的 NEP 值，NETD 值必须也要低，因此总的热导率必须尽可能小。热传导可以忽略不计时，G_{th} 的最小值由辐射换热主导。在这种情况下，如果只在热探测器中出现热波动噪声（忽略约翰逊噪声），将得到可能的最小 NETD。也就是说，特定探测器响应率 D^* 的理论极限（见式（2.20）和式（2.21））为

$$NEP_{ideal} = 4 \sqrt{A_D \sigma k T_D^5 \Delta f} \tag{2.20}$$

$$D_{ideal}^* = \frac{1}{4 \sqrt{\sigma k T_D^5}} \tag{2.21}$$

作为探测器温度 T_D =300K 的数值示例，比探测率变为 1.8×10^{10} cm · Hz$^{1/2}$ · W^{-1}。如果将该值与量子探测器的 2π 视场和 300K 背景条件下的背景限制红外光电探测（Background Limited Infrared Photodetection，BLIP）的极限值进行比较

（图 2.1），可以得出热探测器仅在长波区域（7～14μm）具有一定的竞争力。

对于一个 $35\mu m \times 35\mu m$ 的测辐射热计，其对应的热导率为 7.5×10^{-9} $W \cdot K^{-1}$。

对于一个实际的测辐射热计，热导率也会受到热传导的影响，热传导是通过连接测辐射热计和基板的膜层的管脚进行的，起着散热器的作用。

为了只对热导率产生很小的额外贡献，需要一个较小的横截面积和相对较大的绝缘管脚长度。管脚长度的限制由单个像素的面积给出（图 2.4（a））。保温管脚负责将填充系数拉低到 100% 以下。微机械技术的改进使填充系数提高到 80% 左右。

对于管脚热导率的简单估算（忽略电阻率（Temperature Coefficient of Resistivity，TCR）材料的温度系数），假设使用的材料 Si_3N_4 的热导率约为 $2W \cdot m^{-1} \cdot K^{-1}$，管脚长度为 $50\mu m$，横截面积为 $2\mu m \times 0.5\mu m^{[7]}$。对于这些参数，通过两个测辐射热计管脚的热传导引起的热导率为 8×10^{-8} $W \cdot K^{-1}$。因此，真空工作的测辐射热计的总热导率为 8.8×10^{-8} $W \cdot K^{-1}$。根据式（2.9），时间常数等于热容与热导率之比。对于热导率为 8.8×10^{-8} $W \cdot K^{-1}$ 且时间常数为 10 ms 的测辐射热计，热容必须达到 8.8×10^{-10} $J \cdot K^{-1}$。假设测辐射热计的主要材料 Si_3N_4 的比热容为 500 $J \cdot kg^{-1} \cdot K^{-1}$，这将导致测辐射热计像素的质量约为 0.6 ng。对于密度为 3.2 $g \cdot cm^{-3}$ 的 Si_3N_4 和像素面积为 $35\mu m \times 35\mu m$ 的测辐射热计，这相当于要求探测器膜层厚度大约为 $0.2\mu m$。这样的话，探测器薄膜太薄，无法有效吸收红外辐射。对于长波较长的红外吸收，使用 1/4 波长谐振腔（图 2.4（b））。将焦平面阵列的测辐射热计连接到互补金属氧化物半导体读出集成电路（Readout Integrated Circuit，ROIC）的金属螺柱也可以调整腔宽。ROIC 是一种集成电路多路复用器，它与一个焦平面阵列传感器耦合，该传感器读取各个电子焦平面阵列的输出信号。ROIC 将较小的探测器信号转换为相对较大的可测量输出电压。

为了在热成像系统中应用这些探测器，必须考虑到测辐射热计在直流工作环境中并不完美。先前讨论的长波相机系统（7～14μm），在标准镜头为 24°和目标温度从 303 K 变化到 302 K 的条件下，其入射辐射功率变化量为 2.54 nW 将导致辐射引起的测辐射热计温度变化（假设总电导为 8.8×10^{-8} $W \cdot K^{-1}$）仅约为 29mK。但是，只有当测辐射热计的本征温度相对于辐射功率变化引起的温度变化稳定时，才能通过辐射热计探测器测量出准确的目标温度为 1K 的变化。这意味着，如果探测器的温度由于其他机制改变了 29mK，例如，整个探测器组件的温度变化了 1K，也会导致明显 1K 的物体温度变化。因此，在大多数情况下，热成像系统中的辐射热计阵列安装在珀耳帖元件上，其温度是热电稳定的。此外，在红外相机的光路系统中放置一个已知的温度标准，该温度标准的工作周期为几分钟，用于重新校准检测器阵列。

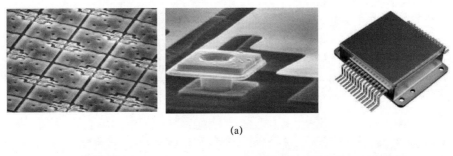

(a)

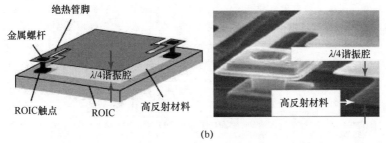

(b)

图 2.4　(a) 非致冷测辐射热计。左为测辐射热计阵列；中为测辐射热计探测器的触点；右为完整的测辐射热计 640×480 像素 FPA 芯片（图片：法国，乌利斯）。(b) 具有 λ/4 谐振腔的测辐射热计像素（图片：法国，乌利斯）

2.2.4　光子探测器

2.2.4.1　工作原理和响应特性

光子探测器通过自由电荷载流子浓度的变化，将被吸收的电磁辐射直接转化为半导体中电子能量分布的变化，这个过程称为内生光电效应。半导体固体呈现典型的电子能带结构，具有能带或能态（"允许"电子能）和能隙（"禁止"电子能，如图 2.5 (a)、(b) 所示）。对于辐射探测来说，光子的量子能量 $E = h\nu$ 必须超过能量阈值 ΔE，即价带（价带顶，几乎由电子完全占据的能带）和导带（导带底，几乎没有电子的能带）之间或能隙内的能态之间的电子跃迁的激发能（由杂质能级引起）和能带。图 2.5 (c) 所示为不同的激励过程。对于本征光电效应，当光子能量超过半导体能隙时，发生电子-空穴对的带间激发。非本征光电效应描述了电子或空穴从杂质能级激发到半导体的导带或价带的情况。对于这种激发，光子能量必须超过杂质的电离能，即杂质能级和相应带边之间的能量差。

由于光子探测器的能量阈值 ΔE，光谱灵敏区域受到截止波长 λ_{cutoff} 的限制：

$$\Delta E = h\nu_{\text{cutoff}} = \frac{hc}{\lambda_{\text{cutoff}}} \tag{2.22a}$$

$$\lambda_{\text{cutoff}} = \frac{hc}{\Delta E} \tag{2.22b}$$

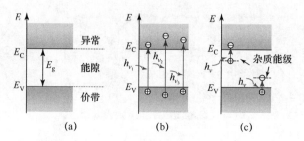

图 2.5　(a) 固体的简化能带结构。E_V 和 E_C 分别表示价带的上边缘和导带的下边缘。(b) 内生光电效应：具有不同能量的光子（箭头长度）可以激发电子进入导带，同时在价带上留下空穴。(c) 外生光电效应：杂质在能隙内形成局域电子态。光子在杂质能级和电子带之间的跃迁需要更低的能量

　　光子探测器只对频率 $\nu \geqslant \nu_{cutoff}$ 敏感，即 $\lambda \leqslant \lambda_{cutoff}$。响应率和比探测率与波长密切相关。这种现象是由于探测器充当了光子计数器，探测器信号对应于每次入射光子的数量 $Z_{radiation}$，也称为量子通量。响应率由探测器信号与入射辐射功率 $\Phi_{radiation}$ 的比值定义（表 2.1）。如果假设波长为 λ 时为非变色辐射，则可以从入射辐射功率 $\Phi_{radiation}$ 中计算出量子通量 Z，反之亦然。

$$Z_{radiation} = \frac{\Phi_{radiation}}{h\nu} = \lambda \frac{\Phi_{radiation}}{hc}, \Phi_{radiation} = \frac{1}{\lambda}hcZ_{radiation} \qquad (2.23)$$

　　响应率由探测器信号与入射辐射功率 $\Phi_{radiation}$ 的比值确定（表 2.1），则可以把探测器发出的电流信号写为

$$I_{signal} = e\eta Z_{radiation} = \frac{e\eta\lambda\Phi_{radiation}}{hc} \qquad (2.24)$$

式中：η 为量子效率，即每个入射光子的自由电荷载流子数。因此，

$$R_\lambda^I = \frac{I_{signal}}{\Phi_{radiation}} = \frac{e\eta\lambda}{hc}, \frac{I_{signal}}{Z_{radiation}} = e\eta \qquad (2.25)$$

　　响应率和比探测率与波长 λ 成正比（图 2.6）。当量子效率等于 1（$\eta = 1$）时，光子探测器可能的最高响应率仅取决于波长。

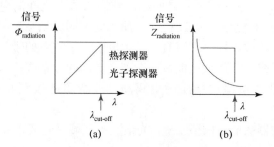

图 2.6　光子探测器和热探测器信号对恒定入射辐射功率

(a) 和量子通量 (b) 的波长相关性

　　这样就得到了光子探测器光谱相关响应率和探测曲线形成的理论三角形。与

三角形曲线相比，实际光谱偏差随光谱变化规律（图2.1）是由接近截止波长的量子效率 η 造成的。对于简化模型，使用一个阶跃函数来计算量子效率 η，对于 $\lambda > \lambda_{cut-off}$，$\eta = 0$；对于 $\lambda \leqslant \lambda_{cut-off}$，$\eta = 1$。阶跃函数模型 $\eta(\lambda)$ 与阶跃函数模型的偏差是由于吸收系数的光谱依赖性、非平衡载流子寿命、载流子扩散长度、探测器几何尺寸等不同参数造成的。

量子探测器的噪声可以由不同的噪声源构成，大致可以分为两类噪声：暗电流噪声（约翰逊 – 奈奎斯特噪声、电流噪声、产生和复合噪声等[1,5]）和辐射诱导噪声。对于一个理想的探测器来说，噪声仅仅是由辐射引起的噪声造成的。这样信号检测就会受到信号噪声或背景辐射的限制。

2.2.4.2 D^* 用于信号噪声限制检测

假设探测器只接收目标辐射，从而产生信号电流 I_{signal}，而没有来自背景的任何额外辐射。

由信号电流（式（2.24））引起的散粒噪声电流为[5,8]

$$I_N = \sqrt{2eI_{signal}\Delta f} = \sqrt{\frac{2e^2\eta\lambda\Phi_{signal}\Delta f}{hc}} \tag{2.26}$$

而且，信号噪声限制探测器的 $NEP_{SL}(\lambda)$ 变为

$$NEP_{SL}(\lambda) = \frac{2hc\Delta f}{\eta\lambda} = \frac{2E_{photon}}{\eta}\Delta f \tag{2.27}$$

NEP_{SL} 只依赖于光子能量。对于波长 $\lambda = 10\mu m$，量子效率 $\eta = 1$，带宽 $\Delta f = 1\ Hz$，估算得到极低的 NEP 约为 $4 \times 10^{-20}\ W$。在这种情况下，每秒只有两个光子的光子通量将产生的信噪比为 1。

比光谱探测率 $D^*(\lambda)$ 取决于探测器面积：

$$D^*(\lambda) = \frac{\eta\lambda}{2hc}\sqrt{\frac{A_D}{\Delta f}} \tag{2.28}$$

对于探测器面积为 $25\mu m \times 25\mu m$，波长 $\lambda = 10\mu m$，量子效率 $\eta = 1$，带宽 $\Delta f = 1\ Hz$ 的探测器而言，$D^*(\lambda) = 6.3 \times 10^{16} cm \cdot Hz^{1/2} \cdot W^{-1}$。该值应该是一个理想的理论结果，它不反映热像仪中光子探测器的情况，因为热像仪接收背景辐射。

2.2.4.3 D^* 用于背景噪声限制检测

现在考虑一个更现实的情况，所使用的红外相机中的光子探测器将暴露在信号和背景辐射中。

我们可以再次使用式（2.24）计算信号电流。噪声电流被附加的背景辐射修改，产生额外的探测器噪声电流。修正式（2.26），可以得出

$$I_N = \sqrt{2eI_{signal}\Delta f} = \sqrt{\frac{2e^2\eta\lambda(\Phi_{signal} + \Phi_{background})\Delta f}{hc}} \tag{2.29}$$

上面讨论了背景辐射可以忽略不计的极端情况。另一个极端是，背景辐射产

生的噪声电流成为主要贡献。

　　假设与背景辐射功率相比，信号辐射功率可以忽略不计，并且根据式（2.24）中的信号电流和式（2.29）中的噪声电流的表达式，可以将以 BLIP（背景限制红外光电检测）为特征的探测器的比光谱探测率 D^*_{BLIP} 写为

$$D^*_{\text{BLIP}}(\lambda) = \sqrt{\frac{\eta\lambda}{2hc\left(\dfrac{\Phi_{\text{background}}}{A_{\text{D}}}\right)}} = \sqrt{\frac{\eta\lambda}{2hcE_{\text{background}}}} \tag{2.30}$$

式中：$E_{\text{background}}$ 为来自探测器背景的辐照度。值得一提的是，式（2.30）对波长为 λ 的单色背景辐射是有效的，可以用光子通量 $Z_{\text{background}}$ 重写。半球空间的 $Z_{\text{background}}$ 由所吸收的背景光子通量给出：

$$Z_{\text{background}} = A_{\text{D}}\int_0^{\lambda_{\text{cutoff}}} M_\lambda(\lambda, T_{\text{background}})\frac{\eta\lambda}{hc}\mathrm{d}\lambda \tag{2.31}$$

　　现在，可以推导出探测器在其视场 FOV 内存在热背景辐射（背景温度 $T_{\text{background}}$）时 $D^*_{\text{BLIP}}(\lambda)$ 的值，其特征是接收全锥角 θ 内的背景辐射（图 2.7）。对于半球背景，式（2.31）给出了背景光子的数量。从探测器上看，对于 2θ 线性角的有限视场，式（2.31）的结果必须乘以 $1/\sin^2(\theta/2)$。

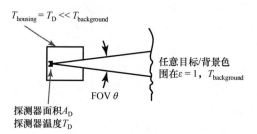

图 2.7　热背景辐射条件下由致冷型探测器孔径定义的 FOV

　　对于 $D^*_{\text{BLIP}}(\lambda)$ 的计算，假设黑背景 $\varepsilon_{\text{background}} = 1$ 时具有均匀的背景温度 $T_{\text{background}}$，量子效率 $\eta = 1$ 时光子探测器的三角形光谱响应率分布对于 $\lambda \leqslant \lambda_{\text{cutoff}}$ 以及 $\eta = 0$ 对于 $\lambda > \lambda_{\text{cutoff}}$，可根据式（2.25）得出

$$D^*_{\text{BLIP}}(\lambda) = \frac{\lambda}{hc}\arcsin\left(\frac{\theta}{2}\right)\left\{\int_0^{\lambda_{\text{cutoff}}}\frac{2\pi c}{\lambda^4(\mathrm{e}^{\frac{hc}{\lambda k T_{\text{background}}}}-1)}\mathrm{d}\lambda\right\}^{-1/2} \tag{2.32a}$$

可进一步近似写为

$$D^*_{\text{BLIP}}(\lambda) = \left\{\sin\left(\frac{\theta}{2}\right)\left[\frac{4\pi(kT_{\text{background}})^5}{c^2h^3}\right]^{1/2}x_{\text{C}}(x_{\text{C}}^2+2x_{\text{C}}+2)^{1/2}\mathrm{e}^{-\frac{x_{\text{c}}}{2}}\right\}^{-1}$$

$$\tag{2.32b}$$

　　其中 x_{C} 为无量纲参数，且 $x_{\text{C}} \gg 1$：

$$x_{\text{C}} = \frac{hc}{\lambda k T_{\text{background}}} \tag{2.33}$$

图 2.8 所示为根据式（2.32b）计算的背景温度为 300K 和不同孔径尺寸下

的 $D^*_{\mathrm{BLIP}}(\lambda)$。假设包含探测器并形成孔径的外壳内部的背景辐射温度远低于室内背景辐射温度，如液氮温度 $T_{\mathrm{chamber}} = 77\mathrm{K}$。因此，探测器外壳内部的辐射对 D^* 值的影响可以忽略不计。

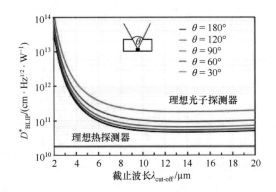

图2.8　理想光子探测器的 D^*_{BLIP}，取决于截止波长和背景辐射的视场 θ，背景辐射 $T_{\mathrm{background}} = 300\ \mathrm{K}$（与理想热探测器比较）（见彩插）

根据图2.8所示的结果，通过降低热背景辐射的 FOV，可以提高 BLIP 光子探测器的比探测率。热成像系统的最小孔径由相机光学镜头的视场确定。除此之外，还必须考虑，在计算 D^*_{BLIP} 时，忽略了所有其他探测器噪声过程（如探测器的暗电流噪声）。如果通过减小孔径来减小背景辐射引起的噪声，其他噪声过程就变得更加重要甚至占主导地位。在这种情况下，孔径与 D^* 的依存关系以及 D^* 值不再受背景辐射的限制。

从上面的讨论中，可以得出另一个结论：如果想通过使用光谱滤光片来限制相机的光谱范围，这些滤光片应该处于冷态。冷滤光片在低温（如 77K）下发出的背景辐射可以忽略不计。这样，探测器只接收滤光片透过率给定光谱范围内的背景辐射。这会导致探测器接收的背景辐射减少，并可能导致进一步增加比探测率 D^*。

假设探测器 FOV 为 2π 时的探测率为 D^*_{BLIP}，则可以用来比较长波和中波区域热成像系统的可能的温度分辨率。如第 1.3.2.7 节所示，辐射温度对比度（辐射出射度随物体温度变化而变化）可由光谱辐射出射度 $M_\lambda(\lambda, T)$ 相对于物体温度 T 的导数计算得出。该结果可通过将 $M_\lambda(\lambda, T)$ 的导数乘以 $D^*(\lambda)$ 与 NEP 相关。最后，必须将该表达式与相机的波长范围结合起来考虑。

在这种情况下（也可见式（2.3））：

$$\int_{\lambda_1}^{\lambda_2} D^*(\lambda)\,\frac{\mathrm{d}M}{\mathrm{d}T}\Delta T\mathrm{d}\lambda\ \sim\ \int_{\lambda_1}^{\lambda_2}\frac{\mathrm{d}M}{\mathrm{d}T}\frac{\Delta T}{\mathrm{NEP}}\mathrm{d}\lambda\ \sim\ \frac{\text{温差 }\Delta T\text{ 引起的信号变化}}{\text{噪声}} \quad (2.34)$$

该结论给出了一种测量探测器可能的温度分辨率的方法。

图2.9描述了中波和长波成像系统的计算结果。相机光学系统的所有影响因素都被忽略了，即只有探测器的性能才会影响计算结果。在计算中，假设光子探

测器的响应率与波长呈三角关系，而测辐射热计探测器的响应率为常量。图2.9（b）、（c）中的标色区域代表积分结果，是303K的物体在微小温度变化下信噪比的测量值。可能的温度分辨率与图2.9所示的长波和中波区域中标色区域面积的倒数有关。

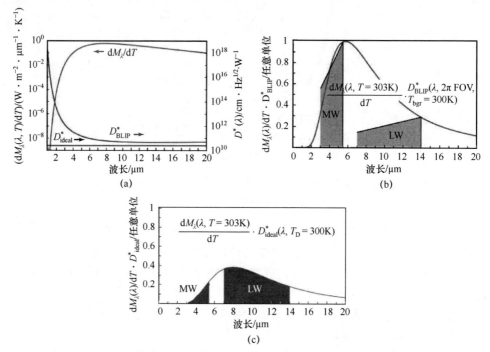

图2.9　（a）目标温度为300 K时，BLIP光子探测器（背景为300 K，视场FOV为2π）和理想热探测器的dM_λ/dT与D^*和光谱相关性比较；（b）LW（7~14μm）与在MW（3~5.4μm，假设InSb探测器在77K）区域，BLIP光子探测器的温度分辨率的比较（曲线通过其光谱相关性的最大值进行归一化）；（c）理想热探测器在LW和MW区域的温度分辨率比较（该曲线通过（b）中光谱相关光子探测器曲线的最大值进行归一化）

这两种探测器的最小可辨温度在LW和MW区域的比值可以用彩色区域面积的比值来计算。对于工作在BLIP极限下的光子探测器，LW：MW的比值为1：0.8，说明具有BLIP性能的光子探测器使热像仪在LW和MW光谱区域的温度分辨率几乎相同。随着波长的减小，由于D^*值增大，从LW到MW光谱区域的温度对比度dM_λ/dT略有增加，使得MW探测器的温度分辨率超过LW探测器。

对于性能理想的热探测器，LW：MW为1：8.8。与LW区相比，在MW区使用热探测器红外成像系统的温度分辨率将下降近1个数量级。因此，热探测器仅适用于测量较高物体温度的中波成像系统。

最后，可以比较BLIP光子探测器和理想的热探测器在长波区域的热成像能力。LW（热探测器）：LW（光子探测器）的比值为1：0.71。这证明了热探测器在LW区域的热成像能力，尽管如此，还必须考虑到：通过降低背景辐射可以进一步提高 FOV 光子探测器的性能以及现有热探测器的性能还没有达到 D^* 理论限制。

2.2.4.4 光子探测器致冷的必要性

如后所示，在 BLIP 条件下工作的红外光子探测器需要冷却到低温。探测器的截止波长对应于能隙（图 2.5 和式（2.22））。例如，对于截止波长为 10μm 的光子探测器，能隙为 124 m·eV。一般来说，光子的能量与波长有关，通过 $E(eV) = 1.24/\lambda(\mu m)$ 关系式表达。只有当 $\lambda \leqslant \lambda_{cutoff}$ 的入射光子产生自由电荷载流子时，探测器的最佳工作状态才会实现。从光子探测器噪声的讨论可以看出，电荷载流子在能隙上的任何热激发过程都会增加噪声。在 $T = 300K$ 的温度下，热能 kT 等于 25.9m·eV 时，利用 10μm 探测器的能隙和该热能，就可以基于玻耳兹曼方程（使用简化模型）估算热载流子的激发概率：

$$W = \text{const} \cdot \exp\left(-\frac{\Delta E}{kT}\right) \tag{2.35}$$

式中：const 为转换概率、状态密度等。对于 $\lambda = 10\mu m$ 和 $T = 300 K$ 来说，可以得出指数部分的值为 8.3×10^{-3}。由于半导体材料中激发概率和状态密度较大的因素，热激发自由载流子的平衡浓度远大于吸收辐射引起的非平衡载流子的浓度，这就造成了较大的噪声和光子探测器灵敏度的降低。

然而，如果 10μm 探测器的温度降低到液氮温度 $T = 77K$（$kT = 6.63m·eV$），则热载流子激发概率的玻耳兹曼系数能够降低 6 个数量级，达到 7.6×10^{-9}。冷却到低温可以非常有效地降低自由电荷载流子的浓度，从而降低了光子探测器中的噪声。由于载流子激发能量的减少，随着截止波长的增加，将光子探测器冷却到低温的需求也随之增加。几乎所有 7 ~ 14μm 波段的光子探测器（用于 LW 相机）都在大约 77K 的低温下工作，MW 区域 3 ~ 5μm 的探测器采用热电冷却至约 200K 或者也冷却至 77K，0.9 ~ 1.7μm SW 区域的探测器也采用热电冷却方式。

2.2.5 光子探测器的类型

根据工作原理的不同，光子探测器可细分为不同类型。最重要的光子探测器是包括光电导和光电二极管在内的经典半导体探测器，以及包括光发射肖特基势垒和带隙量子阱红外探测器（Quantum Well Infrared Photodetector，QWIP）在内的新型半导体探测器。

2.2.5.1 光电导探测器

光电导是由单一均匀半导体材料构成的探测器装置。

光电导通过半导体电阻率的变化来检测入射辐射。这是由于吸收的光子产生了自由电荷载流子。光电导的任何变化都可以通过测量电流－电压特性来检测。

光电导的响应率可由式（2.25）得出，但必须加上增益因子 g。该增益因子表示光电导中载流子寿命 τ 和载流子输运时间的比值。后者由探测器长度和载子漂移速度之比[2]给出。如果载流子寿命大于输运时间，则光电流会被放大（$g > 1$）。这种增益可以从以下观点中解释：如果电荷载流子的寿命大于它们的输运时间，将使探测器处于电接触状态。由于电荷守恒的原因，它们将在相反的接触点上被新的（次级）载流子所取代。该过程不断重复，直到载流子寿命终结。因此，许多载流子都是由于相互独立的激发机制所产生的，也就是说，这个过程可以看作是光电流增益。

由于光电导探测器存在额外的复合噪声[3,5]，2.2.4 节中提到的所有 D^* 值均需要除以 $\sqrt{2}$ 这个因子。

光电导的灵敏度随电压或电流的增加而增加，然而，这同时伴随着探测器散热量的增加，因此，大型光电导阵列很难冷却。此外，电流的增加往往会导致 $1/f$ 噪声增加的现象[5]，这就降低了 D^* 值。光电流增益也可以随着载流子寿命的增加而增加。非常灵敏的光导体往往比光二极管表现出更大的时间常数。然而，对于红外成像系统，过长的时间常数是不可取的，因为具有较大时间常数的探测器只能工作在较低的帧速。由于这些特性，光电导不是热成像系统首选的光子探测器。

2.2.5.2　光电二极管

光电二极管由半导体中的 P-N 结组成。它是一种光敏二极管，对入射光辐射通量产生相应的电流或电压输出。

截止波长由所用半导体的能隙决定。

LW 热成像系统中所使用的焦平面阵列 MCT（汞－镉－碲化合物，$Hg_{1-x}Cd_xTe$）是最受欢迎的半导体材料。该 II-VI 化合物由宽能隙半导体 CdTe（能隙 1.6 eV）和半金属化合物 HgTe（能隙 –0.3 eV）的合金组成。$Hg_{1-x}Cd_xTe$ 的能隙由两个二元半导体的相对比例控制。能隙对化合物成分的依赖性可以用线性关系近似。对于 $T = 77K$ 时，$x = 0.196$ 的成分，可以观察到 $14\mu m$ 的截止波长[3]。

由于 CdTe 与 HgTe 两种化合物之间存在 1.9eV 的强能隙变化以及截止波长为 $14\mu m$ 时 0.089eV 的低能隙对组分的强烈依赖性，仅 2%（$x = 0.196 \pm 0.004$）的组分不确定度将导致截止波长的变化，即 $\Delta\lambda_{cut-off} = \pm 0.51\mu m$，即 $\lambda_{cut-off} = (14 \pm 0.51)\ \mu m$。因此，MCT 探测器给制成的探测器阵列带来问题，即很小的组分变化会导致截止波长的变化，因而改变了特定波长下的 NEP 和 D^*。

因此，非常复杂的制备技术和对这种材料成分均匀性更高的要求，共同推高了具有大量探测单元的平面探测器阵列的价格。分子束外延（Molecular Beam Epitaxy, MBE）和金属有机化学气相沉积（Metalorganic Chemical-vapor Deposition, MOCVD）等现代制备方法提高了这种材料的可制造性，有望在未来降低价格。

MCT 也用于制备 MW 光谱区域（$3 \sim 5\mu m$）的焦平面阵列。然而，在该光谱区域，它直接与锑化铟（InSb）竞争。InSb 是 $1 \sim 5\mu m$ 光谱区域中发展最为迅速、应用最广泛的半导体材料，也是 MW 光谱区域中最敏感的探测器材料之一。

与 $Hg_{1-x}Cd_xTe$ 相比，InSb 的制备技术不那么复杂[9]，从而使得超过 100 万像素的大型探测器阵列具有可接收的均匀性。这种材料的能隙仅与温度有关，在 $T = 77K$ 时等于 $0.23eV$，对应的截止波长约为 $5.5\mu m$。类似于 MCT，优良的探测器工作性能使其具有接近 BLIP 极限的 D^* 值（图 2.1）。许多现代中波红外相机使用的是 InSb 探测器。

近年来，随着基于二元半导体化合物 GaAs 和 InAs 的 Ⅲ - Ⅴ 复合半导体技术的发展，在 SW 光谱区域（$0.9 \sim 1.7\mu m$）取得了显著进展。如今，在近红外光谱区域，可以获得高灵敏度和高速的 $In_{1-x}Ga_xAs$ 光电二极管和光电二极管阵列。$In_{1-x}Ga_xAs$ 是一种由 GaAs（对应于截止波长为 $0.87\mu m$ 时的能隙为 $1.43\ eV$）和 InAs（对应于截止波长为 $3.4\mu m$ 时的能隙为 $0.36\ eV$）组成的合金。通过控制这两种二元化合物的组分，可以调整合金的能隙对应于灵敏的波长范围。

采用光电二极管阵列的成像系统，其基本工作原理是由入射红外辐射引起的外部电流流向读出电路（短路电流或反向偏压操作）。量子能量大于半导体的能隙的入射光子被吸收，从而激发电子 - 空穴对。在它们的寿命期（从产生到复合的平均时间）内，电荷载流子由于扩散过程在二极管内移动，平均距离是扩散长度。如果电子 - 空穴对产生于耗尽层内部或在离耗尽层最远一个扩散长度处，则电子 - 空穴对将被 P-N 结的电场分开。电子进入 P 型区，空穴进入 N 型区，从而引起电流流动。这种光生电流由式（2.24）给出，类似于光电二极管中的反向电流。大多数光电二极管都是反向工作的。反向偏压使耗尽层变宽，导致结电容减小，并且由于光电二极管的时间常数 $\tau = RC$ 的减小，可以加速探测器的响应。典型的光电二极管时间常数范围从纳秒到微秒，这使得帧速率可以达到大约 100kHz。第 2.4 节讨论了读出过程的其他限制因素。

光电二极管采用反向偏置工作方式，还可以降低暗电流噪声[5]。如果约翰逊 - 奈奎斯特噪声是光电二极管的主要噪声过程，最大可使探测器 D^* 提高约 $\sqrt{2}$ 倍。

2.2.5.3 肖特基势垒探测器

各种金属薄膜在半导体上均可以形成肖特基势垒[2]。对于红外应用，主要是硅上使用肖特基势垒[3]。红外探测器采用硅基技术有利于焦平面阵列的构建，已经实现了红外传感器阵列与读出电路的单片集成。整个工艺流程类似于成熟的标准硅集成电路 VLSI/ULSI 工艺（超大规模集成/极大规模集成），这使得焦平面阵列探测器的缺陷率更低、均匀性更好（大型阵列的响应不均匀性小于 1%）、制造成本更低。

最常用的金属是铂（Pt），图 2.10 描述了由 Si/PtSi 形成的肖特基势垒光电二极管的典型结构。这些探测器通过内部光发射过程克服肖特基势垒高度 ψ（对于 Pt/PtSi，$\psi = 0.22eV$）起作用。Si/PtSi 肖特基势垒探测器工作时需要被冷却到 $T = 77K$。光子能量为 $h\nu$ 的红外光子，其能量 $E_g^{Si} > h\nu \geqslant \psi$ 可以通过硅（$E_g^{Si} = 1.1eV$），但是被硅化物吸收，从而产生电子 - 空穴对。

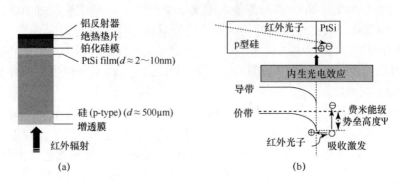

图 2.10　（a）肖特基势垒红外传感器的典型结构和（b）工作原理（详细说明见文献［3］）

　　光激发空穴可以扩散到 Si/PtSi 界面，而电子积聚在硅化物电极上，并能转移到读出电路。

　　肖特基势垒探测器的量子效率较低（通常为 0.1% ~ 1%），这是因为红外光子的吸收较弱（硅化物层很薄），只有少数光激发的空穴可以穿过势垒。因此，通常采用附加的具有介电层和铝反射层的 $\lambda/4$ 空腔来增强光发射过程。

2.2.5.4　量子阱红外探测器

　　现代晶体生长方法的发展，如 MBE 和 MOCVD，使得半导体异质结构的制造成为可能。不同晶格匹配的半导体材料可以在原子厚度分辨率下沉积成完美的晶体结构。异质结构中带隙不同的半导体材料的组合导致了导带和价带边缘的空间变化。由于半导体材料和层厚的变化，使带边分布的调整成为可能，这种方法被称为带隙工程。对于最简单的情况，突变材料的交替序列（如 GaAs 和 $Al_{1-x}Ga_x$ As）导致级联带边分布（图 2.11）。对于纳米范围内的小层厚，由于量子效应，可以观察到电子和光学特性的剧烈变化。

　　带边分布为电子和空穴形成交替的量子阱和势垒。对于纳米范围内足够的层构成和厚度，量子阱中会出现量子化能级（有关电荷载流子现象及其在盒形电势中波函数更详细地讨论，参见文献［11］）。这些能级称为子带。如果光子能量等于这两个子带的能隙，入射光子就可以将电子从最低能态激发到第一激发态子带（图 2.11）。这个能隙比所使用的两个半导体的能隙要小得多，并且对应于红外光谱区域内光子的量子能量。窄量子阱导致量子吸收效率很低，为了提高效率，使用了一个具有 50 个或更多量子阱的多量子阱结构。由于量子阱的子带间共振吸收，因此量子阱的响应谱比本征探测器的响应谱窄得多而且更锐利。量子阱响应率的光谱依赖性可以从束缚激发态的窄谱带（$\Delta\lambda/\lambda \sim 10\%$）调整到能量势垒上方连续带激发态的宽谱带（$\Delta\lambda/\lambda \sim 40\%$）（图 2.12）。

　　量子阱的光谱带宽可以通过用超晶格结构替换单个量子阱主链来进一步增加，这种超晶格结构由若干种量子阱类型的主链组成，这些量子阱类型由非常薄的势垒隔开[13]。

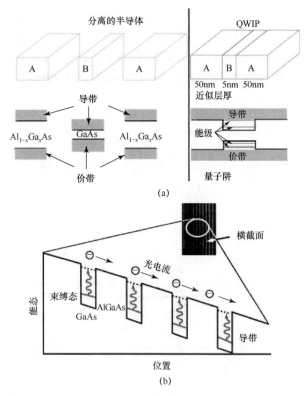

图 2.11 偏压 GaAs/AlGaAs QWIP 中的结构和能带图 (a) 以及电子激发 (b)

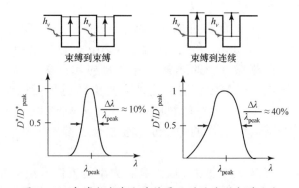

图 2.12 束缚激发态和连续量子阱的典型光谱响应

在量子阱探测器中，光电流增益取决于工作偏压，其变化范围约为 10% ~ 50%。这种现象与电子在到达探测器接触点时俘获量子阱的概率有关。QWIP 探测器的典型时间常数在毫秒范围内，即高于光电二极管的时间常数，这限制了 QWIP 探测器焦平面阵列相机的最大帧速。

QWIP 探测器需要工作在较低的温度，通常 $T=77\mathrm{K}$。随着温度的降低，热激发电荷载流子的数量根据玻耳兹曼分布函数急剧减少，这导致响应率增加。此外，限制 NEP 或其 D^* 值的 QWIP 的噪声电流也会随着探测器温度降低而急剧降低。QWIP 器件中的主要噪声是由于探测器中的暗电流产生的散粒噪声。暗电流源于三个主要过程：量子阱到量子阱隧穿、热辅助隧穿和经典热离子发射。最后一种机制降低了响应率，成为较高工作温度下暗电流的主要来源。给定峰值响应波长（λ_{peak}）下的最大 D^* 值和 GaAs/AlGaAs QWIPs 的探测器温度，可以根据经验拟合测量结果[14]：

$$D^* = 1.1 \times 10^6 \exp\left(\frac{hc}{2\lambda_{peak}kT}\right) cm \cdot Hz^{1/2} \cdot W^{-1} \qquad (2.36)$$

式（2.36）将 QWIP 的 D^* 作为峰值波长和 $T = 77K$ 的函数用于预测其极限（图 2.13）。

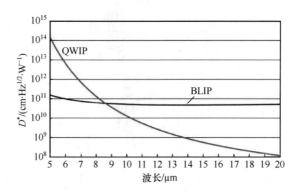

图 2.13　与 2πFOV 和 300 K 背景温度下光子探测器的 D^*_{BLIP} 相比，在 77 K[14]工作的 QWIP 探测器在峰值波长下的 D^*_{QWIP} 最大值随光谱分布的预测结果

各种Ⅲ–Ⅴ半导体化合物可用于 QWIP，如 GaAs/AlGaAs、InGaAs/InP、InGaAs/InAlGaAs 和 AlGaInAs/InP，覆盖 3 ~ 20μm 的光谱范围。QWIP 是唯一真正的窄带红外探测器，因此非常适合窄带应用（第 7 章）。此外，它们还可以用作双光谱或多光谱传感器。这种多光谱传感器可以组装成具有不同峰值波长的 QWIP（独立接触）的叠层排列[15]。一种新颖的双光谱探测器是指在两个不同的光谱区域工作的 QWIP，通过增加偏置电压使探测灵敏度从 LW 切换到 MW。

目前，QWIP 已经从实验室发展成为具有大型百万像素焦平面阵列的商用高性能热成像系统[16]。QWIP 可以在中等程度制造成本的基础上，具有高的热分辨率（约为毫开量级）、空间分辨率、良好的均匀性、低的固定模式噪声、低的 $1/f$ 噪声以及高像素等功能。

2.3　基本测量过程

辐射测温的基本测量过程是用辐射链的概念来描述的，辐射链包括所有影响探测某一温度下目标辐射的现象（图 2.14）。

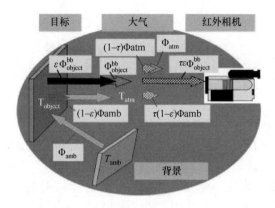

图 2.14 辐射链－基本测量流程

辐射链始于目标物体在某一温度下发出的热辐射。对于基本测量过程的描述，通常使用辐射功率贡献 Φ_i（i 表示某种贡献机制）来描述探测器信号。这些数值与其他辐射量有关（表 1.3），应包括探测器 FOV 的相机特性、探测器的光谱响应、相机光学系统的透射率等。

为了简化问题，以下讨论限于不透明的灰体（1.4.2 节），与黑体 $\Phi_{object}^{bb}(T_{object})$ 的辐射功率相比，目标的辐射功率 $\Phi_{object}(T_{object})$ 由 $\Phi_{object}(T_{object}) = \varepsilon\Phi_{object}^{bb}(T_{object})$ 给出。根据式（1.31），不透明灰体的反射率由 $r = 1 - \varepsilon$ 给出。该物体接收来自周围环境温度为 T_{amb} 的热辐射，并对这些入射辐射功率进行反射，$r\Phi_{amb}(T_{amb}) = (1 - \varepsilon)\Phi_{amb}(T_{amb})$。环境温度通常表示为表观反射温度。物体向相机发射和其反射的辐射功率必须通过大气进行传输。由于大气对辐射产生的吸收和散射过程，导致辐射功率衰减。这可以用物体和周围环境的辐射功率贡献乘以大气透射率 τ_{atm} 来描述。如果假设大气透射率仅由吸收损耗（忽略散射机制）主导，那么温度为 T_{atm} 的大气也会发射辐射功率 $(1 - \tau_{atm})\Phi_{atm}(T_{atm})$。

因此，红外相机检测到来自目标、环境和大气的辐射功率的综合贡献。探测器上接收的总辐射功率 Φ_{det} 可写为

$$\Phi_{det} = \tau_{atm}\varepsilon\Phi_{object}^{bb}(T_{object}) + \tau_{atm}(1 - \varepsilon)\Phi_{amb}(T_{amb}) + (1 - \tau_{atm})\Phi_{atm}(T_{atm})$$

$$(2.37a)$$

严格来说，式（2.37a）代表的是光谱辐射功率。为了计算探测器信号，必须在波长上整合该方程，以考虑探测器响应率和大气透射率随光谱分布情况。

对于黑体辐射（$\varepsilon = 1$）和较短的测量距离（$\tau_{atm} = 1$），辐射功率 Φ_{det} 就等于目标辐射功率。这种现象可以用于红外相机的校准过程（第 2.4.5 节）。

红外相机能够测量辐射亮度。因此，从能量守恒的角度来看，如果 $\tau_{atm} = 1$，信号"亮度"将与测量范围无关。

目标发出的辐射功率可由下式计算：

$$\Phi_{object}^{bb}(T_{object}) = \frac{\Phi_{det}}{\tau_{atm}\varepsilon} - \frac{(1-\varepsilon)}{\varepsilon}\Phi_{amb}(T_{amb}) - \frac{(1-\tau_{atm})}{\tau_{atm}\varepsilon}\Phi_{atm}(T_{atm})$$

$$(2.37b)$$

Φ_{det} 值由测量传感器的信号确定。根据式（2.37b），准确评估 $\Phi_{object}^{bb}(T_{object})$ 需要以下参数：目标发射率 ε、背景温度 T_{amb}、大气温度 T_{atm}、大气透射率 τ_{atm}。

目标发射率、环境和大气温度值可以直接输入相机软件。大气透过率由相机软件使用 LOWTRAN 模型（1.3.2 节）计算得出。对于大气透过率的计算，大气温度、相对湿度和测量距离是必要的输入参数。

使用相机的校准曲线（第 2.5 节），根据目标辐射功率 $\Phi_{object}(T_{object})$（式（2.37b））确定目标温度。

显而易见，所描述的辐射链对相机在检测辐射功率时的所有外部影响都非常敏感。在测量区域内或者具有空间温度变化的背景中，物体发射率的任何变化都需要对相机所有像素的测量辐射功率进行校正。随着目标发射率的降低，即反射率贡献的增加，校正的必要精度也随之增加。图 2.15 给出了（式（2.37a）中的第一项）在波长范围分别为 $3 \sim 5.5\mu m$ 或 $7 \sim 14\mu m$ 的恒定光谱分辨率下，目标辐射占总探测辐射的比例可作为 MW 和 LW 相机发射率的函数。

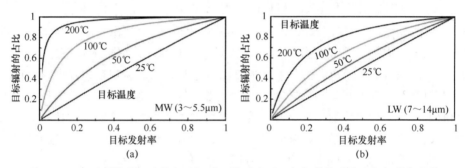

图 2.15　在不同的目标温度和22℃的环境温度下，相机接收到的目标辐射占总量的比例随目标发射率的变化情况

一方面，LW 的目标辐射贡献比 MW 范围低；另一方面，随着目标温度的降低，目标辐射贡献也在降低。

背景不仅是目标反射辐射的来源，而且可以作为参考源。在给定温度的背景前面可以看到物体，物体与背景之间的热对比度决定了物体与背景的区别。

图 2.16 所示为物体辐射与归一化为物体辐射的背景辐射之间的差异。显然，如果物体和背景具有相同的温度，不管发射率如何，热成像都无法识别出任何物体。如果 $T_{object} - T_{amb} > \text{NETD}$，则开始出现差异。

光学器件、滤光片、窗口等附件，均会对相机探测到的辐射功率及其与目标温度的相互关系产生很大的影响。为了进行正确的温度测量或信号校正，必须仔细分析带有所有附件的完整辐射链。这种考虑导致了更为复杂的关系，如式（2.37b）所示，辐射链中所有附加元素都有可能影响最终的结果。

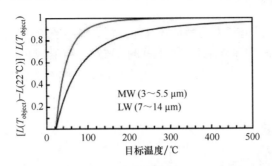

图 2.16　在 22℃ 的背景温度和不同的目标温度下，以目标辐射亮度为准进行
归一化后目标辐射亮度和背景辐射亮度的差异

2.4　完整的红外热成像系统

红外相机的主要目的是将红外辐射转换成伪彩色（包括灰度）可见光图像。这种可见光图像应该表示物体或场景发出的红外辐射的二维分布。对于温度测量系统，可见光图像显示物体温度。因此，红外相机的主要部件是光学系统、探测器、探测器的冷却或温度稳定部件、信号和图像处理用电子器件、显示图像的用户界面及其输出端口、控制端口（图 2.17）。

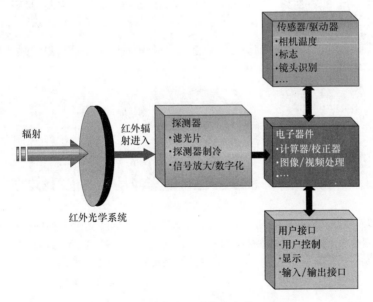

图 2.17　红外相机主要构成部件示意图

了解完整的相机操作需要更详细地讨论这些主要组件及其在测量过程中的相互作用。

2.4.1　红外成像原理

热成像系统的两个基本类型是扫描和凝视系统（图2.18）。

在扫描系统中，图像是作为时间的函数逐行生成的，类似于电视屏幕（图2.18（a））；在凝视系统中，图像同时投射到探测器阵列的所有像素上（图2.18（b））。

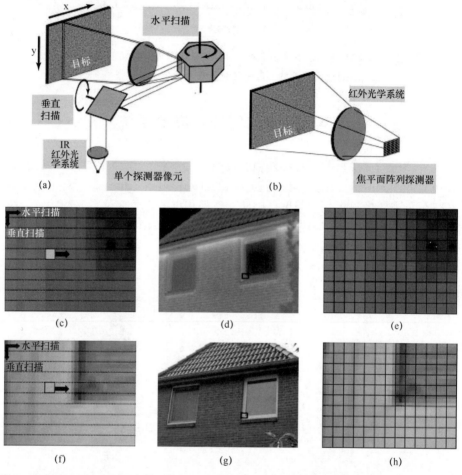

图2.18　扫描（a）和凝视相机（b）成像的基本原理。用2987×2177像素记录的房屋（g）的可见光图像。小的黑色矩形在边缘放大（f）、（h），左侧图像显示行扫描后的行，而右侧图像表示FPA的像素网格。（c）～（e）：LWIR相机的红外图像、扫描成像（c）以及凝视成像模式（e）分别形成的图像（320×240像素）

2.4.1.1　扫描系统

扫描系统的核心主要由一个带有单元红外探测器的二维光学扫描仪组成。一些系统还使用线性探测器阵列或更复杂的探测器[17,18]。在所有情况下，图像都

78

是按顺序构建的。探测器的瞬时视场（Instantaneous Field of View，IFOV）穿过相机的视场 FOV（图 2.18）。水平扫描的旋转镜允许沿着场景的水平线进行辐射测量。在大多数情况下，多角形镜用于达到不同的高扫描效率[17]。第二个反射镜用于切换扫描线的垂直位置。对于理想像素数下较短的图像形成时间，需要快速的光子探测器和较短的信号积分时间。下面的简化估计将显示扫描成像系统的局限性，像 Agema Thermovision 900 这样的扫描相机[19]，带有一个图像尺寸为 272×136 像素（136 行，一行中有 272 像素）的单个探测器像元，在简化的考虑中，顺序读出过程中一个像素需要 1.8μs 的时间帧，从而能提供 15Hz 的全帧速率。在每行 272 像素的行扫描模式中，对应于每像素 1.5μs 的时间帧则可以实现 2500 Hz（或行/s）的行频率。

假设扫描系统也能处理更大的像素数，可以估计，对于 320×240 像素的相机，其线频率和帧速率将分别下降到大约 2100 行/s 或 7.2Hz 全帧速率，对于 640×480 像素则下降到 1050 行/s 或 1.8Hz 全帧速率。

原则上，通过减少 1 个像素的时间帧，更快的帧速率似乎是可以实现的。然而，减少这个时间间隔是没有意义的，因为目标信号会减少，因此信噪比会降低。

由于焦平面探测器技术的不断改进以及扫描系统像素数量和帧速率的局限，热成像扫描系统变得不那么重要。然而，扫描系统比其他主流系统仍具有一些优势，例如，由于所有图像像素的辐射仅由一个探测器像元探测而能够保证较高的辐射测量精度和一致性。

如今，红外线扫描仪主要用于移动物体或场景的热成像，如波段处理（图 2.19）。对于成像，只需要行扫描模式。热图像的第二维是由目标或场景运动建立的。行扫描仪允许非常高的扫描速率——2500～3000 行/s（对于较低的像素数），测量行中的可变像素数高达 5000 行（对于较低的扫描速率），大视场高达 140°[20-22]。这种行扫描仪通常使用一个或两个（在不同温度下）具有已知发射率和温度的内置红外辐射体，以便在每次镜子旋转期间重新校准。为此，辐射体位于目标视场外，在行扫描期间进行重新校准（图 2.19）。

2.4.1.2 凝视系统——焦平面阵列

在焦平面阵列（Focal Plane Array，FPA）中，探测器排列成列和行的矩阵。与扫描系统相比，FPA 在更高的像素数下允许更高的帧速率。除了没有移动的机械部件和使用热红外探测器的可能性外，凝视系统的主要优点是探测器阵列在整个帧时间内同时覆盖整个视场。这会降低每个探测器的带宽，从而提高信噪比。理论上，信噪比是由图像像素格式的平方根增加的。实际上，由于 FPA 由单个探测器元件组成，因此无法获得这种增益，因为它们的特性并不均匀，导致出现空间或固定模式噪声[23]。

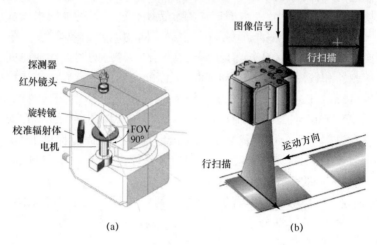

(a)　　　　　　　　　　　　　　(b)

图 2.19　（a）一种行扫描仪 MP 150（Raytek GmbH，文献［21］）的工作原理
和（b）波带处理时的图像形成（图片来源：德国柏林 Raytek GmbH）

红外成像用 FPA 由两部分组成：红外辐射敏感材料制成的红外传感器和硅制成的读出电路 ROIC。目前，ROIC 有两个功能（图 2.20）。首先，它们实现了简单的信号读出；其次，它们通过信号放大和集成，或通过多路复用和模数转换，为信号处理做出贡献。

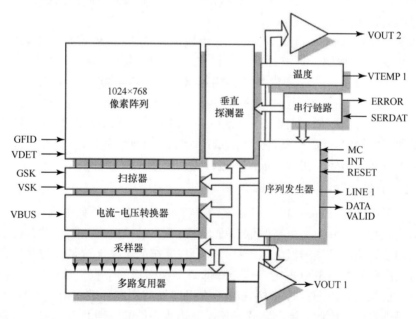

图 2.20　1024×768 像素热辐射计阵列的读出电路（ROIC）（图片来源：法国乌利斯）

与可见光光谱范围的 FPA 相比，两种不同的材料必须进行电气集成，这可以通过单片集成或混合集成技术来实现。对于混合系统，这两个部分是单独制作的。稍后，它们将通过特殊的安装过程，如倒装芯片连接[24]，进行机械和电气连接。对于单片集成 FPA，首先 ROIC 是由硅制成的，在此基础上，通过红外材料薄膜沉积、光刻、蚀刻等方法在 ROIC 表面建立了红外传感器。这是一个非常复杂的过程，因为用于制造红外传感器矩阵的所有工艺过程和材料都必须与用于制造 ROIC 的 CMOS 工艺兼容，并且不能改变 ROIC 的性能。由于更低的制造成本，更高的耐久性和可靠性，单片集成是未来的趋势，例如，测辐射热计 FPA[25]。FPA 技术的进步导致了以下趋势：

（1）阵列像素数不断增加。市面上可买到高达 1024×1024 像素的 FPA 相机[19]。图 2.21 说明了 100 万像素可见光图像的不同阵列大小。图 2.22 则描述了同一目标场景的不同像素数的红外图像。

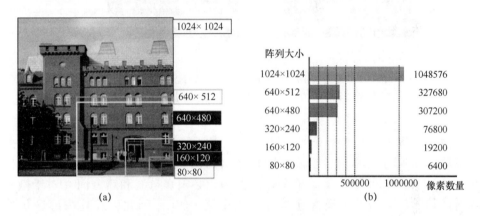

(a)   (b)

图 2.21 采用相同光学系统和相同距离的探测器显示不同阵列尺寸的成像大小 (a)，
并且比较了不同阵列尺寸的总像素数 (b)

（2）像素尺寸正在减小。如今，可提供 $17\mu m \times 17\mu m$ 像素的微测辐射热计[26]或 $15\mu m \times 15\mu m$ 像素的光子探测器焦平面阵列。通过减小给定 F 数下 FPA 阵列的尺寸来降低光学器件的成本。因为在给定的定 F 数下，透镜材料的成本大致取决于透镜直径的平方。

（3）NETD 在下降。这需要对探测器性能（D^*）进行强有力的改进，以克服探测器尺寸的减小所导致的 NETD 增加的影响。如今，红外相机在 30℃ 的目标温度下，实现了约 45mK 的微测辐射热计和约 10mK 的光子探测器的 NETD 水平。

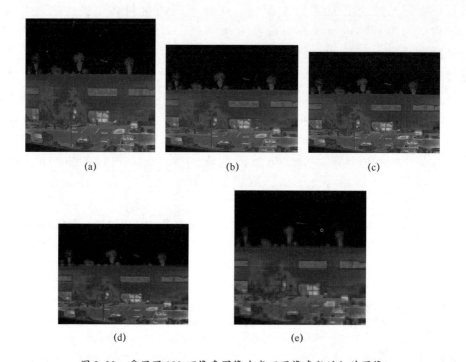

图 2.22　采用同 100 万像素图像生成不同像素数的红外图像
(a) 1024×1024 像素；(b) 640×512 像素；(c) 320×240 像素；(d) 160×120 像素；
(e) 80×80 像素。(图片来源：A. Richards，FLIR 系统公司)

(4) 像素尺寸减小的趋势伴随着填充因子的增加。填充因子定义为红外敏感单元面积与 FPA 的整个阵列面积之比 (图 2.23)。不可能将探测器安排在 FPA 中完全相邻的位置。单个探测器像元必须在电气和热方面 (对于微测辐射热计阵列) 彼此分离并连接到读出电路 ROIC。因此，红外敏感区仍然比整个阵列面积要小。有限的填充因子会影响相机性能，如空间分辨率和 MTF (2.5.3 节)。目前，微测辐射热计的焦平面阵列的填充因子已大于 80%，光子探测器焦平面阵列的填充因子则已经大于 90%。图 2.23 说明了 FPA 填充因子的影响。如果假设一个典型的二次单元，49% 的填充因子要求敏感单元的边长占整个单元边长的 70%。如果填充系数增加到 81%，则边长比必须增加到 90%。

(5) 微测辐射热计的时间常数已降至约 4ms[26]。这样可以在提高相机时间分辨率的同时，提供更高的可用帧速。如 2.2.3 节所述，测辐射热计结构的热性能对时间常数有影响，并且以复杂的方式影响所有探测器的性能参数。因此，在减小测辐射热计时间常数的同时，减小探测器面积和 NETD 会导致非常复杂的问题。总的来说，这些趋势提升了图像空间分辨率、温度分辨率、图像信息内容和成像过程的时间分辨率。

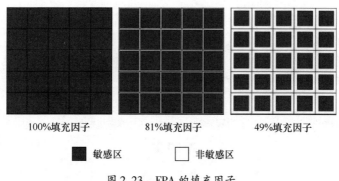

100%填充因子　　　81%填充因子　　　49%填充因子

■ 敏感区　　　□ 非敏感区

图 2.23　FPA 的填充因子

2.4.1.3　非均匀性校正

在红外探测器可用于定量测量温度之前，必须执行两个重要的图像处理程序。首先，必须考虑不同的单个探测器之间的增益不同和可能的信号偏移；其次，定量分析需要绝对温度校准（第 2.4.5 节）。这两个程序是相互关联的，尽管原则上它们可以彼此区别。

如上所述，FPA 由许多具有不同信号响应（增益或斜率）和信号偏移的单个探测器像元组成。这同样适用于采用探测器的扫描系统。图 2.24（a）描述了探测器单元的上述情况。

增益和偏移的变化导致即便在相同入射辐射功率下不同像素的探测器信号也会变化（箭头所示）。如果这种单元探测器之间的不均匀性变得太大，图像就无法识别。因此，对于所有由多个探测器组成的成像系统，其非均匀性都需要校正[27]（图 2.24）。这个过程称为非均匀性校正（NUC）。

对于大多数商用相机，NUC 程序是在相机出厂校准过程中进行的，校正参数存储在相机固件中。只有部分研发相机的机构允许用户执行校准程序和 NUC。

校正程序（图 2.24（a））主要从信号偏移的校正开始，以使每个探测器对给定目标温度范围的响应在电子设备的动态范围内。第二步，校正信号斜率（探测器信号与目标温度的关系）。第二步之后，所有的探测器都应该具有相同的信号斜率，并且它们的响应在电子设备的动态范围内。最后，为了使不同探测器像元具有相同的响应曲线，还需要进行额外的偏移校正。

实际上，NUC 是通过将均匀温度的粗糙（不反射）灰体（$\varepsilon > 0.9$）直接放置在探测器或相机镜头前面来实现的。因此，每个像素应产生相同的信号，偏差以软件化的方式纠正。如果对单一温度（一点 NUC）执行此程序，则校正应在接近使用温度的情况下实施。通常使用两种不同的温度（两点 NUC），在所选温度之间和附近进行合理的校正。因此，探测器阵列将产生非常均匀的信号。图 2.25 描述了同一场景的两个红外图像，唯一的区别是在记录第二个场景之前，执行了一个 NUC。可以看出，通过降噪，图像质量得到了明显改善。

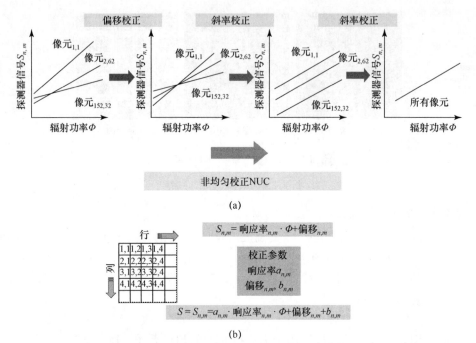

(a)

(b)

图 2.24　(a) FPA 中探测器的非均匀性以及对三个选定像素的不同 FPA 探测器响应率和偏移量进行归一化的非均匀性校正;(b) 校正采用的数学模型

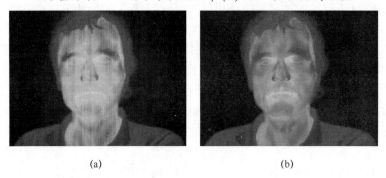

(a)　　　　　　　　(b)

图 2.25　同一场景在相机执行 NUC 前、后的红外图像

　　然而, 由于非线性响应曲线可能略有不同, 无法实现校准点之间完美的探测器均匀性。图 2.26 说明了两个校准点的校正情况, 剩余的探测器不均匀会导致所谓的固定模式噪声。

　　由于均匀对象的均匀输入, NUC 过程会强制探测器像素得到均匀信号。但是, 原则上, 也可以基于任意对象执行 NUC。图 2.27 (a) 为 NUC 使用均匀背景后直接记录的人体红外图像。图 2.27 (b) 所示为该人的红外图像, 该图像是在对 NUC 使用相同场景后直接记录下来的。通过 NUC 校正背景与目标 (人) 之间大的光亮度差异, 使其消失; 因此, 这个人 (几乎) 是隐形的。在图 2.27 (c) 中, 人已经离开, 相机只观察到均匀调和的背景。尽管如此, 相机现在仍能检测出这个人站在哪里，虽然墙壁的辐射在任何地方都是一样的。由图 2.27 可知，探测器增益和偏移量的电子校正可以明显改变可见的辐射分布。因此，必须非常认真地执行 NUC。

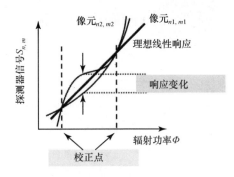

图 2.26　两点 NUC，由于探测器的响应度由其线性度衍生而来。由于偏离线性度，校正点之间的剩余响应变化导致固定模式噪声。与线性的偏差被强烈夸大以说明其影响

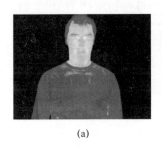 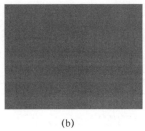 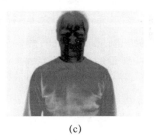

(a)　　　　　　　　　(b)　　　　　　　　　(c)

图 2.27　一个人的红外图像

（a）使用均匀背景进行 NUC 之后拍摄的；（b）使用（a）的图像进行 NUC 之后拍摄的；（c）使用（b）的图像进行 NUC 之后观察均匀背景下在这个人离开后的图像。

原则上，NUC 只要求将温度均匀的物体放在摄像机前面。为了得到低噪声的红外图像，并不需要知道温度的精确值。但是，如果需要进行定量分析，则必须进行温度校准。这是通过检测已知固定温度的物体（通常是稳定的黑体场景）来实现的，红外相机可以检测到许多不同的温度物体。这些温度与信号校准曲线也存储在相机固件中。

探测器工作的稳定性决定了 NUC 的质量和被测物体温度的正确性。热漂移将改变探测器的像素响应曲线，必须执行新的 NUC 程序。这意味着为了确保正确的校正，FPA 相机必须定期校准。为了在相机工作期间进行校正，通常对单点偏移 NUC 使用调整标志或自动快门。如果此自动快门操作被关闭，相机的定期重新校准 NUC 程序将被打乱。缺失的内部校正将导致指示温度的漂移。图 2.28 所示为 LWIR 热探测器（测辐射热计）相机和 MWIR 光子探测器（PtSi）相机的情况。在大约 2h 的时间内，用两台相机同时测量 70℃黑体发射体（温度稳定校准源）的温度。通过分析标记区域内的平均温度，发现在 $t = 0$ 时，关闭相机的

自动快门操作，配备 LWIR 相机的测辐射热计的示值温度（约 3 K），其漂移现象比配备 MWIR 相机（小于 0.5 K）的光子探测器要大得多。

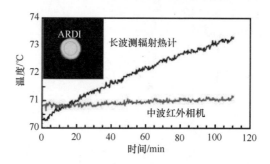

图 2.28　在关闭相机自动转换器的情况下，两种相机对稳定的 70℃ 黑体进行长时间温度测量时示值温度漂移的对比情况

产生漂移的物理原因来自于 2.2.3 节的讨论。辐射热计探测器信号是由传输到探测器的净辐射功率产生的，净辐射功率由接收到的目标辐射功率与探测器本身发射的辐射功率之差给出。此外，热探测器与相机外壳和光学元件等进行辐射交换。因此，相机内部温度平衡的微小变化也会改变传输的净辐射功率，并由此造成测量误差。

相反，在光子探测器中，信号仅由入射辐射产生。相机中的温度变化也会引起探测器信号的变化，但偏差比测辐射热计的偏差小得多。此外，由于温度系数较高（2.2.3 节），测辐射热计的响应强烈依赖于探测器温度。测辐射热计中的微小温度变化会引起强烈的信号变化，也就是说，如果关闭自动周期性重新校准，则温度测量就会出错。根据定量估计（第 2.2.3 节），长期测量结束 2h 后，对应于测辐射热计中约 100 mK 的温度变化产生约有 3 K 的示值温度误差。这个例子说明了正确的自动快门操作对于正确的温度校准的重要性，特别是在测辐射热计 FPA 相机中。

最后需要强调的是，探测器信号只在一定的输出范围内是线性的，例如，探测器饱和信号的 20% ~ 80%。NUC 仅在这些限制范围内工作良好。对于非常低的信号以及接近饱和的信号（图 2.29（c）），固定模式噪声水平会显著增加，也就是说，NUC 不再起作用。

2.4.1.4　坏像素校正

理想的探测器阵列由 100% 完美的单元探测器组成，在执行 NUC 之后，当接收到相同的辐射功率时，所有单元探测器都将产生相同的输出信号。

然而，不幸的是，制造大型探测器阵列时的单元探测器的完好率不可能达到100%。这意味着存在所谓的坏像素，它由真正不起作用的探测器或其增益和偏移距平均值太远的探测器组成，因此无法由 NUC 进行校正。非常好的制造商表示，他们的探测器阵列只允许坏像素低于 0.01%。例如，一个 640 × 512 像素的摄像头在整个 327680 像素的阵列中最多只能有 32 个坏像素。可能所有的商业相机都有坏像素，它们通常通过用相邻像素的加权平均值替换坏像素的信号进行电子校正。只有坏像素形成簇时才会出现问题。在这种情况下，对应的阵列位置不适用于尺寸非常小的物体的精确温度测量（第 2.5.5 节）。

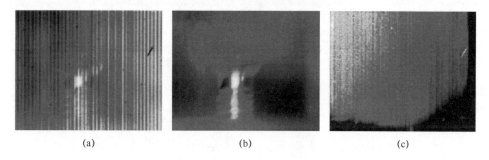

(a)　　　　　　　　　(b)　　　　　　　　　(c)

图 2.29　高辐射水平下探测器信号饱和导致的 NUC 限制情况描述
（a）不做 NUC 的冷灯泡图像；（b）均匀室温背景下进行 NUC 之后的灯泡图像；
（c）由于高压脉冲作用导致灯泡爆炸后的图像（极高的温度导致检测器信号接近饱和水平）。

2.4.2　光子探测器与测辐射热计相机

如今，大多数红外相机都配有微测辐射热计的 FPA。这些热成像仪满足大多数实际应用的需求，并且比光子探测器 FPA 相机便宜得多。微测辐射热计的特点是灵敏度/探测能力相对较低，光谱响应曲线宽且平，响应时间慢，约为 10ms。微测辐射热计的 FPA 主要由珀耳帖元件进行温度稳定。由于测辐射热计是作为热探测器工作的，因此它无法提供固定的积分时间（图 2.30）。相反，"积分时间"由测辐射热计探测器的热时间常数给出。用户无法更改这些相机的帧速率。微测辐射热计 FPA 相机的成像特点是在全帧时间内逐行读出探测器值，也称为滚动读数。

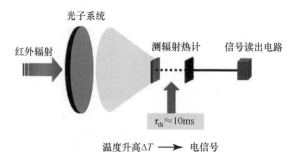

图 2.30　测辐射热计相机中的信号生成过程和信号读出（虚线表示测辐射热计温度随时间常数 τ_{th} 升高而产生的时间延迟）

对于要求更高灵敏度或/和时间分辨率的应用场合，如在技术研发中，就应使用光子探测器 FPA 相机。对于 MW 和 LW 光谱区域，将 FPA 冷却至液氮温度

$T = 77\mathrm{K}$。对于 SW 光谱区域，探测器由多级珀耳帖元件冷却。光子探测器 FPA 表现出更大的响应率/探测率和随波长变化的光谱响应（图 2.1）。光电二极管阵列提供的时间常数小于约 $1\mu s$。因此，光子探测器相机能够比微测辐射热计相机提供更小的 NETD 值和更高的帧速率。

光子通量直接转换为电信号（光电流）和小的时间常数可使光子探测器 FPA 相机实现快照操作。每个像素的光电流在用户选择的积分时间内为电容器充电（从微秒到全帧时间，图 2.31）。ROIC 的读出大多是在边积分边读出或者先积分后读出的模式下工作的。由于光子探测器直接产生的信号和读出过程都很快，这样就可以触发相机的测量。

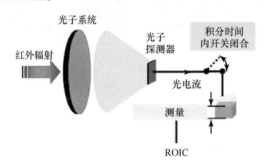

图 2.31　光子探测器相机中的信号生成过程和信号读出

最大可实现的帧速率受数据传输和存储速度的限制。如果假设一个时间常数远低于 $1\mu s$ 且全帧积分时间为 $1\mu s$ 的探测器，则其理论上可能的帧速率为 1MHz。对于读出电路，主要使用的是 14 位的动态范围。这将导致每个像素的数据速率为 14 Mb/s。如果阵列尺寸增加到 320×240 像素（76800 像素）的常规尺寸，如此高的帧速率将需要大约 1 Tb/s 的数据传输速率。目前，读出电子设备提供的最大数据速率的实际限制远低于此值。例如，配备了 1024×1024 像素 InSb FPA 的中波红外相机 FLIRSC 8000 允许使用 16 通道读出的最高全帧速率为132 帧/s[19]。这导致实际的全帧数据速率约为 2 Gb/s。对于较高的帧速率，可以使用窗口式读出模式。此模式主要允许用户随机选择 FPA 窗口的大小和位置。减少像素数以提供更快的帧速率，例如，SC 8000 在 160×120 像素时的帧速可达 909 帧/s。为了捕捉高速事件，FLIR SC4000 和 SC 6000 的高速摄像头分别提供了 48 kHz（2×64 像素）和 36 kHz（4×64 像素）的最大帧速率[19]。图 2.32 描述了 FLIR SC6000 相机不同 FPA 窗口大小与最大帧速率的关系。

关于光子探测器 FPA 的特性，采用 PtSi FPA 热像仪属于例外，这是由于其量子效率过低导致的。如 2.2.5 节所述，PtSi 探测器的灵敏度很有限，需要大量的积分时间才能实现灵敏的检测。因此，配备 PtSi 探测器的相机通常使用 20ms 的全帧时间常数进行信号检测。

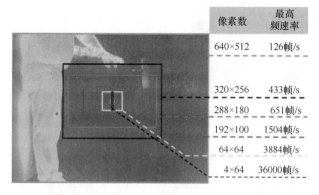

像素数	最高 频速率
640×512	126帧/s
320×256	433帧/s
288×180	651帧/s
192×100	1504帧/s
64×64	3884帧/s
4×64	36000帧/s

图 2.32　FLIR SC6000 的 FPA 窗口大小和最大帧速率（可能是随机和用户定义的窗口）

2.4.3　探测器温度稳定性与探测器冷却

为了使红外探测器在热成像系统中处于最佳工作状态，需要稳定探测器的温度（热探测器）或对探测器致冷（光子探测器）。

对于测辐射热计 FPA 和 SW InGaAs FPA 相机，使用热电加热器/致冷器。热电致冷/加热利用珀耳帖效应[28]在两种不同材料的接头之间产生热流（图 2.33），直流电流通过热电材料。在操作过程中，热量从一个连接处排出，形成元件的冷端。在另一个连接处产生热量，形成元件的热端。如果改变电流方向，热通量方向也会改变。这将导致上述热端的冷却和珀耳帖元件上述冷端的加热。冷却效率取决于所用材料类型，采用半导体材料可获得最佳性能。珀耳帖冷却器按 1~3 个以上的台阶形布置（图 2.33）。珀耳帖元件既可用于冷却 SW 相机中的 InGaAs 探测器阵列，也可用于稳定 LW 相机中微测辐射热计阵列的温度。测辐射热计相机中的探测器通常在大约 30℃ 的温度下工作，这通常高于环境温度。原则上，如果环境温度超过所选探测器温度，温度稳定也可以通过冷却探测器来工作。测辐射热计温度应与环境温度不同，以避免随着环境温度（相机温度，见 2.2.3 节）的变化而引起测辐射热计探测器灵敏度的变化。一级冷却器在热端和冷端之间提供约 50~75 K 的最大温差，这足以使 FPA 温度稳定。

相反，光子探测器随着波长的增加而需要更多的冷却（2.2.4 节），MW 和 LW 光子探测器的工作温度在 77K 左右。

采用多级珀耳帖致冷器可以提高温差。但不幸的是，致冷效率随着温度的降低而降低，这意味着从一级到另一级的温差也会降低[28]。因此，致冷级的数量主要限制在三个。对于三级致冷器，可以达到约 $\Delta T = 120 \sim 140 K$ 的最大温差，即 $T = 150 \sim 170 K$。因此，采用热电冷却 FPA 的应用局限在近红外或 SWIR 光谱区域。

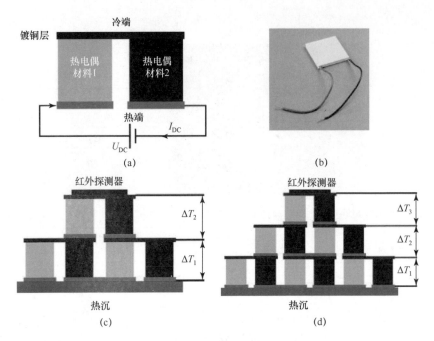

图 2.33　珀耳帖致冷器

（a）的工作原理；（b）珀耳帖致冷器实物；（c）两级珀耳帖致冷器；（d）三级珀耳帖致冷器

　　在红外相机技术发展的初期，中波和长波照相机的探测器主要使用液氮实现 77 K（－196℃）的致冷效果。后来，开发了一种使用斯特林工艺[29]进行低温冷却的电气解决方案（图 2.34）。斯特林过程通过一个热力学循环从 FPA 的一个冷端中除去热量，这样热量在热端消散。斯特林过程的效率相对较低，但由于热容低、热损失小，满足了红外探测器冷却的需要。斯特林冷却器可以使探测器温度达到 77K 及以下。斯特林致冷器因其具有小的尺寸和重量、电气（如电力消耗）和机械（如机械振动）特性、可靠性和使用寿命（保证 8000h 以上的运行时间）等优点，从而在热成像系统中得到广泛应用。

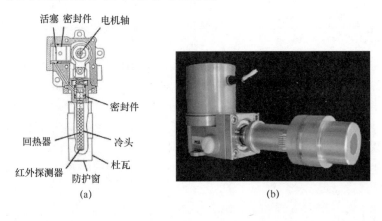

 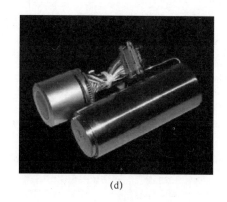

(c)   (d)

图 2.34 （a）斯特林冷却器与氦气一起工作，用于红外探测器冷却和（b）~（d）冷却的 FPA 组件示意图（图片来源：红外培训中心，FLIR）

2.4.4 光学滤光片

2.4.4.1 光谱响应

大多数热像仪具有宽光谱响应的特点。图 2.35 描述了一些红外热像仪的光谱响应曲线，并将其按最大值归一化。

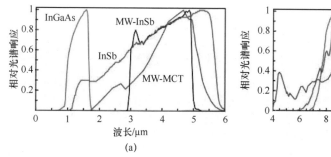 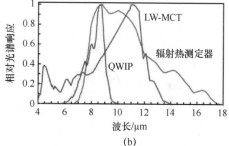

(a)   (b)

图 2.35 各种热成像系统的典型光谱响应曲线

2.4.4.2 色差

宽带检测主要伴随着透镜的大量像差，而这些像差无法完全校正。这些像差和其他像差会影响光学系统对目标图像的转换，并限制重要的图像质量参数，如空间分辨率或 MTF（2.5 节）。图 2.36 描述了在转换成图像过程中由像差引起的目标场模糊。

理想光学成像意味着探测器元件仅从图 2.36（a）所示的形状良好的目标场景中接收辐射。像差将导致目标辐射分布的扩展，即模糊效应，目标场景的辐射也会被相邻的探测器像素接收（图 2.36（b））。一方面，如果该探测器信号是理想的无像差透镜产生光学图像的结果，那么模糊现象将被解释为是由于目标尺寸大，即像差降低了空间分辨率；另一方面，探测器像素上的目标辐射能量因模糊而降低。这也可能导致错误的温度读数，因为所选像素从对应的目标区域接收的辐射能量较少，必须加上相邻像素的额外辐射贡献（数量不同）（图2.36（c））。

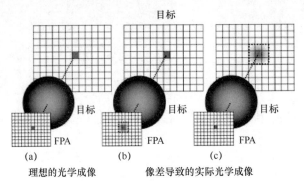

图2.36 理想和实际光学成像的比较

（a）理想系统；（b）、（c）实际情况下的光学像差。

2.4.4.3 视场

目标区域将转换为相机视场内的图像。视场（Field of View，FOV）是可观测目标场景的角度范围（图2.37）。有时 FOV 也作为相机视野所及的区域。

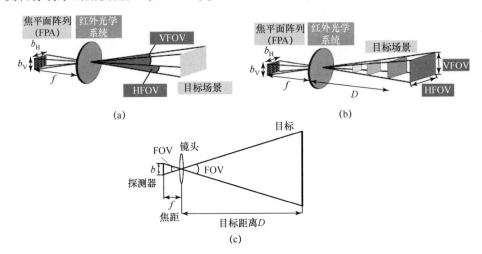

图2.37 相机视场（a）和相机所见面积（b）的计算以及上述计算的横截面示意图（c）

利用几何光学可以很容易地构造出 FOV。穿过（薄）透镜中心的光线是不会折射的。因此，最终击中探测器阵列四周的光线决定了 FOV。

FOV 取决于相机镜头和 FPA 尺寸。对于焦距为 f 的相机镜头和线性尺寸为 b 的 FPA，FOV 可以计算如下：

$$FOV = 2\arctan\left(\frac{b}{2f}\right) \tag{2.38}$$

在给定的目标距离 D 下，相机所看到的长度为 x 的目标面积可由以下式计算得出：

$$x = 2D\tan\left(\frac{\text{FOV}}{2}\right) \qquad (2.39)$$

FPA 的矩形形状具有不同的水平视场（HFOV）和垂直视场（VFOV）。

不同的相机可以配备不同的光学系统 FOV。图 2.38 给出了不同焦距的 MW FLIR SC 6000 和 LW SC 2000 相机的一些镜头。

(a)   (b)

图 2.38　（a）MWIR SC6000 相机和（b）LWIR 相机 SC2000 的不同镜头（右图）

表 2.2 给出了不同的相机镜头与其视场的对应关系。

表 2.2　不同的相机镜头与其视场的对应关系

相机镜头	FLIR SC 6000（640×512 像素，25μm 像素尺寸）HFOV°/VFOV°	FLIR SC2000（320×240 像素）HFOV°/VFOV°
12°	—	12°/9°
标准 24°	—	24°/18°
45°	—	45°/33.8°
特写镜头 34/80	—	24°/18°
特写镜头 64/150	—	24.1°/18.1°
25mm 焦距	35.5°/28.7°	—
50mm 焦距	18.2°/14.6°	—

特写镜头的标签 x/y 与 FOV 有关。然而，这些数字也直接给出了该距离下的最小目标垂直大小（y）和相应的水平目标大小（x）。如果已知水平像素的数目，就可以立即估计出可能的最佳空间分辨率。例如，320 像素的 x = 34 mm，表示每个像素所反映的对象大小为 34 mm/320 ≈ 0.1 mm。

图 2.39 描述了采用不同 LW 相机镜头得到的目标场景红外图像。相机视场越小，红外图像的空间分辨率越高。了解相机 FOV 对于估计可检测到的最小目标和确保正确的温度测量是非常必要的。根据 FOV，可以通过将 FOV 除以一条直线（水平或 HIFOV）或一列（垂直或 VIFOV）中的 FPA 像素数来确定瞬时视场 IFOV，详见 2.5.3 节。

(a)　　　　　　　　　　　　　　(b)

(c)　　　　　　　　　　　　　　(d)

图 2.39　目标场景（a）。FLIR SC2000 LWIR 不同镜头下的红外图像：45°广角（b）。
标配的 24°镜头（c）；配置 12°望远镜头（d）。拍摄角度均为水平方向

2.4.4.4　接圈

　　一些红外相机提供了在相机和相机物镜之间使用接圈的可能性。接圈在超近摄影中是广为人知的，它提供了一种廉价和容易的增加放大倍数的途径。接圈的目的是将物镜从 FPA 移得更远以放大图像（图 2.40）。应用接圈相当于拉近了相机和目标之间的距离。

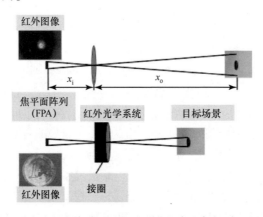

图 2.40　通过增加透镜到探测器的距离和减小相机到目标的距离，
使用接圈增加对目标的放大率

使用薄透镜公式可以简化估算。它涉及目标距离 x_o、图像距离 x_i 和镜头焦距：

$$\frac{1}{f} = \frac{1}{x_o} + \frac{1}{x_i} \qquad (2.40)$$

当被观测目标距离以米为单位，而镜头焦距仅为厘米量级时，存在 $x_o \gg f$ 和 $x_i = f + z$，且 $z \ll f$，因此，有

$$\frac{1}{f} = \frac{1}{x_o} + \frac{1}{f + z} \qquad (2.41)$$

可以导出

$$x_o = \frac{f(f + z)}{z} \qquad (2.42)$$

图像尺寸 C_i 与物体尺寸 C_o 之比为

$$\frac{C_i}{C_o} = \frac{x_i}{x_o} = \frac{(f + z)z}{f(f + z)} = \frac{z}{f} \qquad (2.43)$$

例如，假设一个没有采用接圈的50mm透镜的 $z = 5$mm，对应的目标距离 $x_o = 0.55$m 和像物尺寸之比 $C_i/C_o = 1/10$。通过引入 $0.25'' \approx 6$ mm 的接圈，得到 $z^* = 11$ mm，$x_o^* = (50 \times 61)/11 \approx 0.277$ m，$C_i^*/C_o^* = 11/50 \approx 1/4.54$。显然，图像大小已经增加到

$$C_i^* = C_i \frac{z^*}{z} = 2.2 \times C_i \qquad (2.44)$$

图2.41展示了一枚1欧元硬币在不同接圈下的热像图，用显微镜物镜记录了尽可能小的目标距离和结果。

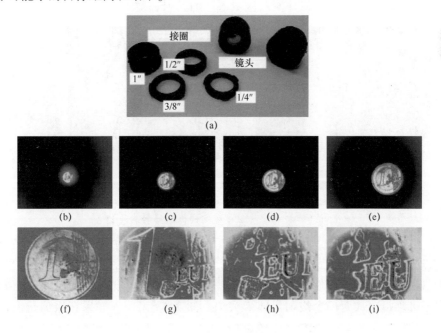

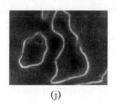

(j)

图 2.41 使用 50mm 透镜和接圈 (b) ~ (i) 和显微镜光学器件 (j) 进行图像放大

(接圈尺寸: (c) 0.25″; (d) 0.375″; (e) 0.5″; (f) 1″; (g) 2.125″; (h) 3.125″; (i) 4.125″)

接圈的使用还存在一些缺点，如随着接圈厚度的增加，FOV 将减小，辐射损失相应减小，这将在目标温度测定中造成很大的不确定性。另外，在图像边缘能够观察到图像质量出现严重退化。如果使用特写镜头或显微镜物镜，则可以观察到更好的图像质量（图 2.41（j））。

2.4.4.5 冷反射效应

在红外成像中，在可见的光谱范围内成像时会产生一种未知的光学反射效应。如果相机镜头、窗口或目标的反射使相机检测到自身的反射，就会发生所谓的水仙花效应。如果反射目标在相机的焦点上，水仙花效应就会变得明显。这种效应会导致红外图像中出现暗（冷）或亮点（暖），具体取决于探测器温度。图 2.42 所示为致冷的 InSb MW 相机和测辐射热计 LW 相机的水仙花效应，该相机在室温（约 22℃）下观察抛光钢板。LW 相机镜头测得（100% 完美的镜面反射）发射率为 1 时目标的最高温度为 39℃，MW 相机测得的温度则低于 −60℃。避免这种影响效应可能的技术途径是将探测视角调整到合适的角度，使得相机观测目标上就不会有来自相机探测器区域入射的反射辐射。

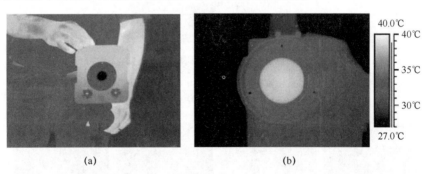

(a)   (b)

图 2.42 水仙花效应：观察室温条件下抛光金属板，（a）MWIR 相机（77K 温度冷却的 InSb FPA）
和（b）LWIR 相机（温度稳定的微测辐射热计 FPA）

如果在相机和目标之间使用滤光片，如，窄带检测或其他平面平行部分透明的平板，则水仙花效应尤其重要。

一些科研用相机，如 FLIR SC 6000，允许用户执行 NUC。单点 NUC 可以通过在相机物镜前放置一个均匀黑体来实现。图 2.43 说明，如果在摄像机前放置一个反射目标，例如，两面都经过光学抛光的硅片，可以使用这种单点 NUC 消除水仙花效应。硅在 MW 红外光谱区域是透明的，但反射率约为 50%（图 1.49）。图 2.43（a）为背景均匀的 NUC 后的目标场景，如果将硅片置于相机前，则可以清楚地看到水仙花效应（图 2.43（b））。现在，一种新颖的 NUC 方法是使用均匀背景与硅片一起置于相机前面。在此过程之后，水仙花效应被消除（图 2.43（c））。移除硅片将导致反向水仙花效应，如图 2.43 所示。

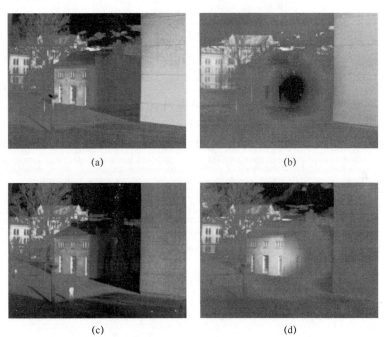

图 2.43　采用置于 FLIR SC 6000 相机镜头前的双面抛光硅片进行单点 NUC，消除了水仙花效应
（a）NUC 后未采用硅片的目标图像；（b）目标图像，相机镜头前面的硅片图像中心显示水仙花效应；（c）在执行另一种 NUC（在 NUC 过程中，相机物镜前面的硅片）后，将硅片放在相机镜头前面采集的目标图像；（d）移除硅片后的目标图像，在图像中心显示反向水仙花效应。

2.4.4.6　光谱滤光片

　　光谱滤光片的使用可以扩大热成像的应用。如第 1 章所述，目标的光学红外特性，如发射率，对热成像很重要。不仅玻璃或塑料等材料，而且燃烧火焰也可以被描述为选择性发射体，并且具有随波长变化的发射率。这种选择性发射体的分析在波长上成为可能，在这些材料中具有很强的吸收。通过插入适当的滤光片，相机可以在光谱上适应这些波长。光谱滤光片分为低通（SP）、高通（LP）、带通（BP）和窄带（NBP）滤光片（图 2.44）。

　　除这些光谱滤光片外，中性滤光片（ND）用于在不进行光谱滤波的情况下衰减红外辐射（例如，与波长无关的透射率低于 100%），以防止探测器在较高的信号电平下饱和。重要的是，只使用干涉或二向色滤光片。

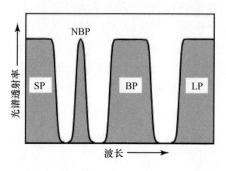

图 2.44　不同类型光学滤光片的光谱透射率

光谱滤光是基于反射率和透射率的干涉效应，而不是由于滤光片的吸收作用。因为滤光片吸收辐射会导致其温度升高，根据基尔霍夫定律，任何吸收滤光片也会非常有效地发射（第 1 章）。红外相机检测到这种额外的辐射会导致测量误差。有时，滤光片两侧的光学层形成滤光片的光谱透射率（图 2.45）。滤光片基片一侧的光学层只会部分阻挡入射光（SP 滤光片在基片一侧的截止波长为 $\lambda_{\mathrm{cutoff}}$，LP 滤光片在基片另一侧的截止波长 $\lambda_{\mathrm{cuton}} > \lambda_{\mathrm{cutoff}}$）。BP 滤光片的光谱透过率是由 SP 和 LP 组合滤光片的通断特性形成的。如果滤光片基材在整个红外光谱区域内不透明，如蓝宝石（用于 MWIR 滤光片），则目标辐射必须通过阻挡较长波长的基质吸收的 SP 滤光片入射到滤光片侧（例如，由于蓝宝石在 5μm 以上波长处的强吸收行为必须封锁 LWIR 区域；另参见图 1.64）。

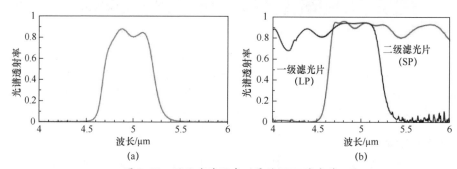

图 2.45　用于玻璃温度测量的 NBP 滤光片
（a）光谱滤光片的透射率；（b）在蓝宝石基板两侧用作 LP 和 SP
滤光片的干涉滤光片层的分离光谱透射率。

表 2.3 给出了一些常用于红外热像仪的标准滤光片汇总。

对于光谱适应性要求很高的应用，在光子探测器外壳前使用冷滤光片。冷滤光片减少了由 300 K 背景辐射（如相机内部零件）产生的探测器信号，并可导致信号对比度增加。

表 2.3 红外热像仪的标准滤光片

波长/μm	类型	应用
2.3	窄带滤光片	通过玻璃测量
3.42	窄带滤光片	测量塑料温度（聚乙烯）
3.6 ~ 4	带通滤光片	在较长的测量距离内减少大气影响
3.6	高通滤光片	减少太阳反射的影响
3.7 ~ 4	带通滤光片	通过火焰测量
3.9	带通滤光片	高温目标测量（减少探测器上的入射辐射）
4.25	窄带滤光片	测量火焰温度
5.0	窄带滤光片	测量玻璃温度
7.5	高通滤光片	仅在长波红外光谱区域测量
8.3	窄带滤光片	聚四氟乙烯温度的测量

注：SP，低通；NBP，窄带；BP，带通；LP，高通

2.4.5 校准

红外相机作为辐射计量仪器可用于测量某些辐射量，如辐射出射度或辐射功率。校准的目的是确定相机输出与入射辐射之间的精确定量关系。对于校准程序，使用了不同温度下的黑体（发射率接近为1），因为它们的辐射量，如辐射出射度 M 或辐射亮度 L 以及它们的光谱辐射量均有明确的定义（1.3 节）。因此，校准过程给出了相机信号与黑体温度之间的关系。在相机校准过程中，根据黑体温度确定每个像素的信号。因此，校准过程也构成探测器阵列的 NUC。相机校准后，所有像素都会给出正确的目标温度信息。这是定量温度标度上的 NUC，而在 2.4.1.3 节中讨论的 NUC 则根据入射辐射量对所有探测器像素的响应进行了定性调整。

在校准过程中，黑体完全充满相机视场。相机和黑体之间的距离很小，因此可以假设大气透过率为1，这也意味着大气发射率为零。因此，也就是说，对于给定工作波长范围为 $[\lambda_1, \lambda_2]$ 的热像仪，入射辐射亮度 L 与其输出信号 $S_{out}(T_{bb})$ 仅取决于黑体的温度，如下式所示：

$$S_{out}(T_{bb}) = \text{const.} \int_{\lambda_1}^{\lambda_2} \text{Res}_\lambda L_\lambda(T_{bb}) \, d\lambda \qquad (2.45)$$

输出信号取决于探测器光谱响应率和与光谱选择有关的光学透射率以及反映相机光学特性的特征常数如相机透镜的 F 数，上述因素共同确定了红外相机的光谱响应 Res_λ。更换镜头就可能会改变光学系统的 F 数和光谱透射率。因此，必须分别对每个透镜分别进行校准。如果使用滤光片，光谱相机响应率也会发生变化，需要用滤光片重新校准相机。大多数不同配置（例如，相机的不同附加镜头）的校准参数存储在相机固件中。如果相机可以检测到镜头代码，则相机就可

以自动检测到附加镜头的使用。例如，可以通过透镜的磁编码和相机上的霍尔传感器读数来实现。如果相机检测到一个额外的镜头，相应的校准曲线将加载到固件。

MW 相机（3～5.5μm）和 LW 相机（8～14μm）的相对输出信号取决于黑体温度 S_{out}（T_{bb}），如图 2.46 所示。为简化计算，相机光谱响应 Res_λ 在给定波长范围内假设为常数（BoxCar 假设），其他波长处为零。

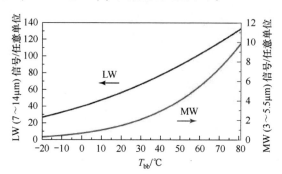

图 2.46　由特定波段的 PtSi MW 相机（3.5～5μm）和 LW 相机（7～14μm）分别产生的输出信号与入射黑体温度的关系

然后，可以用数学拟合函数 S_{out}（T_{bb}）逼近标定曲线。通常使用多项式或典型指数函数作为拟合函数：

$$S_{out}(T_{bb}) = \frac{R}{\exp\left(\dfrac{B}{T_{bb}}\right) - F} \tag{2.46}$$

使用最小二乘拟合程序，将该函数调整为校准曲线，计算最佳拟合值 R（响应因子）、B（光谱因子）和 F（现状因子）。大多数红外相机提供的温度测量范围从 0℃ 以下到 1000～2000℃。考虑到辐射亮度与目标温度的依存关系，为了保证最佳的温度灵敏度，以及避免探测器信号的饱和，整个测温范围必须划分为较小的温度区间。因此，将相机的整体测温范围划分为不同的测量子区间，特定测量的动态范围仅限于所使用的测量子区间。如果观察到一个温度动态范围较大的场景，必须确定最佳的测量子区间进行分析，或者必须拍摄一些不同测量子区间的图像。科学研究领域的相机提供了使用超帧技术捕获大动态范围场景的可能性（3.3 节）。通过改变信号放大和/或使用附加光学滤光片（ND 或光谱滤光片）衰减探测器上的入射辐射来改变测量子范围，以确保探测器在线性范围内工作。

实际红外相机的灵敏度（图 2.47）不同于图 2.46 中假设的 BoxCar 型光谱响应。

相机的光谱灵敏度对标定曲线的特性有显著影响（图 2.48）。与实际探测器曲线相比，BoxCar 光谱响应曲线斜率略大，即温度灵敏度略好。实际测辐射热计和 QWIP 相机的标定曲线可以用式（2.46）拟合。由于 QWIP 光谱响应的带宽有限，在相同的目标温度下，该相机的信号将比辐射热计相机小得多。然而，对于QWIP相机来说，输出信号对目标温度的依赖性更大。与QWIP传感器大的 D^* 值有关，这种现象将产生更佳的温度分辨率。

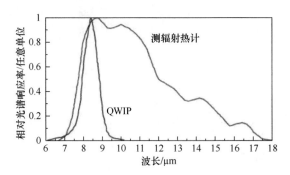

图 2.47　LW 测辐射热计和 LW QWIP 相机的典型光谱响应范围

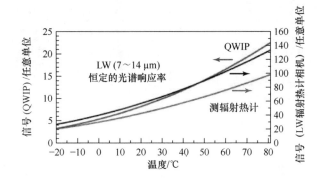

图 2.48　由黑体目标入射辐射产生的 LW 辐射热计相机和 QWIP 相机的输出信号
对比（根据图 2.47 的光谱响应曲线）

　　除了光谱相关性外，红外相机的输出信号还受到入射目标辐射以及相机部件（如光学系统、探测器窗口和相机内部部件）的额外辐射的影响。因此，相机的输出信号表示这两类辐射分量之和。额外的辐射取决于相机的温度，并导致信号偏移。这种额外辐射的影响可以通过"相机温度相关"的校准方法进行校正。这种校正的质量决定了温度测量的精度。

　　在测量过程中，相机的温度由相机内部的温度传感器测量，相机的输出信号使用相机温度相关校准的数据进行校正。相机内置调温标志的额外使用提供了单点相机重新校准的可能性。这将通过偏移量校正输出信号，并可用于执行探测器阵列的 NUC（2.4.1 节）。这些修正只有在相机状态以热平衡为特征时才会起作用。环境温度的快速变化会导致热冲击行为，从而导致不正确的温度测量。这种热冲击行为是由相机内部与温度梯度相连接的非热平衡引起的。由于相机的热质量，需要很长时间才能达到平衡状态（2.4.6 节）。

　　如今，热成像系统能够提供 12～16 位的动态范围，这相当于 4096～65536

的信号水平，并提供了扩大测量范围的可能性。例如，如果一个相机是在测量范围 –80 ～ –20℃内工作，也可以使所测量的温度略低于或高于该测量范围的限制。例如，图 2.49 所示为一个数字化的 12 位探测器系统采集整个测量范围的温度信息，用于图像分析。对于表示和分析，可以确定量化级别和量程范围（图 2.49）。这两个参数只影响图像的表示，分别对应于图像的亮度和对比度。量程范围内的温度可以用灰色或伪彩色（调色板）级别来描述。大多数采用 8 位 256 种颜色用于自定义的调色板。

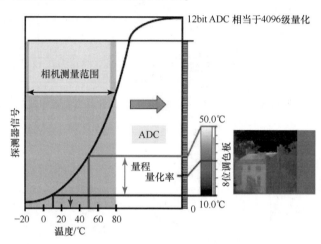

图 2.49　12 位探测器系统信号的数字化、电平和量程

2.4.6　热像仪的操作方法

使用热像仪进行精确的温度测量需要正确的相机操作方法。例如，如果相机还没有处于热平衡状态，它将无法在现场进行良好的测量，尽管它在实验室的检测中已经满足了所有相机的规格。以后，相机在测试前几个小时启动，使其处于热平衡状态。因此，所有手动或自动执行的相机校正仅指在热平衡条件下完成的。为了实现精确的校准，大多数红外相机都有内部温度传感器来监控相机部件的温度。在校准过程中，相机置于在环控室中。在不同的相机环境和目标（黑体）温度下从测量中收集的数据存储在固件中。这些数据用于校正相机的温度输出信号。因此，这种校正被称为环境漂移校正，适用于相机在校准过程中类似的热稳态行为。

为了证明温度测量中相关的不确定度，讨论了两种典型的相机工作情况，以及可能的瞬态热像仪条件。首先，打开相机后可能会直接出现不正确的温度读数；其次，相机环境温度快速变化后的测量也可能导致测量错误。

2.4.6.1　热像仪开机动作

采用致冷的 MWIR PtSi 相机和 LWIR 微测辐射热计相机，分别测量了开机后由于相机温度漂移而引起的目标表面温度漂移。图 2.50 所示为打开相机后测得的黑体温度，使用在 30℃ 和 70℃ 下工作稳定的黑体（在开始测量前有超过 2h 的长时间温度稳定，$\Delta T_{bb} \leqslant 0.1℃$）。在相机准备好图像采集后，立即开始测量。LWIR 微辐射计相机的开机过程大约需要 5min，而 MWIR PtSi 相机的冷却过程则需要 10min。

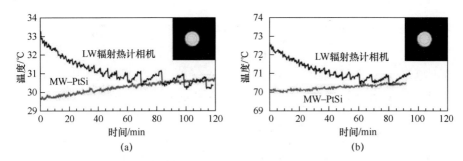

图 2.50　相机打开后，分别采用 MWIR 和 LWIR 相机对稳定工作在 30℃（a）和 70℃（b）黑体辐射源进行长时间温度测量结果的对比情况

如图 2.50 所示，两台相机在开机后 90 ~ 120 min 内都显示出特征信号的变化。

LWIR 测辐射热计相机所测得的温度显示出更明显的变化。开机后，LWIR 相机的温度测量结果会高出目标实际温度约 2 ~ 3K。对于 MWIR 相机，测量结果与实际温度出现 0.5 ~ 1K 之间的较小偏差。对于这两款相机，自动快门操作（定时测量调温标志以进行一点重新校准）都是开启的。观察到的温度随时间变化的步骤是自动快门操作的结果。自动调节过程对 LW 相机的温度测量有很大的影响。测辐射热计探测器信号由探测器上的净辐射入射产生（第 2.2.3 节）。此外，测辐射热计的灵敏度与温度密切相关。因此，非热平衡条件以及测温仪温度漂移对温度测量的影响更大。

在相机内部达到热平衡所需的时间超过 90min，但两个相机的温度读数在大约 10min 后达到给定的技术规格，温度精度约为 ±2 K。

2.4.6.2　热冲击行为

本节要讨论的第二种情况是相机的热冲击行为。在现场测量期间，环境温度往往变化很快，例如，在冬天把相机从室外带到有暖气的建筑物中，反之亦然。这可能会对红外相机造成热冲击，并可能导致不正确的温度读数，因为相机并不处于热平衡状态，尽管它可能在几个小时前就已经开机。如 2.4.5 节所述，辐射测温的精度取决于目标信号计算的精度。测量得到的探测器信号必须对额外的辐射进行校正，例如，来自相机光学或相机外壳内的其他部件的辐射。如果环境温度变化较快，相机内部会出现温度随温度梯度的瞬态变化。这限制了探测器信号校正算法的精度，并导致测量误差。由于存在大的相机热惯性，人们不得不接收从几分钟到小时量级的更大的时间常数。

为了分析这种热冲击行为，将图 2.50 中的两个红外相机在环控室内调温至 13℃保持 2h，以获得相机的稳态温度条件。环境温度 23℃，相对湿度 50%（露点温度 13℃以上）。2h 后，取出相机并打开，相机准备好记录温度后立即开始测量（$t=0$）（图 2.51）。与图 2.50 相似，分别在 30℃和 70℃下研究了温度稳定的黑体。

在本实验中，同时观察了开关和热冲击行为。观察到了与纯开关行为类似的结果。由于环境温度升高 10K，LWIR 测辐射热计相机对热冲击更加敏感，在测量开始时温度误差为 3～4 K。MWIR 相机在测量开始后立即处于精度规格范围内。对于 LWIR 测辐射热计相机，需要 20～30min 才能达到相机 ±2K 的精度指标。

从图 2.50 和图 2.51 可以得出结论，稳态温度条件对于红外相机精确的温度测量是必要的。由于测辐射热计相机的信号校正过程更为敏感，因此其测量精度对打开或热冲击引起的瞬态温度变化更为敏感。

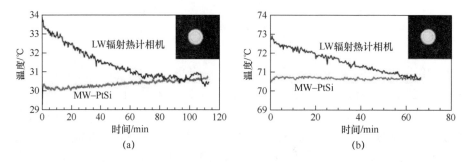

图 2.51　相机打开后，相机工作环境温度从 13℃快速变化至 23℃，分别采用 MWIR 和 LWIR 相机对稳定工作在 30℃（a）和 70℃（b）黑体辐射源进行长时间温度测量结果的对比情况

2.4.7　相机软件—软件工具

没有分析软件的红外相机只能提供目标的定性的伪彩色图像。然而，无论何时需要定量结果，如温度、线图或报告，软件工具都是必不可少的。

所有热成像系统制造商都提供各种软件工具，从通用软件包（例如，热图像分析和生成红外检测报告）到复杂的软件包（例如，提供摄像机控制功能、可选择的实时图像存储以及可选的积分时间、帧速率或辐射计算等）。

通用软件主要包含以下主要功能：

（1）电平和量程调整；

（2）可选调色板和等温线；

（3）确定最高、最低和平均温度的点分析、线和温度测量区域；

（4）调整目标参数（发射率）和测量参数（如湿度、目标距离、环境温度）；

（5）创建具有灵活设计和布局的专业定制报告（例如，导出到其他软件，如 Microsoft Office，包括可见光图像）。

对于静态或瞬态热过程非常详细的分析，可以使用专门为研发设计的复杂软件。除了通用软件的功能外，此类软件通常还包括更复杂的数据存储、分析和相机操作工具：

（1）从 PC 遥控相机（大部分或全部相机参数可由 PC 控制）；

（2）高速红外数据采集、分析和存储；

（3）红外图像数码变焦，使用子帧；

（4）原始数据采集、分析和辐射计算；

（5）自动温度、时间和三维温度剖面绘图，附加图形和图像处理工具；

（6）不同的数据格式导出，自动转换为 JPEG、BMP、AVI 或 Matlab 格式；

（7）数据导出到其他常用软件应用程序，如 Microsoft Office；

（8）热图像减法；

（9）定义不同形状、不同发射率等的不同兴趣区域（ROI）；

（10）定制相机校准和 NUC。

2.5　红外热像仪性能表征参数

热像仪的系统性能评价标准化程度较高，对热成像系统的特性和测试进行了大量研究[17,18,30-32]。但是，一般情况下，对于大多数实践者来说，将系统性能参数与其应用程序和度量结果的相关性联系起来是十分困难的。

热成像系统的性能是由热响应、探测器和电子噪声、几何分辨率、精度、光谱范围、帧率、积分时间等参数来描述的。这些参数可以分为客观参数和主观参数两类（表 2.4）。

NETD 给出的温度分辨率和 IFOV 给出的空间分辨率是重要的目标性能参数，它们都显著影响图像质量。

要评估更适合实际应用的热像仪质量和性能的限制条件，需要结合这些参数。此外，必须考虑到人为观察者的主观因素（在使用相机系统时检测、识别和识别温差的能力）。最小可辨温差（MRTD）和最小可测温差（MDTD）结合了客观和主观参数，与应用直接相关。

对于任何实际应用的热成像，必须最终回答以下问题：

根据相机的性能参数，它是否适合广泛应用？正确认识所使用的热成像系统的最重要性能限制及其与应用的相关性，对于正确测量温度和解释结果至关重要。因此，本节更详细地讨论了相机性能参数及其对实际测量结果的影响。

表 2.4 红外相机性能参数

	名称	定义，描述	单位制	重要性
客观参数	温度精度	黑体温度测量的绝对偏差	K，℃，℉	绝对测量精度
	噪声等效温差（NETD）	信噪比 SNR＝1 时的最小温差	K，℃，℉	温度分辨率
	视场（FOV）	相机可观测区域的角度范围	度（°）	可探测的目标区域
	瞬时视场（IFOV）	辐射入射到单元探测器上目标区域的角度范围	毫弧度（mrad）	空间分辨率
	响速	产生一个连续图像的频率	1/s，Hz	时间分辨率
	积分时间	信号积分周期	s	时间分辨率，灵敏度
	狭缝响应函数（SRF）	狭缝尺寸目标辐射的信号响应之比，取决于狭缝宽度和无限目标宽度	—	空间分辨率
	调制传递函数（MTF）	观察理想点源目标时相机响应的傅里叶变换	—	空间分辨率
主观参数	最小可辨温差（MRTD）	根据四条目标的空间频率可由人类观察者分辨出四条目标的最小温差	K，℃，℉（取决于空间频率）	温差的识别
	最小可测温差（MDTD）	根据目标尺寸，人类观察者可以探测到圆形或方形目标的最小温差	K，℃，℉（取决于空间频率）	小尺寸低温差目标的检测

2.5.1 温度精度

精度（或更准确地说，误差）的规范给出了黑体温度测量中温度测量误差的绝对值。对于大多数热像仪，绝对温度精度规定为待测温度的 ±2 K 或 ±2%，取二者中较大的值。温度测量误差是由于与校准程序相关的辐射测量误差、相机灵敏度的长期和短期变化从测量的辐射功率计算目标辐射的有限精度（2.3 节）等造成的。对于短期重复性的温度测量，典型值为 ±1 K 或 ±1%。

2.5.2 温度分辨率——噪声等效温差

辐射测量系统的温度分辨率由噪声等效温差（Noise Equivalent Temperature Difference，NETD）给出（另见 2.2.2 节），NETD 量化了热成像仪的热灵敏度。该参数给出了黑体目标与黑体背景之间的最小温差，在此背景下热像仪的信噪比等于 1。NETD 由系统噪声和信号传递函数共同决定[4,33]。

实验方法上，根据被测温度的波动，分析被加热和温度稳定的黑体的辐射，可以确定与温度有关的 NETD。

图 2.52（a）所示为红外相机正对黑体源时测得的热图像。由于其几何特性，在典型的圆形结构中采用了恒温源。对于每一个黑体温度，用上千张图像（50 张/s，大约需要 20s）记录一个斑点的温度。图 2.52（b）~（d）放大了标记区域在不同时间的图像，所示为温度的波动。实验使用的是波段为 3 ~ 5 μm PtSi MW 相机（AGEMA THV550）进行拍摄的。

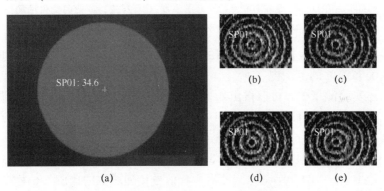

图 2.52　NETD 测量—实验设置
（a）黑体图像；（b）~（d）热波动。

图 2.53（a）是某一特定像素测量的温度随时间变化的曲线图。它很好地说明了红外成像系统的热噪声，因为辐射源的热变化发生在一个大得多的时间尺度。

测量点温度的频率分布可以用标准正态分布来近似，正如随机噪声过程所预期的那样（图 2.53（b））。

利用测量的温度数据，可以计算出这些温度波动的 RMS 值（均方根值），从而可以用来定义 NETD。对于图 2.53 所示的示例，NETD 等于 0.065K。

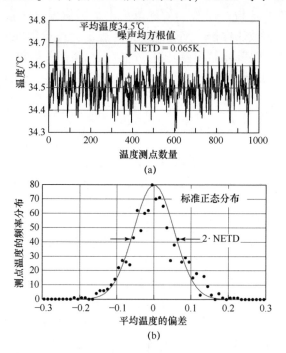

图 2.53　NETD 的测量结果
（a）以 50Hz 的帧速在 20s 内测量的点温度（图 2.52）随时间变化情况；
（b）以目标平均温度为中心的测点温度的频率分布。

　　实验的 NETD 代表标准正态分布的半宽，这意味着 68.3% 的测量温度在 $T =$ $(34.50 + 0.065)$℃ 的范围内。

　　从上述实验测量中，可以得出如下结论，在单次测量中，与正确的温度值的偏差可以远远高于 NETD，因为 NETD 代表的是 RMS 偏差。可以看出，95.4% 的测量温度在 $T = (34.50 + 0.13)$℃ 的范围内，这对应于 2σ 值；99.7% 在 $T = (34.50 + 0.192)$℃ 范围内，对应于 3σ 值。

　　从理论上讲，NETD 定义为信号噪声与信号传递函数的比值（信号变化量 dS 与温度变化量 dT 的微分之比，即 dS/dT）。噪声由系统（探测器噪声、放大器噪声等）给出，与被测目标温度无关。由于信号传递函数随目标温度 T_{obj} 而变化，NETD 将随着 T_{obj} 的增大而减小（图 2.54）。这是由于成像仪的光谱响应导致的与温度相关的热导数造成的。测得的目标信号随温度的升高而剧烈增长（强于线性关系）。对于整个波长范围（$\lambda = 0 \rightarrow \infty$），与温度有关的信号 $S(T) \sim T^4$（1.3.2 节），即 NETD $\sim T^{-3}$。然而，对于有限的光谱区间，$S(T) = \int_{\lambda_1}^{\lambda_2} S_\lambda(T) d\lambda$，差别如图 2.46 所示。在 MW 光谱范围内，信号的变化受指数函数的控制，随着目标温度的升高，信号的 NETD 显著减小。因此，在热成像相机选择的测量范围内（如 - 20 ~ 80℃），NETD 随着温度的升高而降低（图 2.54）。

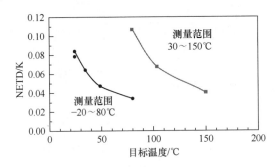

图 2.54　NETD（被测温度波动值）作为目标温度和测量范围的函数与目标温度的关系

如图 2.54 所示，如果将测量范围更改为更高的温度范围，则由于相机灵敏度降低（由于插入滤光片而使信号降低，但噪声不变，从而导致信噪比较小或更大的 NETD），NETD 会强烈增加。最小的 NETD 值总是在测量范围的温度上限处获得。由于 NETD 随温度变化，因此只有在定义良好的测量范围内的温度测量值才有意义。

在图 2.55 中，所示为不同相机测量范围下的温度测量结果。测量时，以 80℃黑体为目标，其他测量条件相同。显然，温度测量范围为 - 20 ~ 80℃时显示出最低的噪声或 NETD。在最大测量范围内的温度测量值已经超出了校准曲线的有效部分。

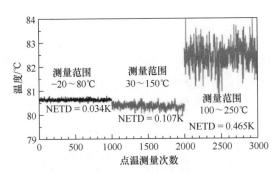

图 2.55　使用红外相机的不同测量范围对 80℃黑体进行测量，并根据测得的温度波动 RMS 计算 NETD

此外，图 2.55 还说明了绝对温度值的变化。与 100 ~ 250℃范围内的测量结果相比，这两个较小测量范围的测量结果在规定的精度范围内。这说明了一个事实，即尽管相机仍可以工作在指定范围之外，但必须对测量结果进行仔细分析。

2.5.3　空间分辨率——IFOV 和狭缝响应函数

瞬时视场 IFOV 描述的是焦平面阵列的一个探测器像元所能感知目标辐射的角度

范围[18]，如图 2.56 所示。利用小角度近似方法，可以根据目标尺寸 = IFOV × 距离，计算出图像在给定距离下适合单个探测器像元的最小目标尺寸，如表 2.5 所列。

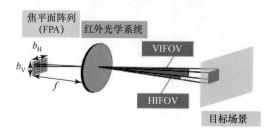

图 2.56　一个探测器像元所对应的瞬时视场角

表 2.5　目标处于不同距离对应于 IFOV = 1mrad 时最小的目标成像尺寸

距离 /m	最小目标成像尺寸 /mm
1	1
2	2
10	10
50	50

例如，对于焦距 f = 50 mm，像素尺寸为 50μm 的相机，则其 IFOV 为 1 mrad。在距离 D = 5.5m 时，相机 IFOV 获得的最小的目标尺寸为 5.5mm。

必须记住，IFOV 只是根据探测器尺寸和光学系统焦距计算出的几何参数（图 2.57（a））。IFOV 也可以通过将 FOV 除以像素数来确定，例如，对于 20°的 FOV 和 320 个像素的相机，其 IFOV 约等于 1 mrad。红外成像系统空间分辨率还受光学衍射的影响，该影响由狭缝响应函数（Slit Response Function，SRF）描述，它被定义为系统响应对具有可变狭缝宽度的狭缝大小目标的标准化相互作用关系。研究者对 SRF 进行了实验分析，测试装置如图 2.57（b）所示。角度 Θ 是从探测器上看到的在给定狭缝宽度处的可观察狭缝角度。

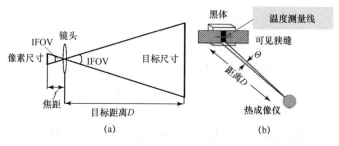

图 2.57　空间分辨率（a）IFOV 的二维定义；（b）SRF 的实验测定

将黑体加热到 95℃并置于红外相机前方 5.5m 处，通过一个可变的狭缝将目标大小从 30mm 逐步减小到 1mm。沿垂直于狭缝宽度的直线测量温度，如图 2.58 所示。可以看出，随着目标尺寸的减小，即狭缝宽度的减小，输出信号的峰值也随之变小。

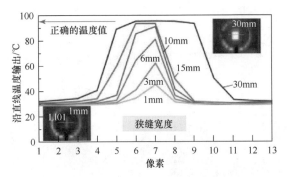

图 2.58　通过可变狭缝沿直线观测目标的实际温度，20°镜头（FOV）的
红外相机与可变狭缝和黑体之间的距离为 5.5m

SRF 表示在定义的狭缝宽度归一化为非常宽的狭缝（与狭缝尺寸相同的目标时为校准目标信号差）下被测目标信号差的函数。根据每个狭缝宽度下的峰值输出信号可以计算出 SRF（图 2.59）。该功能提供成像和测量分辨率。

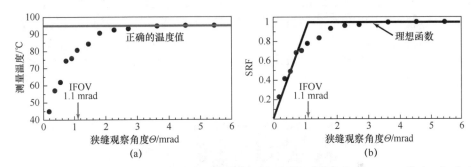

(a)　　　　　　　　　　　　(b)

图 2.59　实测不同狭缝宽度下的峰值输出温度（a）和狭缝响应函数 SRF（b）作为目标瞬时视场角度的函数，从相机上看，对应的狭缝宽度分别为 1mm、2mm、3mm、4mm、5mm、6mm、8mm、10mm、12.5mm、15mm、20mm、25mm、30mm

成像分辨率通常定义为在 SRF 给出 50% 的响应的条件下从相机观测目标的瞬时视场角。然而，用于精确温度测量场合的目标的最小绝对尺寸是 IFOV 的 2 倍或 3 倍（在本案例中，使用 THV 550 的测量距离为 5.5 m 时，缝宽为 12mm 或 18mm），SRF 分别达到了 95% 或 99%。

与理想 SRF 的偏差是由 2.4.4 节中讨论的相机光学元件的像差造成的。

从这些结果中，可以很容易地用上面给出的实际测量距离式计算出精确的温度测量所需的最小目标尺寸，即将目标尺寸乘以 2 倍或 3 倍的系数。

2.5.4　成像质量——MTF、MRTD、MDTD

MRTD 是度量热成像系统和观察者识别显示器上显示的图像中周期性条形目标的复合能力的参数。该参数表征的是待测模式与黑体背景之间的最小温差，前提是观测者可以在此背景下检测到该模式。这种能力取决于热成像系统的热灵敏度（NETD）和空间分辨率（IFOV），并且很大程度上取决于其他影响变量，如使用的调色板、观察者区分不同颜色的能力等。ASTM 标准 MRTD 和 MDTD 试验方法见文献［34，35］。

MRTD 的测量方法是确定标准 4 条竖状靶标与背景之间的最小温度差值，如图 2.60 所示。采用不同的靶标尺寸，以不同的空间分辨率进行分析。常规 4 条竖状靶标的特征是空间频率（单位长度或单位毫弧度可分辨的出现周期）。

图 2.60　测试模式（4 条竖状靶标和作为背景的黑板）

由于红外相机的分辨率有限（SRF 由给定的 IFOV 和有限的光学质量决定，如图 2.61 所示），针对条形目标的不同空间频率测量的热图像对比度随着频率的增加或线对的缩小而减小。将黑板在环境室中加热至 60℃，然后将其作为热背景放置在 4 条目标结构后面。在 4 条目标结构上测量的函数对比度与空间频率之间的关系称为调制传递函数（Modulation Transfer Function，MTF）。对于 MTF 的标准测定，使用被测对象信号（原始信号）。需要开发版软件（FLIR ThermaCAM 研究人员）来访问原始信号。

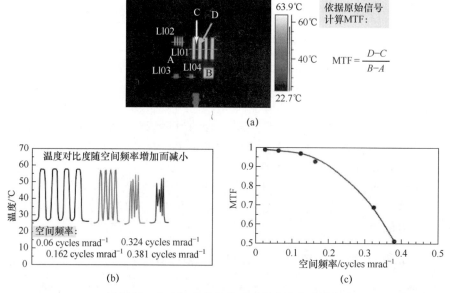

图 2.61　在不同空间频率下测量的温度对比度

（a）测量过程中测试图案的热图像（1.2m 测量距离）；（b）不同实验模式的温度线轮廓；
（c）空间频率相关 MTF。

图 2.61 所示的 MTF 是根据测量的目标信号差（检测到的原始信号）与 4 条目标和背景的真实目标信号差的比率计算得出的。

采用相同的设备进行了 MRTD 测量，热图像是在热背景板冷却至室温的过程中以 50 帧/s 的速度采集存储的。为了确定目标温度和背景温度，使用了图 2.62 中所示标记区域的平均温度。通过分析在 60℃ 到室温的背景冷却过程中这两种温度之间的温度差，可以找到温差随时间变化的拟合函数。通过这个拟合函数，可以在冷却期间给每个图像确定一个温差。为了确定非常低的正确的温差，这样的过程是非常必要的，其中测量的温差由于系统噪声而受到温度波动的强烈影响，如图 2.62 所示。

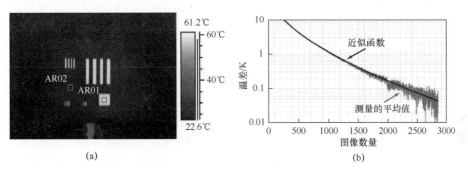

图 2.62　MRTD 测量——取决于条形目标和背景之间的温差

图 2.63 所示为条形目标和背景在不同温度下的一系列图像，这些图像是在使用自动调整比例和铁调色板在条形目标冷却过程中测量得到的。可以看出，随着温差的减小，逐渐无法看出较低的对比度细节。首先，最大空间分辨率对应的条形目标不再被观测到。

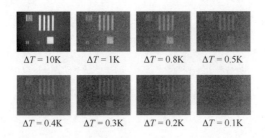

图 2.63　采用 PtSi-MW 相机测得的条形目标和背景在不同温度差下的图像

图 2.64 所示为一位研究者针对不同空间分辨率下测量目标的个人主观 MRTD 对应的图像。利用这些结果，可以得到 24℃ 温度水平下的空间分辨率（每毫弧度的线对数或每毫弧度的周期数）所对应的 MRTD。注意到，与呈现静止图像相比，在分析时间序列时，选择要容易得多，因为人类的感知对于随时间变化的函数非常敏感。

由于 MRTD 不仅由客观参数（NETD、IFOV）决定，还由许多主观参数（观察者区分不同颜色、显示质量等的能力）决定，因此寻找最佳的相机参数组合以获得较低的 MRTD 值是非常重要的工作。

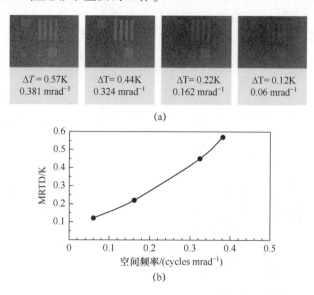

图 2.64 （a）不同空间分辨率和温差下确定的 MRTD，（b）MRTD 与空间分辨的影响关系

在图 2.65 中，使用不同的调色板所示为相同的图像。不同的对比结果在图像中得到了清晰的体现。

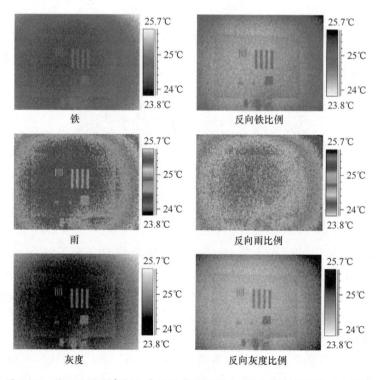

图 2.65 使用不同调色板和自动调整比例的 0.5K 温差下的图像对比情况

MRTD 结果受所使用的量程和量化程度的影响很大。只有将"范围"和"级别"设置为最大颜色对比度时，才能检测到较小的温差，如图 2.66 所示。

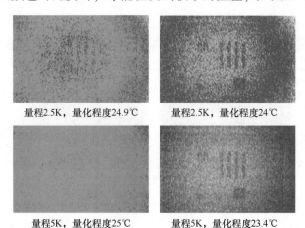

量程2.5K，量化程度24.9℃   量程2.5K，量化程度24℃

量程5K，量化程度25℃   量程5K，量化程度23.4℃

图 2.66 在 0.2 K 温差下测得的图像，对雨调色板进行不同级别和幅度的调节

MDTD 衡量的是红外热成像系统和观察者检测小尺寸目标的复合能力。该参数表征的是圆形或方形目标与探测目标所需的背景之间的最小温差。它是以 MRTD 与目标的空间大小或角度大小的反比来度量的。图 2.67 给出了瞬时视场角为 23mrad 相机对冷却过程中的正方形目标获得的一系列图像。

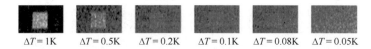

$\Delta T=1$K $\Delta T=0.5$K $\Delta T=0.2$K $\Delta T=0.1$K $\Delta T=0.08$K $\Delta T=0.05$K

图 2.67 不同温度差下，23 mrad 瞬时视场角下测得的正方形目标与背景之间的图像

其中一位研究者确定了具有 0.043 mrad^{-1} 反向瞬时视场角的方形目标的个体主观 MDTD 为 0.05 K。

MRTD 和 MDTD 这两个参数在估计红外相机对目标的探测距离时也非常重要（10.5.2 节）。

2.5.5 时间分辨率——帧频与积分时间

要准确分析瞬态热过程，需要与待研究过程的热特征时间常数相比，具有足够的热成像时间分辨率。大多数医生使用测辐射热计相机。如 2.4.1 节所述，与光子探测器相比，测辐射热计摄像机不提供可调整的积分或曝光时间。

在配备辐射热计焦平面阵列的红外成像系统的数据表中，时间分辨率通常只是以帧频作为相机的相关参数来表征。大多数情况下，假设该值与成像分析的时间分辨率有关。一个简单的实验表明，帧频本身并不能给出相机的时间分辨率。本实验采用直径为 3cm 的橡胶球做自由落体运动，将橡胶球加热到 70℃ 左右。以离地 1m 为起始点，利用红外热成像技术对目标距离约 4m 的自由落体球进行热成像分析。图2.68 给出了使用测辐射热计相机 FLIR SC2000 和 InSb 相机 FLIR SC6000 （可选择积分时间的光子探测器相机）进行测量的结果，这两种相机的帧频均为50Hz。

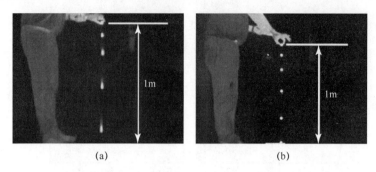

(a)　　　　　　　　　　　(b)

图2.68　采用 LW 测辐射热计相机 FLIR SC2000 （a）和 MW – InSb 相机 FLIR SC6000 （1 ms 积分
时间 （b）测量的自由落球 （加热至70℃，从1 m 高度开始）在50 Hz 帧速下的温谱图
随着做自由落体运动的球的速度的增加，FLIRSC2000 测得的球的图像变得模糊

　　图2.69 为球在运动过程中测得的球温。下面分析球在运动过程中测得的温度随时间的变化规律。温度约70℃时的球在红外图像中总是显示出最高温度。测得的温度随着球的速度增加而降低，直到球落地为止。从地面弹起后，球的速度下降，球的温度上升，大约达到顶部球静止时能够测量到确定的实际温度。在球周期性弹跳的上下运动过程中，测得的温度变化过程反复出现。正确的球温只有在球处于静止状态时才能确定。从这些结果可以得出结论，分析测辐射热计相机的瞬态热过程或运动目标的温度需要详细研究热探测器时间常数所给定的相机极限。对于光子探测器相机，可调整的积分时间必须根据所需要分析的过程进行相应的调整。

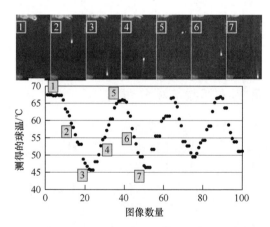

图2.69　用测辐射热计 LW 相机测得的自由落球的温度变化规律

较大的相机响应时间则会导致不同的测量结果。球的图像模糊也表明红外图

116

像不能反映真实的空间温度分布，这可以通过与球的运动相联系的热图像中的温度分布来更详细地讨论。图 2.70 所示为沿着球的下降线测量的温度分布的结果，对于这张图像来说，球已经下降了大约 92cm。虽然落球直径只有 3cm，但在 16cm 长的测线剖面范围内可以观察到明显的温度不为零的差异。

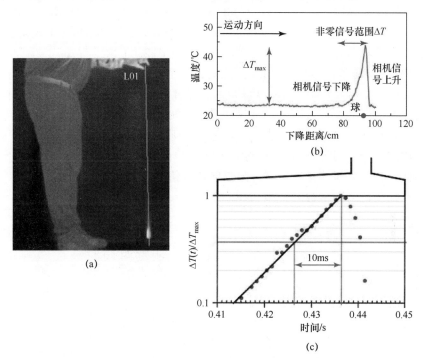

(a)

(b)

(c)

图 2.70　使用测辐射热计 LW 相机 FLIR SC2000 对自由落体球（加热到 70℃）进行温度测量。落球高度为 93cm 时的热图像（a）。图像（b）中温度沿直线分布的剖面图。球大小具有正确的缩放比例。沿下降线测量的温度随时间变化关系，时间变化量通过使用 $s = 1/2gt^2$。图像（c）由下降距离 s 计算得出

这种现象是由 FLIR SC2000 相机测辐射热计探测器的时间常数造成的。热探测器，如测辐射热计，其时间常数通常在毫秒范围内（2.2.3 节）。测得的温度线剖面对应于相机测辐射热计传感器的温升和衰减过程。这不是由测辐射热计 FPA 的滚动读出过程引起的。如果相机旋转 90°，信号将基本上是相同的。

根据下落距离 s，可以用重力加速度 $g = 9.81\mathrm{m/s^2}$ 和 $v = gt$ 来计算球的速度 v。因此，可以使用 $s = 1/2gt^2$ 将图 2.70（b）所示的下降距离转换为时间变化量（图 2.70（c））。

红外图像显示的下降距离达到最大时球的下端，即在下降时间最大的情况下，由于球的红外辐射，相应的辐射热计探测器信号开始上升。在图像中球的实际位置之后，即那些不再接收球发出的红外辐射的探测器像素处，信号中有下降，这表征了探测器的时间常数。因此，观测到的信号在较小时间一侧的衰减直接反映了该时间常数。图 2.70（c）所示为该探测器信号的上升和衰减。为了便

于分析，根据最大温差 ΔT_{max} 将信号归一化处理。

我们可以估计约为 10 ms 的时间常数 τ 随时间的指数变化关系。相机的时间分辨率受时间常数 τ 的限制。

为了获得不确定度约为 1℃ 的正确温度读数，需要至少测得 99% 的信号（2.4.4 节）。这相当于需要 5τ = 50 ms 的测量时间，在 50 Hz 的帧速下，每 20 ms 记录一个图像，但探测器对温度变化的响应更慢。因此，不仅落球的图像模糊，而且对落球的温度测量结果也不正确（图 2.69 和图 2.70）。在 93 cm 的下落距离下，球的速度为 4.27 m/s。因此，一个像素接收球发出的热辐射的时间仅约 6ms（1.3 mrad IFOV，4m 测量距离，球直径 3cm），这通常小于测辐射热计的时间常数。因此，最大信号远低于正确的 100% 信号（图 2.71）。此外，由于单个测辐射热计信号本身也取决于光学系统的质量，因此无法准确分析 6 ms 时间窗口内的信号。由于扩展了 λ 范围，透镜的像差还可能会带来额外的不确定性。因此，定量分析球接近顶端时测辐射热计信号上升的意义不大。相反，信号衰减只受探测器时间常数的影响。

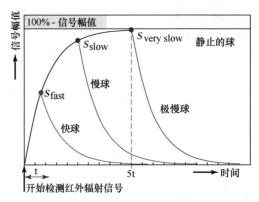

图 2.71 不同球速 v（球直径为 d）下测辐射热计响应信号的上升和下降时间与其
时间常数 T 的比较（快球 $d/v < \tau$；慢球 $\tau < d/v < 5\tau$；极慢球 $d/v = 5\tau$）

对于 FLIR SC6000 的 InSb 光子探测器，探测器时间常数要低得多（纳秒到 μs），因此这些探测器的响应速度要快得多。FLIR SC6000 变量的积分时间设置从 9μs 全帧时间是可能的。对于落球实验（图 2.70），使用 1 ms 的积分时间（2.4.2 节）。在整个下落距离内，球的图像不会出现模糊现象，球的温度可以被正确地确定。

参 考 文 献

[1] Hudson, R. D. and Hudson, J. W. (eds) (1975) *Infrared Detectors*, John Wiley & Sons, Inc., Dowden, Hutchinson, and Ross.

[2] Lutz, G. (1999) *Semiconductor Radiation Detectors*, Springer, Berlin, Heidelberg and New York.

[3] Dereniak, E. L. and Boreman, G. D. (1996) *Infrared Detectors and Systems*, John Wiley & Sons, Inc.

[4] Wolfe, W. L. and Zissis G. J. (eds) (1993) *The Infrared Handbook*, Infrared Information Analysis Center, Environmental Research Institute of Michigan.

[5] Kingston, R. H. (1978) *Detection of optical and infrared radiation*, Springer Series in Optical Sciences, Springer-Verlag, Berlin, Heidelberg and New York.

[6] Rogalski, A. and Chrzanowski, K. (2002) Infrared devices and techniques. *Opto-Electron. Rev.*, **10** (2), 111-136.

[7] Li, B., Huang, S., and Zhang, X. (2004) Transient mechanical and electrical properties of uncooled resistive microbolometer focal plane arrays; Infrared detector materials and devices. Proceedings of SPIE, vol. 5564, pp. 123-132.

[8] Bonani, F. and Ghigne, G. (2001) *Noise in Semiconductor Devices*, Sprinter, Berlin, Heidelberg and New York.

[9] Capper, P. and Elliot, C. T. (eds) (2001) *Infrared Detectors and Emitters: Material and Devices*, Kluwer Academic Publishers.

[10] Gunapala, S., Bandara, S., Bock, J., Ressler, M., Liu, J., Mumolo, J., Rafol, S., Werner, M., and Cardimona, D. (2002) GaAs/AlGaAs based Multi-Quantum well infrared detector arrays for Low-Background applications. Proceedings of SPIE, vol. 4823, pp. 80-87.

[11] Hudson, R. D. (1969) *Infrared Systems Engineering*, John Wiley & Sons, Inc.

[12] Ryzhii, V. (2003) *Intersubband Infrared Photodetectors*, Selected Topics in Electronics and Systems, vol. 27, World Scientific Publishing Co. Pvt. Ltd.

[13] Bandara, S. V., Gunapala, S., Rafol, S., Ting, D., Liu, J., Mugolo, J., Trinh, T., Liu, A. W. K., and Fastenau, J. M. (2001) Quantum well infrared photodetectors for low background applications. *Infrared Phys. Technol.*, **42** (3-5), 237-242.

[14] Rogalski, A. (1994) GaAs/AlGaAs quantum well infrared photoconductors versus HgCdTe photodiodes for Long-Wavelength infrared applications. Proceedings of SPIE, Vol. 2225, pp. 118-129.

[15] Soibel, A., Bandara, S., Ting, D., Liu, J., Mumolo, J., Rafol, S., Johnson, W., Wilson, D., and Gunapala, S. (2009) A super-pixel QWIP focal plane array for imaging multiple waveband sensor. *Infrared Phys. Technol.*, 52(6), pp. 403-407.

[16] Simolon, B., Aziz, N., Cogan, S., Kurth, E., Lam, S., Petronio, S., Woolaway, J., Bandara, S., Gunapala, S., and Mumolo, J. (2009) High performance two-color one megapixel cmos roic for qwip detectors. *Infrared Phys. Technol.*, pp. **52** (6), pp. 391-394.

[17] Holst, G. C. (1993) *Testing and Evaluation of Infrared Imaging Systems*, JCD Publishing Company.

[18] Holst, G. C. (2000) *Common Sense Approach to Thermal Imaging*, SPIE Press, Bellingham.

[19] *http://www.flir.com* (2010).

[20] *http://www.laser2000.de* (2010).

[21] *http://www.raytek.com* (2010).

[22] *http://www.ircon.com* (2010).

[23] Milton, A. F. , Barone, F. R. , and Kruer, M. R. (1985) Influence of nonuniformity on infrared focal plane array performance. *Opt. Eng.* , **24** (5), 885-862.

[24] Lau, J. H. (ed.) (1995) *Flip Chip Technologies*, McGraw-Hill Inc.

[25] Kruse, P. W. (2002) *Uncooled Thermal Imaging - Arrays*, *Systems and Applications*, SPIE Press, Bellingham and Washington, DC.

[26] *http://www. ulis-ir. com* (2010).

[27] (2009) *The Ultimate Infrared Handbook for R&D Professionals*, FLIR Systems Inc.

[28] Rowe, D. M. (ed.) (1995) *CRC Handbook of Thermoelectrics*, CRC Press.

[29] Organ, A. J. (2005) *Stirling and Pulse-tube Cryo-coolers*, Professional Engineering Publishing, Antony Rowe Ltd.

[30] Chrzanowski, K. (2002) Evaluation of commercial thermal cameras in quality systems. *Opt. Eng.* , 41(10), pp. 2556-2567.

[31] Sousk, S. , O'Shea, P. , and Van Hodgkin (2004) Measurement of uncooled thermal imager noise. Infrared Imaging Systems: Design, Analysis, Modeling and Testing XV, SPIE vol. 5407, pp. 1-7.

[32] Levesque, P. , Br'emond, P. , Lasserre, J. -L. , Paupert, A. , and Balageas, D. L. (2005) Performance of FPA IR cameras and their improvement by time, space and data processing. *QUIRT-Quant. Infrared Thermography J.* , **2** (1), 97-111.

[33] DeWitt, D. P. and Nutter, G. D. (1989) *Theory and Practice of Radiation Thermometry*, John Wiley & Sons, Inc.

[34] ASTM E 1213-2002. *Standard Test Method for Minimum Resolvable Temperature Difference for Thermal Imaging Systems* 2002.

[35] ASTM E 1311-2002. *Standard Test Method for Minimum Detectable Temperature Difference for Thermal Imaging Systems* 2002.

第3章　先进红外成像技术

3.1　引　言

本章简要概述了红外热成像中使用的一些先进技术。与红外图像记录和处理的基本技术相比，如通过调整测量参数（第 2 章），这些方法包含数据采集和数据处理的附加功能。例如，包括使用附加组件如窄带光谱滤光片、应用热源对被研究对象进行热激励或各种图像处理工具。

3.2　光谱分辨红外热成像

红外热成像是一种在电磁频谱的有限波段（SW、MW、LW）内进行光谱测量的方法（第 1 章）。图像由相机工作谱带内的所有光谱信号贡献的积分构成，即 $0.9 \sim 1.7\,\mu m$（SW）、$3 \sim 5\,\mu m$（MW）或 $7 \sim 14\,\mu m$（LW）。

这些较宽谱带的使用增加了相机探测到的目标辐射，可使其在室温或低于室温的低温条件下测量具有良好信噪比的目标成为可能（第 2 章）。

减少光谱带宽在处理非灰体时特别有用，即具有 $\varepsilon = \varepsilon(\lambda)$ 的光谱选择性发射体（1.4 节，图 1.29）。对于这类目标，宽谱带检测首先要解决的问题是在所选定的红外波段内对目标的 ε 的平均值进行合理性假设；其次，对于某些选择性发射体，如气体，宽带光谱检测会自然导致较差的信噪比，因此最好使用窄带光谱进行检测（7.3 节，图 7.7）。

相比之下，光谱分辨红外热成像的优势在于：由于带宽的减少，首先将能够更好地定义发射率，这使得定量表征光谱选择性发射体成为可能，如塑料（9.6.5 节）；其次，对于气体，由于只检测光谱中相关部分的信号变化，就可以大幅度提高信噪比（第 7 章）。基于窄谱带和双谱带的辐射温度测量已经成功地应用了很长时间。例如，当产品温度是制造过程中最关键的工作参数时，可以在钢铁和玻璃生产或塑料加工[1]中应用辐射测温技术。

最先进的光谱分辨热成像技术将空间分辨的测量数据与红外相机和红外光谱技术结合起来，最终可以对每个像素进行测量。

3.2.1　使用滤光片

使用光谱 BP 或 NBP 滤光片（2.4.4 节）是进行光谱分辨红外热成像的最简

单方法。这些 NBP 和 BP 滤光片种类繁多，覆盖了从 SWIR 到 LWIR 的整个光谱区域[2]。特别是，研发类相机提供了在相机镜头和探测器之间安装额外光谱滤光片的可能性（图 3.1）。这些滤光片大多表现出与光学元件相同的温度，因此被称为热滤光片。它们应该由非吸收性材料制成，以防止自热和辐射向探测器发射。它们利用由具有不同折射率的不同材料制成的一层薄薄的红外透明薄膜（交替层）的干涉现象，通过完全反射来阻挡光谱 BP 之外的辐射传输（1.6 节）。

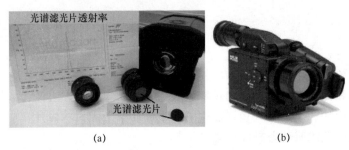

图 3.1 使用光谱滤光片的 MWIR 相机 (a) FLIR SC 6000 相机，热滤光片可以直接安装在相机镜头和探测器外壳的窗口之间；(b) FLIR GasFindIR HSX 带冷滤光片相机
（图 (b) 由 FLIR 红外培训中心提供）

对于某些应用，如 GasFind 相机（第 7 章），使用温度接近或等于探测器温度的冷滤光片，通过避免滤光片的自辐射和阻止相机热部件的辐射来提高灵敏度。如图 3.1 (b) 所示，这些冷滤光片构成了 GasFind 相机冷探测器引擎的组成部分。一些科研类相机可以容纳 4 个以上的转轮式冷滤光片。冷滤光片可以用在相机工作光谱范围内的部分吸收材料制成。

3.2.1.1 玻璃滤光片

使用滤光片的窄谱带热成像可用于分析选择性发射体（如玻璃）的温度和温度分布。MWIR 相机（$3 \sim 5\,\mu m$）采用玻璃滤光片获得的热图像如图 3.2 所示。

玻璃从可见光到近红外（NIR）区域呈透明状态。在大约 $2\,\mu m$ 的波长下，许多玻璃由于吸收而变得半透明，并且在 $3\,\mu m$ 到最多 $5\,\mu m$ 之间不透明（图 3.2，详细信息见文献 [3]）。透射率作为波长的函数随玻璃成分而变化，并取决于玻璃厚度（1.5.3 节和图 1.54）。因此，采用辐射测温法测量玻璃温度需要使用透射率在 $5\,\mu m$ 以上的窄带光谱滤光片。然而，在 MWIR 相机所使用的 InSb 等探测器的光谱响应在 $\lambda > 5\,\mu m$ 时则会强烈降低。此外，由于水蒸气在大于 $5\,\mu m$ 的地方的强烈吸收会影响大气透射率，且此处玻璃不透明。显然，必须找到折中办法。通常使用的光谱滤光片在 $5 \sim 5.2\,\mu m$ 区域是透明的。

图 3.2 (a) 分析了一个正常工作期间的灯泡的红外热图像示例。在宽谱带模式下（或使用 $\lambda < 4\,\mu m$ 处的滤光片），玻璃传输大部分辐射。因此，相机透过滤光片观测到的热灯丝清晰可见。测量的温度与灯丝温度不完全一致，除非能够适当处理由于玻璃传输而造成的衰减。

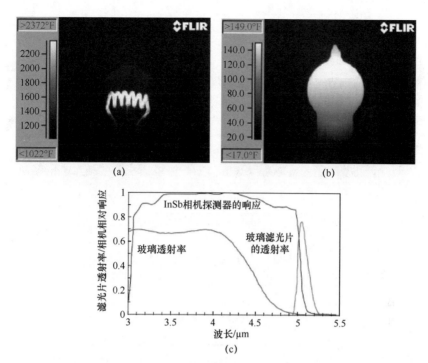

图 3.2　应用玻璃光谱滤光片消除透明度，以正确测量玻璃本身的温度

（a）不进行光谱过滤的情况下工作的灯泡的 MWIR 热图像；（b）有玻璃光谱滤光片情况下的灯泡的 MWIR 热图像；（c）在使用玻璃滤光片情况下比较 InSb MWIR 相机的光谱灵敏度分布和玻璃的透射光谱（示例）。（图片来源：FLIR 红外培训中心）

使用窄带玻璃滤光片，相机只能探测到来自灯泡的辐射，因为玻璃在这个光谱区域是不透明的。图 3.2（b）中的温标为不带滤光片的相机标定结果。因此，正确的温度读数需要重新校准相机与滤光片后才能得到（2.4.4 节）。

3.2.1.2　塑料滤光片

塑料薄膜是典型的选择性发射体。对于有机材料，大多数聚合物在 3.43 μm 处显示出基本的碳 – 氢（C-H）吸收带（见图 3.3 和第 7 章讨论的 GasFind 相机）。这代表在某光谱区域，塑料薄膜可能变得不透明，并根据薄膜厚度达到高的发射率值。塑料薄膜吸收仅覆盖相机光谱响应区域的一小部分。因此，在没有光谱滤光的情况下，相机将透过塑料薄膜观察，其温度无法测量（另见 9.6.5 节）。由于吸收带宽随薄膜厚度而变化，因此测量值取决于光谱滤光片的宽度。如果宽度过大，如图 3.3 中 1 型滤光片所示，相机信号将随着滤光片厚度的变化而强烈变化。

对于 NBP 滤光片，除非膜厚低于最小厚度（如果膜太薄而无法在相应波长处完全不透明），否则测量更准确。

对于某些塑料，如聚酯和其他酯类聚合物，在 LWIR 区域也有一个强的碳 – 氧（C-O）拉伸带，可以用高温计或红外相机中的热探测器进行辐射测温[1]（图 3.4）。

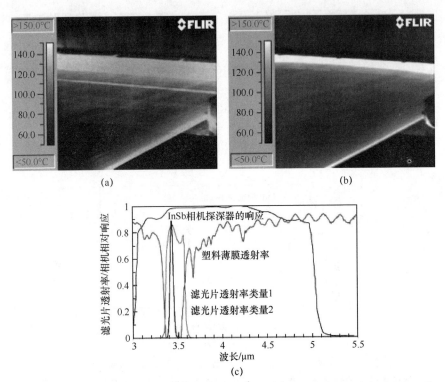

图 3.3　使用塑料光谱滤光片消除透明度，以便使用 MW 相机进行准确的温度测量
(a) 无光谱滤光的塑料薄膜的热图像；(b) 带塑料光谱滤光片的塑料薄膜的热图像；
(c) 两种不同塑料制成的聚乙烯塑料薄膜的透射光谱和光谱滤光片的 InSb MWIR 相机光谱
灵敏度分布比较。(图片来源：FLIR 红外培训中心)

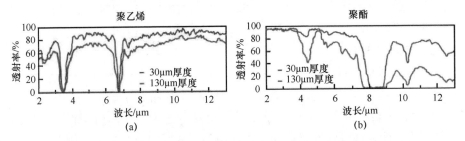

图 3.4　不同厚度的聚乙烯 (a) 和聚酯 (b) 薄膜的光谱透射率，分别在约 6.7μm (a)
和 8.3μm (b) 处显示出强吸收带 (图片来源：Raytek GmbH Berlin) (见彩插)

使用光谱滤光的热成像应用的另一个例子是气体检测 (具体参见第 7 章)。

3.2.1.3　滤光片对目标信号和 NETD 的影响

使用光谱滤光片会降低信噪比，从而增大 NETD。因此，应用 NBP 滤光片要求有足够高的目标温度。对使用 NBP 塑料滤光片的情况进行了实例分析 (如图 3.3 所示的 2 型滤光片)，在中心波长为 3.43μm 时，最大透射率为 0.89。图 3.5 描述了带光谱滤光片的多波段红外相机的部分信号 (假设光谱范围为 3~5μm 时具有恒定的响应度），与不带滤光片的输出信号相比，在滤光片不同的半峰全宽（FWHM）条件下，输出信号是目标温度的函数。信号取决于这种滤光片的 FWHM。为了简单起见，本书还计算了 Top Hat 滤波器的理论传输曲线。

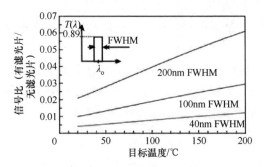

图 3.5 在 3.43μm 处，不同 FWHM 下工作的 MWIR 相机有、无窄带滤光片的信号之比

对于 FWHM 为 100 nm 和最大透射率为 0.89 的滤光片，信号在目标温度为 20℃时下降约 100 倍，而在目标温度为 120℃时下降约 50 倍。因此，这一因素导致 NETD 增加，也就是说，如果没有滤光片时相机的 NETD 为 25 mK，而在目标温度分别为 20℃和 120℃时的 NETD 分别增加到大于 2.5 K 和 1.25 K。图 3.6 所示为不同滤光片配置情况下目标温度与相机输出信号的关系。

图 3.6 可用于确定同一相机信号或 NETD 与不使用光谱滤光片的相机工作所需的最低目标温度。在目标温度 30℃下的相机信号相当于在目标温度为 141℃时配置 200 nm FWHM 滤光片和在目标温度为 175℃时配置 100 nm 滤光片时的相机信号。如果使用 40nm FWHM 滤光片，则目标温度必须要在 220℃以上。

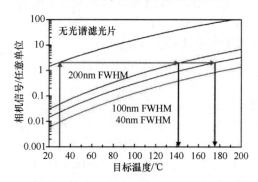

图 3.6 采用不同规格 3.43μm 光谱滤光片的多波段红外相机输出信号与目标温度的相互关系

3.2.2 双色或比色热像仪

热图像是由目标发出的辐射和目标因周围环境而反射的辐射共同产生的。对于较大的 ε 值，不透明目标的反射贡献很小。但是，像金属这样具有极低发射率

的目标则会造成新的问题，因为其发射的辐射很低，反射的辐射很高。因此，许多方法都尝试用于发展一种"无发射率"的辐射温度计[1]。其中一个方法是测量两个或多个窄谱带内的辐射，并根据信号之比[4-6]确定目标温度，同时消除特定条件下发射率的影响。

下面假设一个光子探测器测量两个单色波长。如果使用光谱波段，则必须用光谱辐射亮度密度的积分来代替辐射亮度值。

对于波长为 λ、目标温度为 T_{obj}、目标发射率为 ε_{obj} 和背景温度为 T_{bgr}，且忽略由于沿路径（较短测量路径的 $\tau_{atm} = 1$）的大气传输而可能导致的信号衰减，则探测器上接收的入射辐射亮度 L_{inc}（比较式（2.37a））：

$$L_{inc}(\lambda) = \underbrace{\varepsilon_{obj}(\lambda, T_{obj}) \, L_{BB}(\lambda, T_{obj})}_{\text{目标发射辐射}} + \underbrace{(1 - \varepsilon_{obj}(\lambda, T_{obj})) L_{BB}(\lambda, T_{bgr})}_{\text{反射背景辐射}} \quad (3.1)$$

如果在两个不同波长（$\lambda_2 > \lambda_1$）下测量辐射亮度，则可按以下方式确定比率：

$$\frac{L_{inc}(\lambda_2)}{L_{inc}(\lambda_1)} = \frac{\varepsilon_{obj}(\lambda_2, T_{obj}) L_{BB}(\lambda_2, T_{obj}) + (1 - \varepsilon_{obj}(\lambda_2, T_{obj})) L_{BB}(\lambda_2, T_{bgr})}{\varepsilon_{obj}(\lambda_1, T_{obj}) L_{BB}(\lambda_1, T_{obj}) + (1 - \varepsilon_{obj}(\lambda_1, T_{obj})) L_{BB}(\lambda_1, T_{bgr})}$$

$$(3.2)$$

发射率 ε 可通过两种不同的效应来影响式（3.2）的计算结果。首先，ε 的绝对值对于反射背景辐射的相对重要性来讲，是不容忽视的；其次，ε 对随波长变化的作用关系可能导致 λ_1 和 λ_2 处的辐射贡献存在相当大的差异。本章我们将分别处理这两个问题。

式（3.2）的比值通常在两个波长的信号之间表现出复杂的关系，无法采用简单的目标温度测定。然而，对于某些条件，分析可以简化。

最简单的情形，首先，反射的背景辐射贡献可以忽略对目标辐射的影响；其次，目标是真正的灰体，即 $\varepsilon_{obj}(\lambda_2, T_{obj}) = \varepsilon_{obj}(\lambda_1, T_{obj})$。在这种情况下，比值与发射率无关，只取决于所选波长和目标温度。

$$\frac{L_{inc}(\lambda_2)}{L_{inc}(\lambda_1)} = \frac{L_{BB}(\lambda_2, T_{obj})}{L_{BB}(\lambda_1, T_{obj})} \quad (3.3)$$

下面，我们将讨论根据式（3.3）确定目标温度的三个主要误差来源。

首先，由于反射背景辐射的影响，可能存在误差。即使反射辐射可以忽略不计，式（3.3）通常被简化为 T_{obj} 分析，用所谓的维恩近似来代替普朗克定律；其次，这会导致波长相关的误差，即使是真正的灰体；最后，在两个选定波长 λ_1 和 λ_2 之间，任何未知原因的发射率变化都可能导致目标温度的测量误差非常大。

3.2.2.1 忽略背景反射

从式（3.2）到式（3.3）的转变并非微不足道。对于较小的 ε_{obj} 值，如果反射辐射无法被忽略，即使对于具有真实灰体性质的目标物体，$\varepsilon_{obj}(\lambda_2, T_{obj}) = \varepsilon_{obj}(\lambda_1, T_{obj})$，则由式（3.2）可以得出，测量比值也无法独立于发射率。图 3.7 所示为在不同目标物体温度和发射率情况下，背景温度为 27℃ 时目标物体发射辐射和反射背景辐射随波长变化情况。随着波长的增加，比值明显减小。目标发射率过低则建议在较短波段内进行测量，以获得可以忽略反射背景辐射的微小误差。一个有用的衡量标准是 $L_{obj}/L_{bgr} > 100$。在这种情况下，将式（3.2）减少到式（3.4）的典型误差仅为百分之几。图3.7中的虚线表示该标准。

$$\frac{L_{inc}(\lambda_2)}{L_{inc}(\lambda_1)} = \frac{\varepsilon_{obj}(\lambda_2,T_{obj})L_{BB}(\lambda_2,T_{obj})}{\varepsilon_{obj}(\lambda_1,T_{obj})L_{BB}(\lambda_1,T_{obj})} \qquad (3.4)$$

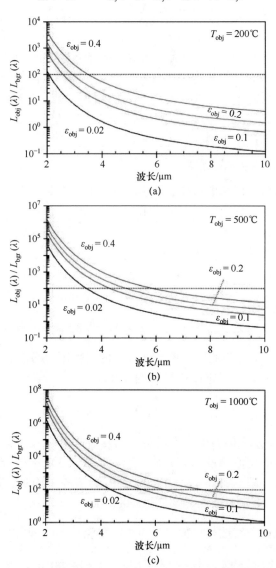

图3.7　不同目标温度和27℃背景（300 K）下不同目标发射率的目标辐射亮度和
反射背景辐射亮度随波长变化的比值

例如，假设目标物体发射率为0.02，在200℃的目标物体温度下，测量波长

需要低于 $2\mu m$ 才行，而对处于 500℃ 或 1000℃ 的较高温度，则分别削弱了对低于 $3.5\mu m$ 和 $4.5\mu m$ 波长的限制。当 $T_{obj} = 200℃$ 时，如果在 $\lambda = 4.5\mu m$ 处测量 $\varepsilon = 0.02$ 的目标物体，则目标物体辐射亮度和反射背景辐射亮度大致相等。如果此时忽略反射贡献，则会产生较大的误差。

值得注意的是，即使在大约 1000℃ 的极高目标温度下，使用 $8\mu m$ 以上的长波相机也只能定量测量发射率 $\varepsilon_{obj} > 0.4$ 的目标并保持足够的精度。因此，工作波长越长，正确测量所需的发射率就越高。这也就解释了为什么双色测量总是使用短波长。

显而易见，式（3.4）可用于指导测量，这样给实际测量带来的明显好处是：如果目标物体和探测器之间的传输特性发生变化，例如，由于大气或窗口可能受到灰尘、烟雾等的瞬时污染，式（3.4）的比值仅在两个选定波长处存在衰减时发生变化。如果它们彼此十分接近，这样两个波长处的目标信号变化相同，那么信号比值就不会受到任何影响。

3.2.2.2 普朗克辐射定律的近似

下面我们将忽略任何反射贡献，即从式（3.4）开始讨论。

首先，利用普朗克分布函数（式（1.15））讨论了目标在不同波长发射时探测到的辐射亮度：

$$\frac{\varepsilon_{obj}(\lambda_2,T_{obj})L_{BB}(\lambda_2,T_{obj})}{\varepsilon_{obj}(\lambda_1,T_{obj})L_{BB}(\lambda_1,T_{obj})} = \frac{\varepsilon_{obj}(\lambda_2,T_{obj})}{\varepsilon_{obj}(\lambda_1,T_{obj})}\frac{\lambda_1^5}{\lambda_2^5}\frac{e^{\frac{hc}{\lambda_1 kT_{obj}}}-1}{e^{\frac{hc}{\lambda_2 kT_{obj}}}-1} \tag{3.5}$$

对于长波长和短波长区域，普朗克函数的比值都可以简化。

对于长波长光谱区域，如果 $x = \dfrac{hc}{\lambda kT} \ll 1$，即 $\lambda T \gg 14400\ \mu m \cdot K$，则指数可以线性化为 $e^x = 1 + x$。为此，在该光谱区域内，普朗克分布函数可以用瑞利 – 金斯（Rayleigh-Jeans）辐射定律代替（图 3.8）：

$$L_{BB}^{Rayleigh-Jeans}(\lambda,T_{obj}) = 2c\frac{kT_{obj}}{\lambda^4} \tag{3.6}$$

如果将式（3.5）中的普朗克定律替换为这种瑞利 – 金斯近似，那么确定光谱区域内物体温度的比值测量就会失败，因为式（3.5）中的分子和分母的温度会相互抵消。此外，限制条件 $\lambda T \gg 14400\ \mu m \cdot K$ 成立，确实需要非常高的温度。即使对 $\lambda = 10\mu m$，限制温度也要满足 $T \gg 1440\ K$。

另一种极端存在于短波长。如果 $x > 5$，发现 $\dfrac{1}{e^x - 1} = e^{-x}$（精度优于 1%）。该条件成立是在 $\lambda T < 2897.8\ \mu m \cdot K \approx (1/5) \times 14400\ \mu m \cdot K$ 的情况下，其中 $\lambda T = 2897.8\ \mu m \cdot K$ 类似于普朗克辐射函数的最大值（式（1.16））。本例中，发现对于所有小于最大值的短波长而言，哪种方法都适用得很好，如图 3.8 所示。

$$L_{BB}^{Wien}(\lambda, T_{obj}) = \frac{2hc^2}{\lambda^5} e^{-\frac{hc}{\lambda k T_{obj}}} \tag{3.7}$$

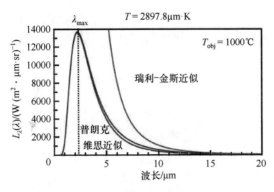

图 3.8　普朗克分布函数、维恩近似和瑞利－金斯近似的比较

在这种情况下，光谱辐射亮度随温度呈指数级变化。目标温度的任何变化对辐射亮度的影响比发射率的任何变化都要大得多。因此，在这一光谱区域宜采用比值法。

利用维恩近似，可以很容易地确定目标的温度，以确保背景辐射可以被忽略。对于 $\lambda T < 2897.8~\mu m \cdot K$，给定波长下目标发射辐射亮度与反射背景辐射亮度之比可用维恩近似表示为

$$\frac{L_{obj}(\lambda, T_{obj})}{L_{bgr}(\lambda, T_{bgr})} = \frac{\varepsilon_{obj}}{(1-\varepsilon_{obj})} e^{-\frac{hc}{\lambda k}\left(\frac{1}{T_{obj}}-\frac{1}{T_{bgr}}\right)} \tag{3.8}$$

如果维恩近似成立，则可以重写式（3.8）来估计所需的最小目标温度，以获得预定义的目标与反射背景辐射的比值。

$$T_{obj}^{min} = \left(\frac{1}{T_{bgr}} - \frac{\lambda k}{hc}\ln\left[\frac{L_{obj}(\lambda, T_{obj})}{L_{bgr}(\lambda, T_{bgr})}\left(\frac{1-\varepsilon_{obj}}{\varepsilon_{obj}}\right)\right]\right)^{-1} \tag{3.9}$$

例如，$T_{bgr} = 300K$，$\varepsilon_{obj} = 0.02$，$\lambda = 2\mu m$ 以及辐射亮度之比为 100 时的 $T_{obj}^{min} \approx 192~℃$，这与图 3.7 非常吻合。

在使用式（3.9）时需要注意：如果选择了维恩近似不起作用的值，例如，辐射亮度之比 $=100$，$T_{bgr} = 300K$，$\varepsilon_{obj} = 0.2$，$\lambda = 10\mu m$，则会出现不合理的高温结果。

3.2.2.3　T_{obj}——维恩近似下真实灰体的误差

利用式（3.7），可将式（3.4）转变为

$$\frac{L_{inc}(\lambda_2)}{L_{inc}(\lambda_1)} = \frac{\varepsilon_{obj}(\lambda_2, T_{obj})}{\varepsilon_{obj}(\lambda_1, T_{obj})} \frac{\lambda_1^5}{\lambda_2^5} e^{-\frac{hc}{kT_{obj}}\left(\frac{1}{\lambda_2}-\frac{1}{\lambda_1}\right)} \tag{3.10}$$

利用测量的信号比计算目标温度，取式（3.10）两边的自然对数，可求出 T：

$$\frac{1}{T_{obj}} = \frac{k}{hc}\frac{\lambda_1\lambda_2}{(\lambda_2-\lambda_1)}\left[\ln\left(\frac{L_{inc}(\lambda_2)}{L_{inc}(\lambda_1)}\right) + 5\ln\left(\frac{\lambda_2}{\lambda_1}\right) + \ln\left(\frac{\varepsilon_{obj}(\lambda_1, T_{obj})}{\varepsilon_{obj}(\lambda_2, T_{obj})}\right)\right]$$

$$\tag{3.11}$$

最后一项表示由于 λ_1 和 λ_2 处发射率不相等而引起的温度误差。因此，可以用表观温度 $T_{\mathrm{app,mono}}$ 来表示目标的温度。

$$\frac{1}{T_{\mathrm{obj}}} = \frac{1}{T_{\mathrm{app,mono}}} + \frac{k}{hc}\frac{\lambda_1\lambda_2}{(\lambda_2 - \lambda_1)}\ln\left(\frac{\varepsilon_{\mathrm{obj}}(\lambda_1, T_{\mathrm{obj}})}{\varepsilon_{\mathrm{obj}}(\lambda_2, T_{\mathrm{obj}})}\right) \tag{3.12a}$$

其中

$$\frac{1}{T_{\mathrm{app,mono}}} = \frac{k}{hc}\frac{\lambda_1\lambda_2}{(\lambda_2 - \lambda_1)}\left[\ln\left(\frac{L_{\mathrm{inc}}(\lambda_2)}{L_{\mathrm{inc}}(\lambda_1)}\right) + 5\ln\left(\frac{\lambda_2}{\lambda_1}\right)\right] \tag{3.12b}$$

单色波长 λ_1 和 λ_2 处的表观温度可由式（3.11）得出，对于真实的灰体，即 $\varepsilon_{\mathrm{obj}}(\lambda_2, T_{\mathrm{obj}}) = \varepsilon_{\mathrm{obj}}(\lambda_1, T_{\mathrm{obj}})$。这种假设通常是这样做的，即测量解释的假设为 $\varepsilon_{\mathrm{obj}}(\lambda_2, T_{\mathrm{obj}}) = \varepsilon_{\mathrm{obj}}(\lambda_1, T_{\mathrm{obj}})$，因此分析黑体温度的比值信号，就可以给出 $T_{\mathrm{app,mono}}$。然而，如果 ε 出现差异，即 $\varepsilon_{\mathrm{obj}}(\lambda_2, T_{\mathrm{obj}}) \neq \varepsilon_{\mathrm{obj}}(\lambda_1, T_{\mathrm{obj}})$，则可从该比值得出的目标的实际温度与表观温度的差异（见下文）。

式（3.12）包含了选择 λ_1 和 λ_2 的两个相互冲突的要求。

波长相关系数随着辐射测量的光谱间隔 $\Delta\lambda = (\lambda_2 - \lambda_1)$ 的增加而减小，但对于较大的 $\Delta\lambda$，灰体假设将变得不再那么有效。为此，必须详细分析这些相互冲突的要求对测量误差的影响，以找到最佳测量条件[7]。

评估两个单色波长（式（3.12））下目标实际温度与表观温度之间的差异 $\Delta T = T_{\mathrm{obj}} - T_{\mathrm{app,mono}}$，属于最容易分析的情况。然而，不幸的是，由于如下因素：

（1）所用滤光片的透射率是有限的，尤其是如果滤光片在两个波长下透射率也不同；

（2）滤光片存在有限的光谱宽度 FWHM（半峰全宽）；

（3）两个滤光片的光谱宽度不同。

为了简单起见，现假设有两个双顶形态滤光片，其中 $\tau(\lambda_1) = \tau(\lambda_2) = 1$，且具有相同的有限 FWHM。这种有限的宽度将导致额外的误差。

对于有限光谱宽度的滤光片，探测器信号通过积分确定。

$$L_{\mathrm{inc}}^{\mathrm{Planck}}(\lambda_1) = \frac{1}{\Delta\lambda}\int_{\lambda_1 - \frac{\Delta\lambda}{2}}^{\lambda_1 + \frac{\Delta\lambda}{2}} L_{\mathrm{BB}}^{\mathrm{Planck}}(\lambda, T_{\mathrm{obj}})\,\mathrm{d}\lambda \tag{3.13a}$$

$$L_{\mathrm{inc}}^{\mathrm{Planck}}(\lambda_2) = \frac{1}{\Delta\lambda}\int_{\lambda_2 - \frac{\Delta\lambda}{2}}^{\lambda_2 + \frac{\Delta\lambda}{2}} L_{\mathrm{BB}}^{\mathrm{Planck}}(\lambda, T_{\mathrm{obj}})\,\mathrm{d}\lambda \tag{3.13b}$$

目标温度可以通过将式（3.13a）和式（3.13b）的比值代入式（3.11）后计算得出。

对于有限的 FWHM $\Delta\lambda$ 下的信号比与单色测量的信号比相差一个系数 $A_{\Delta\lambda}$：

$$\frac{L_{\mathrm{inc}}^{\mathrm{Planck}}(\lambda_2)}{L_{\mathrm{inc}}^{\mathrm{Planck}}(\lambda_1)} = A_{\Delta\lambda}\frac{L_{\mathrm{BB}}^{\mathrm{Wien}}(\lambda_2, T_{\mathrm{obj}})}{L_{\mathrm{BB}}^{\mathrm{Wien}}(\lambda_1, T_{\mathrm{obj}})} \tag{3.14}$$

图3.9所示为普朗克函数的放大示意图，强烈夸大了偏差。修正系数 $A_{\Delta\lambda}$ 取决于所选波长以及滤光片各自的光谱宽度，显然会导致式（3.12）调整适用于宽带探测。

$$\frac{1}{T_{\text{obj}}} = \frac{1}{T_{\text{app},\Delta\lambda}} + \frac{k}{hc}\frac{\lambda_1\lambda_2}{(\lambda_2-\lambda_1)}\ln\left(\frac{\varepsilon_{\text{obj}}(\lambda_1,T_{\text{obj}})}{\varepsilon_{\text{obj}}(\lambda_2,T_{\text{obj}})}\right) \qquad (3.15a)$$

并且

$$\frac{1}{T_{\text{app},\Delta\lambda}} = \frac{1}{T_{\text{app,mono}}} + \frac{k}{hc}\frac{\lambda_1\lambda_2}{(\lambda_2-\lambda_1)}\ln A_{\Delta\lambda} \qquad (3.15b)$$

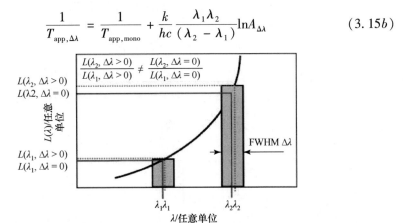

图 3.9   普朗克函数示意图，说明单色测量和有限的 FWHM $\Delta\lambda$ 测量的不同辐射亮度之比。有限的滤光片宽度导致中心波长的明显偏移，这与 λ_1 和 λ_2 不同，从而导致误差增大

$T_{\text{app,mono}}$ 和 $T_{\text{app},\Delta\lambda}$ 之间的偏差取决于使用维恩近似和普朗克定律的辐射亮度之比的差异。

利用修正系数 $A_{\Delta\lambda}$，入射辐射亮度之比与维恩近似之比的相对偏差可由下式得出：

$$\frac{\dfrac{L_{\text{inc}}^{\text{Planck}}(\lambda_2)}{L_{\text{inc}}^{\text{Planck}}(\lambda_1)} - \dfrac{L_{\text{BB}}^{\text{Wien}}(\lambda_2,T_{\text{obj}})}{L_{\text{BB}}^{\text{Wien}}(\lambda_1,T_{\text{obj}})}}{\dfrac{L_{\text{inc}}^{\text{Planck}}(\lambda_2)}{L_{\text{inc}}^{\text{Planck}}(\lambda_1)}} = \frac{A_{\Delta\lambda}-1}{A_{\Delta\lambda}} \qquad (3.16)$$

图 3.10（a）所示为这一数量，即由于滤光片传输曲线的两个中心波长的维恩近似，造成的辐射亮度之比的相对变化。对于单色波长（FWHM ＝0），高温下会出现偏差（由于维恩近似的适用性有限），而增加滤光片光谱宽度会导致低温下的误差。

根据式（3.15a）、式（3.15b），这些偏差会对推导出的目标温度产生影响。图 3.10（b）所示为目标实际温度和表观温度的差异。最大的温度误差首先出现在低目标温度和极高目标温度下，此时滤光片的光谱宽度较大。显然，在 200 ～ 800℃ 的扩展温度范围和 0.1μm 以下的滤光片光谱宽度范围内，可以对灰体进行非常精确的测量（误差小于 2%）。

迄今为止的误差讨论仅涉及理想化条件，如 τ_{max} ＝ 1 的 Top Hat 滤光片。在实验研究中，需要使用真实的滤光片传输特性曲线。在通常情况下，两种波长的滤光片传输特性曲线的 τ_{max} 和 FWHM 均存在差异，这可能会引入额外的误差。

代入实际的滤光片传输特性曲线 $[\tau_1(\lambda),\tau_2(\lambda)]$ 可将式（3.13a）、式（3.13b）修正为

$$L_{\text{inc}}(\lambda_1) = \frac{1}{\Delta\lambda}\int_{\lambda_1-\frac{\Delta\lambda}{2}}^{\lambda_1+\frac{\Delta\lambda}{2}}\tau_1(\lambda)L_{\text{BB}}^{\text{Planck}}(\lambda,T_{\text{obj}})\,\mathrm{d}\lambda \tag{3.17a}$$

$$L_{\text{inc}}(\lambda_2) = \frac{1}{\Delta\lambda}\int_{\lambda_2-\frac{\Delta\lambda}{2}}^{\lambda_2+\frac{\Delta\lambda}{2}}\tau_2(\lambda)L_{\text{BB}}^{\text{Planck}}(\lambda,T_{\text{obj}})\,\mathrm{d}\lambda \tag{3.17b}$$

因此，不同的滤光片传输特性将对目标入射辐射亮度产生额外的影响。式（3.14）中的修正系数 $A_{\Delta\lambda}$ 将修正为 $A_{\Delta\lambda,\tau(\lambda)}$，而且必须根据黑体校准程序才能确定。

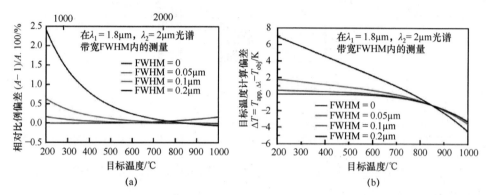

图 3.10　对于 1.8μm 和 2μm 的信号比 $(A_{\Delta\lambda}-1)/A_{\Delta\lambda}\times100\%$（根据式（3.16）），采用维恩近似与普朗克函数在测量光谱范围内对不同光谱带宽下的目标温度相对误差进行比较（a）。最大光谱为 $\lambda=2\mu m$。使用 1.8μm 和 2μm 处的信号并应用维恩近似计算出的目标温度误差（b）

$$\frac{L_{\text{inc}}(\lambda_2)}{L_{\text{inc}}(\lambda_1)} = A_{\Delta\lambda,\,\tau(\lambda)}\frac{L_{\text{BB}}^{\text{Planck}}(\lambda_2,T_{\text{obj}})}{L_{\text{BB}}^{\text{Planck}}(\lambda_1,T_{\text{obj}})} \tag{3.18}$$

3.2.2.4　其他 T_{obj}——非灰体引起的误差

到目前为止，只考虑了真正的灰体，并且由于通常用于评估目标温度的维恩近似而导致误差。然而，比色热成像中最重要的假设，即 $\varepsilon_{\text{obj}}(\lambda_2,T_{\text{obj}})=\varepsilon_{\text{obj}}(\lambda_1,T_{\text{obj}})$，通常只能近似地满足。由此导致的结果是显而易见的：如果目标表现出非灰体现象，则温度计算的误差将会增加。式（3.15a）中的第二项表示由于发射率变化引起的误差。如果假设在 $1.8\sim2\mu m$ 之间发射率的差异为 1% 或 5%，那么测量信号的比值将会分别改变 1.01 倍或 1.05 倍。图 3.11 所示为根据目标温度和滤光片 FWHM 产生的温度测量误差。

该误差的计算方法与图 3.10 相似，也就是说，它还包括由于维恩近似而产生的误差，唯一的区别是式（3.11）中的最后一项在图 3.10 中为零，而在图 3.11 中为非零。

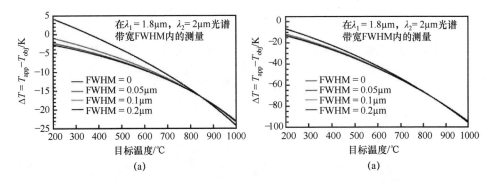

图 3.11 使用图 3.10 所示的 1.8μm 和 2μm 处的信号以及附加发射率

ε（2μm）/ε（1.8μm）=1.01（a）和1.05（b）是分别计算的目标温度误差

目标表观温度受光谱发射率的强烈影响。温度计算误差随目标温度的升高而增大。这种现象是由于随着目标温度的升高，即随着 λT_{obj} 值的增加，普朗克函数的斜率减小而引起的。

图 3.11 说明了双波长高温测量或热成像中最重要的单一误差源是非灰体的可能性。5%的发射率偏差很容易导致10%左右的温度误差。这充分强调了一个事实，即无论何时需要使用双波长测量进行精确的目标温度测量，都应满足以下要求：

（1）反射背景辐射应至少小于对应目标辐射的1%。

（2）波长应在 SW 光谱区域，最好小于等于2μm，以便使用维恩近似。

（3）应采用具有相似的透过率和光谱宽度的窄带滤光片。

（4）波长应彼此接近，以降低视在灰体 ε 发生变化的可能性。

（5）不要对选择性发射体（如塑料）使用这种方法，除非已知红外光谱并且选定了相应的滤光片。当测量红外光谱时，应参考相同的温度区域，以避免 $\varepsilon(T)$ 的依赖性。

3.2.2.5 比色测温法与单色辐射测温法

发展比色测温法的原因是出于消除未知的发射率的考虑，这样仍然能够测量目标温度。然而，比色测温法面临的困难和限制表明：当使用比色测温法时，需要确定标准，也就是说，如果不能准确地知道发射率，则该方法就比传统测温法有利。

现假设对高温目标采用短波长测量，即可以使用维恩近似，并且忽略背景反射。前面讨论了比色法的温度测量误差。为了估计单波段的温度测量误差，可以使用式（3.7）。现在假设一个已知的发射率及其不确定度系数 f_ε，则目标发射率可写为 $\varepsilon_{obj}(\lambda, T_{obj}) = f_\varepsilon \varepsilon_o(\lambda, T_{obj}D)$。利用式（3.7），可以计算目标温度：

$$\frac{1}{T_{obj}} = \frac{1}{T_{app,single}} + \frac{k\lambda}{hc}\ln f_\varepsilon \qquad (3.19)$$

其中

$$\frac{1}{T'_{\text{app,single}}} = \frac{\lambda k}{hc} \ln \left(\frac{\varepsilon_0(\lambda, T_{\text{obj}}) 2hc^2}{\lambda^5 L_{\text{incident}}(\lambda)} \right) \qquad (3.20a)$$

如果满足如下条件，则该比色测量法将具有相同或更好的性能：

$$\lambda |\ln f_\varepsilon| \geqslant \frac{\lambda_1 \lambda_2}{(\lambda_2 - \lambda_1)} \left| \ln \left(\frac{\varepsilon_{\text{obj}}(\lambda_1, T_{\text{obj}})}{\varepsilon_{\text{obj}}(\lambda_2, T_{\text{obj}})} \right) \right| \qquad (3.20b)$$

对于具体示例，在 $\lambda_1 = 1.8\mu m$，$\lambda_2 = 2\mu m$ 的比色测温法与在 $\lambda = \lambda_2 = 2\mu m$ 的单波段测温法中，可以得到

$$|\ln f_\varepsilon| \geqslant 9 \left| \ln \left(\frac{\varepsilon_{\text{obj}}(\lambda_1, T_{\text{obj}})}{\varepsilon_{\text{obj}}(\lambda_2, T_{\text{obj}})} \right) \right| \qquad (3.21)$$

如果满足上述关系，则比色测温法的精度将比单波段测量更精确，至少与其相当。图 3.12 所示为 f_ε（在 $\lambda = 2\mu m$ 处的单色温度测量）的极限值，该值取决于在 $\lambda_1 = 1.8\mu m$ 和 $\lambda_2 = 2\mu m$ 处的比色测量的目标发射率之比。

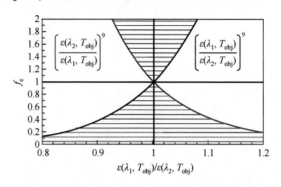

图 3.12 在 $\lambda = 2\mu m$ 时，单色温度测量的发射率不确定系数 f_ε 的极限值取决于在 $\lambda_1 = 1.8\mu m$ 和 $\lambda_2 = 2\mu m$ 时，比色温度测量的目标发射率。比色温度测量在阴影区域内显示出更高的精度。阴影区域外面，单色测量更有意义

3.2.2.6 双色热成像的应用

图 3.13 演示了双色热成像比值测量实验。两块铝箔固定在一个加热板上（图 3.13（a））。使用铂电阻温度传感器 Pt100 测量表面温度约为 212℃。对于辐射测量，使用的是 Agema THV900 红外相机（2~5.6μm InSb，斯特林冷却）。由于铝的发射率较低，红外热图像（图 3.13（b））显示出铝箔的表观温度较低，仅约为 52℃。对于比色热成像，使用了两个分别为 4.25μm（火焰温度测量）和 3.9μm（火焰测量）的标准滤光片（2.4.4 节）。使用光谱滤光片在两个光谱通道中拍摄带有铝箔的加热板图像。如前所述，使用维恩近似法逐像素计算得到了正确的目标温度。铝箔的温度约为 200~240℃。图 3.13（c）给出了校正后的热图像。由于铝的发射率较低，光谱范围有限（NETD 值较大），铝箔的热图像显示出很大的噪声。结果表明，采用双波长比色测量法有助于消除目标发射率对温度测量结果的影响。

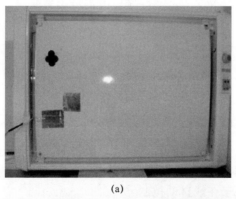

(a)

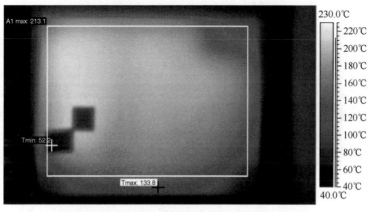

(b)

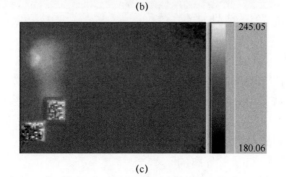

(c)

图 3.13　双色或比色热成像的实验演示

（a）带有两个铝箔和接触温度传感器的加热板的可见光图像；（b）加热板在 $2\sim5.6\mu m$
范围内约 212℃ 温度下的热图像；（c）根据在 $3.9\mu m$ 和 $4.25\mu m$ 下拍摄的热图像计算的
校正热图像，采用比色程序假设普朗克辐射定律的维恩近似。

（图片来源：SIS Sch-onbach Infrarot Service）

3.2.2.7　比色法的推广与应用

双波长比色辐射温度测量的一个扩展是多波长辐射温度计。温度由三个或三
个以上信号的比值决定，这些信号在相同的温度但不同的波长下测得的。在这种

情况下，通常假设波长对发射率影响问题可以通过将发射率描述为波长的一系列对数级数展开来解决[8]。然而，多波长辐射测量对误差的敏感性随着发射率模型中参数的数目增加而迅速增加，即波长的数目。因此，在实践中，这种温度计的使用不能被视为对发射率问题的一般解决方案，即使是与灰体条件稍有不同的材料，也可能导致非常严重的温度测量误差[9]。文献［10］对多波长辐射测温法导出真实温度的可能性进行了关键分析。为了提高双色和多色温度测量的精度，发展了使用激光吸收法[1]或相对激光反射法[11]等新方法。

尽管在测精度方面存在许多困难，但比色辐射测温法仍成功地应用于工业过程中的温度测量，如钢铁生产[12,13]或半导体制造过程中的测量[14]。此外，双波长红外成像已广泛应用于在线自动控制[15]。

有时，建议将 MWIR 和 LWIR 光谱区域的双波段测量结果结合起来进行分析[16]。LWIR 相机可以在较低的目标温度或有灰尘、雾或烟雾存在的情况下优化测试。而在较高的目标温度和较高的湿度条件下，MWIR 红外相机显示出较强的性能。

然而，只有当发射率表现出与光谱完全无关并且在两个波段中具有相同的取值时，准确的温度测量才能实现。显然，波长的巨大差异更容易导致发射率的变化。因此，就实际材料特性而言，这种双波段测量仅在少数应用中可以实现[17]。这种技术主要用于定性分析，利用的是不同光谱区域内材料辐射特性的差异。例如，通过比较和组合两个不同光谱带中拍摄的热图像，可以改进缺陷分析（例如，腐蚀损伤和分层问题的检测[18]或建筑材料及其防护性能[19]等）。

3.2.3 多光谱/高光谱红外成像

3.2.3.1 主要思路

多光谱成像是在电磁波谱上以不同的特定波段捕获图像数据。根据所使用的波段数量（多光谱最多 100 个波段，光谱超过 100 个通常就是连续光谱，适用于高光谱成像），如图 3.14 所示对多光谱成像和高光谱成像进行了区分。

多光谱成像使用离散的谱带，这些谱带大多是通过使用光谱滤光片或具有不同光谱灵敏度分布的探测器来分离的。

相比之下，高光谱成像使用的是干涉仪或色散仪器，原则上可以检测连续光谱。现有的红外光谱技术为系统提供了优良的光谱特性。它们本质上可以优异的光谱分辨率在预先定义的波长区域内进行完整连续采样。数据存储在所谓的三维数据集中，如图 3.14 所示。数据立方体指的是给定的时间轴上，由一系列独立的以波长为函数变量的红外图像组成。二维由红外相机（二维焦平面阵列传感器）的空间分辨率给出，三维由光谱仪产生的波长或波数尺度给出。在光谱分析中，常用波数来代替波长。波数是波长的倒数，因此与光子能量成正比。

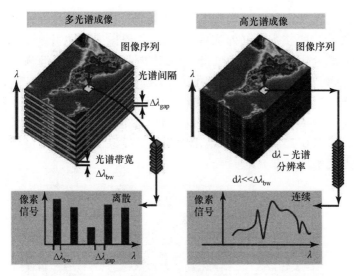

图 3.14　多光谱与高光谱成像原理对比示意图

每一幅单独的图像代表了一个窄带内的空间辐射亮度分布，其带宽由仪器的光谱分辨率决定。

因此，每个像素均包含一个红外光谱，即包含与非成像红外光谱仪在同一测点相同的信息。

在实际应用中，使用了两种不同的分光计配置——基于狭缝的系统和基于干涉仪的系统。这两种系统都使用 FPA 探测器，但是它们使用探测器的方式不同。在基于狭缝的系统中，使用单列线探测器的（这样的探测器线性阵列用于行扫描仪），也就是说，一个方向，如水平方向，沿着一条目标的行提供光谱信息。阵列的相邻行接收同一目标线的信号，但来自不同的光谱区域。这是通过使用棱镜色散元件或光栅实现的[20-21]。带棱镜的主要装置如图 3.15 所示。

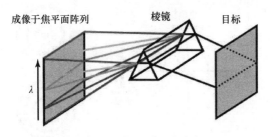

图 3.15　基于狭缝的系统带棱镜的原理示意图

因此，FPA 探测器沿直线记录空间信息，并在垂直于该线的像素行中记录光谱信息。二维空间的图像记录同样由行扫描仪记录（2.4 节），也就是说，由于成像仪和目标之间的相对增量，或者如果无法移动目标或成像仪，则使用附加扫描镜移动图像，从而连续记录第二坐标的空间信息[20]。光谱波段的数量将由一个 FPA 行中的像素数决定[20]。

第二类高光谱成像仪采用干涉光谱仪的概念，这是一种在红外光谱分析中广为人知和极其成功的技术。红外成像与所谓的 FTIR（傅里叶变换红外光谱法）相结合，就光谱分辨率而言，为红外成像提供了最强大的定量测量装置[22-23]。图 3.16 所示的红外高光谱成像仪使用迈克尔逊干涉仪以 320×256 像素的格式对探测器阵列上的目标信号进行光谱调制。使用 InSb 和 MCT 焦平面阵列可以在扩展的 MWIR（1.5~5μm）和 LWIR（8~11μm）范围内进行工作。光谱分辨率由分光计定义，可在 0.25~150cm⁻¹ 范围内变化。成像仪的辐射测量精度在经过校准程序后的温度精度高于 1 K。

(a)   (b)

图 3.16　（a）高光谱成像仪 "FIRST Hyper-Cam" 和（b）环境应用的配置方案
（图片来源：加拿大魁北克 Telops 公司；www.telops.com）

3.2.3.2　傅里叶变换红外光谱法基础

为了解高光谱红外成像，本节简要介绍了红外光谱成像的基本原理。大多数 FTIR 是基于迈克尔逊干涉仪的，如图 3.17 所示。

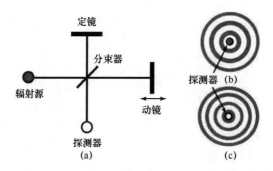

图 3.17　带有可移动反射镜的迈克尔逊干涉仪，用于改变分束器产生的两束光的光程差（a），轴向布置探测器平面内的辐射分布，用于单色辐射的构造性干涉（b）和破坏性干涉（c）

干涉仪由辐射源、分束器、定镜和动镜以及探测器组成。动镜可以非常精确地前后移动。入射辐射在分束器处分成两束，一束光线被传送到动镜，另一束光线被反射到干涉仪的定镜。经反射镜反射后，这两个光束再次回到分束器。同理，其中一束光被传输，另一束将被反射。结果形成了两束重新组合的光束，一束向探测器传递，另一束向辐射源传递。接下来，我们只关注到达探测器的光束。这束光是由于沿不同光路传播的两束光的叠加而形成的。路径差是由动镜引起的几何路径差引起的，它导致了红外辐射中两个复合光束的相位差。对于存在相位差的两束波，会产生构造性干扰，而相移 π（几何上为 λ/2 相移）则会导致破坏性干扰。这意味着探测器要么接收到最大信号（构造性干扰），要么接收到最小信号（破坏性干扰）。

为了简化问题，首先假设为单色辐射，两束光的叠加将产生如图 3.18 所示的干涉样式。

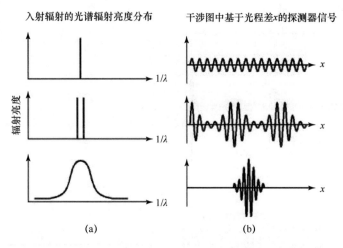

（a）　　　　　　　　　　（b）

图 3.18　FTIR 的基本原理。反射镜运动过程中探测器信号产生的干涉图（b）取决于入射辐射的光谱辐射分布（a）。对于干涉图，平均探测器信号（直流部分）已被减去

假设探测器接收到的是最大信号。如果动镜的移动距离为 λ/4，则反射辐射通过的距离为 2 × λ/4 = λ/2，这意味着它会破坏性地干扰来自定镜的其他光束，从而产生最小信号。对于 λ/2 的镜像距离，总位移为 λ，即会再次出现最大信号。因此，连续运动导致一个波形信号，可以用正弦函数来描述。

波形取决于动镜的位置，称为干涉图，代表原始的 FTIR 数据。如果辐射源再发射一个波长差较小的第二波长，将得到一个干涉图，这是两个单一干涉图的叠加（图 3.18 中间位置的曲线）。我们可以继续增加更多的波长和连续的更复杂的干涉图。图 3.18 下面位置的曲线所示为辐射源发出连续的宽光谱的结果，例如物体的热红外辐射。由此产生的干涉图将是所有波长的干涉贡献的叠加，看起来比单波长干涉图要复杂得多。它包含了所有波长的辐射源的信息，干涉图中每个波长的正弦频率与其波长成反比。

宽谱带辐射源的干涉图以零光程差处的大尖峰（中心脉冲）为特征

（图3.18）。在这一光谱点上，所有的波都是同相位的，这会导致最大的信号贡献，从而产生最大的探测器信号。如果光程差增加，探测到的辐射会减小，变成振荡辐射。

FTIR原始数据文件由大量数据对组成，这些数据对将探测器信号表示为镜像移动过程中不同光程差的函数。

如果将FTIR应用于成像系统，需要将数据对的数量乘以焦平面阵列的探测器像素的数量。对所有有助于干涉图的波长进行分析，以提取光谱信息。对干涉图进行了详细的傅里叶变换，能够得到构成观测干涉图的所有波长的光谱辐射亮度。大量的数据点需要一个快速算法（Cooley-Tukey算法，1965年发现）和高计算能力[24]。如今，特别设计的傅里叶微处理器最常被用来实现非常高的变换速度。傅里叶变换将干涉图转换成光谱（图3.19）。在光谱成像中，这些光谱形成了数据立方体的第三维。

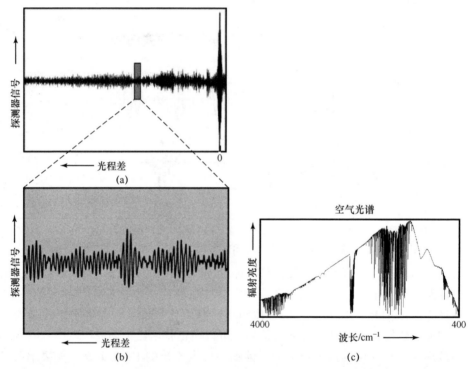

图3.19　傅里叶变换将干涉图（a）转换为波数关系谱（c）。例如，选取空气光谱。光谱中间位置处的特征对应于二氧化碳，接近曲线最大值的辐射吸收反映的是水蒸气。显然，仅仅从干涉图上看，不可能猜测出哪种吸收特征会出现。此外，完整的干涉图（a）所示为中心脉冲群左侧的放大视图（b），以更好地显示干涉图中的快速振荡

3.2.3.3　FTIR红外光谱仪的优点

傅里叶变换红外干涉仪在光谱分析中的重要性是基于它与色散仪器如费勒格

特（Fellgett）和雅基诺（Jaquinot）相比具有两个基本优势[25]。这些优点，再加上其他的，就使得红外光谱仪特别适应于红外相机。

费勒格特优势也称为多重优势。在传统的色散光谱仪中，在扫描光栅时对波长进行连续观测。在傅里叶变换红外光谱仪中，任何时刻的探测器信号已经包含了所有波长的贡献。这就导致了信噪比的大幅提高。因此，在相同的信噪比下，FTIR 光谱仪可以比色散光谱仪更快地输出光谱信息。

对于光谱成像来说，这是一个关键点，特别是当场景的亮度随着观测时间的变化而快速变化时。记录给定目标点的光谱所需的时间越长，瞬态变化的影响就越大。不幸的是，在记录干涉图的时间内，任何时间依赖于从光源接收到的辐射（即动镜仍在运动），都会在后续的傅里叶变换中导致数学伪影，这可能造成对光谱的彻底误读，如图 3.20 所示。

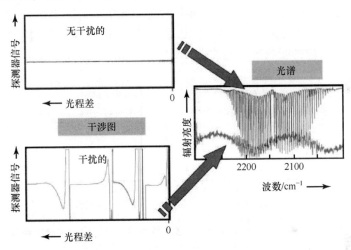

图 3.20 反射镜扫描和干涉图数据采集过程中辐射变化对傅里叶变换后 CO 气体样品光谱的影响。在数据记录过程中，人为地通过三次短暂阻断信号来引入干扰。由干扰干涉图计算的光谱无法检测出 CO 的光谱吸收特征

因此，干涉仪中的快速镜面运动和光谱成像仪中的高帧速率是避免这些问题的必要条件。这需要很低的积分时间，换句话说，需要非常快的光子探测器。然而，降低积分时间会降低探测器信号，这意味着干涉图采集过程中辐射探测的信噪比变得非常重要。

为了定量表征热像仪的信噪比，在 NEP 和 NETD 的基础上，还引入了噪声等效光谱辐射亮度（NESR）[26]。与光谱相关的 NESR 决定了在给定的光谱分辨率和波长下达到单位信噪比所需的最小入射光谱辐射亮度。根据单次扫描（单次干涉图测量）的波长和光谱分辨率，NESR 以 $nW \cdot (cm^2 \cdot sr \cdot cm^{-1})^{-1}$ 表示。

傅里叶变换红外光谱仪相对于雅基诺色散光谱仪的通量优势是由于没有使用

狭缝来定义光谱分辨率，这会产生更高的探测器响应信号，因此在干涉图的每个点上都会有更高的信噪比。然而，在实际应用中，干涉仪也有一些类似狭缝的限制。在干涉仪的两条光路中，光束的准直水平对光谱分辨率有影响。这就定义了光谱仪的有用的输入孔径，特别是当需要达到高的光谱分辨率时。

FTIR 光谱法的另一个优势是所谓的康纳斯优势。通常，在可见光谱范围内工作频率稳定的激光器，如氦氖激光器，被用作内部波长标准。相应的 FTIR 仪器就成为自校准光谱仪，因为从激光干涉图中可以非常精确地测量出动镜的位置。激光波长或频率稳定性决定了 FTIR 的波长精度。

FTIR 光谱仪的另一个优点是可实现的光谱分辨率。作为一种近似，傅里叶变换红外光谱的分辨率由迈克尔逊干涉仪中可实现的最大光程差的倒数给出。例如，$2cm^{-1}$ 的光谱分辨率要求光程差至少为 $0.5cm$，而 $0.25cm^{-1}$ 的典型最佳分辨率要求光程差至少为 $4cm$（当然，这会导致记录光谱的时间更长）。图 3.21 所示为光谱分辨率较差（$2cm^{-1}$）和较好（$0.25cm^{-1}$）对 CO 样本分析的示例。波数约 $2150cm^{-1}$ 处对应的吸收带中心波长 $\lambda = 1/(2150cm^{-1}) = 4.65\mu m$。

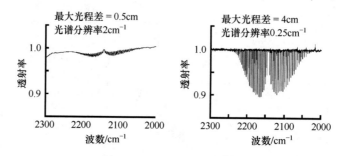

图 3.21　以 CO 分子的 MWIR 振动吸收光谱为例，分析干涉仪最大光程差对 FTIR 光谱分辨率的影响

3.2.3.4　典型的高光谱成像仪

成像光谱仪最近已商业化，可用于一般的科学用途。

红外高光谱成像仪可以同时捕捉目标场景的空间和光谱信息。如今，这项技术已应用于军事、航空（燃烧过程）、研究和环境（化学剂检测和调查）[26-28]。红外高光谱成像作为识别气体混合物和固体化学物质或组分的一种独特的研究工具，极有可能找到许多其他的应用领域。图 3.22 所示为使用 LW（$8\sim11\mu m$）高光谱相机检测和识别由 SF_6/NH_3 气体混合物组成的云团。目标场景的温度分布以灰度显示，可以从其光谱吸收特征（见第 7 章和附录 7.a 中的光谱）中识别出用不同的颜色表示的 SF_6 和 NH_3。数据采集图像大小为 320×128 像素，光谱分辨率为 $4cm^{-1}$[27]。在 5s 内测量了一个完整的数据立方体，并且甚至可以近乎实时地检测云的位移（帧速率为 0.2Hz）。

图 3.22　利用高光谱成像技术对混合气体成分进行检测和识别。不同的光谱通道对应于
NH$_3$（黄色）和 SF$_6$（紫色）的吸收特性从而可以很容易地同时区分几种气体。
此外，不透明目标的温度由灰度表示
（图片来源：加拿大魁北克 Telops 公司；www. telops. com）（见彩插）

3.3　超帧技术

对于具有光子探测器的系统，测辐射热计相机和 QWIP 相机的灵敏度较低，
这与在给定的积分时间内可以记录的动态范围有关。如第 2.4.2 节所述，测辐射
热计相机具有与帧速率相关的固定积分时间，而光子探测器则允许选择低得多
（从 10μs 到几毫秒）的积分时间。

图 3.23 所示为具有明确光谱波段的低灵敏度和高灵敏度探测器在规定的积
分时间内对目标温度的两种典型信号响应。信号通常由一个 12 ~ 14 位的数字表
示，即计数率。该信号与谱带内的辐射几乎呈线性比例关系，即探测器在工作谱
带内探测到的辐射亮度。另外，谱带内辐射与目标温度呈非线性关系（普朗克函
数在探测器选定波长波段上的积分）。因此，探测器信号与目标温度呈非线性关
系，如图 3.23 所示。对于非常低的温度，信号低于噪声水平。在信号最大值的
10% ~ 20% 至 80% ~ 90% 范围内，目标温度与探测器信号之间存在明确的关系。
该区域可用于定量分析，并可定义给定积分时间下探测器的动态范围。对于更高
的温度，探测器将饱和。

图 3.23 中选择的两个探测器，都是从大致相同的目标温度水平下开始响应。
显然，灵敏度较低的探测器具有较大的动态范围，即可以同时记录较大的目标温
度范围。光子探测器通常具有较小的动态范围。对于 MW 和 LW 系统的用户来
说，这是一个众所周知的事实：测辐射热计相机的温度范围通常大于光子探测器
相机的温度范围（第 2.4.2 节）。为了解决光子探测器相机温度范围较小的明显
缺点，介绍了一种扩展动态范围的方法，称为超帧法[29]。

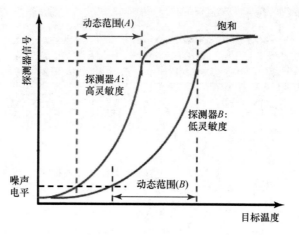

图 3.23　低灵敏度和高灵敏度的探测器信号与目标温度关系示意图

3.3.1　原理方法

　　超帧方法利用的是光子探测器响应曲线与积分时间的相互影响关系。首先，通过改变积分时间能够使得探测器对更高的目标温度做出响应；其次，响应曲线的斜率随着积分时间的缩短而减小。图 3.24 示意性地所示为同一探测器在三个不同积分时间下的三条响应曲线。

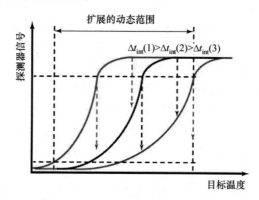

图 3.24　同一探测器对不同积分时间的响应曲线（见彩插）

　　积分时间最长（红色曲线）的响应曲线最陡，对应的温度动态范围最小。然而，在探测器响应的动态范围内，接近饱和极限的信号可以很容易地记录下来，积分时间稍短（黑色曲线）。该响应曲线的动态范围与积分时间最长的部分曲线重叠。对于足够大的目标温度，探测器在选定的积分时间内将再次饱和，但也可以用更小的积分时间（蓝色曲线）记录目标场景。每个积分时间都有各自对应的动态范围，在这个范围内，一旦探测器针对各自的积分时间进行校准，就可以定量地确定目标温度。总的来说，对同一个目标场景进行记录，并记录一定数量的不同积分时间（例如，最多4次），将增加整体的动态范围。然后，可以将所有积分时间测量的温度信息结合起来，以接收一个具有非常大动态范围的单一结果。

当一个目标场景中含有非常大的温差源，且温差源的范围超出了所选择的积分时间的动态范围时，上述方法是非常有用的。除了在不同的积分时间使用相同目标场景的红外图像外（光子探测器相机的典型应用），还可以将记录在不同温度范围的相同场景的红外图像组合在一起，如插入滤光片，从而为任何相机应用超帧技术。

例如，如果使用4次预置时间来更改积分时间，则图像作为时间的函数将以单个积分时间下帧速的1/4进行记录。例如，一个运行在最高帧率为120Hz，使用4个子帧的相机，由于每一个完整帧的目标场景都记录了4个子周期，因此可以实现最高超帧速率为30Hz。

图3.25说明了超帧图像实际上是如何由一系列红外图像形成的。

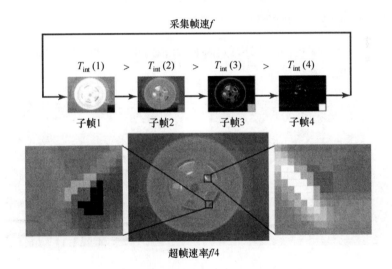

图3.25　由4个子帧生成超帧图像的方案。该方法也称为动态范围扩展（见彩插）

4个子帧显示的是同一场景的图像，这是一辆后面装有热刹车盘的汽车车轮。子帧1几乎完全饱和，除了车轮周围的背景和刹车盘与车轮侧边之间的一些部件。随后的子帧（使用更短的积分时间或附加的滤光片采集）可以观察场景中越来越多的热端部件的细节，最后，子帧4只显示场景中最热的部件而且并不饱和。图3.25下方所示的超帧图像是使用以下算法生成随后记录子帧的叠加过程：程序从表示最低测量范围的子帧开始。如果第一个子帧中的像素饱和，则分析下一个子帧的对应像素。如果其像素信号在探测器的动态范围内，则其表示辐射的信号或通过校准曲线得到的温度将用于构建超帧。如果像素在第二个子帧中也是饱和的，那么算法将分析第三个子帧，依此类推。在所有循环中重复此步骤。该算法在每个循环内为所选像素生成一个超帧。对所有像素执行该过程，生成的超帧图像将具有较高的对比度和较宽的温度范围，与典型的 14 位单积分时间图像相比，由于动态范围拓展，超帧图像对应于 18 ~ 22 位的信号深度。在图 3.25 中，所示为两个 $15 \times 13 = 195$ 像素的放大图像切片，这两个切片直接说明了不同的子帧是如何构成最终的超帧图像的。在每个小图像中，选择一个大约 30 ~ 35 个像素的较小子集，并用黑色（子帧 1）、深灰色（子帧 2）、浅灰色（子帧 3）或白色（子帧 4）区域替换。例如，考虑右侧的图像部分，图中没有任何部分是饱和的：类似于高温的黄色是从子帧 4 中提取的，由白色像素表示；中等温度是从子帧 3 中提取的，由橙色像素表示；较低温度是从子帧 2 中提取的，由粉红色表示。类似地，左侧图像部分只使用来自子帧 1 ~ 3 的像素。如果在记录子帧的过程中，即在一个记录周期中，目标场景没有发生变化，那么超帧就可以很好地工作。因此，只有高帧速红外相机才能用于大亮度动态范围的临时动态场景的超帧。

3.3.2　高速成像与特定积分时间案例

　　图 3.26 所示为两个不同部分时间内 FLIR SC 6000 对螺旋桨驱动飞机"Beachcraft King Air"的红外热成像。

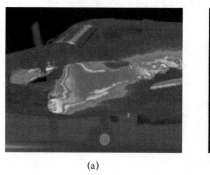 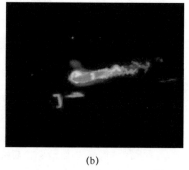

(a)　　　　　　　　　　　　　　　　(b)

图 3.26　分别在 2 ms（a）和 30μs（b）的积分时间内，用 FLIR – MW – SC 6000 相机捕获的一架 Beachcraft King Air 的红外热图像（图片来源：FLIR 红外培训中心）

　　图 3.26（a）中的图像是根据 20 ~ 80℃ 的温度范围所对应的 2ms 的较长积分时间内拍摄的，可以看出飞机热部件尤其是排气尾流，出现了信号饱和。如果将积分时间减少到 30μs，所对应的温度测量范围将变为 80 ~ 300℃。图 3.26（b）中的图像仅所示为飞机热部件和一些排气尾流的温度。

　　图 3.27 描述的是使用 4 个子帧（图 3.26 所示的两个子帧以及积分时间分别为 500μs 和 125μs 的子帧）进行超帧处理的结果。与每个单独的子帧相比，该超帧的动态范围拓展为 20 ~ 200℃，并且没有产生任何温度分辨率损失。

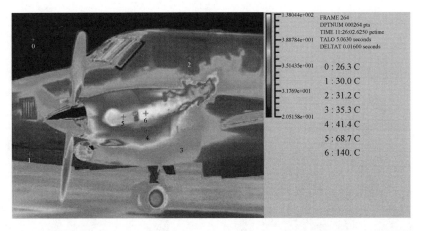

图 3.27　积分时间分别为 2ms、500μs、125μs 和 30μs 的 4 个子帧图像所构成的超帧
（图片来源：FLIR 红外培训中心）

3.3.3　积分时间固定的红外相机

如上所述，超帧算法也可以用于标准的红外相机，例如，通过使用滤光片来改变配备 FPA 的测辐射热计的温度响应范围。然而，对于定量测量，目标场景必须在子帧记录期间具有稳态工作条件。图 3.28 所示为一个温度在 16～270℃ 范围内的静止目标场景。用于捕捉这些图像的 LWIR 测辐射热计相机 FLIR SC 2000 的测量范围是 40～120℃（图 3.28（a））和 80～500℃（图 3.28（b））。图中温度较高的部分（最高温度分别为 270℃ 的卤素灯，260℃ 的黑体，150℃ 的灯）均在图 3.28（a）测量范围以上，温度较低的目标则在图 3.28（b）测量范围以下。

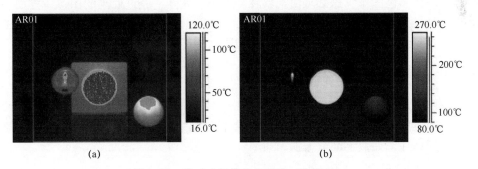

(a)　　　　　　　　　　　　　(b)

图 3.28　高动态场景的热图像（见彩插）
（a）使用测量范围 40～120℃ 拍摄的图像，高于温度测量范围上限（饱和像素）
的显示为红色；（b）使用测量范围 80～500℃ 拍摄的图像。

使用前述过程就可以生成超帧。在图 3.28（a）中，所有高于 120℃ 的温度都已被另一幅图像中的温度所取代。图 3.29 描述的是从 40～500℃ 可能的动态扩展范围浓缩到 16～270℃ 的温度范围的超帧，该温度范围适合目标场景。该超帧图像的温度分辨率与子帧的相同。

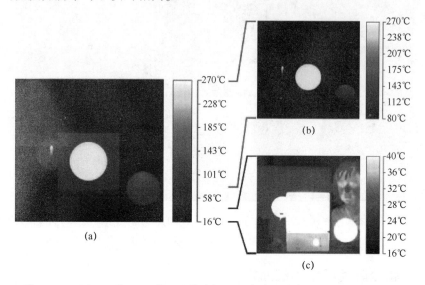

图 3.29　（a）从图 3.28 所示子帧的标记区域进行图像处理后生成的超帧。（b）、（c）分别用不同的电平和量程参数描述的超帧，以显示增加的信号动态范围

3.4　红外图像处理

红外图像表示探测器阵列上入射辐射的空间分布。第一步图像处理是在相机固件内完成的，使用相机标定参数和用户定义的各种参数，如发射率、环境温度、湿度、测量距离等，从探测器信号中计算出目标场景的温度来完成的。结果是温度的伪彩色图像，这必须由观察者来解释。此外，经过处理的图像一方面有助于提高人类对红外图像信息的理解；另一方面，它可以为目标特征的测量准备图像。更高级的图像处理程序将使用图像数据进行自主机器学习。

3.4.1　图像处理的基本方法

图像处理的一些基本方法，如图像融合、图像构建或图像减法，可以使用红外相机中典型的研发类软件。此外，许多程序（如 Adobe Photoshop）也可用于图像的后处理，如数字细节增强。

3.4.1.1　图像融合

一般来说，图像融合是将不同图像的相关信息组合成单个图像的过程[30]。在热成像技术中，图像融合是指红外图像与来自百万像素相机的可见光图像的结合。红外图像可以叠加在可见光图像上（图片中的叠加图）（图 3.30），也可以与可见光图像合并。这显著增强了单个图像中的信息内容。例如，红外图像所描述的温度分布有时不能反映被研究对象的结构特性。将红外图像叠加到可见光图像上，还可以解决利用目标特征识别观测到的温度异常的问题。总的来说，将红外图像叠加到可见光图像上可以大大简化图像分析的难度和过程。

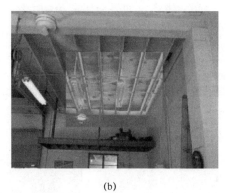

(a)   (b)

图 3.30 （a）具有 640×480 像素红外分辨率和 320 万像素数码相机（在红外镜头上方）的 FLIR P660 相机，可以在可见光图像上叠加红外图像，（b）屋顶区域室内检查的图像融合示例（图片来源：FLIR 红外培训中心）

另外一些红外相机不仅通过将红外图像叠加到可见图像上，而且通过合并可见光图像和红外图像来实现图像融合。该合并功能实时运行[31]，并能够在可见光图像中突出显示高于或低于预定温度阈值的目标区域，或显示处于预定温度间隔内的区域。这种热图像融合也可以在后记录模式下使用图像处理软件进行。图 3.31 所示为可见光和红外图像融合的一些示例。

3.4.1.2 图像构建

红外探测的一个典型的实际问题是，目标场景有时太大，以至于可用的相机的光学系统视场只能拍摄其中的一部分。例如，这可能是由于目标距离的约束。或者，也可以获得扩展目标的完整图像，但是由于需要较大的目标距离，导致空间分辨率较低。这两个问题都可以通过图像构建软件工具来解决。这款后记录图像处理软件是特别应建筑检查行业的要求而开发的，它是一种图像组合软件，可以将不同的图像组合和对齐，从而生成高分辨率的全景图像。很明显，这种方法只适用于静态的情况，因为相机的多次重新定位会导致录制一张全景图像的时间跨度相当大。

我们现在更详细地讨论这个应用程序。相机 FOV 由相机光学系统的 f 数确定（许多标准镜头具有 20°~24° 的 FOV）。空间分辨率可以通过将 FOV 除以 FPA 像素的线性个数来计算，用 IFOV 表示（2.5.3 节）。如果要分析的目标场景太大，例如，图 3.32 所示的细长建筑物，与相机 FOV 相比，可以使用外加的广角镜头。它将 IFOV 增加一个系数，同时将空间分辨率降低一个系数。分辨率的降低会造成测量误差和对小尺寸目标的错误理解（第 2.4.4 节）。通过拍摄大量覆盖目标场景不同部分的许多热图像，可以避免这个问题。所有这些帧根据探测器

IFOV提供空间分辨率。图 3.32 中所示的热图像是使用 1.3mrad IFOV 相机拍摄的。考虑到目标距离约为 40m，图像的空间分辨率约为 5cm。组合后的图像具有相同的空间分辨率。如果使用广角相机镜头来拍摄相同水平尺寸的目标，那么视场将增加 3 倍。IFOV 大约为 4mrad，图像的空间分辨率仅为 15cm。空间分辨率的差异如图 3.33 所示，它第一次给出的是用 45°FOV 广角镜头记录的相同目标场景的示例（图 3.33（a））。同一场景如图 3.33（b）所示，则是用 12°FOW 的远距镜头记录的 6 幅单帧红外图像的组合图像。空间分辨率的差异非常明显。如果需要定量分析，高分辨率的组合图像会更好，而广角图像由于空间分辨率较低，会导致错误的分析结论。

(a)　　　　　　　　(b)　　　　　　　　(c)

图 3.31　热图像融合实例（从上至下依次为：加载的电路板，暖气管路系统检查，汽车座椅加热）
(a) 可见光形象；(b) 红外图像；(c) 融合图像。

图 3.32　一栋 932×230 像素的建筑物的高分辨率全景图（由三幅单独的热像
合成而来，每张热像分别为 320×240 像素）

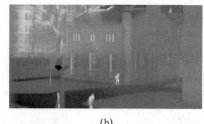

(a)   (b)

图 3.33 配备 45°镜头拍摄的热成像（a）与配备 12°镜头拍摄的
6 幅单独图像后合成图像（b）的对比

红外图像构建软件通常提供全部辐射合成图像，也可以使用用于单个图像的典型分析软件进行处理[31]。

图像构建适用于大型静态对象场景，可用于多种场合，如建筑物检查、变电站电气系统、面板或电路板。

图 3.34 所示为电路板合成图像的另一个典型应用案例。为了便于分析，使用的是 320×240 像素的 LWIR 相机的 34/80 显微镜头获得约 $100\,\mu m$ 的高空间分辨率。在 80 mm 的目标距离下，单幅图像的图像尺寸为 34 mm $\times 25$ mm。

图 3.34 加载电路板的合成红外图像（864×602 像素）。合成图像由 3×3 张单幅图像拼接而成。单个图像的目标大小为 34mm$\times$25mm（320×240 像素）

3.4.1.3 图像减法

图像减法是另一种图像处理方法，它首先有助于识别微小的温度变化；其次，抑制热反射的影响；最后，如果连续应用，它可以使时间导数可视化，如由瞬态现象引起的时间导数。

开展图像减法有两种途径：从一个记录序列的每幅图像中减去一幅参考图像，或者通过连续过程，即从其前身中减去每幅图像。第一个过程生成一个新的图像序列，显示的是序列中的每幅图像和参考图像之间的温差。图 3.35 所示为一个使用带孔板进行此过程的实例。使用微型加热器时，其中一个孔的温度稍微升高约 0.6℃。在图 3.35（a）（结果图像）中很难找到这个热点，因为与红外图像中的温度范围相比，温度变化很小。图3.35（b）（基准图像）所示为加热前孔的温度分布。基准图像和结果图像的比较并不能真正帮助找到热点的位置，但是减去的图像（图3.35（c））清楚地所示为热点的位置。温度变化约1 F°（5/9 ℃）。这个例子证明了图像减法适用于检测目标场景中非常小的温度变化。

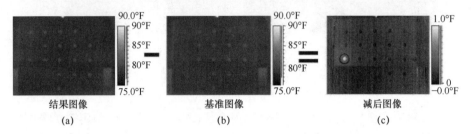

结果图像　　　　　　　　基准图像　　　　　　　　减后图像

(a)　　　　　　　　　　(b)　　　　　　　　　　(c)

图3.35　带孔板的热像图。在获取准图像（b）后，其中一个孔被微型加热器加热。结果图像（a）所示为结果的温度分布。从结果图像中减去基准图像。所得到的减后图像（c）清楚地所示为温差
（图片来源：FLIR 红外培训中心）

　　　图像减法也可以用于抑制环境温度反射的应用中。图3.36 给出了一个电路板。无论是从可见光图像上还是从红外图像上，都可以清楚地看到高反射电子器件。如果电路板工作，这些反射将增加电流诱导的自热电子器件向外发射的辐射。因此，简单的红外图像不能正确估计负载下的温度变化。

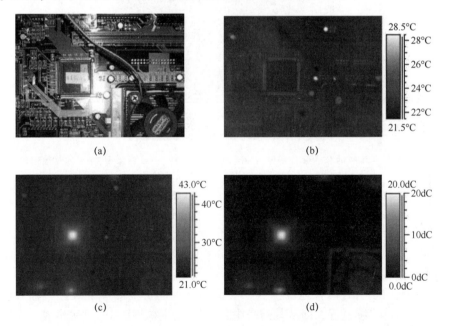

(a)　　　　　　　　　　　　　　　　(b)

(c)　　　　　　　　　　　　　　　　(d)

图3.36　应用于电路板热像分析的图像减法

（a）可见光图像；（b）无外加电压时环境温度下的红外图像（参考图像）；（c）有外加电压电路板的红外图像（源图像）；（d）减后图像（源图像－参考图像）。

由式（3.1）可以理解对反射背景辐射的抑制。在不考虑大气影响的情况下，探测到的辐射由目标辐射的发射和对背景辐射的反射两部分组成：

$$L_{det}(x,y) = \varepsilon(x,y) L_{object}^{bb}(T_{object}) + [1 - \varepsilon(x,y)] L_{amb}(T_{amb}) \qquad (3.22)$$

$\varepsilon(x,y)$ 等于位置 (x,y) 处的目标发射率。如果我们计算两个不同目标温度但相同环境温度下检测到的信号的差异，则信号不再受反射的影响：

$$\Delta L_{det}(x,y) = \varepsilon(x,y) \{ [L_{object}^{bb}(T_{2,object}) - L_{obj}^{bb}(T_{1,object})] \} \qquad (3.23)$$

减去的图像只取决于温度差。然而，必须使用正确的发射率来测量正确的温差。

根据式（3.22）和式（3.23），显而易见的是图像对齐对于图像减法是至关重要的。源图像和参考图像之间的微小偏差将导致不同位置 (x,y) 处出现不同的发射率值，并且将导致图像减法算法失败。如图 3.37 所示，为两幅类似的无负载电路板红外图像。通过适当的对齐，减去的图像与图像噪声相似，而轻微的不对齐则会导致出现其他特征，尽管在记录期间没有发生温度变化。

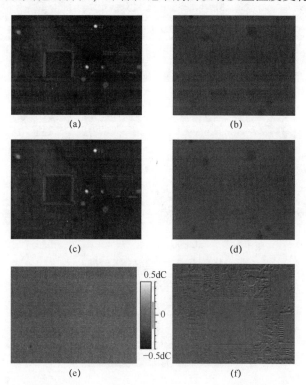

图 3.37　图像错位对图像减法结果的影响。无负载电路板的源图像（上）和参考图像（中）。左：源图像（a）与参考图像（c）的正确对齐将导致正确的减后图像（e）；右：源图像（b）与参考图像（d）的不对齐将导致错误的减去图像（f）

3.4.1.4　连续图像减法：时间导数

第二种图像减法是连续图像减法。在这种情况下，通过计算序列 $S(x,y,n)$

中第 n 幅图像的像素 (x,y) 的差分信号：

$$\Delta S(x,y,n) = S(x,y,n) - S(x,y,n-1) \qquad (3.24)$$

由于后续图像 n 和 $n-1$ 都被一个时间间隔 Δt 分开，这个时间间隔 Δt 由采集的帧速决定，因此，连续图像减法表示在时间域中计算图像的一阶导数。如果将该算法应用于图 3.38 所示的电路板元件的自热过程，则随时间变化的温升差异将变得明显。图 3.38 所示为一系列图像，这些图像表示在施加电压的情况下自热过程中的连续减法结果。从连续相减图像可以明显看出，自热过程中各元件时间常数的不同。电路板底部的元件比中间的元件升温更快，在电路板工作过程中，它达到热平衡状态的速度要快得多。因此，它已经消失在最后减去的图像。中间元件的温度在较长时间内呈上升趋势。在自热过程结束时，当达到热平衡状态时，所有的部件将消失在连续减去的图像中。

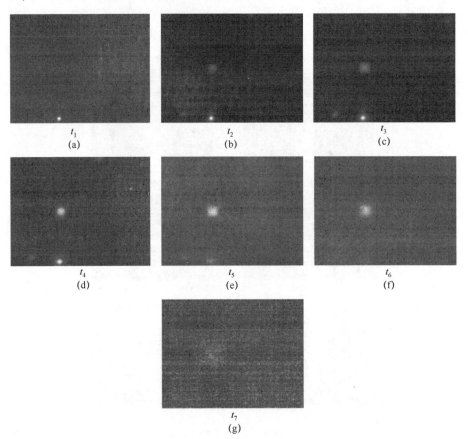

图 3.38　电路板在施加电压的自热过程中连续减去热像（$t_1 < t_2 < \cdots < t_7$），观察到了不同时间尺度的瞬态现象

如果将连续相减算法第二次应用于已经连续相减的图像序列，将计算温度在时域内的二阶导数。它可以提供关于被研究对象随时间变化的温度现象的其他信

息，并被用于脉冲热成像（文献［32］和3.4节）。

如果目标场景和背景或多或少是静态的[33]或无特征的，也可以使用连续图像减法实时提取运动目标的特征。图3.39示例所示为这样一个系统：烧杯从下面加热，导致上层表面对流模式（第5.3.3节）。与其他水域相比，对流的温差很小，但是特征变化很快。虽然比较两幅连续图像的变化是困难的，但减去的图像很容易只显示由于对流而发生变化的位置。

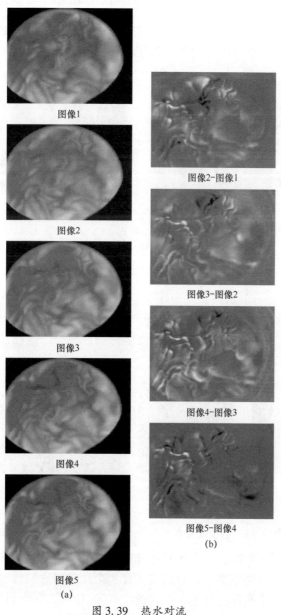

图像1

图像2

图像3

图像4

图像5

(a)

图像2-图像1

图像3-图像2

图像4-图像3

图像5-图像4

(b)

图3.39　热水对流

（a）原始红外图像每0.2s采集一次；（b）连续减法图像。

3.4.1.5 空间域图像导数

对于静止图像，即静态图像，有时需要增加图像对比度，例如，通过增强目标的热轮廓。为此，采取相应的图像处理算法计算其空间导数，这可以通过将红外图像的亮度或温度数据导出到电子表格程序中来实现。导数的计算是在 x 坐标或 y 坐标方向上分别通过列或行的连续相减来完成的。这个过程将增加非零温度梯度 $\dfrac{\mathrm{d}T}{\mathrm{d}x} \neq 0$ 或 $\dfrac{\mathrm{d}T}{\mathrm{d}y} \neq 0$ 区域的图像对比度。在图 3.40 中，将原始的红外图像与计算出的图像在 x 坐标下的导数（即水平方向）进行对比。很明显，由于温度梯度的影响，图像导数呈现出增强的垂直和倾斜轮廓特征。

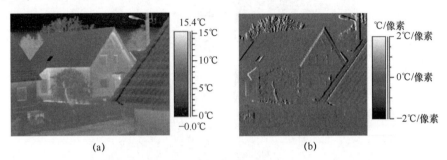

图 3.40　原始红外图像（a）及其图像导数（b）在水平坐标空间域上的比较

然而，与预期一致，水平特征无法看到，如屋顶边缘的房子。为了让它们显示出来，则必须计算 y 方向的导数。

图 3.41 所示为一个示例，其中求导算法同时应用于加载电路板的 x 和 y 坐标方向。可以将 x 和 y 的导数图像结合起来，以获得这两个方向温度梯度的改进信息。然而，由于温度梯度没有正确对准坐标轴，组合图像在自热处理器的角部仍然给出错误的结果。

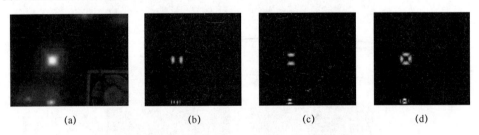

图 3.41　电路板的红外图像（a），经处理后得到沿 x（水平）坐标（b）和 y（垂直）坐标（c）的空间导数图像，并将两幅导数图像组合（d）

因此，应采用一种改进的方法来计算热像内的温度梯度。图 3.42（a）所示为数学过程。对于每个像素，计算其与所有 8 个相邻像素的信号差。最大差值作为新的像素信号。将该算法应用于图像的所有像素点，得到如图 3.42（b）所示的导数图像。显然，该算法的结果更准确地反映了目标温度变化的轮廓。

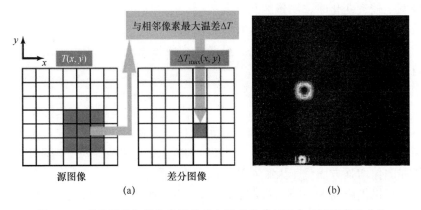

与相邻像素最大温差ΔT

$T(x, y)$

$\Delta T_{max}(x, y)$

源图像 差分图像

(a)　　　　　　　　　　　　　(b)

图 3.42　利用图像相邻像素间的最大温差计算图像在空间域内的导数

3.4.1.6　数字细节增强

　　红外相机信号通常包含 12 ~ 14 位的信息，如果使用伪彩色，它相当于 4096 ~ 16384 种不同的色调。但由于人类视觉识别的局限性，会产生感知问题。下面首先讨论灰度图像。

　　人类观察者只能分辨出一幅图像中大约 128 个灰度等级，相当于 7 位。如果采用线性渐变的自动增益控制，则人眼无法在高动态目标场景中检测到低对比度目标。如图 3.43（a）所示，其思想是将线性图像渐变曲线变换为非线性曲线，

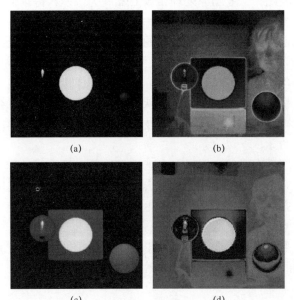

(a)　　　　　　　　　　　　　(b)

(c)　　　　　　　　　　　　　(d)

图 3.43　非线性梯度对高动态范围红外图像的细节增强

（a）、（b）图 3.29 所示高动态范围红外图像的 8 位灰度表示：（a）线性图像灰度曲线；
（b）非线性图像灰度曲线。（c）、（d）相同的图像，用 8 位色标（铁）表示：
（c）线性图像灰度曲线；（d）非线性图像灰度曲线。

当信号发生较大变化时，图像的灰度曲线会发生较小的变化，而在信号变化较小的区域，灰度曲线会发生较大的变化。这个方法已经应用到图 3.43（a）的图像上，导致了如图 3.43（b）的改变。显然，这种非线性算法使得观察者也能检测到低对比度的目标细节。

图 3.43 还将同一图像的灰度图像与具有相同信息内容的彩色图像进行了比较。显然，彩色更适合于图像增强过程。尽管如此，灰度图像仍然经常在安全和监视应用程序中使用（第 10.5 节），这可能是因为它们允许与低光照水平的可见光图像进行直接比较，无论如何，这些图像都是灰度图像。对于所有其他目的，调色板在图像增强方面优于人眼对特征的视觉检测。

红外相机供应商 FLIR Systems 公司开发了一种先进的非线性图像处理算法，可以在高动态范围的目标场景[31]中发现低温对比度目标。对图像细节进行增强，使其与原始图像的总的动态范围相匹配。通过该算法，人类观察者可以同时看到低对比度和高对比度的目标。这种算法对于许多安全和监视热成像应用来说尤其重要。

3.4.2　先进的图像处理方法

以过程可视化和基于计算机的过程观测为目标的热成像系统在许多工业领域变得越来越重要。专家预计，到目前为止，工业图像处理的所有潜在应用中只有 20% 得以满足。因此，工业图像处理领域的发展为快速和持续的增长提供了巨大的潜力。

由于热成像系统和高速多核处理器的快速发展，使得图像处理的广泛应用成为可能。20 年前，进行大量像素点的图像处理可能需要几个小时甚至几天的时间，而今天，包含整个可视化和分类过程的完整图像检测只需要几秒钟就可以完成。这意味着几乎是实时的可视化，它为快速控制和/或调整在线生产提供了可能，例如，使用机器人。如果将可视化技术应用于工业产品的实时质量控制，其优势是显而易见的。

工业图像处理最重要的应用是单个工件的检测、流水线处理、字符、图案和代码的识别以及对目标的二维或三维测量[34-39]。各种各样的应用强调了这种图像处理软件解决方案的通用性。在工业生产过程中，可靠和快速的工具，以尽量减少错误和防止生产中断是必不可少的，是确保高生产率和高质量水平的关键。这就是为什么越来越多的工业部门热衷于投资自动化过程可视化系统。这种自动化图像处理系统的另一个优点是可以在数据库中收集重要的过程参数，以便后续的离线过程分析研究。

以下部分仅简要概述工业自动化过程中处理红外图像所采用的一些步骤。在本节中，它们被认为是红外成像方面的先进技术，因为它们通常不包括在红外相机制造商提供的典型红外图像处理软件包中。

在红外成像中，每个处理模型的基础都是一幅热图像或一系列热图像。与实物场景相比，由于真实世界的轮廓不可避免地要转换为像素（离散化问题），任何热像都存在信息丢失的问题。有限像素数构建出的信号值矩阵，这是以下数学处理步骤的基础。目标是提取相关的信息，比如缺陷的识别或给定的模式，这样就可以应用可靠的分析和分类工具。

例如，图3.44所示为玻璃板中的典型缺陷，这些缺陷在可见光谱中无法被检测出来，但在热图像中可以清楚地看到。这些缺陷在红外图像中是显而易见的，因为玻璃板上的任何缺陷都会表现出与其他散装材料略有不同的冷却行为，也就是说，会引起温度差异。此外，由于空腔效应（第1.4.4节），玻璃中的裂纹将导致稍高的发射率。识别这些缺陷是至关重要的，因为它们很容易导致产品失效，例如，在达到保证的使用寿命之前的玻璃破裂。因此，在图3.44所示的情况下，在制造过程中的最后一个热处理后立即将红外图像记录下来。显然，如果大量生产玻璃板，图像处理算法可以帮助实时分析图像、识别和分类此类缺陷。如果检测到缺陷，将通知工艺操作员。因此，这种自动化程序就构成了质量控制的关键步骤。

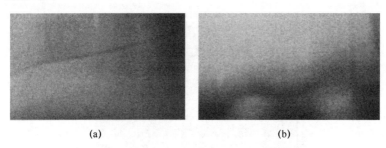

(a)　　　　　　　　　　　(b)

图3.44　热图像显示两个可能的缺陷

（a）玻璃板上的长裂纹；（b）玻璃板上的两个热点。（图片由 Raytek GmbH Berlin 提供）

用于自动化或其他目的的高级图像处理可分为三个主要部分：第一，图像预处理（降噪）；第二，分割（定位相关信息）；第三，特征提取和简化。在某些情况下，特征提取使用特定的模式识别工具，这些工具会生成具有特定缺陷位置的伪彩色图像。这些是形成质量控制标准的基础。

3.4.2.1　图像预处理

对于模式识别或图像分类等任何图像处理工作，最重要的部分可能是对原始数据的预处理。一方面，有必要通过应用低通滤波器来降低噪声并消除图像中的像素伪影；另一方面，对于目标几何图形，可能会出现失真、扭曲、缩放或平移等现象，这就需要对输入图像进行几何变换。

红外图像中的噪声是由单像素噪声和固定模式噪声引起的像素信号随机变化而造成的（第2章）。降低噪声的滤波器的通常采用的是低通滤波器。频率信息（低通表示低频）是指系统的空间频率。其定义类似于光学中的衍射处理。固定模式噪声的特征是相对于像素大小的空间周期性，可以看作类似于波长 λ。然后，$2\pi/\lambda$ 被称为波矢量或空间频率。一个较小的 λ 值表示空间频率高，反之亦然。显然，在红外图像中，像素大小是可能的最小空间周期，也就是说，它类似于可能的最高频率 f_{max}。因此，固定模式噪声（以及单像素误差）是指高空间频率。因此，在保持边缘和轮廓的同时，可以通过应用抑制高频的低通滤波器来降低噪声。最简单的低通滤波器就是用相邻像素来平均像素值，例如，每个像素可以用 8 个最近的相邻（使用 1 个像素大小的相邻距离）或 24 个最近的相邻（使用最多 2 个像素大小的相邻距离）像素值来计算其平均值。由于相应的总滤波器宽度为 3 个像素（8 个最近的相邻像素）或 5 个像素（24 个相邻像素），因此各自的频率仅为最高频率 f_{max} 的 1/3 或 1/5。

这种平均滤波器的应用在数学上用矩阵描述的。考虑到只有最近邻会得到一个 3×3 的矩阵，第二最近相邻会得到一个 5×5 矩阵，如图 3.45 所示。由于计算能力的限制（简单但 CPU 密集型计算），最大滤波器通常用 7×7 矩阵来描述。为了简单起见，我们仅使用 3×3 矩阵来表示这些滤波器和所有以下滤波器的主要思想。

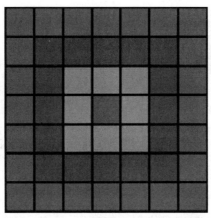

图 3.45　红外图像的像素阵列示意图。中心像素（红色）信号的新值可以通过以下两种方法计算：用 8 个最近邻（绿色，算子：3×3 矩阵）、24 个邻（蓝色，算子：5×5 矩阵）或 48 个邻（粉色，算子：7×7 矩阵）求其信号的平均值（见彩插）

像素的平均信号 $\hat{S}(x,y)$ 是通过计算平均算子（3×3）矩阵 A 和（3×3）信号矩阵（以 x 行和 y 列像素为中心）的乘积的迹得到的（式（3.25））：

$$\hat{S}(x,y) = \mathrm{Tr}\left\{ \begin{bmatrix} a_{11} & a_{12} & a_{13} \\ a_{21} & a_{22} & a_{23} \\ a_{31} & a_{32} & a_{33} \end{bmatrix} \begin{bmatrix} S_{x-1,y-1} & S_{x-1,y} & S_{x-1,y+1} \\ S_{x,y-1} & S_{x,y} & S_{x,y+1} \\ S_{x+1,y-1} & S_{x+1,y} & S_{x+1,y+1} \end{bmatrix} \right\}$$

$$= \boxed{\equiv} \cdot \boxed{|||} + \boxed{\equiv} \cdot \boxed{|||} + \boxed{\equiv} \cdot \boxed{|||}$$

$$= a_{11}S_{x-1,y-1} + a_{12}S_{x,y-1} + a_{13}S_{x+1,y-1}$$

$$+ a_{21}\boldsymbol{S}_{x-1,y} + a_{22}\boldsymbol{S}_{x,y} + a_{23}\boldsymbol{S}_{x+1,y}$$
$$+ a_{31}\boldsymbol{S}_{x-1,y+1} + a_{32}\boldsymbol{S}_{x,y+1} + a_{33}\boldsymbol{S}_{x+1,y+1} \tag{3.25}$$

彩条表示矩阵 $\boldsymbol{A}$ 的行与信号矩阵的列各自的标量积。因为迹是计算出来的，所以只需要矩阵的三个对角分量。从式（3.25）可以明显看出，得出的平均值关键取决于矩阵 $\boldsymbol{A}$ 中 a_{ij} 值的选择。

让我们再次思考红外图像中的噪声问题上。求平均值的目的是想保留边缘和轮廓，这样图像中的相关信息就不会丢失。为此，有几种常用的滤波器，最常用的是简单的矩形滤波器、高斯滤波器或中值滤波器[35]。在保持边缘方面，高斯滤波器的效果最好，中值滤波器次之，而简单的矩形滤波器的效果则不太令人满意。

下面分别给出了简单矩形滤波器 $\boldsymbol{A}_{\mathrm{box}}$ 和高斯滤波器 $\boldsymbol{A}_{\mathrm{gauss}}$ 的矩阵描述。

$$\boldsymbol{A}_{\mathrm{box}} = \frac{1}{9}\begin{pmatrix} 1 & 1 & 1 \\ 1 & 1 & 1 \\ 1 & 1 & 1 \end{pmatrix} \qquad \boldsymbol{A}_{\mathrm{gauss}} = \frac{1}{16}\begin{pmatrix} 1 & 2 & 1 \\ 2 & 4 & 2 \\ 1 & 2 & 1 \end{pmatrix} \tag{3.26}$$

根据式（3.25），从矩阵的形式来解释平均过程是很容易的。应用于信号矩阵的矩形滤波器只计算了 9 个像素且每个像素分配相同权重后的平均值。相比之下，高斯滤波器给中心像素分配的权重最大，水平和垂直相邻像素的权重是较远对角邻近像素权重的 2 倍。

以像素 (x,y) 为中心的 (3×3) 信号矩阵的中值滤波器类似于这样一种做法，即由于 9 个像素的信号值是按顺序排列的，然后将 (3×3) 矩阵的中值（第 5 个值）定义为结果。由于这个过程，中值对单值偏差（即单像素误差）的敏感度低于其他类型的滤波器。

图 3.46（a）描述了存在长裂纹玻璃板的热图像，并将该图像分别进行高斯滤波（b）和中值滤波（c）（均为 7×7）后的图像进行了比较分析。

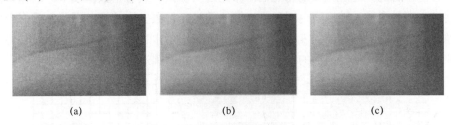

(a)	(b)	(c)

图 3.46　不同低通滤波器的比较

（a）原始图像（原始数据图像）；（b）高斯滤波后的图像；（c）中值滤波后的图像。高斯滤波和中值滤波都保留了边缘。（图片来源：德国柏林 Raytek GmbH）

3.4.2.2　几何变换

为了比较加工对象和参考对象（如制成品），两者必须具有相同的几何特性（位置和方向）。但在此之前，最好先从缺陷检测和图像分类这一富有挑战性和令人兴奋的部分开始。数学上，可能的几何变换是由投影变换和仿射变换描述的。

仿射变换由原始笛卡儿坐标与（2×2）矩阵的乘法和表示平移的矢量加法组成。它们可以被描述为

$$\begin{pmatrix} x' \\ y' \end{pmatrix} = \begin{pmatrix} a_{11} & a_{12} \\ a_{21} & a_{22} \end{pmatrix} \begin{pmatrix} x \\ y \end{pmatrix} + \begin{pmatrix} t_x \\ t_y \end{pmatrix} \tag{3.27}$$

事实上，所有的仿射变换都是这个一般式的特殊情况。

三种基本的仿射变换如下：

（1）α 旋转变换：

$$\begin{pmatrix} a_{11} & a_{12} \\ a_{21} & a_{22} \end{pmatrix} = \begin{pmatrix} \cos\alpha & -\sin\alpha \\ \sin\alpha & \cos\alpha \end{pmatrix}, \text{且} \begin{pmatrix} t_x \\ t_y \end{pmatrix} = \begin{pmatrix} 0 \\ 0 \end{pmatrix} \tag{3.28}$$

（2）t 平移变换：

$$\begin{pmatrix} a_{11} & a_{12} \\ a_{21} & a_{22} \end{pmatrix} = \begin{pmatrix} 1 & 0 \\ 0 & 1 \end{pmatrix}, \text{且} \begin{pmatrix} t_x \\ t_y \end{pmatrix} \neq \begin{pmatrix} 0 \\ 0 \end{pmatrix} \tag{3.29}$$

（3）按 s_x、s_y 比例缩放变换：

$$\begin{pmatrix} a_{11} & a_{12} \\ a_{21} & a_{22} \end{pmatrix} = \begin{pmatrix} s_x & 0 \\ 0 & s_y \end{pmatrix}, \text{且} \begin{pmatrix} t_x \\ t_y \end{pmatrix} = \begin{pmatrix} 0 \\ 0 \end{pmatrix} \tag{3.30}$$

可以通过将平移变换包含在一个（3×3）矩阵算子中来简化上述表示形式：

$$\begin{pmatrix} x' \\ y' \\ 1 \end{pmatrix} = \begin{pmatrix} a_{11} & a_{12} & t_x \\ a_{21} & a_{22} & t_y \\ 0 & 0 & 1 \end{pmatrix} \begin{pmatrix} x \\ y \\ 1 \end{pmatrix} \tag{3.31}$$

通过结合这些基本的仿射变换并将它们应用于图像中的每个像素，就可以构造出位置或缩放的任何变换形式。

可能出现的问题也是显而易见的。采用仿射变换将具有整数像素坐标的输入图像转换为结果图像，转换后返回到输入图像的是非整数坐标结果。因此，可能会由于像素分辨率的限制和仿射变换造成信息的丢失。例如，图 3.47 描述了椭圆的离散化和仿射变换。在转换后的输出图像中，对原始椭圆进行缩放、旋转和平移。

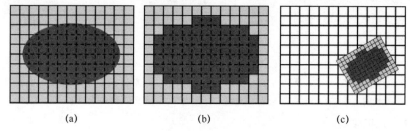

图 3.47　仿射变换导致的问题
（a）具有平滑轮廓的椭圆；（b）离散和缩放的椭圆；（c）仿射变换后
的椭圆（旋转、平移、缩放）。

因此，变换可以在 4 个相邻像素中心之间产生新的像素中心位置，如图 3.48 所示。

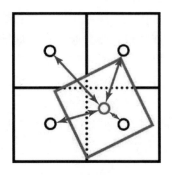

图 3.48 变换后像素信号强度的几何计算。右下角的像素是最近的邻居，其信号将占主导地位

通过在亚像素区域工作，就可以计算出每个像素的信号强度。一个简单的最近邻算法可以用来计算最近的像素。最邻近像素的信号将控制变换后像素的信号强度。如果从所有相邻像素的信号中计算出新信号，并根据其与新的像素中心的中心距离进行加权，则可以获得更好的插值结果（图 3.48）。

3.4.2.3 分割

通常，预处理后的第一步是分割输入数据，即搜索 ROI（感兴趣的区域）。主要目标是确定图像中相关信息所在的区域。图像分割有几种可能的方法，如区域增长分割、基于直方图的分割和边缘检测。决定采用哪种分割方法取决于图像处理程序的具体目标。在某些情况下，只需要使用直方图方法在前景和背景之间进行分割；在其他情况下，可能需要使用边缘检测算法来定位某些目标。

所有被分类为属于 ROI 的像素都有一个或多个类似的属性。在图 3.49 所示的热图像中，如有 4 个 ROI（1 个矩形，3 个圆形）。使用相应的直方图和定义温度阈值，可以很容易地从背景中分割出这些目标。或者，可以使用边缘检测和填充算法定义 ROI。

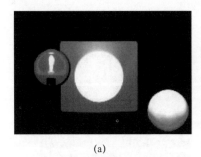 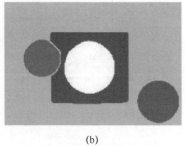

(a)   (b)

图 3.49 热图像分割：确定感兴趣区域（ROI）
(a) 原始热图像；(b) 彩色 ROI 和灰色背景。

3.4.2.4　特征提取与简化

分割完成后，也就是说在图像中确定了 ROI，即可开始特征提取过程。信号矩阵中表示不连续跳跃的像素代表了图像中已经存在的结构或边缘。为了强调这些尺寸为 1 个像素级别的不连续点，需要应用多个局部像素算子进行高通滤波。

所使用的大多数方法可以分为两类：梯度法和拉普拉斯法。梯度法通过寻找图像一阶导数的极值（最大值和最小值）来检测边缘。原则上，拉普拉斯法与其是等价的，它搜索图像二阶导数为零的位置。

梯度法中最常用的局部算子是简单差分算子（图 3.42）、Sobel 掩码（式(3.32)）或 Roberts 交叉算子（式(3.33)）：

$$\boldsymbol{So}^{y} = \begin{pmatrix} -1 & -2 & -1 \\ 0 & 0 & 0 \\ +1 & +2 & +1 \end{pmatrix} \qquad \boldsymbol{So}^{x} = \begin{pmatrix} -1 & 0 & +1 \\ -2 & 0 & +2 \\ -1 & 0 & +1 \end{pmatrix} \tag{3.32}$$

$$\boldsymbol{R}_{1} = \begin{pmatrix} -2 & -1 & 0 \\ -1 & 0 & +1 \\ 0 & +1 & +2 \end{pmatrix} \qquad \boldsymbol{R}_{2} = \begin{pmatrix} 0 & -1 & -2 \\ +1 & 0 & -1 \\ +2 & +1 & 0 \end{pmatrix} \tag{3.33}$$

如前所述，这些矩阵应用于像素区域。与仅包含正数的平均矩阵不同，梯度算子必须包含负数，因为它们类似于导数，即计算相邻像素的差分信号。从矩阵的结构可以明显看出，Sobel 掩码计算水平/垂直空间导数时更注重这些方向的直接近邻。相比之下，Roberts 交叉算子在两条对角线的方向上类似于空间导数，更强调对角线的直接近邻。

以 Sobel 掩码为例，计算了第 i 行和第 j 列像素的梯度大小

$$So_{i,j} = \sqrt{(So_{i,j}^{x})^{2} + (So_{i,j}^{y})^{2}} \tag{3.34}$$

式中：$So_{i,j}^{x}$ 和 $So_{i,j}^{y}$ 分别为将 Sobel 掩码应用于以图像点 (i,j) 为中心的像素区域时的结果。

图 3.50 所示为根据式（3.32）使用 Sobel 掩码对原始图像的所有像素进行红外图像边缘检测的结果。

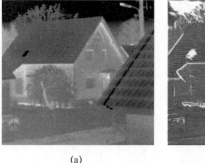　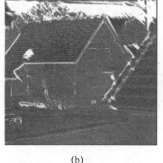

(a)　　　　　　　　　　　(b)

图 3.50　Sobel 掩码在边缘检测中的应用

（a）原始图像；（b）$S_{i,j}$ 的梯度图像。

根据局部算子的方向偏好，某些边被优先提取，而其他边则有可能找不到。当然，这在某些情况下是不可取的，这就是各向同性算子具有优势的原因。这种各向同性（全方向对称）算子的例子是拉普拉斯滤波器，它是二阶导数的近似值（式（3.35））。

$$
\begin{cases}
L_1 = \begin{pmatrix} -1 & -1 & -1 \\ -1 & 8 & -1 \\ -1 & -1 & -1 \end{pmatrix} \\
L_2 = \begin{pmatrix} 1 & 0 & 1 \\ 0 & -4 & 0 \\ 1 & 0 & 1 \end{pmatrix} \\
L_3 = \begin{pmatrix} -1 & -2 & -1 \\ -2 & 12 & -2 \\ -1 & -2 & -1 \end{pmatrix}
\end{cases}
\tag{3.35}
$$

所选的 3 个拉普拉斯算子的结构导致了二阶导数。从计算中可以看出，这导致了从中心像素与其所有 8 个相邻像素之间的差异。如果沿着 4 个主要方向（垂直、水平和两个对角线）分成 4 对，每个方向的两个差值都有不同的符号，这意味着再次计算它们的差值，即二次差值或导数。所选的三个拉普拉斯算子 L_1、L_2 和 L_3 具有以下特性。L_1 类似于 4 个方向上二阶导数的平均值。L_2 只计算对角线方向的二阶导数，L_3 则计算所有 4 个方向的二阶空间导数，但其权重是水平和垂直相邻的 2 倍。

一阶和二阶导数算子都容易受到 1 个像素扰动的影响，因此必须进行低通滤波。

图像处理最重要的目标是找到最优的边缘检测算法。最流行的边缘检测方法是所谓的 Canny 算法，它声称结合了良好的检测、良好的定位和最小的响应。这意味着，尽可能多的现有边缘应该被精确地标记在正确的位置，并且不受噪声的影响。此外，由于噪声或像素错误，不应该检测到错误边缘。

"最优算子"，如 Canny 或 Marr-Hildreth 算子，具有多级架构[36]。在 Canny 程序中，首先用高斯矩阵对图像进行卷积，然后用 Sobel 掩码提取已有的边缘。为了消除非边缘点，第三步是采用非极大值抑制算法。该步骤对梯度值和梯度方向进行评估，使得在 3×3 邻域中非局部最大值且梯度方向与最大值方向不相同的像素被归类为非边缘点。该消除方法的优点是定位好，且具有仅为 1 个像素的理想边缘宽度。在第四步，所谓的滞后阈值算法可以通过轮廓跟踪算法直接提取这些边缘。因此，设置了实际边缘点梯度矩阵的上阈值，这些像素构成轮廓跟踪算法的起点。在定义的下阈值以上的轮廓上的所有点（通常为上阈值的 1/3 ～ 1/2）都是用来定义一个完整的轮廓的连通像素。

3.4.2.5　模式识别

在某些应用中，获取的图像包含特定的模式或几何参数化的目标，如直线、抛物线、圆等。在这些情况下，可以应用从原始 xy 空间到所谓的 Hough 空间的坐标变换来提取这些模式。该变换使用梯度矩阵（特征提取的结果）中强度超过一定阈值的所有像素。最简单的情况是搜索共线点或近似直线。

笛卡儿坐标系中的每一条直线都可以在相应的 Hough 空间中标记为一个点。图 3.51 所示为与线性特征相关的 Hough 空间的变换过程。直线 $y = mx + b$ 在笛卡儿坐标系中绘制，即笛卡儿坐标系 (x, y)。在 Hough 变换中，这样一条直线用另外两个参数 (d, α) 来表征，其中 $d = x_0 \cos\alpha + y_0 \sin\alpha$。参数 d 表示直线和原点之间的最短距离，其方向必须垂直于所选直线。角度 α（$-90° < \alpha < 90°$）是 x 轴与最短距离线之间的夹角。没有处于 $-90° < \alpha < 90°$ 范围内的角度均使用 $\alpha \pm 180°$ 进行替换。

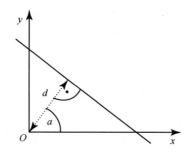

图 3.51　从坐标 (x, y) 到坐标 (d, α) 的 Hough 变换原理。从原点到直线的
最短连线在点 (x_0, y_0) 处与直线相接

为了理解如何将 Hough 变换应用于图像分析，必须定义一个规则来说明如何处理所提取的图像特征。下面通过一个简单的例子说明了该规则和相应的过程。

每个已提取的目标图像都是由大量像素组成的，即通过特征提取找到的图像点。首先，我们考虑其中一个点，即笛卡儿目标空间中的一个点 P。首先通过 P 画一条任意的直线，将这个点转化为 Hough 空间中的一系列点。这条直线是指 Hough 空间中一个定义良好的点。其次，我们让选择的直线开始沿着通过 P 点的旋转轴开始旋转。这显然定义了笛卡儿空间中大量的直线，因此也定义了 Hough 空间中大量的变换点。这意味着，每个图像的像素对应于 Hough 空间中非常多的点。最后，选择图像中的第二个像素点 Q，再次将所有可能通过 Q 的不同直线转换到 Hough 空间。对每个像素重复这个过程，之前在特征提取中定义为 ROI。如果图像点的数量很大，那么在 Hough 空间中会产生更多的点。

例如，如果我们考虑到特征提取算法发现的一个线缺陷，那么 Hough 空间的实用性就变得明显了。红外图像中任意分布的图像点会导致 Hough 空间中的点分布非常均匀。但是，如果图像中沿直线的像素被转换，则每一个直线像素也将贡献给 Hough 空间中的同一点，因为每个像素将贡献一条与图像直线平行的直线。因此，这条线将在 Hough 空间中形成一个聚集点。

因此，如果提取特征的所有图像像素都用于变换，只需要查找累积点即可。

根据 Hough 空间的定义（图 3.51），它们明确地定义了线特征。因此，对该问题采用了一种简单的算法：对提取的特征点进行所有点的变换后，通过阈值对 Hough 空间中的累积点进行评分，即最大值。将正的评分点变换回来，使提取特征的问题区域可视化。

图 3.52 所示为一个用三条定义为提取 ROI 的直线可视化过程的示例。所有沿着这些线的图像点都被用来绘制 Hough 空间中的点。显然，我们发现了三个累积点，正如我们所预料的，它们与所选的三条线相似。

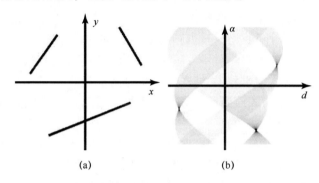

图 3.52　三条直线的 Hough 变换
（a）笛卡儿坐标中的直线；（b）Hough 空间中相应的累积点。

这种表示法的另一个优点是算法对非连续结构的独立性，而非连续结构通常出现在获取的图像中。例如，如果在红外图像中只检测到一条线的片段，它们仍然会导致 Hough 空间上的一个累积点。

图 3.53 所示为图 3.44（a）所示玻璃板中的裂纹的 Hough 变换的应用。

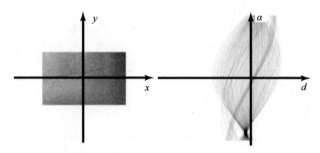

图 3.53　玻璃片上裂纹的 Hough 变换

计算速度随着 Hough 空间的维度的增加而减小。最简单的二维 Hough 空间是指线性特征。如果搜索可以用圆表示的目标，则需要三维 Hough 空间（两个中心坐标 + 半径），而对于椭圆搜索，则需要五维 Hough 空间。在实践中，由于计算速度的限制，因此没有使用这些高维 Hough 运算。还有其他一些更先进的方法，如广义 Hough 变换[40]或模板矩阵[41]，可以处理其他结构和问题。

3.5 主动热成像

在大多数红外成像的应用中，研究都是被动的，即相机观察场景，探测目标发出的热辐射。由于存在来自周围环境的热辐射，图像中的热对比度只有在与环境温度存在温差的情况下才能观察到。这种方法被称为被动，因为在不向物体施加额外热流的情况下，对目标场景的现有温度分布进行了分析。这意味着观察到的温度模式仅仅是由于存在温度差异。这些通常会导致接近动态的平衡条件，即目标表面温度不会随时间变化（至少不会太大）。典型的例子是建筑检查，其中的温差是由内部加热引起的，而外墙是由周围的空气冷却的。这种被动记录的图像可以形象化建筑物的内部结构细节。典型的例子是半木结构房屋（第 6.2.1 节）。通过热成像测量的表面温度差异是由于材料或结构的不同热特性导致的热流空间变化引起的（第 4 章）。

不幸的是，经常有这样的情况：没有自然温差存在，或者如果存在的话——它们可能不够强，或者物体的外壳可能太厚，无法识别表面下的结构元素。如果仍然想检查表面以下部分，也就是说，检测表面下的结构细节，就需要主动的方法。

它们是基于被研究表面的加热（原则上，冷却也是可能的）。这些过程在被测结构内部形成了一个非平衡的温度梯度，影响了可观测表面的温度分布。

因此，主动热成像也可以被认为是非稳态、非平衡或动态热成像。试样表面温度随时间变化而变化，通过试样表面产生的瞬态热流将引起表面温度分布的瞬态异常。图 3.54 简要概述了主动热成像技术。样品可以通过吸收辐射（图 3.54）、电加热（流经样品的电流）、涡流或超声波进行加热。能量传递到样品可以是连续的，以调制的连续形式（如谐波），或通过脉冲（矩形或其他形状的脉冲）。通过测量反射或透射过程中表面温度随时间的变化情况，检测受内部缺陷/结构影响的试样内的热传递。忽略了连续加热或步进加热等不常见情况，主动热成像最重要的方法是脉冲热成像和锁相热成像。它们广泛应用于许多不同的领域，如飞机、太阳能电池板或由碳或玻璃纤维结构的复合材料制成的物体的检验等。

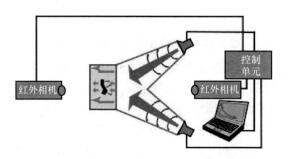

图 3.54 主动热成像技术的原理示意图。例如，一个内部结构的试样通过吸收可见光来加热。表面温度用红外相机作为时间的函数来测量。它们受到试样内部结构/嵌入体/异常的影响

利用瞬态温度现象进行无损检测的思想由来已久,甚至早于第一代热成像仪的研制。20 世纪 60 年代,研究者在探测物体表面瞬态温度方面做了大量的实验工作。使用了温度敏感的颜色、点测量传感器和其他仪器。然而,所有这些方法都受到低温敏感性差和响应时间慢的严重限制。有关更详细的历史记载,请参见文献〔42〕。20 世纪 70 年代末,随着锁相和脉冲热成像方法的成功发展,标志着这两种方法的开始应用[43,44]。近几十年来,随着热成像系统、新的加热方法以及电子和计算机技术的使用,这两种方法在无损检测(NDT)领域得到了广泛的应用[45]。

该领域是如此广泛,这里只能给出一个非常简短的关于瞬态传热和主动热成像方法的基本原理的概述。关于这些方法的详细信息,可以参考文献〔46,47〕。在无损检测数据库[48]中可以找到大量关于主动热像仪在无损检测中应用的论文。

主动热成像方法是基于固体中的瞬态热传递。所有方法目的都是检测、定位和表征固体中内埋材料的不连续性[45,49-54]。正确定量描述三维瞬态传热是一个非常复杂的问题。主动热成像中瞬态传热的模拟需要使用各向异性热材料(如复合材料)的三维热传导微分式预测三维温度分布。使用一维或二维模型简化热传递只会给出温度分布的粗略估计或定性信息[45,55],并且会使测量结果的解释变得困难。目前,如果正确考虑实验条件,有限元法(FEMS)是最有前途的三维传热建模工具[55]。这些方法的描述超出了本节的范围。本节首先讨论了相关的材料参数,这有助于理解材料的不连续性是否可以用主动热成像技术检测到;其次,简要讨论最简单的脉冲热成像方法,并举例说明了该方法的灵敏度;再次,介绍了锁相热成像的基本原理,以及在飞机检测中的一些应用;最后,简要讨论了脉冲相位热成像技术,该技术操作简单,但数据分析复杂。

3.5.1 瞬态换热—热波的描述

固体的瞬态热传递可以用两个动态物理量来表征,分别是热扩散系数 a_{diff} 和蓄热系数 e_{eff}。其中第一个所示为热能在材料中扩散的速度,第二个所示为某种热惯性。(在许多出版物中,蓄热系数仅用 e 表示,这里使用 e_{eff} 是为了将它与数字 $e \approx 2.718$ 区分开来)

如 4.4 节所述,热扩散系数 a_{diff} 是导热系数 λ 与体积热容(即比热容和密度的乘积)的比值:

$$a_{diff} = \frac{\lambda}{\rho c_p} \qquad (3.36)$$

热扩散系数是衡量材料中热能扩散速率的指标。扩散速率随导热能力的增加而增大,随温度升高所需的热能的增加而减小。扩散系数大则意味着物体对热条件的变化反应迅速。因此,这个量控制着材料热传递的时间尺度。如果一种材料在其结构中有空隙或孔隙,那么其导热系数和密度就会降低,这意味着热扩散率会发生变化。结果，材料内部的热传递就会受到影响，从而导致缺陷附近表面温度的显著变化。

蓄热系数 e_{eff} 定义为导热系数与体积热容量乘积的平方根：

$$e_{eff} = \sqrt{\lambda \rho c_p}$$ (3.37)

这个量通常被称为热惯性。如果分析热输入的响应，则蓄热率将代表材料根据 $T \sim 1/e_{eff}$ 提高其温度的能力。因此，这个量将控制一个物体的温度由于热能的输入而变化的程度。同样，如果表面下的缺陷温度与其周围环境不同，这将影响观察到的表面温度。

蓄热系数对材料内部的传热也有影响。考虑到两种具有不同蓄热系数 $e_{eff,1}$ 和 $e_{eff,2}$ 材料之间的热接触，通常用热失配因子 Γ 表征热现象：

$$\Gamma = \frac{e_{eff,1} - e_{eff,2}}{e_{eff,1} + e_{eff,2}}$$ (3.38)

$\Gamma = 0$，也就是说，蓄热系数相等意味着没有热失配（两种材料的界面不能通过表面的温度测量来检测）。对于完全导热的第一材料，$\Gamma = 1$；对于完全隔热的材料，$\Gamma = -1$。

如果分析复合材料的瞬态热现象，热失配系数将描述热传递时间相对于均匀材料的变化。在这方面，当描述入射在两种介质之间界面上的光波的反射时，蓄热系数的表现类似于光学中的折射率。如果两个介质的折射率相同，则无法检测到光学界面。在这种情况下，波只是在不改变其速度的情况下不受干扰地通过界面。在更一般的方案中，任何波的特征都是波阻或阻抗，这取决于材料的性质。如果波碰到另一种材料的界面，只有阻抗发生变化时才能观察到反射。

事实上，人们还经常在主动热成像中使用热波的概念，尤其是在描述周期性加热过程时，例如，在锁相热成像中[45]。

可以看出，假设谐波物体表面受热时，其傅里叶方程提供了物体内部频率相同但振幅和相位不同的谐波温度场。因此，可以引入用波物理学理论描述的热波的概念。热波的主要特征是强烈的衰减，它是物体深度的函数。这种衰减的特征是热扩散长度，它类似于热穿透深度：

$$\mu = \sqrt{\frac{a_{diff}}{\pi f}}$$ (3.39)

热扩散长度取决于热扩散系数 a_{diff} 和热波（或热激励）的频率 f。这表明，低频热波将比高频波能更深入地穿透材料。渗透深度随扩散系数的增大而增大。μ 可以给出可能的深度范围的第一个概念。例如，考虑飞机结构的外壳，它由几毫米的铝和下面一些碳纤维复合材料制成。铝的扩散系数约为 10^{-4} m$^2 \cdot$ s^{-1}，对于 10 Hz 的频率，其 μ 值约为 1.8 mm。因为 μ 对应于一个深度，在这个深度中，信号以指数形式减小到一个值 $e^{-1} = 0.36\cdots$，这样热信号可以在几个毫米的深度被探测到似乎是合理的。

如上所述，通过与光波的比较，只有当材料具有不同的蓄热系数时，才会在材料边界反射热波。如果我们观察固体和气体之间的边界，固体的蓄热系数要比气体的蓄热系数高很多。应用式（3.38），我们得到 $\Gamma = 1$，固体作为气固界面的热波反射镜[45]。因此，任何来自内部边界的反射都会导致热波在物体中传播的变化，进而导致可观测的表面温度分布的变化。

总而言之，热波表现出所有的波现象，如反射、折射和干涉。热波在非均匀固体中的传播将受到这些影响，并将导致一个明确的随时间变化的表面温度分布，这样就可通过瞬态温度测量进行分析。

3.5.2 脉冲热成像

脉冲热成像是主动热成像中最常用的方法之一，因为它非常容易实现。该方法只需要能够实现脉冲加热就可以完成，例如，一个闪光灯系统和一个能够随时间记录的红外相机。数据分析包括分析目标的红外图像作为时间的函数，从而检测由内部结构引起的表面温度变化。唯一严重的缺点是空间分辨率有限，一方面与深度有关，另一方面与横向分辨率有关。

脉冲热成像的实验装置如图 3.54 所示。对高导电性材料（如金属）进行检查时，短脉冲的持续时间为几毫秒；对低导电性样品（如塑料和石墨环氧树脂层压板）则为几秒[45]。尽管提供了相当可观的加热功率，但短暂的加热时间通常只会导致温度比部件初始温度升高约几度，从而防止对部件造成任何的加热损坏。

图 3.55 和图 3.56 所示为进行脉冲热成像检测可能出现的两种不同情况。图 3.55 的目标材料是指在其底部钻取三个不同直径和深度的孔的试样。从试样底部进行脉冲加热，材料中的热扩散可以在最深的孔的区域发展得更快，因为热量在到达试样上表面之前只需要通过一个薄层目标材料进行扩散。因此，可观测到上表面温度相对于相邻的表面其他部分是增加的。这种温差将随时间的变化而变化，绝对值取决于材料的热扩散系数和蓄热系数。图 3.55 示意性地所示为这种情况。由于热扩散，发生了横向扩展，直径较小的孔将比直径较大且深度相同的孔具有较不明显的热特征。同样，当比较两个直径相同但深度不同的孔时，较小深度的孔的温差较小。在不同的实验时间下，不同深度和直径的孔也会出现最佳的热对比。

图 3.56 所示为第二种脉冲热成像检测的情况。具有热扩散系数 $a_{\text{diff},1}$、电导率 λ_1 和蓄热系数 $e_{\text{eff},1}$ 等特征参数的固体材料 1，其内部含有材料 2 构成的次表面结构，材料 2 具有取值完全不同的热扩散系数 $a_{\text{diff},2}$、电导率 λ_2 和蓄热系数 $e_{\text{eff},2}$ 等特征参数。热流通过底部的热矩形脉冲注入。如果内部结构的蓄热系数 $e_{\text{eff},2}$ 远低于材料 1 的蓄热系数 $e_{\text{eff},1}$，则热流将尝试至少部分绕过障碍物，也就是说，内部结构另一侧的热流将会更低。同时，障碍物阻挡了热流（由弯曲箭头显示）导致从材料表面到内部的热流降低。因此，在嵌入区域，热流输入底部的表面温

度将缓慢下降，也就是说，整个结构的温度分布将导致嵌入区域上方的温度上升。相反，对应的热流在另一侧较低，从而导致物体相邻部分的温度较低。根据障碍物与两个表面之间的距离，温度分布将有所不同：由于材料内部的热扩散横向扩展，距离越远的温度分布越浅。如果嵌入物是一种比周围材料 1 具有更高蓄热系数的材料，则前后的温度分布将会逆转。如果从嵌入体到物体表面的距离 d_1 和 d_2 不同，由于热扩散作用，则较大距离下的温度分布剖面在横向上更加不明显，热对比度较低。

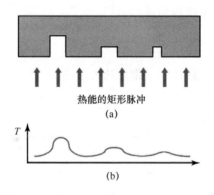

图 3.55 （a）脉冲热成像实验方案，其测试结构由含有给定直径和深度的孔的材料组成。
（b）由于目标较薄区域的传热效果较好，出现了温度异常，该现象与目标表面以
下材料的厚度与直径之比有关

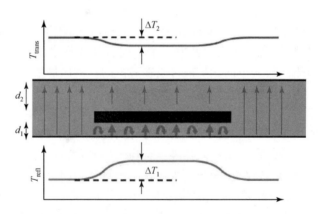

图 3.56 脉冲热成像实验方案，该脉冲热成像实验结构由嵌有不同热性能的两种材料组成。
可观察到的表面温差取决于目标和嵌入体的材料热特性

更为定量的分析表明，观察到深度为 z 的嵌入体出现最大热对比度的时间与 z^2 成正比，即 $t_{obs} \sim z^2/a_{diff}$。同时，由于热能的横向扩散，热对比度 C_{th} 减小（ $C_{th} \sim 1/z^3$ ）。稍后将观察到较深的不连续性，热对比度随之降低。因此，深埋结构通常显得很浅，而且热对比度很差。总的来说，可观测不连续点的大小和深度受到限制。在各向同性介质中，最小可检测不连续点的直径应至少为其表面以

下深度的 2 倍。对于各向异性介质，这个限制甚至可以达到 10 倍。仍然观察结构的标准是，相应的横向诱导可观测表面温度变化 ΔT 大于相机的 NETD。

图 3.57（a）所示为利用反射或透射进行观察的典型实验装置。选择哪种方法取决于两侧是否可以进行图像采集，如果可以，则取决于内部嵌入结构的位置。从表面以下的嵌入深度较小的一侧可以更好地检测。

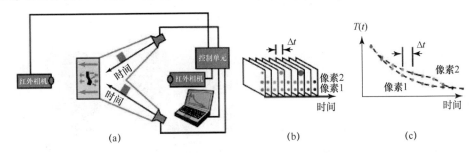

图 3.57 脉冲热成像（a）和数据采集/分析（b）、（c）的原理和实验装置。图像以时间间隔 Δt 记录（b），单个像素的温度图作为时间函数，（c）显示异常导致的热对比度变化

在这个例子中，来自可见光闪光灯的矩形脉冲热流照射到样品上。例如，脉冲宽度为 0.2s 时，总热能为 $10 \sim 15 \text{kJ}$。图 3.57（b）示意性地所示为从照明侧采集的红外图像的时间序列。帧之间以时间间隔 Δt 分开。在每个帧中，显示两个选定像素的温度降低过程（不同的颜色表示不同的温度）。这两个像素的温度随时间变化关系如图 3.57（c）所示。由于热能扩散到材料中，表面温度在初始脉冲后开始下降。在示例中，两个选定的像素在其瞬态表现上有所不同，一个类似于未受干扰的材料，另一个类似于具有阻止热流的嵌入结构，从而导致比另一个像素更高的表面温度。利用图 3.57（b）中红外帧序列上面的像素点可以观察到热流脉冲的横向展宽。可以认为它类似于在选定的给定像素处的点源加热。相应的空间区域初始高温由于热扩散而扩散。

图 3.58 给出了采用与图 3.55 类似测试结构的测量结果。以三排不同直径平底孔的固体层压板复合材料作为试验对象开展研究，孔直径由上到下增大，孔深由左到右增大。脉冲激发后，从孔的另一侧采集随时间变化的红外图像。正如所料，激发后的短时间内，深孔已经清晰可见。随着时间的增加（从（e）~（h）），深度较小的孔也会出现，但由于横向热扩散，结构更加模糊。将直径不同但深度相同的孔进行比较，也很明显——正如预期的那样——孔越小，横向展开得越多。例如，对于顶行右侧的第三个结构，可以看到这一点。在短时间内，它是不可见的。然后它开始显示出良好的对比度和相当尖锐的边缘，然后随着时间的增加边缘开始模糊，热对比度逐渐降低。

图 3.59 描述了一个实际应用的案例。此处，脉冲热成像被用来检测固体层压板的冲击损伤。

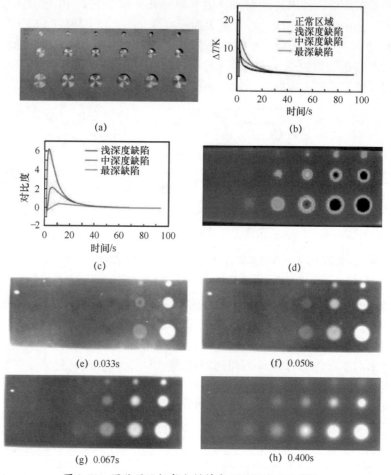

(a)

(b)

(c)

(d)

(e) 0.033s

(f) 0.050s

(g) 0.067s

(h) 0.400s

图 3.58　固体层压板复合材料中不同深度的平底孔

（a）背面可见光图像；（b）温度演变（$t=0$ 时的热脉冲）；（c）孔面积与样品均匀部分之间的
温度对比；（d）$t=0.4$ s 时红外图像的伪彩色表示；（e）$t=0.033$ s 时红外图像；
（f）$t=0.05$ s 时红外图像；（g）$t=0.067$ s 时红外图像；（h）$t=0.4$ s 时红外图像。

（图片来源：加拿大国家研究委员会，航空航天研究所（NRC-IAR））

温度/任意单位

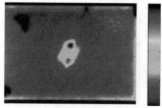

图 3.59　固体层压板的冲击损伤

（图片来源：加拿大国家研究委员会，航空航天研究所（NRC-IAR）

3.5.3 锁相热成像

在装置方面，锁相热成像与脉冲热成像的装置非常相似[45,46]，二者的区别在于，脉冲热激励源被一个正弦波热激励的代替（图3.60）。这极易通过一个调制灯照亮一个扩展的样品来实现。这种周期性的，即特定的谐波，加热输入会导致物体表面温度出现类似瞬态谐波的变化。如第2.4.1节所述，表面的谐波加热也会导致物体内给定深度处的温度呈现谐波变化，尽管其振幅随深度而衰减，可由热扩散长度μ（式（3.39））描述。

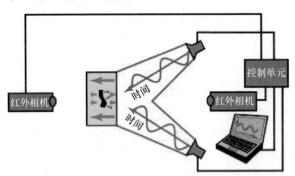

图3.60　锁相热像仪装置：通过调制照明、涡流、超声波、微波等方式，将样品按时间的函数进行谐波加热（正弦激励）。通过相机记录热图像，分析空间温度随时间的分布

通过吸收调制光源的能量来模拟热激励。在输入能量最大的时候，部分吸收了调制变化的输入能量，导致表面的温度急剧上升。当激励能量下降并经过最小值时，表面温度也下降，因为最初吸收的能量扩散到了物体内部。在另一个半周期的激励之后，表面再次被最大的热能输入等加热。因此，谐波输入将导致表面温度分布的谐波变化。由于热能在固体中的扩散是同时发生的，我们也可以观察到物体在一定深度内温度的谐波变化，这是观测时间的函数。由于物体的热惯性，观察到的表面温度变化可能会相对于激发光源发生一定相位角的偏移。如果物体是均匀的，所有被观察到的表面像素的相移都是相似的，这些像素是用红外相机记录下来的。但是，如果物体内部存在嵌入体或热异常，则热现象会发生变化。由于嵌入体而导致的热流降低或升高，都将表现为在嵌入体上方可观测到表面温度的相位变化。因此，物体内的任何缺陷或结构都可能导致出现观察到的变化，主要是表面温度相对于激励的附加相移。因此，对所记录图像的分析非常简单。必须将表面温度记录为每个像素(x,y)的时间函数，并评估相移相对于参考信号的变化。通常，通过记录每个完整周期至少4个数据点来研究谐波函数就足够了（图3.61），也就是说，必须根据预先定义的激励频率来选择帧速率。

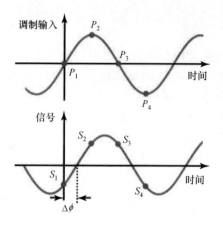

图 3.61　测量原理：信号（表面温度）的谐波变化，但由于调制输入而相对于激励产生了位移

考虑调制激励的 4 个定义明确的点 $P_1(t_1)$、$P_2(t_2)$、$P_3(t_3)$ 和 $P_4(t_4)$，其中 t_1 对应的是过零点的激励信号。这些点定义了在一个周期内分析温度信号的时间，即表面温度 $T_1(t_1)$、$T_2(t_2)$、$T_3(t_3)$ 和 $T_4(t_4)$。在通常情况下，信号相对于激励存在一个相位差 $\Delta\phi$。

如果温度信号由平均值和调制信号决定，即 $T(t) = T_{av} + S(t)$，则可以构造出两个不同的结果信号，对于每个像素 (x,y) 的振幅信号 $A(x,y)$ 和相位信号 $\phi(x,y)$，可根据下式：

$$A(x,y) = \sqrt{[S_1(x,y) - S_3(x,y)]^2 + [S_2(x,y) - S_4(x,y)]^2} \quad (3.40)$$

$$\phi(x,y) = \arctan\left[\frac{S_1(x,y) - S_3(x,y)}{S_2(x,y) - S_4(x,y)}\right] \quad (3.41)$$

平均温度由于这些差异而相互抵消，也就是说，这些信号函数只依赖于谐波诱导的温度差异。如果信号保持不变，振幅信号将为零。最大振幅信号导致温度的谐波变化，即 $S(t) = \Delta T_{max}\sin(\omega t + \phi)$，其中激励信号的变化类似于 $\sin(\omega t)$。在这种情况下，振幅信号会给出谐波信号的最大温度变化为 $2\Delta T_{max}$。另外，式（3.41）中的相位直接反映了激励和谐波信号之间的相位变化，可以通过计算信号差异并假设各信号与其下一个信号之间相位差为 90° 得到。

振幅信号确实取决于温差的平方和，而相位信号仅指各自温差之比。照射、吸收或发射率的任何局部变化（即不同像素之间的温度差较高或较低）将在相位中取消，但在振幅信号中显示。因此，通常使用相位信号，它比振幅信号对埋藏缺陷更敏感。它可以研究大约 2 倍于热扩散长度 μ（式（3.39））的深度范围。对所有像素的相位信号进行评估可以生成相位红外图像，即相位与颜色或灰度相关（参见下面的示例）。因此，相位红外图像反映了由底下结构或缺陷引起的相位变化。根据式（3.39），探测深度范围取决于频率。因此，输入激励源必须以最佳频率使用，这既取决于目标的热物理特性，也取决于目标的厚度。

相位和振幅的定义也强调这样一个事实，即采集频率必须足够大，以便在一个激励周期内至少采集4个数据点。如果4个选定的点分布在几个周期内，结果将不再明确。因此，如果信号与激励频率锁定，则该方法类似于相敏检测。这就与其他测量科学应用中广泛使用的锁相技术相似，因此解释了其名称。

在给出实际案例之前，必须提到锁相热成像的一些优点和缺点。锁相热成像可以检测深度范围内的缺陷，根据式（3.39），这些缺陷与激励频率有关。因此，与脉冲热成像等其他方法相比，覆盖大范围内的深度检测需要更长的时间，因为必须对试样应用许多不同的频率，每次都必须在开始测量之前建立动态平衡。然而，与脉冲热成像相比，该方法更灵敏，可以用于更大的深度检测。此外，进行锁相热成像所需的能量通常比其他主动技术所需的能量小，如果被检查部件可能因高能量输入而受损，这可能很重要。

3.5.4 金属与复合材料的无损检测

3.5.4.1 锁相热成像的飞机蒙皮检查

客机的主体，也被称为机身，通常建造成骨架的框架结构，框架构件上附着蒙皮。由于重量原因，蒙皮仅由薄金属层组成，通常为铝，厚度约为1mm（如波音737）。这种稳定性是通过将复合材料（通常是碳纤维增强材料）连接到大部分蒙皮的内表面来实现的。在许多飞行中，即许多增压和减压循环中，机身必须保持完整。老化的飞机可能会出现材料疲劳，如蒙皮开裂或蒙皮与支撑架的连接松动等，从而导致飞机失效。因此，必须定期对机身进行缺陷扫描。

图3.62所示为对此类飞机进行测试的示例[56]，对一架波音737飞机的外蒙皮表面进行了相位图像的锁相热成像测试。显然，锁相技术可以很容易地穿透1mm厚的铝蒙皮，探测到支撑的下层结构。与传统的无损检测技术（如超声波）相比，锁相技术的优点之一是，在单次测量过程中，通常可以对1m^{2}的大面积区域进行成像。与传统方法相比，这减少了约90%的检查时间。据估计，波音737

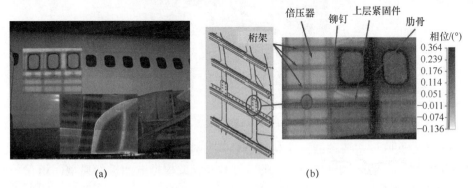

(a)   (b)

图3.62　波音737飞机的锁相热成像测试。图像将选定的部分显示为热相位图像和可见光图像的叠加（a）。下层结构很容易被探测到，如果出现异常，将表明存在缺陷。检测结果通常显示为灰度图像（b）（图片来源：movitherm, www.movietherm.com）

的整个机身的锁相检查可在大约100h内完成。例如，该方法经美国联邦航空管理局（FAA）的批准，波音、空客或汉莎航空公司都在使用。

作为缺陷案例，图3.63描述了空客飞机复合板蜂窝结构分层的例子。

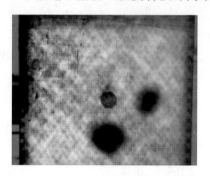

图3.63 显示分层的飞机蜂窝结构的锁相相位图
（图片来源：movitherm，www. movietherm. com）

图3.64描述了与脉冲热成像（图3.58）类似的测试结构。制备的碳纤维样品具有平底孔和较大的磨出面积（左侧）。从另一侧看不到任何结构，而锁相相位图像很容易检测到所有底下的结构。

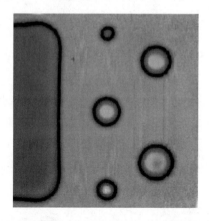

图3.64 带有平底孔和较大磨出区域碳纤维样品的测试结构的锁相热成像相位图像
（图片来源：movitherm，www. movietherm. com）

3.5.4.2 锁相热成像的太阳能电池检查

光伏发电是可再生能源领域发展最快的方向之一。太阳能电池的质量控制是太阳能产业面临的主要挑战，尤其是半导体材料中的缺陷会降低电池的效率。因此，需要对太阳能电池板执行可靠的测试程序，并根据电池板的典型面积在平方米范围内进行调整。

当前的太阳能电池测试，即光伏电池测试，基于3种类型的测量：光谱、电（接触）测量和红外成像。测量的电气参数包括短路电流、开路电压、填充系数、理想系数、串联电阻、0V 时的分流电阻、反向击穿电压等。一方面，电接触测量简单易行，可以收集一套完整的参数。因此，电池测试非常耗时。另一方面，传统的红外成像可以通过施加反向偏置电压或观察正常工作条件下的电池温度来更快地检测主分流器。然而，标准热成像的灵敏度和温度分辨率受到探测器 NETD（第 2.4.2 节）的限制，对于致冷的 InSb 探测器，NETD 的灵敏度和温度分辨率约为 20mK；对于非致冷的测辐射热计，NETD 的灵敏度和热分辨率则高达 80mK。因此，需要改进方法，如锁相热成像法，在微开范围内检测温度分辨率低于该极限的各种缺陷，例如，太阳能电池金属化层下的分流条件。图 3.65 为同一太阳能电池的标准热像（a）和锁相热像（b），左右两侧的三角形（图 3.65（a）更清晰）是施加偏置电压的鳄鱼夹。标准红外图像的圆形蓝色区域是对冷的 InSb 探测器相机的反射。

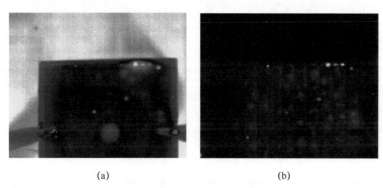

(a)   (b)

图 3.65　用 Insb 相机记录的 60 mm×60 mm 硅太阳能电池的标准热像（a）。相同单元的锁相热像（b）是 800 幅单独图像的处理结果，使用 10Hz 交流输入和 20s 的采集时间进行记录。两个图像在稳态反向偏压条件下均显示分流缺陷

（图片来源：movitherm，www. movietherm. com）

通过对这两幅图像的直接比较，可以发现，用冷的 InSb 相机拍摄的标准热像所示为来自探测器和周围环境的热反射，而在锁相热像上没有可见的反射。InSb 相机检测到一些热点（分流器）是模糊的，也就是说，在右上角强烈扩散的橙色区域，而锁相热像显示一个非常清晰的图像与良好的局部分流。两幅图像的分流检测都受到探测器灵敏度的限制，InSb 相机的灵敏度为 20mK，而锁定图像的灵敏度仅为 0.02mK。

因此，在 InSb 图像中，只有严重分流的区域才会显示为亮橙色和局部斑点。较暗的橙色区域是较弱的分流缺陷的结果。由于热扩散（热能随时间的扩散）以及缺陷本身的微弱热辐射，定位这些较弱分流的源头非常困难，甚至是不可能的。

总体而言，锁相热成像技术使图像质量和提取定量信息的可能性得到了极大的改善。这些对比强烈的锁相热成像图像提供了许多信息，如太阳能电池加热的不均匀性由较浅和较深的蓝色区域显示出来。因此，在测试过程中，锁相技术也

只需要比太阳能电池少得多的热能输入。

图 3.66 所示为另一个示例，说明了调制频率对图像的影响，该示例所示为用不同频率的正弦波激励的电池上分流缺陷的锁相热成像测试结果。显然——正如预期的那样——低频激励下的锁相图像（指电池内部存在更大的深度）更模糊。

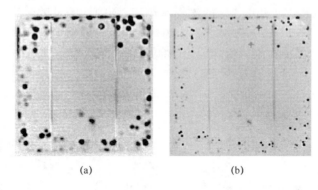

(a)   (b)

图 3.66　10Hz（a）和 200Hz（b）正弦波激励下锁相测量系统对分流缺陷检测的相位图
（图片来源：movitherm，www. movietherm. com）

最后一个例子，图 3.67 所示为 3 幅图像，这 3 幅图像一方面所示为标准热图像与另一方面所示为幅值或相位锁相热成像之间的差异。显然，相位图像质量最好，能够清晰地检测出具有高空间分辨率的分流器。

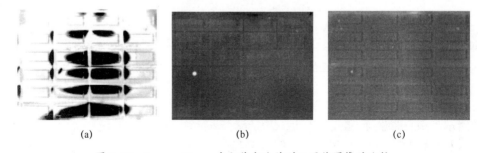

(a)   (b)   (c)

图 3.67　5 mm×10 mm 太阳能电池阵列不同热图像的比较
（a）用致冷的 InSb 相机记录的标准图像，再次显示冷探测器的反射，即水仙花效应
（第 2.4.4.5 节）；（b）、（c）分别为使用正弦激励记录的振幅和相位锁相图像，二极管阵列工作在
λ=850nm，频率为 25Hz。在两个锁相图像中都可以清楚地检测到分路
（图片来源：Pvflex Solar GmbH，F-urstenwalde，德国）

但是需要注意的是，具体使用哪种锁相热成像技术通常取决于特定的技术要求和实验条件[46]。

3.5.5　脉冲相位热成像

脉冲热成像技术简单易行，但其热对比度和检测深度范围有限。锁相热成像通过改变激励频率更适合于定位深的缺陷，但这种优势与较长的测量时间有关。

为了克服后者缺点，同时具有简单的设置，为此，将脉冲相位热成像作为脉冲热成像和锁相热成像之间的优势结合而引入[45]。

脉冲相位热成像基于傅里叶变换的原理，即任何形状的脉冲信号都可以描述为不同频率谐波信号的叠加。因此，对于方形脉冲，如用于脉冲热成像，也可以认为是由许多不同频率和振幅的不同谐波组成。频率分布与作用时间范围内脉冲的形状有着确定的关系，例如，方形脉冲产生由 $\mathrm{sinc}(x) = \sin(x)/x$ 函数定义的频谱。脉冲相位热成像的基本思想如下：首先对样品施加一个方形脉冲，这会导致热流进入样品，可能会由于存在缺陷/内部结构而发生变化，正如脉冲热成像所描述的那样。同样，表面温度变化的红外图像记录为时间的函数。脉冲相位热成像法和脉冲热成像法的区别仅仅在于数据分析过程，即信号处理。在脉冲相位热成像中，从信号中计算出一个快速傅里叶变换：由于输入同时包含多个频率的贡献，因此信号被反卷积为各个频率引起的响应。这意味着在大频率范围内可以获得结果，从而可以同时探测样品的不同深度范围。

从理论上讲，可以计算出与宽度为 Δt 的脉冲相关的典型的最大频率。例如，我们发现，对于 10ms 的脉冲，仍然有超过 90% 的最大振幅的最高频率是 25Hz；对于一个 0.1s 的脉冲，这个最大频率是 2.5Hz。为了避免任何混叠效果，图像必须至少以最大频率的 2 倍记录。

参 考 文 献

[1] De Witt, D. P. and Nutter, G. D. (1989) *Theory and Practice of Radiation Thermometry*, 2007 Proceedings, John Wiley & Sons Inc., pp. 129-139.

[2] *www. spectrogon. com.* (2010).

[3] *www. schott. com.* (2010).

[4] Hunter, G. B., Allemand, C. D., and Eagar, T. W. (1984) An improved method for multi-wave-length pyrometry. Thermosense VII, Proceedings of SPIE, vol. 520, pp. 40-46.

[5] Hunter, G. B., Allemand, C. D., and Eagar, T. W. (1986) Prototype device for multiwavelength pyrometry. *Opt. Eng.*, 25 (11), 1223-1231.

[6] Inagaki, T. and Okamoto, Y. (1994) Temperature measurement and radiometer pseudo gray-body approximation. Thermosense XVI, Proceedings of SPIE, vol. 2245 (34), pp. 231-240.

[7] Thevenet, J., Siroux, M., and Desmet, B. (2008) Brake disc surface temperature measurement using a fiber optic two-color pyrometer. 9th International Conference on Quantitative InfraRed Thermography, July 2-5, 2008, Krakow.

[8] Coates, P. B. (1988) The least-squares approach to multi-wavelength pyrometry. *High Temp. - High Press.*, 20, 433-441.

[9] Saunders, P. (2000) Reflection errors and uncertainties for dual and multiwavelength pyrometers. *High Temp. -High Press.*, 32, 239-249.

[10] Neuer, G., Fiessler, L., Groll, M., and Schreiber, E. (1992) in *Temperature: its Measure-*

ment and Control in Science and Industry, vol. 4 (ed. J. F. Schooley), American Institute of Physics, New York, pp. 787-789.

[11]Svet, D. Ya. (2003) in *Temperature*: *its Measurement and Control in Science and Industry*, vol. 7 (ed. D. C. Ripple), American Institute of Physics, New York, pp. 681-686.

[12]Peacock, G. R. (2003) in *Temperature*: *its Measurement and Control in Science and Industry*, vol. 7 (ed. D. C. Ripple), American Institute of Physics, New York, pp. 789-793.

[13]Peacock, G. R. (2003) in *Temperature*: *its Measurement and Control in Science and Industry*, vol. 7 (ed. D. C. Ripple), American Institute of Physics, New York, pp. 813-817.

[14]Gibson, G. C. , DeWitt, D. P. , and Sorrell, F. Y. (1992) In-process temperature measurement of silicon wafers. *Temp.* : *Meas. Control Sci. Ind.* , 6 (Part 2), 1123-1127.

[15]Kourous, H. , Shabestari, B. N. , Luster, S. , and Sacha, J. (1998) On-line industrial thermography of Die Casting tooling using dual-wavelength IR imaging. Thermosense XX, Proceedings of SPIE, vol. 3361, pp. 218-227.

[16]Holst, G. C. (2000) *Common Sense Approach to Thermal Imaging*, SPIE Press, Bellingham.

[17]Williams, G. M. and Barter, A. (2006) Dual-Band MWIR/LWIR Radiometer for absolute temperature measurements. Thermosense XXVIII, Proceedings of SPIE, vol. 6205.

[18]Khan, M. S. , Washer, G. A. , and Chase, S. B. (1998) Evaluation of dual-band infrared thermography system for bridge deck delamination surveys. Proceedings of SPIE, vol. 3400, pp. 224-235.

[19]Moropoulou, A. , Avdelidis, N. P. , Koui, M. , and Kanellopoulos, N. K. (2000) Dual band infrared thermography as a NDT tool for the characterization of the building materials and conservation performance in historic structures. *MRS Fall Meeting*: *Nondestructive Methods for Materials Characterization*, *November* 29-30 1999, *Boston*, vol. 591, Publication Materials Research Society, Pittsburgh, pp. 169-174.

[20]Beecken, B. P. , LeVan, P. D. , and Todt, B. J. (2007) Demonstration of a dualband IR imaging spectrometer. Proceedings of SPIE, vol. 6660, Infrared Systems and Photoelectronic Technology II, pp. 666004. 1-666004. 11.

[21]Beecken, B. P. , LeVan, P. D. , Lindh, C. W. , and Johnson, R. S. (2008) Progress on characterization of a dualband IR imaging spectrometer. Proceedings of SPIE, vol. 6940, Infrared Technology and Applications XXXIV, pp. 69401R-69401R-9.

[22]Farley, V. , Belzile, C. , Chamberland, M. , Legault, J. -F. , and Schwantes, K. R. (2004) Development and testing of a hyper-spectral imaging instrument for field spectroscopy. Proceedings of SPIE, vol. 5546, pp. 29-36.

[23]FIRST Hyper-Cam Datasheet, Telops Inc. , Quebec. *www. telops. com.* (2010).

[24]Kauppinen, J. and Partanen, J. (2001) *Fourier Transformations in Spectroscopy*, Wiley-VCH Verlag GmbH, Berlin.

[25]Bell, R. J. (1972) *Introductory Fourier Transform Spectroscopy*, Academic Press, New York and London.

[26]Moore, E. A. , Gross, K. C. , Bowen, S. J. , Perram, G. P. , Chamberland, M. , Farley, V. , Gagnon, J. -P. , Lagueux, P. , and Villemaire, A. (2009) Characterizing and overcoming spec-

tral artifacts in imaging Fourier transform spectroscopy of turbulent exhaust plumes. Proceedings of SPIE, vol. 7304, pp. 730416-730416-12.

[27] Farley, V., Vallières, A., Villemaire, A., Chamberland, M., Lagueux, P., and Giroux, J. (2007) Chemical agent detection and identification with a hyperspectral imaging infrared sensor. Proceedings of SPIE, vol. 6739, p. 673918.

[28] Harig, R., Gerhard, J., Braun, R., Dyer, C., Truscott, B., and Mosley, R. (2006) Remote detection of gases and liquids by imaging Fourier transform spectrometry using a focal plane array detector: first results. Proceedings of SPIE, vol. 6378.

[29] Richards, A. and Cromwell, B. (2004) Superframing: scene dynamic range extension of infrared cameras. Proceedings of SPIE vol. 5612, pp. 199-205.

[30] Smith, M. I. and Heather, J. P. (2005) Review of image fusion technology in 2005. Thermosense XXVII, Proceedings of SPIE, vol. 5782.

[31] *www. flir. com.* (2010).

[32] Avdelidis, N. P., Almond, D. P., Ibarra-Castanedo, C., Bendada, A., Kenny, S., and Maldague, X. (2006) Structural integrity assessment of materials by thermography. Conference Damage in Composite Materials CDCM, Stuttgart, *www. ndt. net.* (2010).

[33] Mat Desa, S. and Salih, Q. A. (2004) Image subtraction for real time moving object extraction. International Conference on Computer Graphics, Imaging and Extraction CGIV'04, pp. 41-45.

[34] Jaehne, B. (2004) *Practical Handbook on Image Processing for Scientific and technical Applications*, CRC Press LLC.

[35] Steger, C., Ullrich, M., and Wiedemann, C. (2008) *Machine Vision Applications and Algorithms*, Wiley-VCH Verlag GmbH.

[36] Gonzalez, R. C. and Woods, R. E. (2008) *Digital Image Processing*, 3rd edn, Prentice Hall.

[37] Möllmann, S. and Gärtner, R. (2009) New Trends in Process Visualization with fast line scanning and thermal imaging systems. Proceedings of the Conference Temperatur, PTB Berlin, ISBN 3-9810021-9-9.

[38] Parker, J. R. (1997) *Algorithms for Image Processing and Computer Vision*, John Wiley & Sons, Inc.

[39] Russ, J. C. (2007) *The Image Processing Handbook*, 5th edn, CRC Press Taylor and Francis Group, LLC.

[40] Ballard, D. H. (1981) Generalizing the hough transform to detect arbitrary shapes. *Pattern Recognit.*, **13** (2), 111-122.

[41] Brunelli, R. (2009) *Template Matching Techniques in Computer Vision: Theory and Practice*, John Wiley & Sons, Inc.

[42] Shepard, S. M. (2007) Thermography of composites. *Mater. Eval.*, **65** (7), 690-696.

[43] Milne, J. M. and Reynolds, W. N. (1985) The Non-destructive evaluation of composites and other materials by thermal pulse. Proceedings of SPIE, vol. 520, p. 119.

[44] Kuo, P. K., Ahmed, T., Huijia, J., and Thomas, R. L. (1988) Phase - Locked image acquisition in thermography. Proceedings of SPIE, vol. 1004, pp. 41-45.

[45] Moore, P. O. (ed.) (2001) *Nondestructive Testing Handbook*, 3rd edn, American Society for

Nondestructive Testing, Columbus.

[46] Breitenstein, O. and Langenkamp, M. (2003) *Lock-in Thermography*, Springer-Verlag, Berlin and Heidelberg.

[47] Maldague, X. P. V. (2001) *Theory and Practice of Infrared Technology for Nondestructive Testing*, JohnWiley & Sons, Inc.

[48] *www. ndt. net.* (2010).

[49] Wu, D. , Salerno, A. , Schönbach, B. , Hallin, H. , and Busse, G. (1997) Phase sensitive modulation thermography and its application for NDE. Proceedings of SPIE, vol. 3056, pp. 176-183.

[50] Sagakami, T. and Kubo, S. (2002) Application of pulse heating thermography and Lock-In thermography to quantitative non-destructive evaluations. *Infrared Phys. Technol.* , 43 , 211-218.

[51] Grinzato, E. , Bison, P. G. , Marinetti, S. , and Vavilov, V. (2007) Hidden corrosion detection in thick metallic components by transient IR thermography. *Infrared Phys. Technol.* , 49 , 234-238.

[52] Maldague, X. , Benitez, H. D. , Ibarra Castenado, C. , Benada, A. , Laiza, H. , and Caicedo, E. (2008) Definition of a new thermal contrast and pulse correction for defect quantification in pulsed thermography. *Infrared Phys. Technol.* , 51 , 160-167.

[53] Genest, M. and Fahr, A. (2009) Pulsed thermography for nondestructive evaluation (NDE) of aerospace materials. Inframation 2009, Proceedings, vol. 10, pp. 59-65.

[54] Tarin, M. (2009) Solar panel inspection using Lock-in-Thermography. Inframation 2009, Proceedings vol. 10, pp. 225-237.

[55] Weiser, M. , Arndt, R. , Röllig, M. , and Erdmann, B. (2008) Development and test of numerical model for pulse thermography in civil engineering. ZIB-Report 08-45, Konrad-Zuse Zentrum für Informationstechnik, Berlin, December 2008.

[56] Tarin, M. and Kasper, A. (2008) Fuselage inspection of boeing-737 using lock-in thermography. Proceedings of SPIE, vol. 6939, pp. 1-10.

第4章 传热的基本概念

4.1 引 言

本章将讨论建筑物、加载的电子元件、动物或人类、飞机发动机等目标的实测表面温度的相关内容，以及使用红外相机探测它们更多红外辐射的相关内容。获得良好的红外图像仅仅只是对研究对象的数据进行分析和得出有关其热性质的结论的开始。例如，主要的研究目的是深入了解建筑物的隔热特性或工业装置的泄漏所造成的热损失问题，或了解可能导致电气部件失效的热源等。对于每一种情况，通常都必须从测量表面温度开始提取有用的信息。一般来说，后面的物理问题可以进行如下的表述：如果给出了一个不透明物体的表面温度，我们能否了解到该物体内部的温度分布以及表面的相关热流吗？

最为常见的一种情况，假如不考虑该状态下的发射率，则对于所有可能被研究的物体来说，它们必须有一个与周围环境不同的温度。这意味着，这些物体要么有能量源，要么在观测开始前就被加热或冷却。此外，在观测过程中，通常由于不满足热平衡条件的情况存在，物体的温度可能会发生变化。所以，为了解释说明表面温度测量的结果，必须对所有可能导致物体温度变化的过程有所了解。本章简要讨论了三种基本传热方式，更多信息可在教科书中找到[1,2]。然后，讨论了测量表面温度对测量条件的意义，并举例说明了如何利用表面温度提取有意义的信息。

4.2 基本传热模型

任何情况下的温差都是周围的能量从一个系统（如电能加热、接触热水浴、吸收辐射等，再如微波、太阳辐射等）流向另一个系统造成的。如图 4.1 所示，前者显示加热，而后者显示冷却。在热力学中，由于系统与其周围环境之间的温差而引起的任何一种能量流，通常被称为热流。在物理学中，人们通常把热流分为传导、对流和辐射三种。事实上，传导和对流的基本物理过程非常相似，因此这种区分是相当主观的。

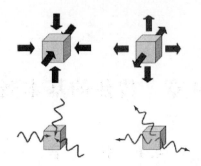

图 4.1 在一个立方体中，能量流入（红色）一个系统，导致温度上升。能量流（蓝色）出系统，导致降低温度。这些能量流动是由于传导，对流和辐射作用于系统的表面。对于一些小吸收常数的材料，辐射也可能在系统内起作用

4.2.1 传导

传导是指静止状态下的固体或流体（液体或气体）中热量传递，如图 4.2 所示。例如，物体壁面内的热传导系数一般会假设与物体两侧的温差 $T_1 - T_2$（厚度 $s = s_1 - s_2$）以及物体的表面积 A 有关，即

$$\dot{Q}_{\text{cond}} = - \lambda \cdot A \cdot \frac{\mathrm{d}T}{\mathrm{d}s} \tag{4.1a}$$

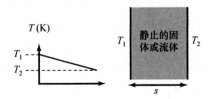

图 4.2 热传导发生在静止的固体或流体中

具体以一维壁面这个的例子来看，稳定状态下的热传导将使得壁面的温度随距离出现线性的变化。

$$\dot{Q}_{\text{cond}} = - \lambda \cdot A \cdot \frac{\mathrm{d}T}{\mathrm{d}s} \approx \frac{\lambda}{s} \cdot A \cdot (T_1 - T_2) = \alpha_{\text{cond}} \cdot A \cdot (T_1 - T_2) \tag{4.1b}$$

接下来，我们主要针对该简化后的热传导式进行说明。传热系数定义为 $\alpha_{\text{cond}} = \lambda / s$，其中 λ 是壁面材料的导热系数，s 是壁面厚度。其中，换热系数 α_{cond} 描述的是单位面积和开氏温度上以瓦特表示的传热，用单位 W（$\text{m}^2 \cdot \text{K}$）$^{-1}$ 表示。因此，在表面温差确定的情况下，用 $\dot{Q}_{\text{cond}}$（热通量，单位为 W）来表示每秒通过壁面表面积 A 的热通量。表 4.1 给出了材料在 $s = 10\text{cm}$ "壁厚"下的导热系数和传热系数的典型值。

表 4.1　在温度为 20℃，厚度为 10cm，一些材料导热系数近似值
和相应的传热系数

材料	$\lambda /$ $W(m \cdot K)^{-1}$	$\alpha_{cond} = \dfrac{\lambda}{s}/$ $W(m^2 \cdot K)^{-1}$	材料	$\lambda /$ $W(m \cdot K)^{-1}$	$\alpha_{cond} = \dfrac{\lambda}{s}/$ $W(m^2 \cdot K)^{-1}$	材料	$\lambda /$ $W(m \cdot K)^{-1}$	$\alpha_{cond} = \dfrac{\lambda}{s}/$ $W(m^2 \cdot K)^{-1}$
铝 (99%)	220	2200	混凝土 石头	0.5~2 0.5~1.2	5~20 5~12	水	0.6	6
铜	390	3900	干燥 木材	0.1~ 0.2	1~2	油	0.14~ 0.18	1.4~4.8
银	410	4100	塑料 泡沫	0.02~ 0.05	0.2~0.5	空气	0.026	0.26
铁	15~44	150~440	玻璃	0.8~ 1.4	8~14	二氧 化碳	0.016	0.16
注：数值可能根据纯度/组成而变化								

　　传热系数的值与物体的几何形状有关。例如，考虑用石墙的厚度为 $s =$ 10cm、20cm 或 30cm，且墙壁的导热系数为 $\lambda = 1W (m^2 \cdot K)^{-1}$，可以发现：墙壁厚度为 10cm 的传热系数为 $\alpha_{cond} = 10W (m^2 \cdot K)^{-1}$；墙壁厚度为 20cm 的传热系数为 $\alpha_{cond} = 5W (m^2 \cdot K)^{-1}$；墙壁厚度为 30cm 的传热系数为 $\alpha_{cond} = 3.3W (m^2 \cdot K)^{-1}$。

　　在气体中，大量原子/分子以不同的速度和方向运动，这一概念在微观上解释了气体负责热传导的原理。气体的温度决定了平均动能，并与之相关的是气体分子的平均速度；这些平均值是相应的能量和速度分布的平均值。在气体中，分子之间有大量的碰撞，这些碰撞永久地交换了能量和动量。单个分子可能改变其能量和速度；但是，总的来说，如果气体具有定义良好的温度，则气体的平均值保持不变。

　　现在考虑一种与给定的高温物体有热接触的气体。在这个物体附近，该气体的平均动能和速度都很高。在与该物体一定范围内，该气体也可能与另一个较低温度的物体接触。该低温物体范围内的气体分子的平均动能和速度较低。在这两个物体之间的空间里，气体分子会发生多次碰撞。这些碰撞导致能量从高的一方转移到能量低的一方。很明显，热传导只是所示为气体中分子或原子碰撞的能量传递。对于液体而言，情况也非常相似，主要的区别在于分子间的距离则要短得多。在固体中，虽然没有自由运动的原子或分子，但是，固体中的原子却可以发生振动。这些振动在固态物理学中被称为声子。有一个定义明确的声子分布，对于处于热平衡状态的固体，则会产生相应的平均能量。如果固体被置于两个不同温度的物体之间，声子分布和相应的平均能量就会不同。声子分布会随两种不同温度之间相对位置的变化而变化，类似于气体分子的碰撞。在此注意，如果是在

导体中，自由电子对热传导的贡献甚至可能超过声子的贡献。在原理上，能量的传递与上面所述气体分子的能量传递类似。

4.2.2 对流

对流是指在固体和流动的流体之间的热流，如图4.3所示。

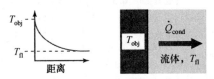

图4.3 热对流发生在物体的表面和流动的流体之间

热通量 $\dot{Q}_{conv}$ 指由于对流作用，流体每秒从温度为 T_1 的物体表面进入温度为 T_2 的物体表面，其通常被认为遵循与传导相似的定律。

$$\dot{Q}_{conv} = \alpha_{conv} \cdot A \cdot (T_1 - T_2) \tag{4.2}$$

对流换热系数取决于流体运动的性质。因此，在自由对流中，流体的流动是由流体的温度以及流体的密度不同而引起的；而在强制对流中，流体的流动是由外力或压力引起的。固体表面上气体的自由对流传热系数的典型值范围在 $2 \sim 5 W~(m^2 \cdot K)^{-1}$，但是具体的数值取决于气体流动的条件、风速以及固体表面的湿度。对于液体而言，该数值的量级范围可达到 $5 \sim 1000 W~(m^2 \cdot K)^{-1}$。图4.4以文献［3］中描述的建筑外墙的对流换热系数的取值范围为例进行了说明。

在图4.4中，建筑外墙的传热系数变化范围很大，可以用风速来进行表示。在4.3.3节中对许多墙壁总传热的估计，将使用的传热系数为 $25 W~(m^2 \cdot K)^{-1}$。

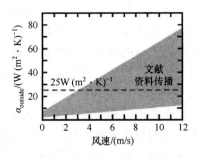

图4.4 墙壁对流换热系数与风速的关系

强制对流的数值可以被提高一个数量级。在风速有限的情况下，对建筑外墙热成像检测是强制对流数值的一个典型应用，而传热系数 α_{cond} 与当时情况下的风速有关系[3]。在许多对传热情况的估计中，对流传热系数的假设也包含了相应表面上的热辐射损失。进行这种情况考虑的原因和局限性将在4.5节中进行讨论。

为了理解热对流的微观过程，我们需要一个系统的微观模型。由于流体在表面的运动，则形成了一定厚度的边界层。因此，由于表面速度为零的流体分子和表面分子之间的分子力，以及在距离边界层处的体积流体的速度，流体存在一个速度剖面。对流由两种不同的机制组成。首先，对流传热是由于物体表面与非常接近表面的流体层之间的传热，即分子运动和碰撞的过程。其次，是由于流体的体积运动引起的。表面传导传递的热量可通过靠近边界层的流体的体积运动带走。显然，详细微观模型的建立是相当烦琐的，其中涉及了许多流体动力学的现象。

4.2.3 辐射

热的辐射过程已经在第 1 章进行了简单介绍。在任何真实的红外成像情况下，温度为 T_{obj} 的物体周围都是背景温度为 T_{surr} 的物体。为了简单起见，假设一个对象完全被一个恒温的外壳所包围，如图 4.5 所示。当存在不同温度的物体时，净辐射的输出需要计算相应的角系数（第 1.3.1.5 节和第 6.4.4 节）。

图 4.5 当一个物体被放置在一个不同温度的环境中，由于物体的发射和吸收辐射，都会产生通过热辐射传递的净能量

温度为 T_{obj} 的目标物体表面遵循辐射规律进行辐射（第 1.3.2 节）。总发射功率由斯蒂芬 – 玻耳兹曼定律（式（1.19））给出，该定律对物体的发射率进行了修正。接下来，假设一个灰体目标。此外，来自环境的辐射也会入射到物体上。这最终导致净能量从表面积为 A 的物体转移到其周围，其中黑体辐射常数 $\sigma = 5.67 \times 10^{-8} \mathrm{W} \ (\mathrm{m}^2 \cdot \mathrm{K})^{-1}$。

$$\dot{Q}_{rad} = \varepsilon \cdot \sigma \cdot A \cdot (T_{obj}^{\ 4} - T_{surr}^{\ 4}) \tag{4.3}$$

由于辐射的能量传输式与温度呈非线性关系，因此其形式与传导和对流的线性形式 $\dot{Q} = \alpha \cdot A \cdot (T_1 - T_2)$ 不同。但由于线性温差对于任何关于传热的定量分析都要容易得多，因此通常也用线性式近似辐射贡献。如果在温差差异很小（$T_{obj} \approx T_{surr}$）的情况下，有

$$(T_{obj}^{\ 4} - T_{surr}^{\ 4}) = [(T_{obj} + T_{surr}) \cdot (T_{obj}^{\ 2} + T_{surr}^{\ 2})] \cdot (T_{obj} - T_{surr})$$
$$= k_{appr}(T) \cdot (T_{obj} - T_{surr}) \tag{4.4}$$

其中 $k_{appr}(T) \approx 4T_{surr}^{\ 3}$。采用 $\alpha_{rad} = \varepsilon \cdot \sigma \cdot k_{appr}$ 改写式（4.3），可得

$$\dot{Q}_{rad} = \alpha_{rad} \cdot A \cdot (T_{obj} - T_{surr}) \tag{4.5}$$

这样就可使辐射换热具有与传导和对流传热方程式相同的类型，4.5 节将详细讨论这种近似假设的适用性。

4.2.4 潜热对流

通常，对流换热的微观模型把能量传递看作是固体和流体之间的边界层内导

热的综合作用以及流体运动的影响。在这种情况下，流体的热能传递到固体，反之亦然。

然而，除此之外，还有许多对流过程，其中交换了额外的潜热。这种潜热与流体的液态和气态之间的相变有关。水是在学术和自然界中最重要和经常使用的流体。相变过程中产生的相变热称为凝结热或汽化热（当汽化发生在液—气界面时，称为沸腾）。它们与所传递的热量相加，使得对流换热系数大大增加，这个数值往往可以达到 $2500 \sim 100000\mathrm{W}\ (\mathrm{m}^2 \cdot \mathrm{K})^{-1}$。

在微观上，蒸发和冷凝引起的传热可以理解为：

（1）如果固体被液滴或液膜覆盖，并被低蒸气压的气流体包围，液滴或者液膜就会蒸发。为了做到这一点，需要蒸发热，蒸发热是从固体中提取出来的，从而把能量从固体输送到气态流体（固体的蒸发冷却）。

（2）如果热量从固体转移到它周围的液体，而表面温度超过饱和温度，蒸气泡开始在表面生长。最后，在生长过程中，它们可以脱离表面，从而将这一过程的能量用于从固体输送到液体（固体的冷却）。

（3）当蒸气的温度降至饱和温度以下时就会发生冷凝。在工业应用中（以及在我们周围的自然界中），这通常是由于蒸气与冷表面接触的结果。冷凝时，凝结的潜热被释放，即凝结的蒸气将能量从蒸气输送到固体（固体的加热）。根据凝结产生的是液滴还是薄膜，利用不同的微观理论来估计相关的传热系数。

对于水，潜热与温度有关，如表 4.2 所列。

表 4.2 饱和水在不同温度下的汽化热

温度/ K（℃/℉）	汽化热/冷凝/（kJ·kg^{-1}）
273.15（0/32）	2501
283.15（10/50）	2477
293.15（20/68）	2453
303.15（30/86）	2430
375.15（100/212）	2257

由于水的潜热大，相关的传热系数对物体的温度分布有很大的影响。在室外建筑热像图中，建筑墙体或围护结构的表面温度分布与雨和风有很强的相关性。这一现象与每个人在夏天的经历很相似。从游泳池、湖里或海里出来时，人们通常仍然被许多水滴覆盖着。有时，人们同时经历蒸发冷凝过程，就有可能在温和的微风中颤抖。

一个数值算例可以说明水的冷却潜力。在 20℃ 的环境下，1g 水，也就是 1cm³ 的水能转移大约 2450J 的能量。在 4.4.3 节的例子中，如果将这 1cm³ 的水作为薄膜涂在边长为 60mm 的金属立方体上，薄膜的厚度约为 0.28mm。特别是采用风机进行人工风速时，传热系数则会明显增加。这 1min 的水蒸发的总量将导致温度下降 4.7K 左右，前提是系统将与周围环境进行热隔离。在第 6 章将讨论针对这一效应进行的相应实验。最后注意到可能存在的额外热源。例如，研究化学反应时的反应焓（8.3 节）。每当研究这类特殊问题时，必须考虑到相应的能量。

4.3 传热问题案例

4.3.1 绪论

显然，用热像仪研究的任何物体都可以通过在墙壁/外壳内的传导以及物体内部（如果适用）和外部表面的对流所产生的传热来表征。典型的例子是热液体在管道内运输，电线由于电流从内部加热，或建筑物从内部加热。在热学中，测量物体表面温度的目的是为了了解物体的一些情况。两种极端情况是，相关信息包含在热辐射的不均匀性中，表明在定性分析中存在热泄露；另一种是对绝对温度问题的定量分析感兴趣。以建筑墙体为例，讨论了传热的一般问题。

图 4.6 描述了包括这两种极限情况在内的五种类似于典型测量情况的标准情形。表 4.3 概述了这些情况的条件。

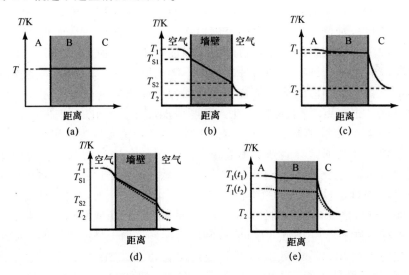

图 4.6 (a) ~ (e) 为热成像中常见的标准情况的示意图。根据两种流体的温度 T_1 和 T_2 的不同可以区分它们（如壁或流体两边的空气 A 和 C），使材料的性质介于固体材料之间（如一堵墙或固体 B）以及热源或散热器的时间相关性（见正文和表 4.3）

表 4.3　参考热像仪标准情况的参数/条件

(a)	热平衡	长时间没有热源或散热器	红外图像均匀，无热对比度
(b)	与时间无关的热源/散热器造成的温差	大毕奥数：T 在墙体/固体 T 剖面内的变化与时间无关	典型的建筑检查测量 $T_{S2} < T_1$（内部）的有用信息在 T_{S2} 空间的变化中
(c)		小毕奥数：几乎没有 T 在墙内/固体内的变化 T 与时间无关	例如，管道系统与热流体测量 $T_{S2} \approx T_1$（内部）的有用信息也在空间变化的 T_{S2} 中
(d)	与时间有关的热源/散热器造成的温差	大毕奥数：T 在墙体/固体中的变化	典型建筑物检验措施 $T_{S2} = T_{S2}$ (t)
(e)		小毕奥数：几乎没有 T 在墙内/固体内的变化	如热流体测量的管道系统 $T_{S2} = T_{S2}$ (t)

　　红外成像中最不感兴趣的情况是热平衡（图 4.6（a）），即由于没有热源（如加热器）或散热器（如冷却系统）可用，任何初始温差都已经消失。如果相机的每一个参数都经过适当调整，红外图像将只是一个没有热特征均匀区域，不受任何可能的发射率对比的影响。

　　在图 4.6（b）和图 4.6（c）两种情况下，存在与时间无关的热源。在建筑热像图的情况下，热源可以是内部的加热系统，而散热器位于房屋的外部较低的恒定温度下，从而导致内部温度恒定。对于工业应用，可以考虑输送热液体的管道。在这种情况下，管道中充满恒定流量的热液体，从而提供了与时间无关的热源。同样地，散热器管道外面，温度低得多，但温度恒定。由于假设该过程与时间无关，即室内和室外的温度不随时间变化，因此墙内的温度分布是稳定的。初始化相应的测量装置或过程后，可能需要一段时间才能达到这种动态热平衡。根据壁/管的材料特性，温度可能随距离变化，如图 4.6（b）所示，或在图 4.6（c）管内保持或多或少的恒定。相关参数为毕奥数，如图 4.6所示。显然，建筑通常会遇到毕奥数较大的情况。在这种情况下，温度随距离的变化也很大。相比之下，对于较小的毕奥数，测得的表面温度接近内部温度。最容易进行定量分析的是图 4.6（b）、图 4.6（c）所示的平稳情况。

　　然而，红外成像典型应用处理的是与时间相关的热源或散热器。由于对于建筑物检查存在许多影响因素，例如，夜间回热循环、白天外墙潜在的太阳加热效应、潜在的夜空辐射冷却效应以及昼夜环境温度的变化（多云或无云的天空等）。在管道系统的工业应用中，两个源（例如，流体初始温度的变化）或者热沉（外部温度变化）都可能发生瞬时变化。因此，空间温度分布确实与时间相关。对于图 4.6（d）中毕奥数大且外部温度降低的情况，以及图 4.6（e）中毕奥数小且内部温度降低的情况，正好都说明了这一点。

　　还有许多问题与这种瞬态行为有关。有多少有用的信息仍然需要猜测确定，定量分析仍然是可能实现的还是仅仅只能定性分析，以及——如果可以避免这种瞬态效应——这些变化所对应的时间常数是多少？正如许多例子所示，前两个问题的答案很简单：仍然可以从所研究对象表面的空间变化中提取出很多有用的信息。在大多数情况下，与先前对同一物体或类似物体的研究相比，还允许进行一些半定量分析（如元件可能失效的判据）。然而，在少数需要对绝对温度进行定量分析的情况下，必须研究物体的热时间常数。

下面详细介绍几个选定的示例。

4.3.2　固体导热：毕奥数

以固体为例，它介于温度分别为 T_1、T_2 且温度恒定的两种流体之间，如图4.6（b）、（c）所示。在稳态条件下，由传导、对流和辐射引起的热流将导致物体内部的空间温度分布。利用所谓的毕奥数 Bi 来了解固体内部的温度是可能的。

$$Bi = \frac{\alpha_{conv}}{\alpha_{cond}} = \alpha \cdot s/\lambda \qquad (4.6)$$

式中：α 为从对象表面周围环境获取的传热系数；s 为物体的维数；λ 为物体导热材料的导热率（本书只讨论毕奥数和下面的傅里叶数，尽管有许多其他无量纲的量被定义并用于描述热和质量传递的性质，取决于所处的流动条件[1,2]。努塞尔数、雷诺数或普朗特数等物理量对强制对流尤其重要，在强制对流中，传热系数不仅取决于几何形状，而且取决于流动是层流还是湍流）。

毕奥数是一个无量纲的量，通常描述两个相邻传热速率的比值。在目前的情况下，它描述了从表面到周围的外部热流之间的比率，由物体表面的对流换热系数 λ 和物体内部热流定义，并且由传导传热系数 $\alpha_{cond} = \lambda/s$ 进行表征。对于毕奥远远大于1的情况，外部热流比内部热流大得多。显然，这会导致物体内部温度在空间上强烈的变化，这对于建筑物墙壁是典型的情况（图4.6（b））。然而如果毕奥远远小于1，内部热流比表面的热流损失大得多。因此，物体内部存在温度平衡，即固体内部温度分布均匀，物体边界处与周围流体存在较大的温差[1]。例如，这是输送热液体的金属管的典型情况（图4.6（c））。

作为时间相关效应的一个例子，现在讨论目标冷却的情况。例如，考虑初始温度为 T_{obj} 的热物体，它与较低温度的环境接触，此时物体将不再有能量输入。

图4.7给出了不同毕奥数 Bi 的一维热物体内初始温度分布随时间变化的示意图。为了清晰起见，这里省略了边界之外的温度下降（类似于图4.6中的温度下降）。对于 $Bi < 0.1$ 的情况，精确解与假设物体内热平衡的解的温差最多会导致不超过 2% 的偏差[2]。因此，当 $Bi < 0.1$ 时，可以假设整个固体的温度恒定[1]。

对于较大的毕奥数 Bi，固体内部的传热比表面边界的对流传热进行得慢。因此，固体的外部冷却速度快于内部和空间温度剖面的结果。在这种情况下，表面温度对于内部温度，甚至是固体的平均温度来讲都不是一个有用的测量数值。对

于非常大的毕奥数 Bi，对流换热占主导地位，表面温度下降非常快，然后保持很低的一个量级，而内部温度下降则非常缓慢。

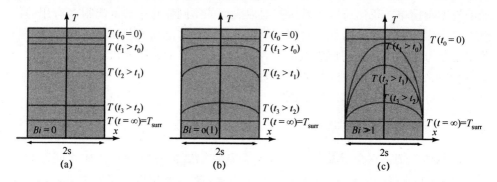

图 4.7　冷却时固体内部温度分布随 Bi 增加而变化的示意图（$Bi=0$，$Bi=0$（1），直到 $Bi\gg1$）。
对于有限物体的温度，在周围流体的边界有一个额外的温降，此处予以省略。

图 4.7 还显示了在 Bi 较大的情况下，初始热物体的冷却曲线会发生怎样的变化。如果物体的特征仍然是物体的某个平均温度，很明显，该平均温度会大于表面温度。因此，与平均温度等于表面温度的情况相比，热损失会更小。所以，冷却需要更长的时间。这也可以从一个更简单的论证中推测出来：物体内部的热流小于边界对流引起的热流，故而限制了冷却时间。

当我们处理如图 4.6 所示的情况时，也可以评估 Bi 的数值。典型的墙壁可能有 24cm 厚，用导热率为 0.5W $(m^2 \cdot K)^{-1}$ 的石头建成。在这种情况下，$\lambda/s \approx 2W$ $(m^2 \cdot K)^{-1}$ 的对流换热的阶数或小于对流换热为 2~25W $(m^2 \cdot K)^{-1}$ 的外墙典型值。因此，对应的毕奥数等于或大于1，即 $Bi=1~12.5$，预计建筑墙体会有很大的降温。相比之下，一个厚度 2cm，$\lambda=15W$ $(m^2 \cdot K)^{-1}$ 的不锈钢金属管的 $\lambda/s \approx 750W$ $(m^2 \cdot K)^{-1}$。在 $Bi \ll 1$ 时，管内没有温度梯度。

表 4.4 对实验中使用的一些对象的毕奥数进行了总结以及其他几个比较。对于金属小物体或充水小物体，通常满足 $Bi<0.1$ 的条件。然而，在现实的建筑材料，如砖或混凝土的规模较大，这一条件不再有效。下面还将讨论物体热时间常数的影响。

表 4.4　物体的一些物质属性和相应的毕奥数

对象	材料	α_{conv}/ $(m^2 \cdot K)^{-1}$	厚度/m	λ/ $(m \cdot K)^{-1}$	$\alpha_{cond}=\lambda/s/$ $(W~(m^2 \cdot K)^{-1})$	毕奥数
金属立方体	涂油漆的铝	2~25	20×10^{-3} ~ 60×10^{-3}	220	11000~3670	<0.01
汽水罐 (0.5L)	铝罐装的水	2	半径： $\leqslant 1 \times 10^{-3}$ 3.3×10^{-2}	220 0.6	>220000 18.2	$\ll 1 \approx 0.1$

对象	材料	$\alpha_{conv}/$ (W $(m^2 \cdot K)^{-1}$)	厚度/m	$\lambda/$ $(m \cdot K)^{-1}$	$\alpha_{cond} = \lambda/s/$ (W $(m^2 \cdot K)^{-1}$)	毕奥数
冷藏的瓶子 (0.5L)	玻璃装的水	2	半径: $\approx 3 \times 10^{-3}$ 3.3×10^{-2}	≈ 1 0.6	333 18.2	≈ 0.006 ≈ 0.1
砖 （用以比较）	石头	2~25	12×10^{-2}	≈ 0.6	5	0.4~1
管	不锈钢	2~25	2×10^{-2}	15	750	0.033
混凝土 （用以比较）	复合的石头	2~25	20×10^{-2}	≈ 1	5	0.4~1
注：在像砖这样的大型建筑材料中，$Bi \ll 1$ 的假设不再成立						

4.3.3 一维壁面稳态传热与 *U* 值

图 4.8 示出了一维的墙壁。壁面左侧流体（如内部空气）的温度 T_1 较高，右边的（如外部空气）的温度 T_2 则较低。从左到右的传热由传热式进行描述。如上所述，典型的毕奥数大于 1，可以预期墙体内的温度会明显下降。一个典型的定性分析结果如图 4.8 所示。

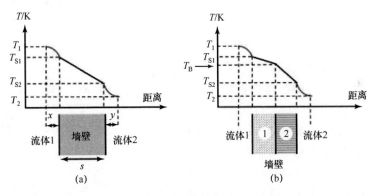

图 4.8 通过嵌入不同温度流体的一维壁面（a）或双层壁面（b）传热引起的温度变化示意图

想象这是一栋建筑。从内部空气温度 T_1 到内壁面温度 T_{S1} 有一个温度下降。在壁面内，温度下降到外墙表面温度 T_{S2}，但仍然高于外部空气温度 T_2。在一维壁面内，存在线性的温降。如果墙体是由两种或两种以上不同的材料组成的，则会有中间边界温度 T_B。必须记住，在热成像中，测量的通常是墙体表面温度，而不是流体（空气）温度。

温度边界层 δ_{th} 在 x 和 y 方向上的尺寸，即达到相应流体温度的壁面距离[1,2]，随流动条件而变化。

热边界厚度 δ_{th} 的数量级估计为

$$\delta_{th} = \lambda/\alpha \tag{4.7}$$

式中：λ 为液体边界的导热系数；α 为边界的传热系数[2]。用传热系数为 $\alpha_{inside} = 8W~(m^2 \cdot K)^{-1}$，$\alpha_{outside} = W~(m^2 \cdot K)^{-1}$ 和导热系数为 $\lambda_{air} \approx 0.026W~(m \cdot K)^{-1}$ 的空气，我们发现，$\delta_{inside} \approx 3mm$ 和 $\delta_{outside} \approx 1 \sim 13mm$，也就是说，建筑墙体的热边界层厚度通常比其他特征尺寸小得多。

使用 $\alpha_{outside}$ 这个数值时需要注意：在许多情况下，$\alpha_{outside}$ 的值都在 $2 \sim 25W~(m^2 \cdot K)^{-1}$ 之间。在大多数关于建筑围护结构热损失的计算中，为了得到最坏的结果，通常选择最大可能的传热速率，故 $\alpha_{outside}$ 的上限一般为 $25W~(m^2 \cdot K)^{-1}$（通常假设风速低于 $5m/s$）。这个极限对于较大风速来说太低了。在下面，我们也给出了下限的结果。对于建筑检查，可以考虑"无风"情况的下限。上限值也可能取决于表面的湿度，从而导致潜热效应（4.2.4 节）。

用类比法可以简化对壁面总传热的分析。式（4.1）和式（4.2）的数学性质非常类似于电路中的欧姆定律，这表明热传导和电荷传递之间存在类似关系。在电路中，电荷转移的驱动力 dQ/dt（即现在物理上所说的电流 I）为电势差，即电压 U，而在热电路上，传热的驱动力是温差 ΔT：

$$I = \dot{Q} = \frac{U}{R} : (\text{电荷}) \Leftrightarrow \dot{Q} = \alpha \cdot A \cdot (T_1 - T_2) : (\text{热能}) \tag{4.8}$$

这个类比建议定义热阻 $R_{th} = \dfrac{1}{\alpha \cdot A}$，表 4.5 给出了相应数量的比较。对于传导，热阻为 $R_{th,conv} = \dfrac{s}{\lambda \cdot A}$；对于对流，它的定义是 $R_{th,conv} = \dfrac{1}{\alpha_{conv} \cdot A}$。

利用这个类比和热阻的概念，现在很容易理解热传递的限制因素。建筑墙体由对流和传导的热阻串联而成，类似于电气串联（图 4.9）。

对于图 4.8 的建筑墙体，内对流热阻 R_{inside} 的存在导致温度由建筑内部空气温度 T_1 下降到建筑内壁面温度 T_{S1}。在一维的墙体内，由于热阻 R_{wall} 的存在，从 T_{S1} 到 T_{S2} 存在线性降温，外对流热阻 $R_{outside}$ 则导致外壁面温度 T_{S2} 下降到室外空气温度 T_2。

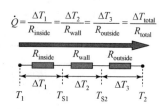

$$\dot{Q} = \frac{\Delta T_1}{R_{inside}} = \frac{\Delta T_2}{R_{wall}} = \frac{\Delta T_3}{R_{outside}} = \frac{\Delta T_{total}}{R_{total}}$$

图 4.9　壁面两侧存在对流传热的等效电路

显然，壁面问题的总传热可以写成：

$$\dot{Q} = \frac{\Delta T_i}{R_i} = \frac{T_1 - T_2}{R_{total}} \tag{4.9}$$

式中：ΔT_i 为电阻 R_i 处的温降。总热阻是各电阻之和。

$$R_{total} = \frac{1}{\alpha_{conv,ins} \cdot A} + \frac{1}{\alpha_{cond} \cdot A} + \frac{1}{\alpha_{conv,out} \cdot A} \tag{4.10}$$

因此，热阻中的最大值对整个传热过程具有支配作用。

表 4.5　电气和热电路中的等效量

等效量	电路	热回路
驱动力	电势差 U / V	温差 ΔT / K
阻力	电阻 R / Ω	热敏电阻 R_{th}/ (K/W)
传递量	电荷转移 $I = \mathrm{d}Q/\mathrm{d}t$ / ($\mathrm{Cs}^{-1} = \mathrm{A}$)	热传递 $\dot{Q}$ / ($\mathrm{W} = \mathrm{Js}^{-1}$)
注：Q 在这两种情况下有不同的含义		

　　对于复合墙体，通常利用式（4.11）可以方便地引入墙体的总传热系数 U[1]（在欧洲，之前也表示为 K 值；在美国，$1/U$ 的倒数也称为 R 值[4]）：

$$\dot{Q} = U \cdot A \cdot \Delta T \tag{4.11}$$

U 的单位是 W $(\mathrm{m}^2 \cdot \mathrm{K})^{-1}$，即当墙体壁面两边的温度相差 1K 时，它通过面积为 $1\mathrm{m}^2$ 的墙体表面每秒传递的能量。根据实际墙体表面积和温差进行调整，就可根据式（4.11）给出总传热量（单位更改为 BTU/ （h ft^2 F），见文献 [4]）。通过对比式（4.11）和式（4.9）可以得出

$$U = \frac{1}{R_{total} \cdot A} = \frac{1}{\dfrac{1}{\alpha_{conv,ins}} + \sum \dfrac{s_i}{\lambda_i} + \dfrac{1}{\alpha_{conv,out}}} \tag{4.12}$$

　　根据式（4.9）或式（4.11）和式（4.12），在热阻（即换热系数）已知的情况下，就可以测量总的传热速率，或者反过来也可以测量温度。

　　这些物理量应以复合墙体的具体实例加以说明（图 4.10）。

　　24cm 厚的砖墙（$\lambda_{br} = 0.5\mathrm{W}$ $(\mathrm{m}^2 \cdot \mathrm{K})^{-1}$）内部有 12mm 厚的石膏层（$\lambda_{pl} = 0.7\mathrm{W}$ $(\mathrm{m}^2 \cdot \mathrm{K})^{-1}$），外部有 60mm 厚的泡沫塑料层（$\lambda_{st} = 0.04\mathrm{W}$ $(\mathrm{m}^2 \cdot \mathrm{K})^{-1}$）。聚苯乙烯泡沫塑料的外表面还覆盖了一层薄薄的特殊石膏，为了简单起见，忽略了它的耐热性。假设对流换热系数为 $\alpha_{inside} = 8\mathrm{W}$ $(\mathrm{m}^2 \cdot \mathrm{K})^{-1}$ 和 $\alpha_{outside} = 25\mathrm{W}$ $(\mathrm{m}^2 \cdot \mathrm{K})^{-1}$。由此，$U$ 的值为 0.46W $(\mathrm{m}^2 \cdot \mathrm{K})^{-1}$。如果泡沫层的厚度增加 60~100mm，该数值会减少到大约 0.32W $(\mathrm{m}^2 \cdot \mathrm{K})^{-1}$。对于 60mm 的泡沫聚苯乙烯，单位面积的总热流约为 14.8W/

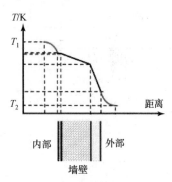

图 4.10　冬季条件下建筑复合石墙的例子（详见正文）

m^2，而 100mm 的泡沫聚苯乙烯，单位面积的总热流约为 10.1W/m^2。我们只计算 60mm 泡沫聚苯乙烯的温度作为例子。内部的温度是反过来的，如下式：

$$\Delta T_i = \frac{\dot{Q}}{A} \cdot \frac{1}{\alpha_i} \tag{4.13}$$

式中的系数 α_i 从式（4.1）和式（4.2）中可以得到。从墙体内部开始，可以算出以下温度：

室内空气	$T_1 = 20\,℃$
内墙壁面	$T_{s1} = 18.2\,℃$
石膏砖边界	$T_{B1} = 17.9\,℃$
聚苯乙烯泡沫塑料砖边界	$T_{B2} = 10.8\,℃$
外墙壁面	$T_{s2} = -11.4\,℃$
外部空气	$T_{s1} = -12\,℃$

也就是说，冰点温度取决于所需的聚苯乙烯泡沫层。如果考虑一种墙体系统，它缺少聚苯乙烯泡沫层，而砖石厚度增加了 60mm，使得总厚度相同，那么建筑保温的必要性就变得显而易见。既然这样，U 为 $1.28\mathrm{W}\,(\mathrm{m}^2 \cdot \mathrm{K})^{-1}$，单位面积的总热流将增加至 $40.9\mathrm{W/m}^2$，也就是说，比有绝缘材料的情况增加了约 2.8 倍。这样带来更多的取暖成本，而且由于冰点在砖墙里面，如果水分进入墙壁，还可能导致结构问题。

随着能源危机的出现以及随之而来的立法措施，实行更严格的建筑节能规定，未来热像仪的一个典型应用可能是通过测量建筑外墙结构的 U 值来验证建筑保温品质（第6章）。表4.6 给出了各种建筑材料或结构的典型 U 值。

表4.6 各种建筑材料或结构的典型 U 值

材料	厚度/cm	$U / (\mathrm{W}\,(\mathrm{m}^2 \cdot \mathrm{K})^{-1})$
混凝土墙，无保温	25	≈ 3.3
砖墙	25	≈ 1.5
砖墙加保温	24 + 6	≈ 0.46
巨大的木制墙壁	25	≈ 0.5
房屋的木制或塑料入户门	—	$3 \sim 4$
窗（4.3.4 节）	—	—
单片玻璃	—	≈ 6
双面玻璃	—	≈ 3
被动式节能屋	—	$\leqslant 1$

4.3.4　窗口传热

在许多热成像应用中，特别是在建筑检查中，窗口都是存在的。而且在红外图像中，窗口通常都非常明显。由于它们的重要性，给出了典型窗口的传热特性。第6章讨论了如何正确地解释表面温度的问题。

假设一个窗口玻璃尺寸为 $1.2\mathrm{m} \times 1.2\mathrm{m}$，宽度为 4mm，导热系数为 $\lambda = 1\mathrm{W}$

$(m \cdot K)^{-1}$。玻璃被宽度为 3mm、厚度为 5mm 的金属框架或者木质框架所包围（导热系数分别为 $\lambda = 220W (m^2 \cdot K)^{-1}$ 和 $\lambda = 0.15W (m^2 \cdot K)^{-1}$）。在内部空气温度为 20℃ 和外部空气温度为 –10℃ 的条件下，通过玻璃和窗架的热流以及表面温度，计算单层窗户和双层窗户的 U 值。在后一种情况下，双层玻璃被导热系数 $\lambda = 0.026W (m^2 \cdot K)^{-1}$，厚度为 10mm 的空气隔离。内对流传热系数和外对流传热系数分别设为 $\alpha_{in} = 8W (m^2 \cdot K)^{-1}$ 和 $\alpha_{out} = 25W (m^2 \cdot K)^{-1}$。图 4.11 描述了双层玻璃窗的剖面图。

首先，利用式（4.12）来估计单层玻璃窗户（仅玻璃）的 U 值为 $U_{single} = 5.92W (m^2 \cdot K)^{-1}$。

至于双层玻璃窗（只限玻璃），$U_{double} = 1.79W (m^2 \cdot K)^{-1}$。由此可以得出通过玻璃的总传热分别为 $\dot{Q}_{single} = 255.6W$ 和 $\dot{Q}_{double} = 77.5W$。

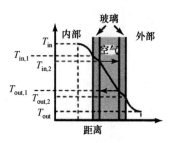

图 4.11　双层玻璃窗的剖面图

式（4.13）对各种玻璃表面温度进行了评价。对于单层玻璃，可以发现玻璃内表面温度和外表面温度分别为 $T_{in} = -2.2℃$ 和 $T_{out} = -2.9℃$。显然，单层玻璃窗或多或少是等温的，玻璃内部极低的表面温度甚至允许霜花的产生。双层玻璃窗则具有导热系数低的充气缝隙的巨大优点。

玻璃 1（面向室内）的表面温度和玻璃 2（面向室外）的表面温度分别为 $T_{in,1} = 13.3℃$、$T_{out,1} = 13.1℃$ 和 $T_{in,2} = -7.6℃$、$T_{out,2} = -7.8℃$。显然，面向室内的窗玻璃温度高得多，应该高于典型的露点温度（4.3.6 节）。然而，外窗内部非常冷。因此，必须小心避免填充气体中含有任何水蒸气，从而避免冷凝。为此，通常用惰性气体作为填充气体。

最后，对通过框架的传热进行估算。总的框架面积是 $0.144m^2$，式（4.12）给出了框架单独的 U 值，分别为 $U_{Al-frame} = 6.06W (m^2 \cdot K)^{-1}$ 和 $U_{Wood-frame} = 5.04W (m^2 \cdot K)^{-1}$。很明显，边界处的传热系数决定了这种行为。仅通过框架的热通量被发现是 $\dot{Q}_{Al} = 26.2W$ 和 $\dot{Q}_{Wood} = 21.8W$。计算通过窗户和框架的总热通量，可以为整个窗口定义 U 值。对于单层窗户分别为 $U_{single,Al} = 5.93W (m^2 \cdot K)^{-1}$ 和 $U_{single,Wood} = 5.84W (m^2 \cdot K)^{-1}$；对于双层窗户分别为 $U_{double,Al} = 2.18W (m^2 \cdot K)^{-1}$ 和 $U_{double,Wood} = 2.09W (m^2 \cdot K)^{-1}$。

4.3.5　二维或三维稳态传热问题：热桥

在实际应用中，用热像仪研究的任何物体通常是三维的。在相应的几何形状下，其传热比一维情况下要复杂得多。特别是矩形结构导致了一种称为热桥的新现象。以房子的墙壁为例，图 4.12 所示为外墙一角的横截面。为简单起见，展示了由单一材料制成的墙。图 4.12 示出了在室内温度为 20℃ 和室外温度为 –15℃（在冬季）情况下墙壁的几条等温线。根据电的类比，热物理中的等温线对应于电子学中的等势线。电流沿电场流动，即电势的梯度。在热的情况下，热沿着温度分布的梯度方向流动。这种流动用虚线箭头表示。

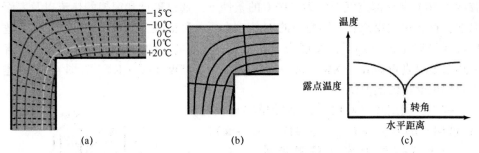

图 4.12　（a）冬季屋角几何热桥示意图，热流垂直于弯曲的等温线（虚线箭头）；（b）外墙的蓝色区域，比内墙相应的红色区域大得多，热量通过它传递到外面的空气中；转角区域温度下降；（c）如果转角温度降至露点温度以下，霉菌就可能生长（见彩插）

　　在墙壁的平面部分（底部和右侧），等温线平行于墙壁表面，可以使用一维方法计算。在这种情况下，传递到外壁面 A 的热量来自壁面内部同样大的表面积。然而，在转角区域，热流遵循弯曲的轨迹。因此，外壁面积 A_{ou}（图 4.12（b）中的蓝线）比相应的内壁面积（图 4.12（b）中的红线）大得多，热量从其中输送。因此，内壁温度必然在转角处下降（图 4.12（c））。对于建筑来说，这是非常重要的：必须确保墙角温度不低于露点温度，也就是水汽在墙角开始凝结的温度。如果不注意的话，霉菌就会开始生长。这可能发生在相对湿度处于 80% 左右的情况。

　　图 4.12 是热桥这种非常普遍的现象的示意图，这种现象在任何建筑热像图中都可以观察到。热桥这种现象的产生可能是由于几何形状，也可能是由于邻近的材料具有不同的热性能。由于热桥会导致温差，因此热桥在红外图像中自然存在，其温度变化并不一定是由于绝缘不良造成的。热桥尤为重要，这是因为温度可能会降至露点温度以下。

4.3.6　露点温度

　　在红外成像的许多应用中，特别是对建筑热像仪和工业设施的室外检查而言，最重要的是要知道相应的表面是干的还是湿的（当然对于其他干燥的天气条件），因为湿的表面在风荷载下遭受蒸发冷却，这改变了表面温度。当周围空气中的水蒸气凝结时，表面会变湿。当气温降至相应露点温度以下时，就会发生这种情况。

　　这是由于空气在一定温度下只能容纳一定比例的水蒸气。其表征方式是相对湿度或者绝对湿度。绝对湿度是对空气中水蒸气密度的度量。图 4.13 描述了最大绝对湿度（与饱和蒸气压有关）作为空气温度的函数，表示空气在相应温度下所能容纳的最大水蒸气质量。相对湿度是对空气中所含水蒸气实际百分比的一种度量，与可能的最大水蒸气含量有关。典型的室内情况是指 50% 的相对湿度。当空气中含有的水蒸气超过最大可能的量时，水蒸气就会以薄膜的形式凝结在周围表面上。这种情况通常发生在春天或秋天寒冷的夜晚。对于给定水蒸气含量的空气，如50%的相对湿度，从晚上开始，温度很高，比如20℃，这意味着它含有 $0.5 \times 17.3\mathrm{g} \cdot \mathrm{m}^{-3} = 9.65\mathrm{g} \cdot \mathrm{m}^{-3}$ 的水蒸气。在晴朗的夜晚，大气温度可能会下降到低于5℃。

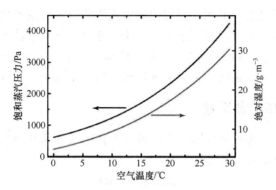

图4.13　饱和蒸气压和绝对湿度作为空气温度的函数。
最大绝对湿度对应100%相对湿度

　　然而，在冷却过程中，空气的相对湿度会增加，因为较冷的空气并不能与暖空气一样，容纳那么多水。在目前情况下，空气相对湿度达到100%的温度是9.7℃，这是相应的露点温度。由于空气进一步冷却，空气中多余的水蒸气开始凝结在树木、草地等较冷的表面上。如果这种情况发生在室内，水蒸气会在室内的墙壁上凝结，就可能会导致发霉。因此，建筑检查必须定量地观察低温，如转角的热桥等，并检查是否达到露点温度。

　　图4.14所示为露点温度随空气温度的函数图，参数为相对湿度。

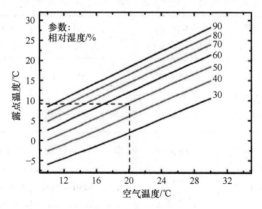

图4.14　露点温度是空气温度和相对湿度的函数。对于典型的室内温度为20℃和相对湿度为50%的空气，露点温度为9.7℃，即水蒸气会在任何低于9.7℃的表面凝结

4.4　瞬态效应：加热与冷却物体

　　目前为止，所有研究均基于稳态条件假设，即图4.6（b）和图4.6（c）。

然而，在许多情况下，红外成像是在物体被加热或冷却时进行的。例如，暴露在阳光下的建筑外墙，它会吸收可见的辐射和热量，从而掩盖了墙体本身存在保温问题而导致的任何热特征。同样，在研究过程中，加载后的电器设备可能会随着负载的变化而改变温度。下面，将对热源引起固体或液体的温度变化进行最简单的理论描述。例如，假设只有不透明的对象，并且必须对半透明对象进行合理修改后再进行分析[5]。稍后我们也只计算准稳态条件下的毕奥数而忽略瞬态情况，因为瞬态情况需要更复杂的分析和引入傅里叶数（如文献［6］）。

4.4.1 热容和热扩散系数

当有 ΔQ 的热量从一个物体传递到另一个物体或者从其他物体传递到该物体时，物体的温度就会随之改变：

$$mc\Delta T_{obj} = \Delta Q \tag{4.14}$$

式中：m 为物体的质量；c 为与材料有关的比热（对于一阶传热，它是独立于 T 的）。当然，物体达到新的热平衡需要一定的时间。比热决定了给定的温度变化所需要的能量。与质量相结合，$m \cdot c$ 描述了一个物质储存能量的能力，单位是焦耳/开（J/K）。为了比较不同材料的储能能力，还可以使用体积热容 $\rho \cdot c$（J·(m³·K)⁻¹），其中 ρ 表示材料的密度，该物理量描述了一种材料单位体积储存能量的能力。

表 4.7 总结了部分材料的上述物理量。

表 4.7　20℃时部分材料的比热、密度和体积热容
（对于气体，比热是指恒压条件下得到的）

材料	比热/(J/(kg·K))⁻¹	密度/(g/cm³)	体积热容/(J/(m³·K))	材料	比热/(J/(kg·K))⁻¹	密度/(g/cm³)	体积热容/(J/(m³·K))
铝	896	2.7	2.42×10^6	泡沫塑料	1300~1500	0.02~0.05	$2.6 \times 10^4 \sim 7.5 \times 10^4$
铜	383	8.94	3.42×10^6	玻璃	500~800	2.5~4.0	$1.25 \times 10^6 \sim 3.2 \times 10^6$
银	237	10.5	2.42×10^6	水	4182	1.0	4.18×10^6
钢铁	420~500	6.3~8.1	$2.6 \times 10^6 \sim 4 \times 10^6$	油	1450~2000	0.8~1.0	$1.2 \times 10^6 \sim 2 \times 10^6$
混凝土	840	0.5~5	$4 \times 10^5 \sim 4 \times 10^6$	空气	1005	1.29×10^{-3}	1.3×10^3
石子	700~800	2.4~3	$1.7 \times 10^6 \sim 2.4 \times 10^6$	二氧化碳	837	1.98×10^{-3}	1.7×10^3
干燥木材	1500	0.4~0.8	$6 \times 10^5 \sim 1.2 \times 10^6$				

已知物质的储能能力和导热系数，就可以确定以平方米/秒为单位的热扩散系数 a_{diff}（3.5 节；我们注意到，有时扩散系数用 α 表示，也常用于表示传热系数和辐射的吸收率）。

$$a_{\text{diff}} = \frac{\lambda}{\rho \cdot c} \tag{4.15}$$

扩散系数定义为导热系数与储能能力之比。当考虑一个具体的例子时，扩散系数的含义就变得更为清晰。假设在给定温度的高温液体中浸入某种材料的立方体或球体，导热系数越大，物体内部能量的储能能力越小，建立热平衡的速度就越快。因此，a_{diff} 的值越大，说明物体/材料对热变化的反应速度越快，从而建立新的热平衡的时间越短；反之，a_{diff} 的值越小，则反映了相应过程所需要的时间越长。表 4.8 比较了几种材料的热扩散系数。

如表 4.8 所列，金属具有较大的热扩散系数，即它们比其他固体或液体重新分配热量的速度要快得多。

表 4.8　部分材料的热扩散系数

材料 （金属）	$a_{\text{diff}}/$ （$m^2 \cdot s^{-1}$）	材料 （其余固体）	$a_{\text{diff}}/$ （$m^2 \cdot s^{-1}$）	材料 （液体、气体）	$a_{\text{diff}}/$ （$m^2 \cdot s^{-1}$）
铝（99%）	90×10^{-6}	混凝土、石子	0.66×10^{-6}	水	0.14×10^{-6}
铜	110×10^{-6}	干燥木材	0.17×10^{-6}	合成油	0.11×10^{-6}
银	170×10^{-6}	泡沫塑料	0.7×10^{-6}	空气	20×10^{-6}
不锈钢	4×10^{-6}	石英玻璃	0.85×10^{-6}	二氧化碳	9.4×10^{-6}

注：对于成分不同的材料（钢、混凝土、石头、木材、玻璃、石油），给出了具体材料或合理的平均值

4.4.2　时间相关问题的定量处理

热扩散方程所示为由于温差引起的物体能量的空间分布和时间相关的分布[1]。一般形式包括能量源项或汇项以及各向异性热特性的可能性。此处，只考虑最简单的情况，即没有任何源项或汇项的一维传热。在这种情况下，物体内部特定位置的温度随时间的变化与温度的空间变化有关（如式（4.16））。

$$\frac{\partial T(x,t)}{\partial t} = \alpha \cdot \frac{\partial^2 T(x,t)}{\partial x^2} \tag{4.16}$$

式中：α 为热扩散系数，如式（4.15）所示。在给定的边界条件下（如初始温度分布、初始热流密度等），式（4.16）能够完全确定物体的温度分布。然而，式（4.16）只能对少数特殊情况进行解析求解。大多数情况下，它是通过数值求解的。此处，我们画出了当周围的温度突然变化时，平面、圆柱和球体等简单几何形状的温度分布图（想象将一个物体置于不同温度的流体中）。

这些几何图形是用一维物体来近似的，也就是说，我们在 x 方向上处理的是

厚度为 $2s$ 的平板，但在 y 和 z 方向上处理的是无限大的平板。对于径向坐标为 x 的无限长圆柱体和半径为 x 的球体，采用类似的方法进行处理。解 $T(x,t)$ 通常用无量纲温度、无量纲时间（傅里叶数）和毕奥数（表4.9）来表示。$T(x,t)$ 可以写成傅里叶级数展开式。其数值结果通常用物体表面温度（$T_{surface}$）、物体中心温度（T_{center}）和物体平均温度（$T_{average}$）作为毕奥数的函数来描述，傅里叶数是其参数。

表4.9　常用于表示 $T(x,t)$ 的无量纲量

数量	无量纲温度 Θ	无因次时间（傅里叶数）	毕奥数
定义	$\Theta = \dfrac{T - T_\infty}{T_0 - T_\infty}$	$Fo = \dfrac{\alpha \cdot t}{s^2} = \dfrac{\lambda \cdot t}{\rho \cdot c \cdot s^2}$	$Bi = \dfrac{\alpha_{conv}}{\lambda/s}$
意义	实际温度变化的百分比	传热与物体储存热能变化之比	边界传热与物体内部传热之比

例如，图4.15 描述了球体表面无量纲的温度结果 Tsurface（其他几何形状也有类似的结果[7]）。

这些图形可以用来形象化地解决瞬态现象的问题。例如，假设一个直径为 $2R$ 的球体，它的初始温度为 T_0。在时间 $t=0$ 时，将其放入一个温度为 T_∞ 的流体中（假设流体（如水）在加热球体时不会改变其自身的温度），问题是如何用图4.15求出表面温度随时间的变化（从类似的图中可以看出球体的中心温度和平均温度）。解决办法很简单，需要计算热扩散系数、毕奥数和傅里叶数作为时间的函数。对于沸水，必须假设对流换热系数取一个有意义的数值。解决方法如下：在与问题相关的毕奥数的位置处画一条垂线（如图4.15 中的红线），与属于不同傅里叶数的曲线的交点给出了该傅里叶数的无量纲温度，它实际上是时间的度量。图4.16 给出了从20℃加热到100℃或100℃降温到20℃时，具有较小的毕奥数球体的表面温度、中心温度和平均温度的示意图。它们可以直接与球体内部的温度分布相关，如图4.16（c）所示（类似于图4.7中的曲线）。

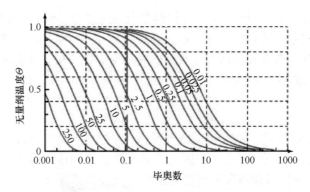

图4.15　以傅里叶数为参数的无量纲球体表面温度与毕奥数的函数关系示意图（有关示例（红线）的详细信息，请参见文献［7］）（见彩插）

图 4.15 和图 4.16 说明了物体内部空间温度分布与表面温度变化相关的问题。然而，图 4.16 还显示，对于较小的毕奥数，表面温度 $T_{surface}$ 与平均温度 $T_{average}$ 大致相似。

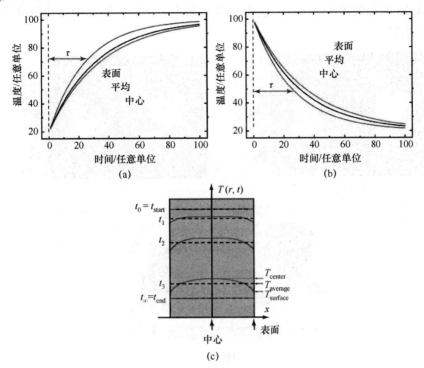

图 4.16　具有较小毕奥数的球体，由于温度突变而受热（a）或冷却（b）的表面、中心和平均温度示意图。球体内相应的温度分布如图（c）所示。由这些曲线可以确定相应的时间常数，如表面温度图所示

4.4.3　瞬态热现象的典型时间常数

在热成像中，描述和解释热稳态解是很方便的。然而，人们经常会遇到这样的情况：与另一个物体的热接触，由于物体内部的热源或热沉等原因，从而观察到物体的加热或冷却现象。每当这种情况发生时，采用红外图像进行解释就会变得非常复杂。在这种情况下，我们希望至少得到与温度变化相关的时间常数的最佳预测。下面说明冷却过程中使用红外成像分析是合适的。

4.4.3.1　方块冷却实验

将边长分别为 20mm、30mm、40mm 和 60mm 的铝金属方块，置于常规烤箱里的金属网格上进行加热。方块表面覆盖了一层高温稳定涂料，以提供高发射率（具体而言，三面涂有 $\varepsilon \approx 0.85$ 的油漆，而其他三面则保留为 $\varepsilon \approx 0.05$ 的抛光金属）。在充足的加热时间下，所有的方块都在温度为 180℃ 的烤箱内达到热平衡。当打开烤箱，并将带有方块的金属网格置于桌子上的隔热材料上时，红外成像实

验开始。图4.17所示为冷却过程的两幅图像。

　　显然，最小的方块降温效果最好，这也可以在温度剖面中看到，它是时间的函数（图4.18）。温度作为冷却时间的函数可以用一个简单的指数递减来拟合，如图4.18的扩展图所示。由于我们处理的是小毕奥数，因此可以用简单的理论假设来解释。

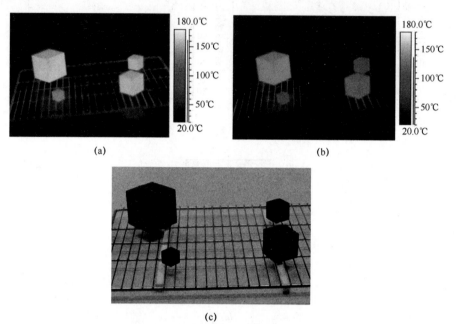

(a)　　　　　　　　　　　(b)

(c)

图4.17　不同尺寸的涂漆铝方块冷却过程中的两幅热成像快照（a）、（b）和可见光图像（c），清楚显示出在金属网格上的方块和实验室桌子上的隔热材料

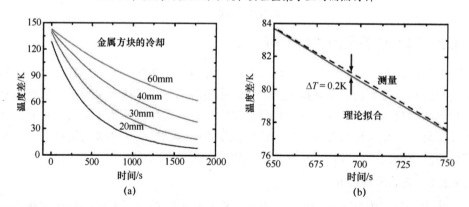

(a)　　　　　　　　　　　(b)

图4.18　温度作为不同尺寸的铝方块冷却时间的函数（a），并以一个简单的指数拟合40mm方块为例。拟合结果非常接近实验数据，只有展开部分才能说明与实验的差异（b）

4.4.3.2　固体颗粒冷却的理论模型

　　对于尺寸大小在20~60mm之间的金属方块，毕奥数的数值来源于 $\lambda \approx 220W$

$(m^2 \cdot K)^{-1}$ 的导热系数，典型的自由对流的传热系数（如固体、气体）的数值在 $2 \sim 25 W (m^2 \cdot K)^{-1}$ 的范围内。我们发现，当 $Bi \ll 1$，λ/s 在 $3667 \sim 11000 W (m^2 \cdot K)^{-1}$ 之间，可以期望在任何金属方块中都有一个温度平衡。假设方块的初始温度为 T_{init}，能量守恒要求任何热损失都会导致方块热能的减少，即

$$mc \frac{dT_{obj}}{dt} = -\dot{Q}_{cond} - \dot{Q}_{conv} - \dot{Q}_{rad} \tag{4.17}$$

式中：m 为方块的质量；c 为比热（这里加热不依赖于 T）；dT_{obj}/dt 为物体（此处为方块）由于热损失而（均匀）温度的降低。

用式（4.1）~式（4.3）难以解析，这是因为热损失会导致非线性微分式难以解析求解。然而，如果辐射冷却贡献可以采用线性化形式（式（4.5）），则式（4.17）变为常规的线性微分式：

$$mc \frac{dT}{dt} = -\alpha_{total} \cdot A \cdot (T_{obj} - T_{surr})$$

$$\alpha_{total} = \alpha_C + \alpha_R = \alpha_C + \varepsilon \cdot \sigma \cdot k_{appr} \tag{4.18}$$

这里 α_C 表示传导和对流的总和。α_{total} 还包括线性化的辐射传热。对于金属方块，$t_0 = 0$ 时的解可以写为

$$T_{obj}(t) = T_{surr} + (T_0 - T_{surr}) \cdot e^{-t/\tau} \tag{4.19}$$

式中：时间常数 $\tau = \frac{\rho c(V/A)}{\alpha_{total}}$，在这里 ρ 是物体材料的密度，c 是比热，V/A 正比于方块的长度 x。由式（4.19）可知，初始温度 T_0 与周围气温 T_{surr} 的差呈指数级下降。特征时间常数 τ 描述的是温差下降到原始值的 $1/e \approx 0.368$ 之后的时间。这类问题中，它取决于方块尺寸大小与有效总传热系数 α_{Total} 的比值。正如预期，方块尺寸越大，有效总传热系数越小，冷却方块所需的时间就越长。

4.4.3.3 不同物体的时间常数

对于实践者来说，重要的是要了解与物体加热和冷却有关的时间常数 τ。以下几个例子给出了 τ 的典型值范围。与其详细分析每一种情况，不如使用式（4.19）给出数量级估计，其中假设对流和辐射传热的总和是一个常数（$\alpha_{con} + \alpha_{rad}$）$= 15 W (m^2 \cdot K)^{-1}$。表 4.10 给出了总结，数字四舍五入以表示数量级。式（4.19）是基于 $Bi < 0.1$ 的有效性。在所有 Bi 更大的情况下，时间常数代表下限，也就是说，实际时间会更长。必须记住，在一个时间常数内，温差 ΔT 只会减小到 $(1/e) \cdot \Delta T$，即达到热平衡至少需要 5 个时间常数。

表 4.10 物体加热和冷却的典型时间常数

目标	尺寸	材料常数	注释	时间常数 τ/s
铝金属方块	$20 \sim 60 mm$	$\rho = 2700 kg \cdot m^{-3}$ $c = 900 J \cdot (kg \cdot K)^{-1}$	—	≈ 500 ≈ 1500

目标	尺寸	材料常数	注释	时间常数 τ/s
卤素灯泡	厚度 1mm	$\rho = 2500 \text{ kg} \cdot \text{m}^{-3}$ $c = 667 \text{ J} \cdot (\text{kg} \cdot \text{K})^{-1}$	—	≈ 100
装 0.5L 水的液体容器	容器半径 $R = 3.35\text{cm}$, 深度 $h = 14.2\text{cm}$	$\rho = 1000 \text{ kg} \cdot \text{m}^{-3}$ $c = 4185 \text{ J} \cdot (\text{kg} \cdot \text{K})^{-1}$ （对于水）	容器的材料可以增加热容和 τ	≈ 4000
单一的石砖	$24 \times 12 \times 8\text{cm}^3$	$\rho = 1500 \text{ kg} \cdot \text{m}^{-3}$ $c = 850 \text{ J} \cdot (\text{kg} \cdot \text{K})^{-1}$	典型的建筑	≈ 1700
混凝土	$0.3 \times 0.3 \times 1\text{m}^3$	$\rho = 2000 \text{ kg} \cdot \text{m}^{-3}$ $c = 850 \text{ J} \cdot (\text{kg} \cdot \text{K})^{-1}$	典型的建筑基础	≈ 10000
石墙	$0.24 \times 3 \times 10\text{m}^3$	$\rho = 2000 \text{ kg} \cdot \text{m}^{-3}$ $c = 850 \text{ J} \cdot (\text{kg} \cdot \text{K})^{-1}$	典型的石头建筑	≈ 14000

显然，大型建筑的时间常数可以在数小时的范围内。这在室外建筑热成像中是至关重要的，特别是如果太阳能负荷或夜空辐射冷却作为依赖于时间的额外热源或热沉时是有效的。

如果如式（4.19）所示，温度随时间呈指数变化，则估计时间常数会很容易。然而，总传热速率与温差呈线性关系这一基本假设（有时用牛顿定律来表示这种关系）并非处处有效。事实上，式（4.4）和式（4.5）的线性变化似乎只在图 4.18 所示的约 $\Delta T = 100\text{K}$ 的扩展温度范围内起作用，这是相当出人意料的。如图 4.18 所示，这种意想不到的现象可以用这样的结果来解释：当温差低于 100K 时，一个简单的指数函数就足以解释物体的加热和冷却。在这种情况下，上面推导的时间常数可以用来估计物体的瞬态热特性。

4.5 牛顿定律有效性的思考

根据式（4.18），对毕奥数较小的物体进行冷却，确实会导致温度差随时间呈指数下降（式（4.19））。我们简单总结了导致式（4.19）的假设，有时称为牛顿冷却定律[8]：

（1）该物体以单一温度为特征（$Bi \ll 1$）。

（2）对于微小温差 $\Delta T(\Delta T \ll T_{\text{obj}}$，以 K 为单位的绝对温度 T_{surr}），辐射传热可以用传热系数为常数的线性化形式近似表示（不依赖于温度）。下面，将详细讨论 ΔT 可能有多小。

（3）在冷却过程中假设对流换热系数保持不变。

（4）冷却过程中周围温度保持恒定；这意味着周围一定是一个非常大的热储层。

（5）物体唯一的内能来源是储存的热能。

从实验上满足要求（5）、（4）和（1）是很容易的。对流换热（3）的假设更为关键。在实验中，利用物体周围的稳定气流，即强迫对流，可以使其保持恒定。如果实验使用自由对流，α_c 可能取决于温度的差异。在接下来的理论分析中，将重点讨论辐射传热线性化的影响。我们特别讨论了式（4.18）的线性化是否也适用于扩展的温度范围的问题。

为了更准确地描述这种冷却过程，辐射贡献必须以其原始的非线性形式加以处理。

$$mc \frac{dT}{dt} = -\alpha_{con} \cdot A \cdot (T_{obj} - T_{surr}) + \varepsilon \cdot \sigma \cdot A \cdot (T_{obj}^4 - T_{surr}^4) \quad (4.20)$$

4.5.1 理论冷却曲线

其中一个实验中使用了 40mm 尺寸的涂漆铝方块，对其利用式（4.20）进行了数值求解。它们可以作为简单几何的理论模型系统。冷却取决于 3 个参数：一是方块的大小（一般来说，这与物体的储能能力有关）；二是对流换热系数；三是物体的发射率，即辐射换热的贡献。冷却时间常数与方块尺寸成正比，其数值与方块尺寸的变化直接相关。

图 4.19 所示为半对数图中对流传热系数和发射率分别变化时的结果。牛顿定律可以用直线表示。

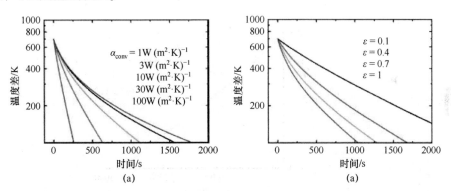

图 4.19　根据式（4.20），铝方块的数值结果。（a）方块尺寸（$s=40mm$）和 $\varepsilon=0.9$ 不变时，对流传热系数 α_{conv} 从 $1 \sim 100W \ (m^2 \cdot K)^{-1}$ 变化；（b）方块尺寸（$s=40mm$）和 $\alpha_{conv}=10W \ (m^2 \cdot K)^{-1}$ 固定时，发射率 ε 从 $0.1 \sim 1$ 变化。

显然，从冷却曲线图可以看出，所有的研究情况都偏离了简单指数特性（直线）。图 4.19（a）所示的对流换热系数变化对曲线的线性度影响较大，随着 α_{conv} 的增大，变为一条直线。类似地，发射率的变化表明（图 4.19（b）），对于非常小的发射率（如 $\varepsilon < 0.2$），也就是说，辐射传热贡献很小，明显趋近于牛顿定律，即指数冷却。在实践中，ε 不可能在这样宽的范围内变化。抛光金属方块

的 ε 值为 0.1 量级，而涂上高的辐射率涂料发射率则约为 0.9。在实验中，如果只对方块的几个侧面进行喷涂，而对其余部分进行抛光，就可以得到总辐射传热的中间值。

图 4.19 的数值结果符合预期，因为它们是式（4.20）的直接结果，式（4.20）解释了线性或非线性特性的条件。如果对流项大，辐射贡献小，则期望线性图；反之亦然，而改变大小（质量和面积的比值）只对冷却过程的时间尺度有影响。

图 4.20 给出了大小为 40mm、ε 为 0.9 的方块在 3 个不同的对流换热系数（3、10、30W（$m^2 \cdot K$）$^{-1}$）下与直线的偏离程度。假设初始温差相对环境温度为 700K。

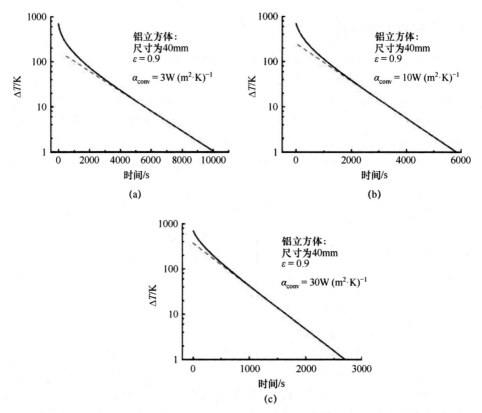

图 4.20　在不同对流换热系数情况下大小为 40mm、ε =0.9 的铝方块的理论冷却曲线。牛顿定律是一条直线（红色虚线），低温条件下直线与曲线吻合很好，但在较大的温度下会出现偏差

很明显，所有的曲线都偏离直线（红色虚线），与低温数据吻合良好。对流换热越显著，二者的偏差越小。对于仅为 3W（$m^2 \cdot K$）$^{-1}$ 的低对流损失，预计温差小于 40K 时会出现偏差。相比之下，对于 30W（$m^2 \cdot K$）$^{-1}$ 的对流损失，对于 ΔT <100 来讲，简单的指数冷却在 ΔT <100K 时非常有效。

结果表明，对于描述牛顿定律有效性范围的 ΔT，没有一个通用的数值。相反，相应的温度范围取决于实验条件和偏差的接近程度。仅针对温差很小的数据进行处理，就会产生这样的印象：直线拟合得很好，因为偏差不像高温范围那么明显。

最后，考虑两种极端的物体冷却情况：一种是辐射主导冷却过程；另一种是对流主导冷却过程，结果如图 4.21 所示。对流换热可能的最小值是 1W $(m^2 \cdot K)^{-1}$，对应的黑体辐射换热最大，即 $\varepsilon = 1$，这可由涂有高发射率涂料的金属方块实现。在这种情况下，冷却曲线在 $\Delta T \approx 30K$ 时开始偏离牛顿定律。相比之下，抛光金属方块具有低发射率，从而减少了辐射损失。对流损失可以同时通过将高速空气流吹到物体上来增加。在这种情况下，高达 100W $(m^2 \cdot K)^{-1}$ 的对流损失似乎成为可能。在这种情况下，不存在与直线图的偏差，即牛顿定律在温差 $\Delta T = 500K$ 的范围内成立。

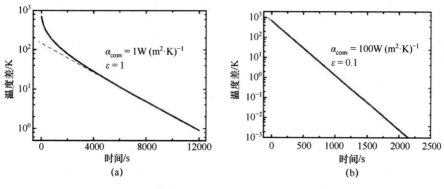

图 4.21　铝方块（$s = 40mm$）冷却的极端情况

（a）小对流、大辐射换热；（b）大对流、小辐射换热。

4.5.2　辐射和对流的相对贡献

为了进一步理解物体冷却过程中非线性的相关因素，下面研究辐射换热和对流换热的相对贡献，使用式（4.2）和式（4.3）可以快速估算特殊情况。即使接近室温，辐射损失也大得惊人。这一点必须引起注意，因为许多人认为，接近室温时辐射损失可以忽略，这是不正确的。假设背景温度约为 20℃，即 $T_{surr} = 293K$。在 300K 时，黑体（$\varepsilon = 1$）将会发射大约 41W $\cdot m^{-2}$ 的辐射，与典型的对流损失 63W $\cdot m^{-2}$（$\alpha_{con} = 9W (m^2 \cdot K)^{-1}$）或 14W/$m^2$（$\alpha_{con} = 2W (m^2 \cdot K)^{-1}$）具有相同的数量级。

较小的辐射贡献或较大的对流贡献均可以减小式（4.20）中的非线性效应。如图 4.22 所示，假设尺寸为 40mm 的铝方块的 $\varepsilon = 0.9$，在分别具有 3 种不同对流传热系数 $\alpha_{conv1} = 3W (m^2 \cdot K)^{-1}$、$\alpha_{conv2} = 10W (m^2 \cdot K)^{-1}$ 和 $\alpha_{conv3} = 30W (m^2 \cdot K)^{-1}$ 的条件下，分析了对流换热和辐射换热的相对贡献。

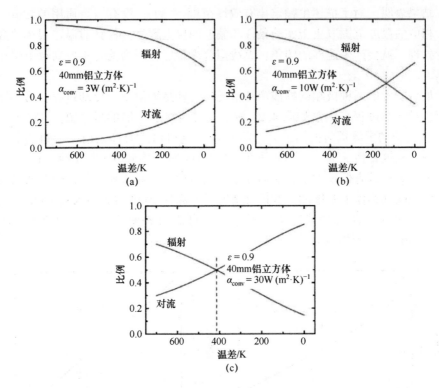

图 4.22　大小为 40mm、$\varepsilon = 0.9$ 的铝方块，其对流冷却和辐射冷却的相对贡献是温度
的函数。初始温度为 993K，即 $\Delta T = 700K$。对于较小的对流换热系数，辐射冷却在整个
冷却过程中占主导地位；对流较大时，在一定温度下，主导冷却的贡献则会发生变化

　　对于 3W $(m^2 \cdot K)^{-1}$ 这种非常小的对流传热系数，辐射始终主导着物体的总
能量损失。这就很容易解释为什么在这种情况下，对于微小的温差，人们必然会
期望与牛顿定律有很大的偏差。对于 $10 \sim 30$W $(m^2 \cdot K)^{-1}$ 这种较大的对流传热
系数，有一个冷却时间，即转变温度的差异，此时主导冷却由辐射转变为对流。
对于 10W $(m^2 \cdot K)^{-1}$，在 $\Delta T = 137K$ 时发生（大约在 $T (t)$ 图中 840s 之后）；
对于 30W $(m^2 \cdot K)^{-1}$，在 $\Delta T = 415K$ 时发生（大约在 112s 之后）。定性地说，
这种转变温差越大，牛顿冷却定律的适用范围就越大。对于 100W $(m^2 \cdot K)^{-1}$ 和
$\varepsilon = 0.1$ 的对流换热情况（图 4.21），对流从一开始就占据主导，这很容易解释图
中的线性关系。

　　从理论分析可以明显看出，辐射冷却会使临界温差以上的牛顿冷却定律发生
偏差，在某些情况下，临界温差小于 100K。这就提出了一个问题，为什么许多
实验都报道牛顿定律在温差高达 100K 时具有适用性。答案其实很简单[8]：如果
等待的时间足够长，任何冷却过程都可以用一个简单的指数函数进行描述。

4.5.3　实验结果：加热和冷却的灯泡

　　铝方块只能加热到约 180℃。在这些温度下，冷却曲线的曲率不是很明显，

但绝对可以观察到[8]。因此，为了实验研究更高的温度，我们使用了灯泡。测试了几种不同功耗和尺寸的灯泡。实验采用的是小型卤素灯泡（直径为11mm，高度为17mm（图4.23））。图4.24所示为卤素灯泡受热时的红外图像，以及测量到的表面温度。

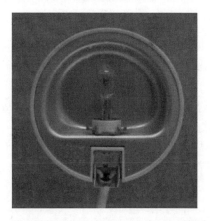

图4.23　待研究灯泡示例，样品放在室温的软木板前面

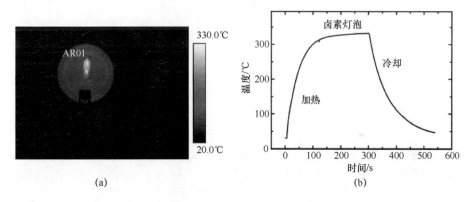

(a)　　　　　　　　　　　　　(b)

图4.24　卤素灯泡最高温度>330℃，且相对温度变化很小（a）。
卤素灯泡加热和冷却的温差超过300K（b）

　　在接下来的分析中，我们使用了灯泡顶部周围一个小区域的最高温度（使用指定区域内的平均温度而不是最高温度进行的测试表明，标准化的一般形式是图4.24所示的 $T(t)$ 曲线，该曲线变化不大，即从这些数据中得到的时间常数的任何结论都成立）。

　　对于图4.24所示的测量过程，将卤素灯泡通电，直到达到平衡温度，然后关闭电源并记录冷却曲线。与金属方块千秒量级的冷却时间相比，灯泡的冷却速度要快得多。这主要是由于灯泡的质量中储存的热能很少。因此，这说明了具有较小储能能力 $m \cdot c \cdot \Delta T$ 的系统能够以更快的时间常数来达到热平衡。系统越小，对应的时间常数就越小（表4.10，第8章）。

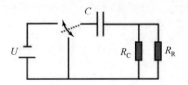

图4.25 表示物体加热和冷却的等效电路。它的热容和电容相似。对流和辐射的热损失由两个并联电阻表示

　　与4.3.3节相似，物体的加热和冷却可以用等效电路进行描述，图4.25所示为一个可以连接到电压电源的RC电路。电容器类似于灯泡，电阻对应于对流和辐射造成的损失。电容器的充电相当于灯泡的加热，放电相当于灯泡的冷却。显然，电容上的电压与灯泡的温度表现出相同的特征。

　　对于卤素灯泡的冷却实验结果（图4.26），在ΔT值较小的情况下可以很好地用指数来表示，但在ΔT值较大的情况下会出现偏差，这与理论预期完全一致。

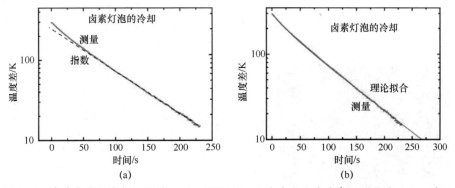

图4.26 卤素灯泡的冷却。同样，$\Delta T > 100K$时，也会出现由直线表示的偏差（a）。采用双指数法对数据进行拟合（b），初始部分的时间常数为16.7s（振幅为37.7K），下降较慢部分的时间常数为77.3s（振幅为259.3K）。在最小的温度附近，信噪比很低。这是由于测量时相机的温度范围固定在80～500K，因此，80K以下的数据要仔细分析

参 考 文 献

[1] Incropera, F. P. and DeWitt, D. P. （1996）*Fundamentals of Heat and Mass Transfer*, 4th edn, John Wiley & Sons, Inc. , New York.

[2] Baehr, H. D. and Karl, S. （2006）Heat and Mass *Transfer*, 2nd revised edn, Springer, Berlin and New York.

[3] Möllmann, K. -P. , Pinno, F. , and Vollmer, M. （2007）Influence of wind effects on thermal imaging - is the wind chill effect relevant? Inframation 2007, Proceedings, ITC 121 A May 24, 2007.

[4] Madding, R. （2008）Finding R-values of stud frame constructed houses with IR thermography. Inframation 2008, Proceedings vol. 9, pp. 261-277.

[5] Sazhin, S. S. (2006) Advanced models of fuel droplet heating and evaporation. *Prog. Energy Combust. Sci.*, 32, 162-214.

[6] Sazhin, S. S., Krutitskii, P. A., Martynov, S. B., Mason, D., Heikal, M. R., and Sazhina, E. M. (2007) Transient heating of a semitransparent spherical body. *Int. J. Therm. Sci.*, 46, 444-457.

[7] VDI Wärmeatlas (in German) (2006) *Verein Deutscher Ingenieure, VDI-Gesellschaft Verfahrenstechnik und Chemieingenieurwesen (GVC)*, 10th edn, Springer, Berlin.

[8] Vollmer, M. (2009) Newton's law of cooling revisited. *Eur. J. Phys.*, 30, 1063-1084.

第5章 教学应用：物理现象的可视化

5.1 引　言

红外热成像技术可以对物理、技术和工业中的众多现象和过程进行定量和定性成像分析。近十年来，热成像技术也开始在大学物理教学中流行开来，因为它可以可视化处理微小能量转移的现象，例如，涉及摩擦的过程是其他方法无法轻易演示的[1-4]。为此，本章的重点是为物理教学选定的一些现象进行定性的红外成像分析。这些例子旨在通过演示红外成像如何用于物理教学并将其可视化来启发更多的实验。然而，看似简单的现象往往涉及复杂的物理解释。因此，尽管现象很简单，但完整的定量分析远远超出了本章的范围。这些主题被任意划分为物理学的经典类别，即力学、热物理学、电磁学和光学，其次是辐射物理学，作为在"现代物理"中使用热成像的案例。当然，还有很多其他的在后面的章节中出现的应用可以用于物理教学，如热反射（9.2节）、气体检测（第7章）、建筑保温（第6章）、电子元件中的热源（9.7节）等。几乎每一本介绍物理学的教科书（如文献［5，6］）中都能找到关于这些现象的物理细节。

5.2　力学：　机械能转化为热能

在物理教学中，红外成像技术一个非常重要的应用领域是对涉及摩擦的力学现象进行可视化。最重要的日常现象与人们的活动能力有关。只有鞋子/轮胎和地板/街道间存在摩擦力，行走、骑自行车、骑摩托车或者开汽车才能够实现。每当物体沿给定方向受力并且移动一段距离，便会做功，最终转化为热能（通常不是非常精确地表示为热量）。对于滑动摩擦，最终将导致两个接触区域的温度升高。相对而言，静摩擦是带轮子的车辆行驶或步行的物理基础，不会将功转换成热能。在这些情况下，仔细观察会发现两个接触物体的非弹性变形也会产生热量，这种现象可以通过红外成像技术实现可视化。

5.2.1　滑动摩擦与重量

当两个干燥的无润滑固体表面相互滑动时，就会产生摩擦力，可以用经验式表示为 $F_{\text{friction}} = \mu \cdot F_{\text{normal}}$，其中 $\mu < 1$ 为摩擦系数，F_{normal} 为一个表面压在另一个

表面上的正压力（如文献[5，6]）。通过两表面接触后是否滑动来区分静摩擦系数（没有运动）和动摩擦系数。滑动摩擦的一些典型 μ 值，如对于木板上的木头或行驶在街道路面上的汽车轮胎，在0.5的范围内。如果某个物体在地板上滑动，则必须克服摩擦力。想象一下，一段时间后物体的滑动速度不变，在这种情况下，做功仅用于克服动摩擦力。它最终转换成热能，即两个滑动表面的温度将升高。

为了更详细地分析摩擦中能量传递的影响因素，将两个质量分别为1kg和5kg物体分别放在小木板上，并在地板上以恒定速度同时拉动（图5.1）。由于法向正压力增加了5倍，因此较重的物体如预期一样导致地板的发热量大得多，同时平板表面也被加热了（图中未示出）。该实验定性地证明了摩擦力对机械能的影响。定量分析是非常复杂的，一方面，需要精确测量摩擦力；另一方面，相应的机械做功将分解为两个表面的加热，这取决于两表面材料的热物性。最后，从直接加热的接触表面扩散的热能将导致瞬态效应，这意味着实际建模需要记录该问题的时间序列。

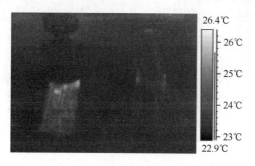

图5.1　1kg（右）和5kg（左）的两个重物放在地板上并同时拉动，容易观察到地板的温升

图5.2示意性地给出了（仅下表面）热能扩散到固体主体中的瞬态效应。图中显示的一个小滑块以恒定的速度在固体表面运动。在时刻 t_1、t_2 和 t_3 处分别进行3次成像，此时研究对象分别处于位置 x_1、x_2 和 x_3。由于物体做功，接触点处温度先上升到最大值，然后随着时间的推移而下降，这首先是由于横向扩散作用，其次是由于热量扩散到大块材料内部而引起的。这种瞬态特性是滑动摩擦现象的特征。

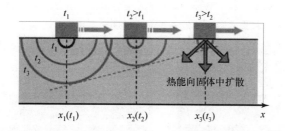

图5.2　滑动摩擦实验中的瞬态热现象源于热能扩散到大块材料中，导致被观察表面温度的空间和时间分布。能量扩散到大块材料中的距离作为时间的函数，用半圆表示

5.2.2 滑动摩擦：自行车和摩托车刹车

与上述示例中的滑动平面表面的温度升高非常相似，自行车、摩托车或汽车轮胎的表面在制动期间也会发热。由于车辆动能将转化为热能，使得轮胎与路面接触处温度急速升高。图 5.3 和图 5.4 为使用后踏板制动器和在道路上行驶的自行车及摩托车轮胎以及地面的温升。对于初始速度为 30km/h 的摩托车，制动后轮胎的温升很容易达到 100K 以上。地面的温升又取决于地面的材料特性，如导热系数、比热容等。地面温升通常小于轮胎温升，因为在制动过程中热量分布在更大的区域上。图 5.3（c）揭示了地面上制动迹线的温度，可以很容易地观察到它是时间的函数，说明是瞬态热效应。

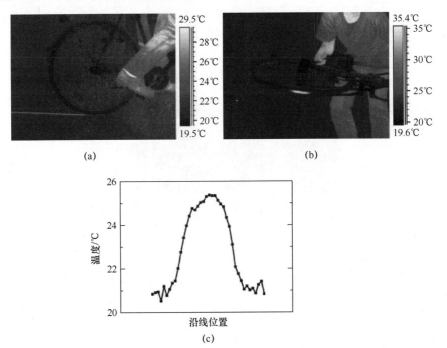

图 5.3 使用后踏板制动后车轮不转，滑动摩擦导致轮胎温度升高（a）、（b）。传递到地板上相邻位置的热量用沿着地板上滑动痕迹的垂线上的温度分布表示（c），在制动几秒后进行记录

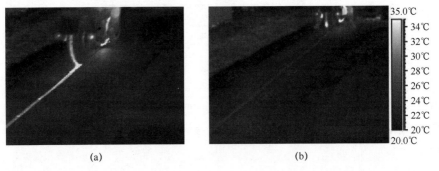

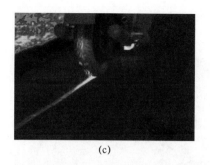
(c)

图 5.4　(a)、(b) 低分辨率 LW 相机拍摄的摩托车制动后轮胎红外图像，停车后轮胎的温度
立即升到 100℃；(c) 使用高速摄像机在较短的积分时间内拍摄的高分辨率图像

　　与之类似的滑动摩擦现象是使用轮辋制动器。摩擦垫（通常由某种橡胶制成）与旋转轮的金属轮缘接触后通过滑动摩擦力将动能转换成热能。因此，轮辋本身以及摩擦垫会变得非常热。图 5.5 所示为制动操作前后的车轮温度分布。

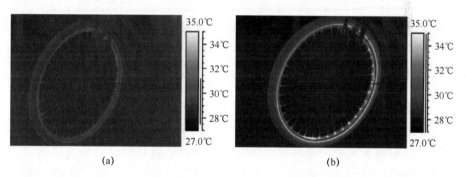

(a)　　　　　　　　　　　　　　　　(b)

图 5.5　滑动摩擦导致自行车轮胎制动时温度升高，分别为使用后踏板制动器 (a) 和
轮辋制动器 (b) 刹车后的温度分布图

　　轮胎摩擦制动操作对轮胎来说危害较大，轮胎上的热点伴随着这个位置更多的材料烧蚀。这意味着重复进行该类型的制动操作，将使轮胎的寿命大大减少（同样的情况也会发生在"快速起动"时，此时用力踩下油门踏板，这样车轮会打滑，留下类似于刹车制动时的黑色橡胶痕迹）。另外，由于滑动摩擦系数低于静摩擦系数，因此制动本身的效率也不高。为避免轮胎与路面之间的滑动，则需要施加稍大的静摩擦系数。此外，在滑动期间，不可能操纵汽车。出于这些原因，现代汽车配备有防止刹车时产生滑动摩擦的系统。

5.2.3　滑动摩擦：手指或锤

　　一个非常简单但令人印象深刻的证明滑动摩擦和相应的表面温度升高的例子是使用锤子或仅仅使用手指在任何方便的表面上书写文字或公式，如地板表面。表面不需要太粗糙，同时它们的导热性也不应太大（金属中热量会很快扩散，油毡地板就是非常好的选择）。根据手指的速度和接触压力，很容易实现几 K 的温度差异，如图 5.6 所示。

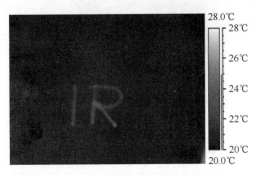

图 5.6　手指书写：克服滑动摩擦力导致表面温度升高

5.2.4　非弹性碰撞：网球

碰撞是一种不同的力学现象，也涉及能量传递，如人们可能会想到两个台球相互碰撞。通常碰撞分为弹性碰撞和非弹性碰撞。弹性碰撞是指物体在碰撞前的总动能与碰撞后的总动能完全相等的碰撞。弹性碰撞是一种理想化的现象，通常在物理教学中使用仪器来演示，例如，通过使用空气轨道系统以减少任何残余摩擦效应。实际上，日常生活中的大多数碰撞都是非弹性的，即运动物体的部分动能在碰撞过程中转化为热能。想象一下，从一定高度落到地板上的任何球体（网球、足球、排球、篮球、橡皮球等），会与地板相撞后发生反弹。从能量守恒的角度来看，球与地板的弹性碰撞将使其具有足够的能量达到其原始高度。然而，没有真正的球会达到它下落时的原始高度，也就是说，初始动能的一部分会损失。对于新的网球（质量约 57g，直径约 6.5cm），如果从2.54m 的高度落下，反弹高度至少达到 1.35m。这对应的动能损失约为 0.67J，即失去了约 47% 的初始动能。即便使用超级球，在从地板反弹时也会失去约20% 的动能[7]。

在显微镜下，球及其表面在冲击下变形。例如，只考虑球本身，它在接触地板时变形，其形状从理想的初始球形改变为扭曲的形状，则会存储势能。然而，这种变形不是完全弹性的，是可逆的，因为在变形过程中，部分能量转化为热能。这意味着，每当我们观察下落的物体与地面碰撞时，可以预计物体落点表面及其在地板上的接触点温度都会升高。图 5.7 所示为网球与地板之间非弹性碰撞的示例。

在该实验中，业余球员用球拍击球，观察到球的温度升高约为 5K，衰减时间为几秒。与摩擦实验类似，定量分析更加困难。在 10.3 节讨论高速热成像时，将更详细地解释该网球实验。

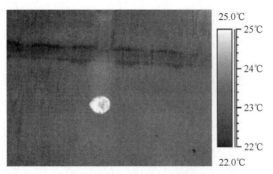

图 5.7　网球击中了类似于球场覆盖的地毯。图像是球刚好接触地面时拍摄的。
球在碰撞过程中也被加热，但是由于其速度很快，只留下了垂直痕迹

5.2.5　非弹性碰撞：人体平衡

如果两个物体在碰撞后粘在一起，则称为完全无弹性。想象一下，例如，一块腻子掉到地上，它根本不会反弹，也就是说，它会在碰撞时失去所有的动能。与非弹性碰撞相比，转化为热能的能量更大，因此可以更容易地观察到相应的温度变化。然而，为了测量两个接触区域的表面温度，必须移除物体，并在物体静止后将其翻转。

图 5.8 所示为两个不同质量（$m_1 \approx 80\mathrm{kg}$ 和 $m_2 \approx 120\mathrm{kg}$）的人从桌子向下跳到地板的示例。两人都穿同一类型的鞋子，落地后，他们迅速走到一边，用红外成像设备测量地板上的接触点。很明显，较重的人会使地板表面温升更高。人们很容易建立这样的预期，因为体重较重人跃下时具有较高的初始势能。这当然是正确的，但更深入的讨论表明，任何一种定量的解释都需要更多的信息，例如，触地时的接触面积可能是不同的材料，因此鞋底具有不同的传热性能等。

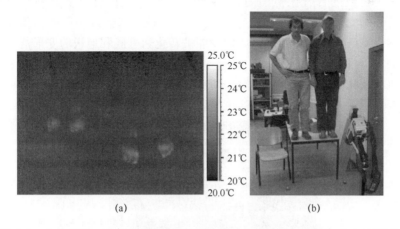

(a)　　　　　　　　　　　　　(b)

图 5.8　人体平衡：从桌子上跳到地板上的非弹性碰撞引起的温升（a）可用于
比较跳跃者（b）的质量（重力）

详细说来，两个跳跃者在地球的重力场中具有不同的初始势能 $m_i g h_i$，其中

h_i 为地板和人体重心之间的高度差。在下面，假设人的高度大致相同，$h_1 = h_2 = h$。在到达地面之前，势能已完全转换为动能 $(1/2) m_i v_i^2$，其中 v 表示速度。在完全非弹性碰撞期间，动能的第一部分被转移到地板和鞋子的变形中，第二部分（即其余部分）转变为身体内的变形（肌肉、膝关节等）。最终，两部分都会产生热能。当然，只能测量第一部分，即地板和鞋子的红外成像温升图。不幸的是，身体内的能量耗散量取决于跳跃者，事实上，是否以及如何拉伸肌肉很难猜测，并且不容易猜测两种贡献的比率。因此，假设两个跳跃者都试图以尽可能相似的方式跳下和伸展肌肉。在这种情况下，人们期望相似的能量比率将消散到鞋底接触区域中，然后它将分别分为鞋子和地板的加热量。

5.2.6 足迹与地板温升

在冰上行走是非常困难的，而在一条干燥的街道上行走是很容易的。这两种情况之间的区别在于，与鞋子和街道之间的摩擦力相比，鞋子和冰之间接触的摩擦力要低得多。显然，走路需要摩擦。然而，虽然这种现象对我们来说是最自然的现象之一，但细节可能会变得非常复杂。首先，通常涉及静摩擦（尽管不希望的滑动摩擦也适用于冰）。通常在行走期间鞋和地板之间没有滑动。鞋子只是接触地板，然后再次抬起。由于沿着作用力的方向没有行进的距离，因此不产生可以转换成热能的机械功。

相关文献对人体行走和跑步的能量学进行了详细的研究[8-10]。它涉及加速和减速腿部的工作，以及与每一步抬起躯干相关的重力工作。行走过程中消耗的总功率最终导致身体发热、出汗，在很小的程度上还会导致两个接触区的发热（这一加热贡献到目前为止还没有详细研究过；它在总能量消耗中所占的份额最有可能在个位数的百分比范围内）。从微观上讲，人们可以从非弹性碰撞实验（5.2.5 节）中了解加热的机理。在每一步中，鞋子都会经历一些类似于与地板的非弹性碰撞。因此，腿的部分原始动能被转化为鞋底和地板的变形能（也许还有少量进入步行者身体的能量）。这些变形能最终成为热能，也就是鞋和地板的温升。总能量的分配又取决于接触的两种材料的热物性。

图 5.9 所示为一个人赤脚在油毡地板上以匀速行走的例子。

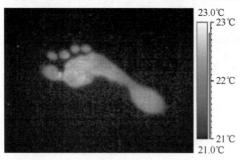

图 5.9 通过红外成像可以看到由于行走引起的能量耗散

由于脚只碰到地板的一部分，因此很容易看到步行的轮廓和脚趾。鞋的相应温升较小，但仍可检测到，特别是在跑步时，即以较大的速度撞击地板（比较图5.8）。

5.2.7　车辆正常行驶时轮胎的温升

与步行类似，任何有轮子的车辆的驱动都基于静摩擦力[7]。当车辆向前移动时，车轮会旋转，使其底面不会在地面上滑动。相反，每个车轮表面的一部分接触地面时，都会经历短暂的静摩擦。然后它向上移动，车轮表面的一个新的部分取代了它的位置。这种接触和释放过程只涉及静摩擦，因此，与上面讨论的行走类似，单靠这种机制不能通过做功将机械能转化为热能。

然而，车轮在地面上的滚动涉及更多的问题。运动阻力的相应术语是滚动阻力或滚动摩擦。当车轮或轮胎在平面上滚动时，会使物体和表面变形。在接触点/区域，存在静摩擦力。滑动摩擦不起作用，因为轮胎上的每个接触点在滚动时被抬起。表面的变形导致反作用力，其分量与运动方向相反。事实上，表面的变形导致了看似矛盾的情况，即任何水平行驶的车辆都必须向上行驶。

与静摩擦和滑动摩擦的情况一样，摩擦力被描述为 $F_{friction} = \mu_{roll} F_{normal}$，其中 μ_{roll} 为滚动摩擦系数。该系数远小于典型的静摩擦系数或动摩擦系数，铁路钢制车轮在钢轨上的摩擦系数小于 0.001，汽车轮胎在沥青上的摩擦系数小于 0.03。在理想情况下，变形应该是弹性的，在这种情况下，不会产生热能。实际上，部分变形是非弹性的，接触区域会升温。

因此，任何运输车辆的轮胎在行驶时都会产生较高的温度。

高质量的轮胎应该具有均匀的受热表面，前提是没有刹车时轮胎锁死或加速时轮胎打滑的现象。图5.10所示为一个汽车示例。正如预期的，没有可见的发热点；然而，相当新的轮胎，其轮廓是清楚可见的。

图5.10　轮胎在正常行驶条件下的均匀加热。这也是对轮胎轮廓质量的检测；
如果没有轮廓，轮胎表面的受热将更加均匀

这种在驾驶后对轮胎表面进行检测的技术通常用于分析新轮胎的质量，特别是一级方程式赛车轮胎的质量。

5.3 热物理现象

虽然几乎所有红外成像的应用都涉及热现象，例如，通过将机械能或电能转化为热能并相应地加热物体表面，但仍有一些纯粹的热物理现象可以用热成像来显示。这些特性包括加热器系统的特性、材料特性（如导热系数）以及液体中的对流。红外成像可以用来研究相变的影响，如蒸发冷却，或绝热过程的后续结果，如由于绝热冷却产生的温差。最后，红外成像为定量分析许多物体的加热和冷却提供了可能性。

5.3.1 传统热水器

有许多室内供暖系统（例如，柴炉、煤炉或油炉，或使用暖气加热或充水加热的炉子）可用热像仪进行分析。在物理教学中，使用由炉子提供热水的热水器是非常方便的。热水通常由水泵驱动，从一个房间到另一个房间通过管道流动，在每个房间中，热水也通过暖气片流动，暖气片通过对流和辐射将热量传递到房间。

由于热水正在向暖气片释放热量，因此应该有可能检测到暖气片的进、出水管之间的温差。

图5.11所示为一套演讲室内靠近窗户的两个暖气片，以及进水和出水的垂直管道系统，其中一个暖气片是开着的，另一个是关着的。图像清楚显示出温度较高的进水管和温度较低的出水管。热水从顶部进入暖气片，稍冷的水按预期从底部流出。

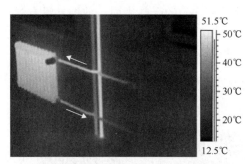

图5.11　暖气片与带有热水（流入）和稍冷水（流出）的水管

如果在首次引入热成像时给出这样的红外图像示例，则会增加对该方法的信心。可能许多其他众所周知的日常生活中的物体表面温度也可以用热电偶分别测量，同样可以建立对这种测量技术的信心。

5.3.2 导热系数

在4.2.1节中，热传导被解释为表示静止状态下流体或固体由于两端之间的温差而产生的热流。该理论系统最简单的例子，如横向无限延伸的一维墙壁，显然不能用热成像法测量。需要测量物体的表面温度。

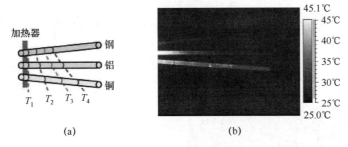

图 5.12　演示材料导热系数差异的典型实验装置

(a) 加热开始后，热量以不同的速度扩散到棒材中，如棒材中等温线所在的位置所示；
(b) 用本生灯从一端加热（图中未示出）的这种由钢棒、铝棒和铜棒组成的
装置的红外图像。

展示固体材料导热率差异的典型设置如图 5.12 所示。不同材料的细棒水平固定，其一端自由，另一端加热（例如，通过本生灯的火焰）。沿着棒的长度，小块蜡片可以以固定的间隔附着其上（图中未示出），蜡在一定温度下开始融化。因此，融化表明已达到临界温度。通过记录给定位置的蜡开始融化的时间来完成实验。这使得在棒内的热扩散可视为时间函数。特别是，在距离加热位置一定的距离处，对于具有较高导热系数的棒，蜡会更早开始融化。这个实验很好地证明了导热系数的差异，但只是定性地证明。不幸的是，导热系数并非决定这一实验结果的唯一因素。第一，对于导热系数的任何定量分析，都需要一个明确的温差。但是，由于棒材末端通常不是固定在热水浴中，而是在室温下的空气中，随着整个棒材开始升温，末端温度也会随着时间的推移而升高。第二，由于棒体表面积引起的对流热损失也有贡献。第三，辐射热损失也会有贡献。因此，如果这些额外的损失占主导地位，则仅根据温度曲线将得不到任何关于导热系数的精确结果。

图 5.12 也示出了该实验的红外图像。三根直径相同的棒材，由钢棒（上）、铝棒（中）和铜棒（下）制成，一端用扁平火焰本生灯加热。导热系数（见表 4.1）自上而下增加。与预期一致，导热系数最大的铜棒的加热速度比钢棒和铝棒要快得多。为了避免靠近加热区的红外探测器饱和，最好先加热，然后在关闭加热器后直接采集红外图像。

更明确的一种导热系数测量装置使用材料两端（此处为水）之间的固定温差。一个特别简单的实验如图 5.13 所示，将冰块压碎，将一些碎片放入试管中，使其在 0℃ 左右，管子几乎完全被冷水填满，冰通常会漂浮。因此，在冰面上使用一些金属重物来保持碎片处于试管底部。水中的冰在试管底部达到 0℃ 的较低温度。然后使用本生灯加热试管的上端，直到管的上部几厘米的水开始沸腾，并定义为 100℃ 的上限温度。只要试管中有冰（融化潜热）并且只要上部仍然被沸

水覆盖（蒸发潜热），就会保持0℃和100℃的两端温度。从而沿着试管产生温度分布，其主要由水的导热系数决定的（玻璃具有稍大的导热系数）。此外，由于试管壁非常薄，使得一阶毕奥数仍然可以假设小于1。这意味着玻璃表面温度应该几乎完全类似于管内的水温。图5.13也描述了红外成像的实验结果。沿试管的温度曲线图表明，玻璃和水都是不良的热导体。顶部的水刚刚沸腾时，底部的水仍然在0℃左右。当然，如果等待时间足够长也会由于热传导而使得温度最终相等。

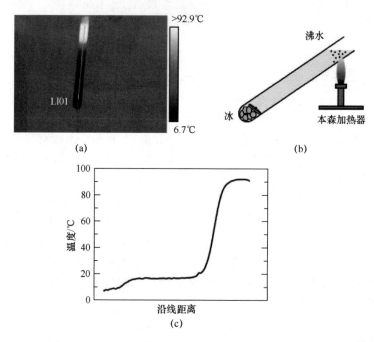

图5.13 （a）用于演示水中热传导的红外图像及装置；（b）温度曲线图显示底部有冰水，而关闭加热器后直接记录的顶部水温仍然在90℃左右

5.3.3 对流

在第4章中，对流被用来表示流体和固体之间的热流，它既包括固体周围边界层内传导引起的传热，也包括边界层外流体体积运动引起的传热。如果流体是气体，这两种传热过程都很难用红外成像进行可视化，除非该气体在热红外区域具有很强的吸收特征（第7章）。由液体引起的对流更容易观察。图5.14示出了一个冰块，它漂浮在室温下装满水的玻璃烧杯中。如果冰块和水初始状态是静止的，自然对流就会开始形成，也就是说，靠近冰块的水会变得更冷，从而把它的部分热能转移到冰块上，冰块表面就会开始融化。较冷的水具有较高的密度，并开始在烧杯中下沉，从而将较热的水输送到表面。红外成像无法观察到这些缓慢的对流流动，因为在热红外区域水是不透明的（1.5节，图1.55）。然而，水的

整体对流运动可以从上面观察到。由于冰块漂浮在水面上，因此可以研究水面的对流流动。由于没有自然的横向力驱动这样的水流，冰块被赋予了一点初始自旋。由于这种初始的旋转运动，一些接触到冰块并已经冷却的水的体积元开始移动，也就是说，从边界层流出。因此，新的水体积元可以接近冰块，在室温下将热量从水传输到冰点附近的冰块上。这导致了冰块表面的融化。在图 5.14 中，带绿色阴影的水比平均水温低约 6 ~ 7K。图 5.14 还所示为边界层中的热传导。"安静"区域的曲线图数据显示，从冰块（$T \approx 0℃$）到平均水温约 20℃ 逐步上升。在这种情况下，温度急剧上升的距离约为 2mm。对于不移动的冰块，距离可以很容易地增大 2 倍。如果冰块停留在烧杯边缘并与玻璃接触，也可以直接观察烧杯外部的冷对流流动。这是由于冷水开始从烧杯内部的冰块中下沉，从而冷却相邻的玻璃表面。

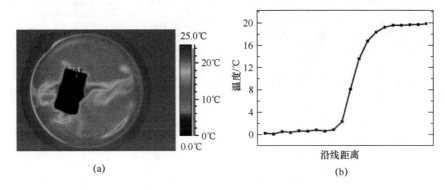

图 5.14　（a）缓慢旋转的冰块周围的水对流的俯视图和（b）沿白线的温度分布

　　输送较大体积的流体对流通常是由较大的温差驱动的。在自然界中，众所周知的例子是对流晶胞结构，可以在太阳表面观察到。图 5.15 示出了一系列红外图像，用于说明从下面加热的大型玻璃烧杯内水的对流特性。对流是一种瞬态现象，可以更好地实时观测。但是，静止图像也已经显示了这种结构是如何形成以及如何在水面上输运的。

　　在日常生活中也可观察到类似的对流晶胞结构，如将锅中的油加热到非常高的温度时。对于适当的温差和油厚度，就会产生所谓的贝纳德－马兰戈尼对流。图 5.16 说明了这些对流结构是如何形成的。下部热表面附近的油被加热，由于其密度较低而开始上升。同样地，表面较冷、密度较高的油开始下沉。当然，这一过程不可能在锅中的所有地方同时进行。对于给定的温差、油的厚度和锅的直径，开始形成规则的晶胞结构，这使得大量的热油上升，同时相同数量的冷油下沉到锅底。在图 5.16 的二维示意图中，流动的油的闭合回路以这样的方式组织，即相邻回路以相反的方向旋转，从而使得它们不会干扰相邻回路的流动。这个过程是自发组织的。所形成的晶胞的形式和数量取决于工作条件，特别是温差。完整的理论模型需要考虑浮力、与温度有关的表面张力和油的动态黏度[11]。由于有些区域冷油下沉，另一些区域热油上浮，因此表面上的温度曲线将显示出规则的结构。

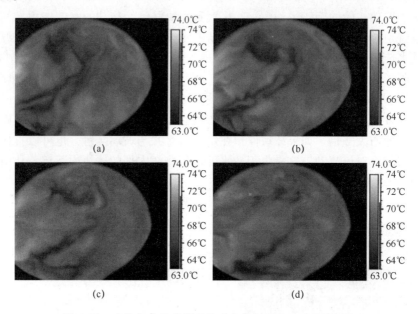

图 5.15　从热水表面观察到的对流特征，水从下面被加热

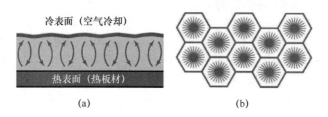

图 5.16　液体从下面加热、在上面冷却，形成贝纳德 – 马兰戈尼对流（见彩插）
（a）热油（红色）上升，而冷油（蓝色）下沉；（b）这可以在表面上形成六边形
二维结构（理想的），其中上升的油位于晶胞中间，而下沉的油形成了晶胞的边界。

图 5.17 给出了使用红外成像研究的实验结果示例（必须注意避免油蒸气进入相机光学系统，可以使用镜子或透明塑料薄膜作为保护窗口）。油厚度为 3mm，总直径约为 9.5cm，在 100℃ 以上开始形成晶胞结构。在恒温条件下，晶胞结构是稳定的，但其几何形状和数量密度随温度的变化而变化。在图 5.17 中，上升的油和下沉的油之间的温差约为 4.5K。在加热到 150℃ 的平底锅中，观察到了高达 9K 的温度变化。

一些想要在平底锅里做牛排的专业厨师用这些对流晶胞作为油温的指示器。在油表面产生油烟时，肉眼很容易观察到对流晶胞。除非晶胞开始形成，否则油还不够热。

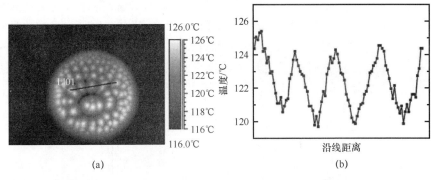

图 5.17　油在平底锅加热到约 120℃ 时的贝纳德 – 马兰戈尼对流晶胞红外图像（a），
对流导致表面温度变化（b）

5.3.4　蒸发冷却

蒸发冷却背后的理念可以从下面对一个古老的冷却系统的描述中猜到："在 20 世纪 20 年代的亚利桑那沙漠里，夏天人们常常睡在外面有屏风的门廊上。在炎热的夜晚，用水浸泡过的床单或毯子挂在屏风上，旋转的电扇将夜间的空气从潮湿的布中吹出，使房间变凉"。[12]加利福尼亚州能源委员会在同一篇文章[12]中也强调，许多新技术都是受到了蒸发冷却原理的启发。

蒸发冷却背后的物理原理非常简单。人们需要相对湿度低于 100% 的空气（4.3.6 节），空气直接通过水面、湿表面或湿毯。当水分子通过不同的含水表面时，水分子的相态从液态变为气态。因此水分子成为空气的一部分，从而产生更高的湿度。

然而，从液体到气体的这种相变确实需要能量，即汽化热，在约 30℃ 时达到约 2400kJ/kg（有时，这个数字也为 43kJ/mol，即蒸发 1mol 水（此处为 18g 水）所需的能量，或者蒸发一个分子需要 0.45eV 的能量，其中 $1eV = 1.6 \times 10^{-19}$ J，1mol 水含有 6.022×10^{23} 个分子）。这是一种巨大的能量，必须来自水或空气，或两者兼而有之。因此，应该有两个可观察到的效果：水和空气将被冷却。后一种效果如上所述：吹过湿毯子的热空气损失了部分热能，热能传递到毯子上，提供蒸发所需的能量。在动态平衡状态下，毛毯的温度不再发生变化，每次蒸发水所需的能量将从空气中转移到毛毯上。

显然，红外成像不应该试图用于检测空气温度，而应该研究暴露在空气中的潮湿表面的温度。在实验中，使用了各种液体，诸如水和剃须乳液（含有酒精）。众所周知，含有酒精的液体与同等数量的纯水相比，其冷却效果要显著得多。虽然水和乙醇具有差不多的汽化热（40～45kJ/mol），但它们表现出来的特性却截然不同。这意味着蒸发冷却至少还有一种影响因素：给定环境条件下液体的饱和蒸气压。如图 5.18 所示，液体的饱和蒸气压随温度增加而急剧增加。饱和压力定义为液体上方的平衡蒸气压。这意味着：一些分子每隔一段时间从液体中蒸发（从液相到气相），另一些气体分子在液体中再次冷凝（从气相到液相）。对于任何给定的温度，当等量的分子蒸发和冷凝时，就会产生平衡。在这种情况下，气体压力（与气相中分子的数量密度有关）就是饱和蒸气压。如图 5.18 所示，在 10~30℃ 之间的任何给定环境温度下，乙醇蒸气压至少是水蒸气压的 2 倍。因此，与水分子的蒸发相比，乙醇蒸气可以蒸发的分子数是前者的 2 倍，蒸发冷却效果要大得多。

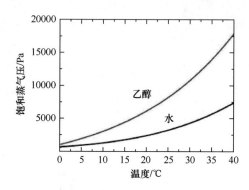

图 5.18　乙醇和水的饱和蒸气压。差异是由于乙醇的沸点较低为 78℃，
即乙醇蒸气压在 78℃ 时约为 1000hPa

影响蒸发冷却的另外两个因素是空气的相对湿度和气流的速度。如果空气已经充满水蒸气，它就不能容纳更多的水。在这种情况下，蒸发冷就不能发生。气流的速度可以明显地提高蒸发量。这是合理的，因为与水密切接触的空气将获得较高的相对湿度，使得它可以容纳较少的水蒸气。因此，将相对湿度较低的新鲜空气吹向水面会增加蒸发量。此外，正如第 4 章（图 4.4）所指出的，对流换热系数随气流速度的增加而增加，因此，有更多的能量可用于水蒸气的蒸发。

图 5.19（a）、（b）描绘了在模型房屋的墙壁表面上具有水膜的示例。用一台暖风机直吹墙壁并采集红外图像。由于蒸发冷却的作用，尽管使用了热空气，但墙壁潮湿部分最初仍被强烈地冷却。随后，在热平衡建立后，壁温保持不变。第 6 章讨论建筑热成像的研究成果。

类似地，图 5.19（c）、（d）描述了使用剃须乳液后的蒸发冷却的红外图像。如果使用来自风扇的气流，乙醇会迅速蒸发，从而增强冷却效果。

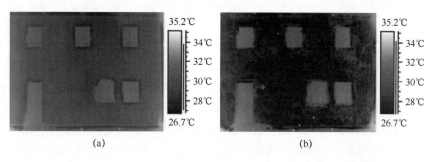

(a)　　　　　　　　　　　　　　　　(b)

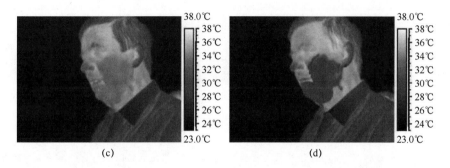

(c)   (d)

图 5.19 （a）、（b）水的蒸发冷却。模型房屋的潮湿表面由于蒸发冷却而迅速冷却，并通过暖风机增强（详见 6.4 节）。（c）、（d）由剃须乳液中乙醇引起的蒸发冷却，通过暖风机增强

5.3.5 绝热加热与冷却

任何气体的状态通常由 3 个量来表征。最常用的量是压力、温度和体积，还有其他的量如熵。改变气体状态的方法有很多，例如，保持一个量不变而改变其他两个量。对技术应用非常重要的两个过程是所谓的绝热膨胀或压缩，其特征是能量守恒。

当对气体做功时，气体被压缩，这将导致其内能发生变化（从微观上，内能可以看作是气体分子的能量）。热力学第一定律是一种能量守恒定律。它指出，气体的内能只能由于气体的传热或气体做功而改变。在气体的大多数状态变化中，热量和功都是相互交换的。然而，绝热过程是不同的。它们发生得太快，以至于不能建立热平衡，因此绝热过程是在没有热量交换的情况下发生的。例如，气体的快速压缩过程。假设气体在一个装有可移动活塞的容器中，一个典型的日常生活中的例子是关闭自行车打气筒的排气阀，如果此时活塞快速向下移动（为了压缩气体），就没有时间进行热量交换，也就是说，压缩是作为一个绝热过程发生的。在这种情况下，压缩过程中所做的功完全转化为气体的内能。因此，气体会迅速升温。那些使用过自行车手动打气筒的人都有这样的经验，靠近打气筒的排气阀门处很快就会变热，因为热气体最终也会导致里面的金属或塑料管变热。

下面用红外成像演示气体的绝热膨胀过程。气体膨胀需要对外做功（想象气体在膨胀时向外移动活塞）。由于不存在热交换，做功所需的能量必须来自气体本身，即气体必须减少其内能，这伴随着温度的下降。这也意味着，任何绝热膨胀都会导致气体温度的降低。这种绝热过程可以简单地通过使用自行车的轮胎来实现，轮胎被加压到 3bar，打开排气阀门会导致轮胎内气体迅速膨胀，从而气体温度下降。冷空气流接触排气阀门，因此导致阀门冷却，如图 5.20 所示。

将原本为 23℃（环境温度）的纸张放在膨胀的排气阀门前，可使纸张迅速冷却至 7℃左右。当相对湿度为 50% 时，此时温度低于露点温度，即纸张在冷却过程中会变湿。

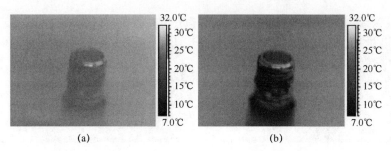

(a)   (b)

图 5.20 汽车轮胎在（a）打开气门之前和（b）打开气门之后的图像。自行车轮胎内膨胀空气的绝热冷却也使得阀门冷却，产生很大的温降

5.3.6 奶酪加热

4.4 节和 4.5 节介绍了金属方块和灯泡等物体加热和冷却的几个典型案例。在本节和 5.3.7 节中，给出了与特定物体加热和冷却相关的其他示例，其中一些示例非常有效地说明了对流和辐射的一般物理原理。在所有情况下，我们都假设毕奥数很小，也就是说，表面温度接近于物体的平均温度。

第一个例子[13]是奶酪块。假设有一块固体奶酪，如古达干酪或切达干酪，内部没有气孔。将奶酪切成 6~8 块，尺寸为 2~15mm 的小方块。将奶酪块放在小盘子上的圆圈中（图 5.21），然后将盘子放入已经预热到 200℃ 的常用电烤箱内。

图 5.21 大小不同的奶酪块放在盘子上，然后可以放入传统的烤箱或微波炉中

问：奶酪块会发生什么变化？小的会先融化，大的会先融化，还是所有的方块都会同时融化，还是有些根本不会融化？（这些问题的答案将在下面给出，以便在阅读解决方案之前进行思考。）

在处理完这个入门级的问题之后，重复上述实验，即在相同的盘子上准备一套相同的奶酪块，但是，盘子应该是防微波的。然后将盘子放入微波炉中，微波炉已设置为最大功率（如 800W）。加热应该在转盘的整数转数下进行，这可确保所有奶酪块在烤箱内经受相同的微波场。问题还是和之前一样：这些奶酪块会发生什么变化？是小的先融化，还是大的先融化，还是所有的奶酪块同时融化，还是有些奶酪块根本不融化？

图 5.22 所示为在传统烤箱（a）和微波炉（b）中分别加热奶酪块的实验结果。在传统烤箱中，小方块首先会开始融化，从四周的圆角可以清楚地看到这一点。相比之下，奶酪块在微波炉中的表现则完全不同。最大的奶酪块首先融化，甚至可以观察到，尺寸小于临界尺寸的奶酪块根本不会融化。显然，不同的现象必然是由于所涉及的加热和冷却过程的不同所导致的。

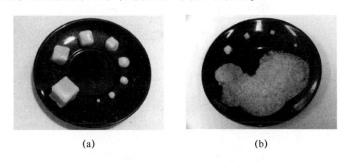

(a)   (b)

图 5.22 （a）传统预热电烤箱中将奶酪块在 200℃ 下加热约 70s；
（b）微波炉中将奶酪块在 800W 下加热约 30s

传统烤箱内的空气温度比奶酪温度高得多。因此，能量从烤箱通过奶酪块的表面流入奶酪内部。较小的奶酪块内部加热的速度比较大的奶酪块要快得多，因此，首先开始融化。相反，微波炉中的加热是通过在奶酪块内部吸收微波辐射来实现的[14]。然而，由于炉内的空气温度约为环境温度，加热后的奶酪块也会通过对流和辐射换热进行冷却。冷却功率与奶酪块的表面积成正比，而加热功率与其体积成正比。因此，表面积与体积之比决定了奶酪块最终的最高温度。最小的奶酪块受冷却程度最大，最终甚至可以阻止融化。最终的温度将随着奶酪块尺寸的增加而增加。图 5.23 所示为加热 10s 后的情况。定量分析表明，温度与奶酪块大小密切相关，尺寸最大的奶酪块的温度高于奶酪的融化温度。

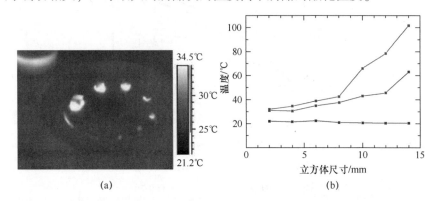

(a)   (b)

图 5.23 （a）在微波炉内加热（800W）奶酪块，（b）分别测量其加热前（蓝线）、加热 10s 后（绿线）和加热 30s 后（红线）的最高温度（见彩插）

在微波炉中加热和冷却奶酪块在理论上也可以很容易地处理[13]。每个边长大小为 a 的奶酪方块所吸收的功率与其体积成正比：

$$\frac{\mathrm{d}W_{\mathrm{abs}}}{\mathrm{d}t} = P_{\mathrm{absord}} \propto V = k_1 a^3 \tag{5.1}$$

式中：k_1 为常数，取决于微波在奶酪中的吸收系数。由对流和辐射引起的冷却功率（4.2 节）可近似为

$$P_{\mathrm{cool}} = k_2 \cdot a^2 \cdot (T_{\mathrm{chess}} - T_{\mathrm{oven}}) \tag{5.2}$$

这与奶酪与周围环境的温差呈线性关系。导致奶酪块温升的有效吸收功率为

$$P_{\mathrm{eff.\,heating}} = P_{\mathrm{absord}} - P_{\mathrm{cool}} \tag{5.3}$$

这就导出了微分方程：

$$P_{\mathrm{eff.\,heating}} = c \cdot m \cdot \frac{\mathrm{d}T}{\mathrm{d}t} = k_1 \cdot a^3 - k_2 \cdot a^2 \cdot (T(t) - T_0) \tag{5.4}$$

解为

$$T(t) = T_0 + \frac{k_1}{k_2}a\left[1 - \mathrm{e}^{-\frac{(t-t_0)}{\tau}}\right] \tag{5.5}$$

时间常数为 $\tau = 1/A = k_3 a$。尽管不知道该时间常数的精确值，但对于奶酪块尺寸大小 a 的不同取值，仍有可能绘制出如图 5.24 所示的奶酪表面温度 $T(t)$ 随时间变化的一般形式。根据式（5.5），各个奶酪块的温度最终会趋近于 $T_0 + k_1 a/k_2$。如果这个温度低于融化温度，则奶酪就永远不会融化。式（5.5）有意思的特点在于由于时间常数 τ 与立方块大小成正比，因此在平衡条件下达到最高温度的时间对于小立方块来说是最短的。如图 5.24 所示，当最小的方块达到了可能的最高温度，而最大的方块仍然远离热平衡。

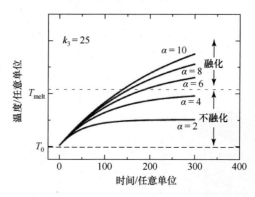

图 5.24　在给定 $k_3 = 25$ 的情况下，不同大小 a 的方块的温度随加热时间的变化而变化（例如，对于 $a = 2$，$\tau = 50$）

关于这个实验的更多细节可以在文献［13］中找到。

5.3.7 瓶罐冷却

第二个例子是关于运用牛顿冷却定律的日常实验（4.5节）。当一个温度较低的物体 T_{obj} 处于温度为 T_{surr} 的环境中时，由于对流和辐射换热损失，物体将会冷却下来。根据能量守恒定律，热量损失导致内能的降低，从而降低物体的温度。在这种情况下，冷却过程描述为

$$mc\frac{\mathrm{d}T}{\mathrm{d}t} = -(\alpha_C + \alpha_R) \cdot S \cdot (T_{obj} - T_{ssur}) \qquad (5.6)$$

式中 $\alpha_R = \varepsilon \cdot \sigma \cdot k_{appr}$。

该微分方程的解为

$$T_{obj}(t) = T_{surr} + (T_0 - T_{surr}) \cdot e^{-t/\tau}, \text{且} \ \tau = \frac{\rho c V}{(\alpha_C + \varepsilon \cdot \sigma \cdot k_{appr})S} \qquad (5.7)$$

式（5.7）表明，如果满足牛顿冷却定律，我们期望温差随着时间呈指数下降，即半对数图中的一条直线（4.5节）。通过对饮料罐和饮料瓶的冷却过程进行研究，验证了这一实验预期。尤其是在夏季，冰箱中液体的冷却是非常重要的。采用两个实验例子，我们用不同的冷却方式测量了装有水（或其他液体）的罐子和瓶子的冷却情况随时间变化的函数。图5.25所示为该实验设置。

(a)   (b)

图 5.25 在常规冰箱（$T_{FINAL} = 6℃$，未示出）、冰柜（$T_{FINAL} = -22℃$）和空气对流冷却器（$T_{FINAL} = -5.5℃$）中冷却罐装和瓶装液体，其中瓶身和罐身上贴有一条已知发射率（$\varepsilon = 0.95$）的胶带

不同系统的冷却功率预计会有很大的不同。常规的冰箱和冰柜都有静止空气包围着物体，由于温度通常太低而无法产生自然对流。因此，二者的传热系数和冷却时间常数应该是相同的。然而，常规冰箱的温差更小，因此，冰柜的冷却功率更大，其有效冷却次数（达到某一低温时的冷却时间）也比在常规冰箱中少。由于对流换热系数随气流速度的增大而增大，因此带空气对流冷却冰箱的冷却速度最快。从而，时间常数也应该最小。

我们使用玻璃瓶和铝罐作为样品，为了确保所有样品的发射率值相等，还贴上了一条（蓝色）胶带。容器中装满略高于室温的水，并分别放置在冰箱、冰柜和空气对流冷却器等冷却装置内。在用红外相机记录温度的过程中，每隔几分钟拍摄一次，冷却装置的门每次最多打开25s。图5.26所示为测量到的温度与冷却装置内环境温度之间在对数尺度上的温差图。根据牛顿冷却定律，可以看出是一条直线。显然，由于水到冰的相变存在自然的限制，因此对于任何冷却方式来说，冷却到0℃前都很好地符合定律。在冰柜和空气对流冷却器的实验结束时，确实可以观察到有些小冰块漂浮在瓶子和罐内的水面上。

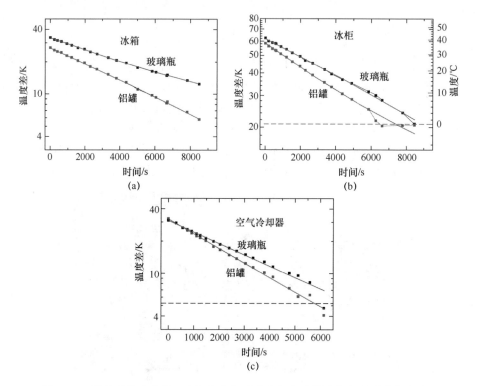

图5.26　适用于普通冰箱、冰柜和空气对流冷却器的罐子和瓶子的冷却曲线。
所有的曲线均可以用一个简单的指数来拟合，即遵循牛顿冷却定律

由定量数据拟合得到的时间常数τ与式（5.7）的理论预期一致。对于冰柜和冰箱，$\tau \approx 8300 \sim 8400s$，而对于空气对流冷却冰箱，$\tau$值减半。这是由于对流换热系数增大所致。理论也解释了罐子和瓶子之间的差异（τ的系数约为1.2）。一方面是由于水的量不同，另一方面是由于玻璃瓶中储存的热能与铝罐中储存的热能不同。

冷饮的饮用者通常对时间常数不感兴趣，而是想知道饮料在什么时候会达到一定的温度。图5.27所示为0.5L饮料（线性比例）的实验冷却曲线。初始温度约为28℃，冰箱的冷却时间最长，而空气对流冷却器的冷却速度最快，例如，从28℃冷却到13℃以下大约需要30min。

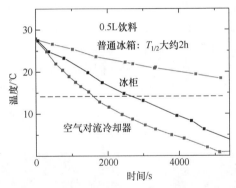

图 5.27　0.5L饮料分别在普通冰箱、冰柜和空气对流冷却器中的冷却曲线。从28℃冷却到
14℃以下（合适的饮用温度）的典型时间尺度是：冰箱在2h以上，冰柜在3/4h左右，
而空气对流冷却器则不到0.5h

　　显然，从日常经验来看，一种更快的冷却方式是使用液体而不是气体进行强
制对流冷却，因为气体和液体之间的密度差很大。

5.4　电磁学

5.4.1　简单电路中的能量与功率

　　在任何遵循欧姆定律[5-6]的简单电路中，电能都被转换成电阻器内能，表现
为电阻器的温升。显然，红外成像可以很容易地可视化电流通过电阻器所产生的
热现象。图5.28所示为最简单的电路：导线连接到电源。导线本身就是电阻器，
当电流流过导线时，导线会发热。
　　图5.28可以直观地显示线圈通电前后导线的加热情况是相同的。这可能有
助于消除学生的误解，即电流在通过电路时可能已经失去了一部分"能量"，导
致线圈后面的能量耗散更少。

(a)　　　　　　　　　　　　　　　　(b)

图5.28　流经导线的电流产生的电能被耗散，导致电阻器（即导线）温度上升。电线不一定
要直，也可以是线圈或螺旋线，就像灯泡一样。在图像中，使用了两根不同直径（0.25mm
和0.55mm）的铜线，通电电流均为0.5A。与预期一致，细线变得很热，而粗线略微有点热

通常，金属线是电路中的连接元件，电能不仅仅消耗在加热金属线上。用不同尺寸的导线和电阻器设计简单的电路是很容易的。图 5.29 所示为几个电阻器的串联和并联电路。显然，电阻的发热量随功率 $P = R \cdot I^2$ 增大而耗散更大。测量这些电阻器的表面温度，就可以根据它们的大小进行分类。然而进行定量分析，即通过表面温度求出电阻的精确值是一个比较复杂的问题。在这种情况下，必须处理所有的传热形式，即热传导、热对流和热辐射。无论如何，用红外成像研究电阻器的各种组合可以很好地可视化研究简单电路中的基尔霍夫定律。

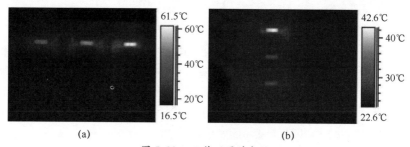

图 5.29　三种不同的电阻

(a) 串联；(b) 并联。

5.4.2　涡流

法拉第电磁感应定律[5-6]能够产生一种称为涡流的现象。法拉第定律表明，当导电材料呈环形暴露在不断变化的磁场中时，会产生感应电动势。在闭合回路中，会导致环形电流。根据 $P = I^2R$，导体中的任何电流都会耗散能量，即电流应该使物体变热。如果任意几何形状的导体暴露在不断变化的磁场中也会发生同样的情况。在任何情况下，都会产生感应电动势，从而导致导体内产生闭合回路电流，从而提高导体的温度。这种电流被称为涡流。这些环路电流自身就产生了感应磁场，与楞次定律引起的原始磁场变化相反。

利用红外成像可以观察到涡流的影响。图 5.30 所示为一个流行的物理演示实验，即跳环实验装置[15-16]。在 U 形可拆卸变压器单元的铁芯上放置一个非磁性金属环，该金属环位于螺线管的顶部。当对螺线管施加交流电源时，由于感应涡流产生与主磁场相反的二次磁场，从而使磁环脱落。

涡流产生的热量可以通过防止圆环脱落而显现出来。用手握住它并不是很明智，我们在电磁线圈上方几厘米处布置了一根金属棒作为机械止动装置。在螺线管上施加交流电源会使圆环停止跳动。接下来的实验中，圆环会悬浮起来。由于交变磁场的作用，涡流是永久性的，即根据 $P = I^2R$ 连续产生热量，可导致圆环快速升温。图 5.31 所示为几秒钟后观察到的示例。可以研究加热量作为时间的函数，以及由于不同的圆环材料（如铜和铝）而产生的温度差异。

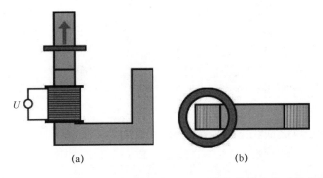

图 5.30　跳环实验设置（a）侧面和（b）顶部。将导电非磁性金属环
置于可拆卸变压器的延伸垂直铁心上

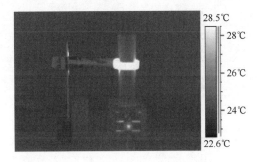

图 5.31　开路变压器螺线管中的交流磁场在金属圆环中产生的涡流导致圆环温升

5.4.3　热电效应

物理和技术上有许多热电效应[17]，如热电偶测量温度使用的是赛贝克效应
（图 5.32（a））。

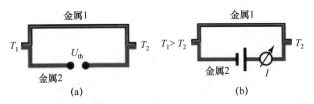

图 5.32　热电塞贝克效应（a）和帕耳帖效应（b）

两种不同的金属分别在两端连接，如果这两个接触点之间出现温差，就会产
生一个很小的电压 U_{th}（通常每开变化为微伏量级），从而驱动热电电流。这种效
应背后的物理原理如下：对于每一种金属，都存在一个定义明确的功函数，它描
述了从金属表面移走一个电子所需的最小能量。当两种功函数值不同的金属相互
接触时，就会从功函数较低的金属到功函数较高的金属发生电子输运，从而产生
接触电势。如果两种金属弯曲，使它们在两端接触，就会产生相同的接触电势，
即二者将互相抵消。然而，从一种金属转移到另一种金属的电子数量取决于接触

点的温度。因此，图5.32中两种金属的两个接触点之间的温差将导致净电势差 U_{th}，该电位差取决于温度。校准后，该电势差可用于定量测量温度。总之，赛贝克效应是由于温差而产生了电势差（即电压）。

相反的效应称为帕耳帖效应（图5.32（b）），使用电流来产生温差。在这种情况下，电流通过保持在均匀温度下的双金属电路。在一个结点处产生热量，导致温度升高，在另一个结点处吸收热量，使得结点被冷却。电流和接触电势的方向决定了哪个结点被加热，哪个结点被冷却。图5.33所示为使用两根铜线（垂直）和一根康铜线的示例。3A的直流电导致一个结点加热，而另一个结点冷却。如果电流方向相反，则效果相反。

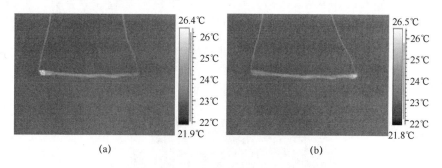

(a)   (b)

图5.33　用两种不同材料的导线（垂直导线为铜线，水平导线为康铜线）演示帕耳帖效应，在 −200 ~ 500℃ 的温度范围内，产生的热电势为 42.5μV/K

在这个（宏观）实验中，康铜线较粗（由数根平行导线组成），因为它比铜线有更高的电阻。如果使用单根导线，仅靠其电阻所耗散的能量（I^2R 的焦耳热）将导致沿导线的均匀加热，这将掩盖由于帕耳帖效应而产生的微小效应。目前，帕耳帖效应被广泛应用于微电子和探测器冷却系统的微型装置中（8.4.2节）。

5.4.4　微波炉实验

微波炉也是日常生活的一部分，它以一种独特的方式将电磁学、电磁波的一般特性和热物理结合在一起。最常见的应用仅是加热食物，但工业烤箱也用于烘干各种货物[18-19]。这里介绍了一些家用微波炉的实验（更多信息见文献[14, 20-22]）。

5.4.4.1　装置

图5.34所示为微波炉的主要特性。微波是在磁控管内产生的，并被引导到有金属壁的蒸煮室中。在那里，微波能量被放入的食物或物体吸收[14,18]。

一般而言，带有金属壁的微波炉就像一个三维的电磁波谐振器。典型微波炉的微波频率约为2.45GHz，波长约为12.2cm。这一问题可以从 L_x、L_y 和 L_z（典型长度为 20 ~ 30cm，即 8 ~ 12 英寸）的电动力学方程出发进行解决。类似于吉他弦上驻波的一维情形，可以找到三维驻波，即在微波炉内有高能量密度微波场的位置，驻波节点，节点处没有能量密度。在这方面，主要涉及微波场的水平和垂直模式。

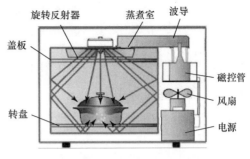

图 5.34　微波炉工作原理图

微波炉内微波能量不均匀的一个明显后果是，食物或其他产品对微波能量的吸收将主要取决于其所处位置。为了减少食物加热不均匀的现象，通常使用旋转转盘，有时使用顶部旋转反射器来消除水平模式的影响。

5.4.4.2　水平模式的可视化

为了使用热成像来可视化微波炉内的无扰动模式结构（即没有转盘），我们在微波炉内放置了一块尺寸合适的薄玻璃板。它的高度可以通过在其下方放置的聚苯乙烯泡沫塑料来调节。这种玻璃对微波吸收不强。为了测量模式结构，要么在玻璃板上放一张湿纸，要么在玻璃板上覆盖一层水。然后将玻璃板在微波炉中加热一段时间（取决于施加的功率）。加热后直接打开门，用红外相机分析玻璃板。图 5.35 所示为在空微波炉内放置 3 种不同高度的玻璃板加热示例，高度分别为 0cm（底面上）、3.5cm 和 8cm。3 种高度情况下，微波炉均以 800W 的功率加热工作 15s。可以观察到明显的差异，即水平模式结构也与高度呈很强的相关性。

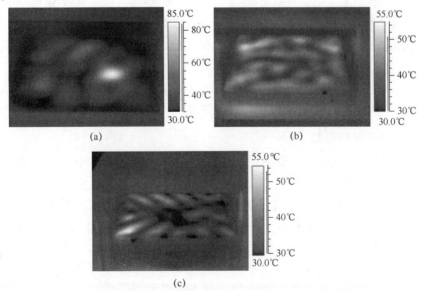

图 5.35　微波炉中水平模式结构的可视化图像。在空微波炉内不同高度处放置附有薄水膜的玻璃板，并以 800W 的功率加热 15s，3 个高度分别为（a）0cm（底面上）、（b）3.5cm 和（c）8cm

不幸的是，实际应用的情况要复杂得多。最重要的是，当实际物品填充微波炉后，模式结构会发生变化。例如，当一个给定几何形状的物体（可以吸收微波能量）置于微波炉内时，由于边界条件发生了变化，因此微波炉负载的电动力学计算结果给出了与空炉运行时相比不同的模式结构。

5.4.4.3 垂直模式的可视化

尽管微波炉中的转盘可能有助于消除水平模式结构的非均匀性，但它对垂直模式并没有同样的效果。图 5.36 所示为一个直径约为 2cm 且装满水的高玻璃圆筒在微波炉内加热前后的红外图像。圆筒置于转盘的中央，这与大多数人把物体放入微波炉的方法一样。显然，加热相当不均匀。玻璃圆筒的底部、中部和顶部之间的温差很大，最大超过了 20K。在这种情况下，研究发现玻璃圆筒顶部的温度为 76℃、中间为 43℃、底部为 62℃。如果婴儿食品是以这种方式加热的，会造成上面的食物温度较低，则人们可能错误地认为整个食物足够凉，以至于可以进食。但我们的结论是，所有高容器中的食物在食用前都应充分搅拌。当然，转盘可能会有一些帮助，但前提是容器不在转盘中心。因为在给定高度上，加热对象的温度可能在模式结构的最大值和最小值之间分布，这样会得到较为合适的平均温度。

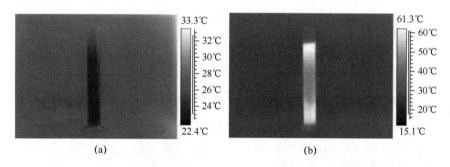

图 5.36　微波炉中垂直模态结构的可视化图像。在转盘上放置一个直径为 2cm 的玻璃圆筒，内装约 30mL 的水，以 800W 的微波功率加热 15s，观察加热前（a）、后（b）的变化

5.4.4.4 微波炉用铝箔

人们经常听到这样一种说法，即金属或带有金属部件的物体永远不应放入微波炉中。物理学家知道这种"智慧"的来源，但是，他们也意识到这种智慧的有效性具有适用范围。当微波与金属相互作用时，微波不仅能被金属有效地吸收，而且金属还能重新辐射出来大部分能量。由于金属具有良好的导热性，所吸收的部分能量能够迅速分布在整个金属体内。如果这个物体非常大，如微波炉的壁面，新的平衡状态与吸收的功率、热容和热损失有关，物体本身产生的温升较小。但是，较小的金属零件的热特性在很大程度上取决于它们的几何形状和质量。非常薄的金属片或类似的物体只有很小的热容，可以快速升温，甚至可以导致发红和蒸发，如镶嵌有金边的盘子，千万不要把这样的盘子放在微波炉里，除

非把金边去掉。

这就引出了一个典型的问题：在微波炉中，薄金属箔（如铝箔）会发生什么变化？薄薄的箔片可以迅速发热，但如果它们与另一个能吸收能量的物体有良好的热接触，会发生什么情况？图 5.37 所示为微波炉中两个完全相同的装满水的烧杯加热前（a）和加热后（b）的状态。每幅图像中右侧的烧杯由厚度约为 30μm 的铝箔包围。这种铝箔足够厚，以至于没有微波辐射可以穿透过去，也就是说，在这个烧杯里，只有顶部的辐射才能到达水中。由于良好的热接触，铝箔吸收的少量能量，确实被传递到烧杯内的水中。然而，这种能量传递比水本身在另一个烧杯中吸收的能量要小得多。因此，不裹铝箔的盛满水的烧杯加热要快得多。因此，食物如果被厚厚的铝箔包围，千万不要放在微波炉里。

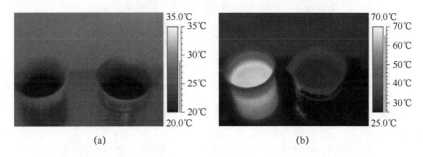

图 5.37　两个装满水的烧杯。用铝箔包裹的比不包铝箔的加热要慢得多

关于使用红外成像和微波炉进行的更多实验详见文献 [14，20 – 22]。

5.5　光学与辐射物理学

红外成像可以提供一些有趣的感性现象来了解各种材料和物体的光学特性。有些对象在可见光谱范围内是透明的，但在热红外光谱中是不透明的，反之亦然，另一些对象在这两个光谱范围内都是透明的。1.5 节讨论了一般的理论背景，并给出了一些简单的实验结果。红外热成像是建立在基尔霍夫辐射定律和普朗克定律等理论基础上的，描述了热辐射的光谱。它还取决于发射率以及所研究的物体是灰体还是选择性发射体等实际情况。然而，除了使用这些定律之外，人们还可以使用红外成像技术将这些概念可视化。

5.5.1　窗玻璃、氯化钠和硅晶片中的辐射传输

普通窗玻璃或实验室玻璃（如 BK7）不会透射波长超过 $\lambda \approx 3\mu m$ 的光（图 1.54）。因此，任何波长较长的红外相机（LW 相机）都无法透过厚厚的玻璃工作，而中波红外相机仍然可以看到极小的辐射（另见图 3.2）。这在室外建筑检查中是众所周知的，但有时必须特别注意，因为住户可能会感觉到有人在观察他们，甚至是通过窗户在拍照。

图 5.38 所示为一个人在他的面前举起一块玻璃板（厚度为几毫米）。显然，不可能透过玻璃来观察，因为玻璃在红外光谱范围内是不透明的。当然，人们可以测量玻璃板的表面温度，这是建筑检查中经常做的事情。此外，图 5.38 还直观地显示了平面热成像中遇到的主要问题之一：它们可能导致热反射，从而导致定量分析时出现问题（第 9.2 节）。

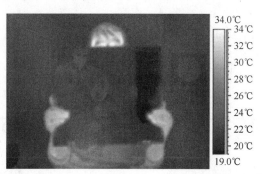

图 5.38　室温玻璃板对红外辐射不透明。此外，由于表面平坦，它可以作为热反射源，
图中显示有两个人站在红外相机后面

在红外成像中，玻璃制品随处可见，不仅存在于建筑物检查中，在给人拍照时也经常遇到。因为玻璃是不透明的，所以每个戴着普通眼镜的人在红外图像中都像是戴着深色的太阳镜（图 5.39）。但是为什么玻璃温度比皮肤温度低那么多呢？这是因为眼镜通常只与面部有很少的热接触，通常只有鼻子和耳朵附近的三个接触点，从皮肤到眼镜传导的热量很少。因此，玻璃表面周围空气温度的对流换热是决定玻璃表面温度的主要因素。

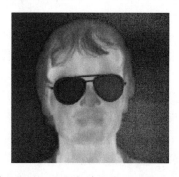

图 5.39　佩戴普通眼镜的人的红外图像让人误以为戴着深色太阳镜

图 5.40 所示为一个人使用另一副眼镜的可见光和红外图像，其中一个镜片是由普通玻璃制成的，另一个镜片是由氯化钠制成的。从图 1.48 可以看出，氯化钠会透射可见光和热红外辐射，因此，可以很容易透过镜片观察到眼睛附近皮肤的温度较高。利用已知的氯化钠的理论透射率（约为 91%），可以很容易由此计算用于定量测量透镜后面温度的校正系数[23]。

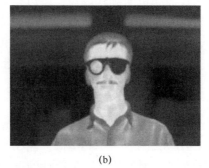

(a)   (b)

图 5.40 一副由两种不同材料制成的特殊眼镜。两种材料均可透射可见光辐射，
而其中一种材料可透射热红外辐射

与能够透射可见光辐射的玻璃和氯化钠相比，硅片在可见光谱范围内是不透明的（光谱如图 1.51 所示）。因此，人眼无法透视人体也就不足为奇了。但是，红外成像确实可以透视物质（图 5.41）。

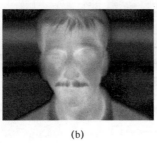
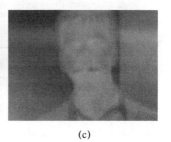

(a)   (b)   (c)

图 5.41 双面抛光的硅片对可见光不透明 (a)，但会透射热红外辐射 (c)。与没有硅片的
图像 (b) 相比，由于硅片的透射，红外信号减弱了

在实验中，将一片厚度为 0.362mm 的硅片直接放置在红外相机镜头前，其折射率的实部（式 (3.42)）产生约 53% 的透射率。

5.5.2 镜面反射与漫反射

通常，在光学中引入反射时，只处理镜面反射定律（这里称为镜面反射）（式 (1.2)，图 1.9）。相反，漫反射在日常生活和技术中遇到的频率要高得多，或者至少是漫反射和规则反射的组合，如图 5.42 所示。

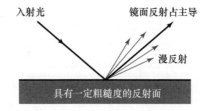

图 5.42 实际表面具有粗糙度。因此，反射是由散射光和镜面反射光叠加而成的

使用长波相机的红外成像，可以很好地研究从纯镜面反射（如从镜子）到纯漫散射（如从墙壁或黑板）的过渡。如果电磁辐射的波长与表面粗糙度的尺寸相当，就会发生漫散射。如果与波长相比，后者的尺寸较小，则会发生有规律的反射。类似地，根据反射定律，足球会从球网格线上反弹回来，而尺寸与网格相似的乒乓球则会表现得像漫射散射体。

利用可见光和红外电磁辐射，可以直接演示从漫反射到镜面反射的转变。例如，假设一个人站在一个被氧化的黄铜板前面，可见光中有一个漫射散射体（$\lambda = 0.4 \sim 0.8\mu m$）：看不到镜像（图5.43）。然而，在 $\lambda = 8 \sim 14\mu m$ 红外相机中检测到的红外辐射波长大约是前者的 10 倍多。因此，红外图像可以显示规则反射（有关更多详细信息，请参见第 9.2 节和文献 [24]）。

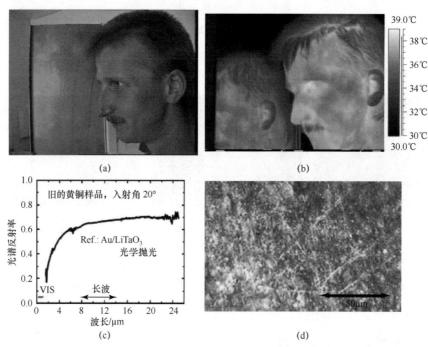

图 5.43　（a）从镜面反射过渡到漫反射，氧化黄铜板漫射可见光，而长波红外辐射产生清晰可见的镜面反射图像（b）。这种现象是由于微观粗糙度（见电子显微镜图像（d））造成的，这也出现在镜面反射光谱（c）中

5.5.3　黑体空腔

黑体空腔（1.4.6 节）可被认为是对地球上对黑体辐射的最佳近似。因此，根据所用空腔的特性，对理论发射率进行了大量理论分析。根据古费的古典理论，类似黑体空腔的总发射率由文献 [25] 给出：

$$\varepsilon = \varepsilon_0'(1 + \gamma) \tag{5.8}$$

其中，

$$\varepsilon'_0 = \frac{\varepsilon^*}{\varepsilon^*\left(1 - \dfrac{s}{S}\right) + \dfrac{s}{S}} \tag{5.9a}$$

并且,

$$\gamma = (1 - \varepsilon^*)\left(\frac{s}{S} - \frac{s}{S_0}\right) \tag{5.9b}$$

式中: ε^* 为空腔壁面材料的发射率; s 和 S 分别为孔径和空腔内表面的面积; S_0 为等效球体的表面积,该等效球在垂直于孔径的方向上与空腔具有相同的深度。通常 γ 是一个很小的数字。但是,根据型腔的形状, γ 可以是正的,也可以是负的。

根据式(5.8)和式(5.9)可以清楚地看出,即使材料发射率很小,总发射率值依然可以很大。

图 5.44 所示为一组实验结果。金属块中的 3 个圆柱孔可以用孔径不同的小孔覆盖,从而形成具有不同发射率的空腔。加热空腔的红外图像表明,对于恒定发射率,观测得到的最大和最小孔径空腔之间的表观温度相差超过 2K。然而,假设探测到的红外辐射的差异是由于发射率的变化所导致的,则实验很好地证明了式(5.8)和式(5.9)的有效性。

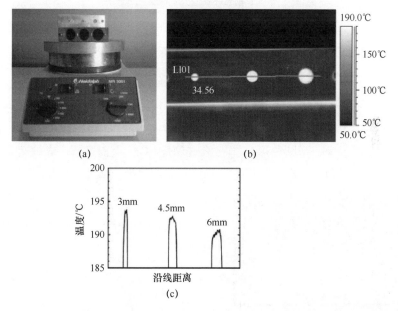

图 5.44 (a)金属块上一组 3 个圆柱孔,可用不同孔径大小的小孔盖住,以形成不同发射率的空腔;(b)将空腔加热到 200℃ 左右时检测红外辐射;(c)对横穿空腔中心直线的温度进行评估,以确定其发射率是否恒定

圆柱孔的内径为 18mm、深度为 36mm。小孔孔径分别为 3mm、4.5mm 和 6mm,其 (s/S) 分别为 0.28%、0.62% 和 1.1%。(s/S_0) 的值更小,因此修正项 γ 总是

小于0.01。腔体的金属壁已经被轻微腐蚀，其 $\varepsilon^* \approx 0.21$。此处分别给出了3个腔体的总发射率，孔径为6mm、4.5mm、3mm腔体的发射率分别为0.96、0.98、0.99。发射率的微小差异直接定量地解释了红外分析观测到的结果（图5.44）。

我们注意到，红外图像上前盖板看起来比空腔要冷得多，这是由于盖板的发射率较低所致（参见可见光图像）。长时间重复这个实验会导致盖板表面氧化，从而会造成发射率的增加。因此，在重复实验时，实际的红外图像可能会发生变化（即空腔辐射与盖板辐射信号的比值发生变化）。但是，本实验所研究的空腔辐射量并没有改变。

5.5.4 发射率与莱斯利方块

由图5.45和图5.46可以看出发射率与角度相关。图5.45展示了涂有高发射率黑色涂料（图4.17）的铝方块，对铝方块顶面的观察角度比侧面要大得多。根据图1.32和图1.33，其顶面的发射率要低于侧面。因此，尽管它们具有相同的温度，但是顶面看起来温度更低。

图5.45 涂漆的铝方块表面的法向发射率相同。从大约45°的角度观察两个可观察到的侧面，而从更大的角度观察顶面。由于发射率与角度相关，导致顶面明显温度更低

图5.46所示为一个圆柱形容器（大玻璃烧杯），上面贴有一条高发射率的胶带。可以清楚地看到，在观察角大得多的靠近边缘处，相对于接近物体法向的观

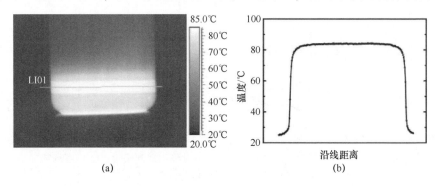

(a)　　　　　　　　　　　　(b)

图5.46 装有热水的玻璃瓶可以同时观察由于视角不同而产生的发射率效应
(a)　红外图像，其线条横跨高发射率胶带；(b)　沿横线的温度分布。

察区域，其表观温度会下降。通过对温度剖面形状的详细分析，发现这与发射率随观测角度增大而下降的预测是一致的（图1.32）。

图5.47所示为一个观察到的空的莱斯利方块，其中两个侧面和底面都可以从大约相同的视角观看。如果附近有热物体（人的手指），则可以清楚地观察到热反射，这些热反射在抛光的铜金属表面占主导地位，对于涂有白色和黑色油漆的表面仍然可以检测到。

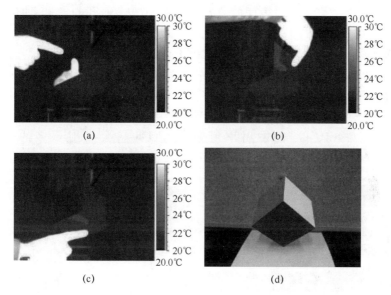

图5.47 从相同的视角观察空的莱斯利方块的热反射（（a）抛光的铜，（b）白漆、（c）黑漆）

同样充满热水的莱斯利方块如图5.48所示，现在表面比周围环境热得多，并且周围没有其他的高温物体。因此，不存在热反射，并且差异直接反映了固定

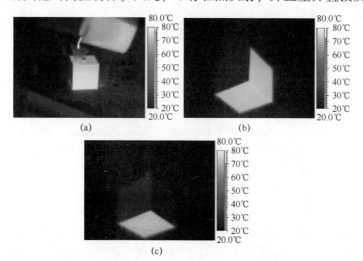

图5.48 （a）充满热水的莱斯利方块，从同一角度观察侧面；（b）抛光铜、白色涂料和黑色涂料（最低部分）；（c）粗铜、抛光铜和黑色涂料表面

角度下不同的表面发射率。白色涂料和黑色涂料表面对于长波相机显示出几乎相同的发射率，而抛光铜与漫散射粗糙铜表面相比具有更低的发射率。

5.5.5 空腔的吸收与发射

在大多数热物理实验中，必须正确处理非平衡条件。一个有指导意义的实验是使用了一个类似于某种黑体辐射器的小腔体，例如在侧面中心开有一个额外小孔的石墨圆柱体。假设石墨表面的发射率为 $\varepsilon = 0.9$，而孔的发射率略大，如在 0.98 左右（确切的值并不重要，只是说明表面和腔体发射率值之间有差别）。这类石墨管是原子吸收光谱分析（AAS）中的标准样品夹持器。仅用手指握住腔体末端（$T > 30℃$），就可以很容易地加热腔体。在建立了手指与腔体之间的动态热平衡后，它比周围的温度更高，即腔体与较冷的环境之间不再处于热平衡状态。根据辐射定律，腔体与周围环境的温差将导致腔体的净热辐射，其大小以发射率为表征。由于空腔的发射率值较高，因此它会发射更多的辐射，如图 5.49（a）所示。

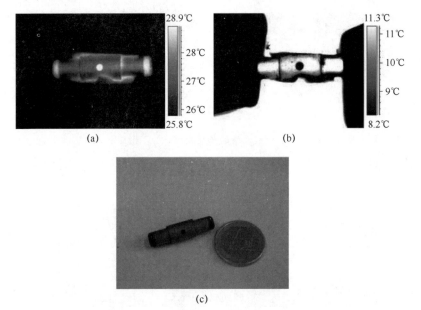

图 5.49 （c）带小孔（直径 2mm）的石墨管（长度 3cm，内径 4mm），通常用作原子吸收光谱分析（AAS）中的标准样品夹持器，可看作空腔。当研究从发射（a）到吸收（b）的转变时，可以用来记录红外图像。管子可以通过用手指夹住末端来加热，也可以通过将末端接触到冰块上来冷却

然而，上述情况也可以通过冷却腔体来逆转，这是通过将其放置在两个冰块之间来完成的。在建立冰块和空腔之间的（动态）热平衡之后，此时空腔比室温下的周围环境更冷。空腔本身具有高的发射率，即同时具有高的吸收率（根据基尔霍夫定律）。因此，它将比石墨管表面吸收更多来自周围环境的辐射。由于

热传导，这种能量迅速流向冰块，也就是说，假设腔体温度会保持在较低的水平（这就是我们所说的动态平衡的原因）。因此，腔体温度低于周围环境的温度，空腔根据腔体温度发射辐射，必须与来自石墨管表面的辐射进行比较。假设二者具有相同的温度（管内的热平衡），由于石墨管表面的发射率较低，其表面温度应该低于空腔内的温度。但是，由于石墨管表面发射率较低，其反射率自然高得多（式（1.31））。因此，来自温度更高的环境的热辐射将从石墨管表面反射，从而增加了有效热辐射。与腔体相比，石墨管表面具有更大的总发射量。因此，空腔发射的辐射比管表面要少得多，如图 5.49（b）所示。

5.5.6　选择性吸收与发射气体

使用具有选择性吸收和发射的物体（如分子气体），可以很好地演示从吸收辐射到发射辐射的转换（详细信息参见第 7 章），图 5.50 所示为用长波红外相机记录六氟化硫（SF_6）气体[26]的实验结果。将六氟化硫气体装入塑料袋中，在空气对流冷却器中冷却至大约 $-20℃$。从冷却器中取出冷气，打开袋子的阀门，将冷气压出阀门。以室温下的壁面为背景，用红外相机记录上述过程。如图 5.50（a）所示，由于气体的吸收，从墙壁到相机的红外辐射明显减弱。这是由于 SF_6 在 $10 \sim 11\,\mu m$ 波长范围内有较强的吸收带所致。

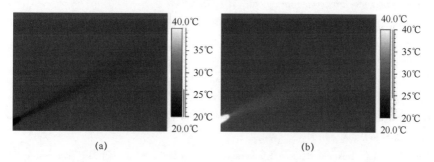

图 5.50　室温下墙壁前面（a）冷 SF_6 气体（$T \approx -20℃$）的吸收与（b）热 SF_6 气体（$T \approx 80℃$）的发射（用长波相机记录）

为了观察气体在 $10 \sim 11\,\mu m$ 波段内的辐射特性，将充满气体的袋子放置在空气对流加热器中。再将气体加热到 $80℃$ 左右，然后从加热器中取出，打开充气袋阀门，将气体从阀门中压出，并在室温下以相同的壁面作为背景再次记录这一过程。图 5.50（b）的结果清楚地显示了气体的热辐射，这导致流动气体红外辐射的增加。第 7 章讨论了气体吸收与发射的细节以及相应的技术应用。

参 考 文 献

［1］Karstädt, D. , Pinno, F. , Möllmann, K. P. , and Vollmer, M. （1999）Anschauliche Wärmelehre im Unterricht：ein Beitrag zur Visualisierung thermischer Vorgänge. *Prax. Naturwiss. Phys.* , 48

(5), 24-31.

[2] Karstädt, D. , Möllmann, K. P. , Pinno, F. , and Vollmer, M. (2001) There is more to see than eyes can detect: visualization of energy transfer processes and the laws of radiation for physics education. *Phys. Teach.* , 39, 371-376.

[3] Möllmann, K. -P. and Vollmer, M. (2000) Eine etwas andere, physikalische Sehweise - Visualisierung von Energieumwandlungen und Strahlungsphysik für die. *Phys. Bl.* , 56, 65-69.

[4] Möllmann, K. -P. and Vollmer, M. (2007) Infrared thermal imaging as a tool in university physics education. *Eur. J. Phys.* , 28, S37-S50.

[5] Halliday, D. , Resnick, R. , and Walker, J. (2001) *Fundamentals of Physics*, *Extended*, 6th edn, John & Wiley Sons, Inc.

[6] Tipler, P. A. and Mosca, G. (2003) *Physics for Scientists and Engineers*, 5th edn, Freeman.

[7] Bloomfield, L. (2007) *How Everything Works*, John Wiley & Sons, Inc.

[8] Bellemans, A. (1981) Power demand in walking and pace optimization. *Am. J. Phys.* , 49, 25-27.

[9] Keller, J. B. (1973) A theory of competitive running. *Phys. Today*, 26, 42-47.

[10] Alexandrov, I. and Lucht, P. (1981) Physics of sprinting. *Am. J. Phys.* , 49, 254-257.

[11] Maroto, J. A. , Pérez-Muñuzuri, V. , and Romero-Cano, M. S. (2007) Introductory analysis of the Bénard Marangoni convection. *Eur. J. Phys.* , 28, 311-320.

[12] Consumer Energy Center of the California Energy Commission *http://www. consumerenergycenter. org/ home/heating_cooling/evaporative. html.* (2010).

[13] Planinsic, G. and Vollmer, M. (2008) The surface-to-volume-ratio in thermal physics: from cheese cubes to animal metabolism. *Eur. J. Phys.* , 29, 369-384 and 661.

[14] Vollmer, M. (2004) Physics of the microwave oven. *Phys. Educ.* , 39, 74-81.

[15] Baylie, M. , Ford, P. J. , Mathlin, G. P. , and Palmer, C. (2009) The jumping ring experiment. *Phys. Educ.* , 44 (1), 27-32.

[16] Bostock-Smith, J. M. (2008) The jumping ring and Lenz's law-an analysis. *Phys. Educ.* , 43 (3), 265-269.

[17] Michalski, L. , Eckersdorf, K. , Kucharski, J. , and McGhee, J. (2001) *Temperature Measurement*, 2nd edn, John Wiley & Sons, Ltd, Chichester.

[18] Thuery, J. (1992) *Microwaves*, *Industrial*, *Scientific and Medical Applications*, Artech House, Boston.

[19] Smith, B. L. and Carpentier, M. -H. (1993) *The Microwave Engineering Handbook*, vols. 1-3, Chapman & Hall, London.

[20] Parker, K. and Vollmer, M. (2004) Bad food and good physics: the development of domestic microwave cookery. *Phys. Educ.* , 39, 82-90.

[21] Vollmer, M. , Möllmann, K. -P. , and Kärstadt, D. (2004) More experiments with microwave ovens. *Phys. Educ.* , 39, 346-351.

[22] Vollmer, M. , Möllmann, K. -P. , and Karstädt, D. (2004) Microwave oven experiments with metals and light sources. *Phys. Educ.* , 39, 500-508.

[23] Vollmer, M. , Möllmann, K. -P. , and Pinno, F. (2007) Looking through matter: quantitative IR imaging when observing through IR windows. Inframation 2007, Proceedings vol. 8, pp. 109-

127.

[24] Henke, S. , Karstädt, D. , Möllmann, K. P. , Pinno, F. , and Vollmer, M. (2004) in *Inframation Proceedings*, vol. 5 (eds R. Madding and G. Orlove), ITC, NorthBillerica, pp. 287-298.

[25] Wolfe, W. L. and Zissis, G. J. (eds) (1993) The *Infrared Handbook*, revised edition, 4th printing, The Infrared Information Analysis Center, Environmental Research Institute of Michigan, Michigan.

[26] Vollmer, M. , Karstädt, D. , Möllmann, K. -P. , and Pinno, F. (2006) Influence of gaseous species on thermal infrared imaging. Inframation 2006, Proceedings vol. 7, pp. 65-78.

第6章 建筑物和基础设施的红外热成像

6.1 引　言

红外热成像是一种非常不错的检测建筑物质量状况的方法，该方法通过红外测温获取建筑墙体表面温度分布信息进而分析建筑物的质量状况，无须对建筑物进行破坏。建筑物墙体表面温度主要由三个因素决定：热流、空气状况和墙体的潮湿程度。这三个因素不仅会影响建筑的耐久性和能源效率，还会影响居民的舒适感、健康感和安全感。

热流是导致建筑表面温升的首要因素。热量从温暖的建筑物内部流向低温的建筑物外部的过程中，会对外墙表面进行加温从而导致温升。4.3 节已经讨论了各自的物理量，如 U 值。一般来说，由于传导差异、热桥和/或空气渗入或渗出，热流会导致建筑物的温升或冷却。

墙体及隔热层内的水分通常会蒸发冷却导致测量到的表面温度降低（5.3.4节）。同样，由于水的比热容较大，也可能导致建筑设施的温度上升，具体要视情况而定。此外，水分侵入隔热层可能会导致由内向外传热的导热系数增加。

最后，建筑物通风带来的空气流动会对热量传递造成额外的对流损失。例如，窗框处的温度会受到窗子通风的影响。在冬天，窗框的温度可能会降到露点温度以下（特别是角落处），进而导致窗框发霉。在靠近电线、水管和输气管的墙壁开口处也经常会发生空气渗透。

红外热像图可以用来发现一些与热、水和气流通过建筑墙体相关的问题。例如，可以用于自动检测新房子的能源效率，指导旧房子的修缮。特别是它可能有助于：

（1）确定取暖和制冷损失；
（2）找出建筑围墙地渗水处；
（3）找出结构问题（如绝缘缺失、绝缘退化等）；
（4）找出地暖系统的问题；
（5）比较建筑储存物品前后的状况。

热量和水分的流动是除了紫外线照射外损毁建筑物的最重要因素，采用红外成像检查可以节省大量的维修费用。在能源效率方面，该技术有助于节省建筑供暖所需的能量，从而减少温室气体的排放。在美国或澳大利亚等一些国家，热成像技术也是一种防治蛀虫的重要手段，例如，通过红外成像定位白蚁（10.2.4节）。

6.1.1　建筑物的红外图像

建筑物的红外热成像可能是热成像技术中最广为人知的应用。首先，建筑物的红外热像图通常在教科书中作为热成像技术的标准示例（参见文献 [1，2]）。特别是在冬天，房屋内外的温差通常很大，利用红外热成像很容易发现建筑物墙体中热损失较多的地方，即发现建筑物保温隔热材料的缺陷。因此，红外热像仪是诊断建筑保温问题的一种有效的工具。其次，红外成像可以得到物体的伪彩色图像。在现代传媒时代，几乎任何事物的伪彩色表现形式都非常受记者的青睐，因为它们能够吸引大众的眼球。特别是在报纸、网站上经常会出现伪彩色图像，甚至很多电影都开始采用红外热成像的伪彩色图像。

记者以及那些看到伪彩色图像的人往往认为他们通过这些图像能够更快地掌握图像所表达的信息要点，进而做出正确的判断。如果这些结论指出了一个以前未知的问题，那么这个故事就会广为人知，这对记者来说是好事。事实上，红外热像图中的红色通常会被认为是一种不好的迹象（图 6.1）。

图 6.1　这张房子的红外热像图刊登在报纸上（2009 年 5 月 23 日的柏林早报，www. morgenpost.
de/berlin/article1097945）。许多不同的报纸都刊登了这张图片，有的甚至没有温标，标题
通常会提到图中红色部分表示墙壁的散热位置。事实上，如果有人相信这种说法，那么
整栋房子都需要整修。但事实果真如此吗（见彩插）？

然而，红外相机非常容易得到伪彩色图像，特别是新型低价的红外相机。因为越是便宜的红外相机，对用户的经验和受教育程度的要求也就越低，用户也越不愿意接收红外相机的培训课程，因为培训的成本可能就和相机本身的成本相差无几。无疑这将会引发一些问题。

在本节我们会论证红外热成像技术的确是建筑质量检测中非常有效的手段，从这个意义上讲，建筑物成为报纸等媒体上最为常见的红外热成像研究对象是合乎逻辑的。

然而，需要指出的是，当人们试图以自己的方式解释这些红外图像时，应该注意大量外部影响因素可能引发的问题。下面将在图 6.1 中指出这种对红外图像

过于简单的解释会带来的潜在问题。

6.1.2　不只是彩色图像

在建筑热成像中，红外辐射信号包含了有关的材料发射率和表面温度的信息（这是非常重要的一点，业余的热成像工程师往往会忽略这一点，他们将拍摄出来的图像解释为只表达温度信息，并且经常用色阶和温度范围来夸大所看到的细微差别）。事实上，如图6.2所示，配色方案的选择也会显著影响人们对红外图像的理解。

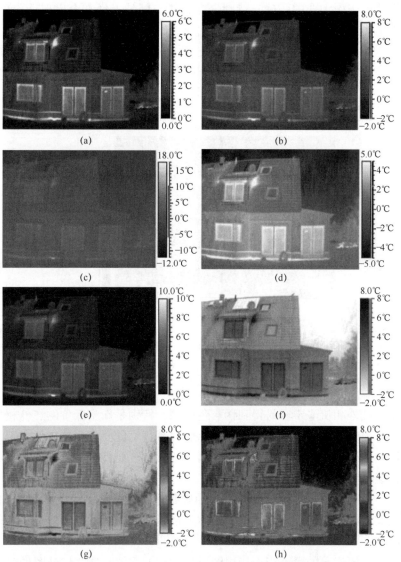

图6.2　同一个房子在不同温度范围和配色方案下的红外热像图

（发射率设置为0.96，拍摄距离为10m，屋外空气温度为0℃，房子的整体温度大约是20℃）

6.1.2.1　色阶范围

在图 6.2 中图像（a）~（c）的色阶相同，图像（a）的色阶范围为 6K，图像（b）、（c）的色阶范围分别为 10K 和 30K。通过对比可以发现，在色阶相同时，图（a）所表现出的差异更加明显。如果仅仅观察色阶范围最大的图像（图（c），$T=30K$），很难发现其中存在的问题，这是因为图像的颜色变化很微弱。而保持色阶范围不变，图（d）、（e）中的色阶变化也会影响对颜色的感知，如果仅仅用红色或者黄色代表"不好"的概念来理解，图（d）中的房子会被认为存在很多问题，而图（e）中的房子却会被认为不存在问题。

6.1.2.2　颜色序列和配色方案

图 6.2（a）~（e）中的红外图像配色方案是相同的。在通常情况下，温度色标中的红色和黄色表示温度较高。大多数人在看到红外图像时也会这样理解图像里不同颜色的含义，特别是在图像旁边没有色标的情况下（在报纸等媒体上经常出现）。图 6.2（g）用另一种配色方案展示了房屋的红外图像。图 6.2（h）也采用了和图 6.2（g）相同的配色方案，但是颜色的顺序颠倒了过来。显然，这两张图看起来有很大的差异。例如，在图 6.2（g）中，也许会错误地认为两个天窗以及房顶上的矩形区域（太阳能加热系统）是温度比较低的部位。

由于红外相机制造商很多，并且相机内置的软件多种多样，通常相机里有很多配色方案可供选择。图 6.1 和图 6.2（a）~（e）中的配色方案是不同的，但这些图中红色均表示温度较高。然而，图 6.1 中的黄色所代表的温度低于红色所代表的温度，而图 6.2（a）~（e）中黄色所代表的温度却是高于红色所代表的温度。再将图 6.2 中的彩色红外图像与图 6.2（f）中的反向灰度图进行对比，就更容易理解提到配色方案的原因。很多情况下需要利用色标配色方案来放大红外信号中的微小差异。现在，据我们所知，灰度仅用于 Gasfind 相机作为标准配色方案用于现场图像拍摄。单独观察序列中一幅图像并不重要，重要的是从一幅图像到下一幅图像的颜色变化。这些变化在灰度级别中可以体现出来，并且存储这些灰度图像所需的内存空间要少得多。

6.1.3　红外图像解译的常见问题

讨论完红外图像中数据的颜色表示这一影响因素后，再回到图 6.1 中的这个"不良示例（已公开发布）"。首先，这个红外图像的温度色阶范围非常大，超过了 47℃，这意味着无法捕捉到建筑中任何一面墙的细节结构。对于红外图像来说，这么大的色阶范围是难以进行精细分析的。从图中可以看出，房子所有相关部分的温度都在 −5℃ 以上，因此，色阶范围就应该相应地缩小。其次，通过窗户的热量传递通常要比通过墙壁的热量高很多，因此可以预计窗户的温度应该比墙壁温度要高。在图 6.2 中可以看出窗户的温度的确高于墙壁温度，但是在图 6.1 中窗户的温度却看起来比墙壁温度低。对房子来说，由于墙壁不太可能有很差的保温性能（高 U 值），而窗户的保温性能却是最好的（低 U 值）。后面我们还会从另一个角度分析产生这种异常现象的原因。

接下来，回到图 6.2 种，我们注意到在图 6.2 的所有图像中，天窗右侧区域的左下角均有一个圆点非常明显。这就需要对房子进行检查，查明这个圆点是否表明房子存在真正的问题，或者只是由于结构或几何效应导致的。

事实上，如果物体的表面、墙壁、窗户、屋顶等都是灰体，并且发射率已知，那么可以通过热分析推导出这些物体的表面温度。但是仅仅测量表面温度并不能说明什么，太多的环境因素会对测量产生影响。最关键的是测量是在室内还是室外进行的。室外红外热成像可以得到建筑外墙状况的概况，给进一步的详细检测指明方向，这是房屋彻底检查的第一步。室内红外热成像受外界因素的影响较小，应当尽可能地进行。有时，室外的红外热成像结果如对后方通风墙体等建筑的检查甚至是毫无用处的。室外的红外热成像结果是多方面因素造成的，大量的外界因素（表 6.1）会使得室外红外热像图非常难以进行分析，并且可能会导致错误的结论。主要环境因素包括太阳的直接或间接辐射、风速、大气湿度、雨雪等。此外，在考虑辐射冷却时，天空条件（多云或晴朗的天空）和视角因素尤为重要。夜空辐射冷却和白天暴露在太阳辐射下会引起建筑物外墙温度随时间常数的剧烈变化。因此，室外红外测温结果通常不重要，原因在于难以进行详细的定量分析。

表 6.1 户外因素对热像仪的影响

影响因素	可能导致的影响
风	$\alpha_{outside} = \alpha_{outside}(v_{wind}) \Rightarrow$ 瞬态壁面温度（见 4.3.3 节）
太阳辐射	墙壁加热的瞬态效应，反射红外辐射（中波红外相机）
阴影	墙壁加热和冷却的瞬态效应
多云或者晴朗	壁面辐射冷却的瞬态效应
角系数	来自周围环境定向辐射贡献
降雨或潮湿	蒸发冷却，改变时间常数，通常会降低热对比度

在后续章节中，这些外部因素带来的问题通过热图像来说明。相比之下，室内热成像具有几乎准静态条件的优势（图 6.3），前提是在准备建筑物的红外热成像研究时遵循一些基本规则：

(1) 需要连续数天室内外温差 T 大于 15K（这种情况多发生在冬季）；

(2) 打开所有的门，关闭所有的窗户，使室内处于准稳态条件；

(3) 将家具搬离墙壁；

(4) 让相机外壳处于热平衡（开机后至少 30min 再测量）。

同时，也要记录室外热像图：

(5) 选择一个多云的夜晚（夜间—日间的温差变化较小），在日出前记录；

（6）避开雾、雨、雪等气象；

（7）避开强风天气（风速应小于1m/s）；

（8）让相机外壳处于热平衡开机后（至少30min再测量）。

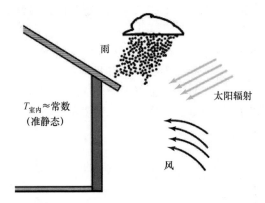

图6.3　建筑围墙内部可以认为处于准静态。而建筑外墙则容易受到太阳辐射
（和阴影）、风速变化、大气湿度等因素的影响

下列条件必须要记录：

（1）室内外的大气温度；

（2）室内外的反射温度；

（3）室内外的湿度；

（4）室外风速；

（5）相机到墙壁的距离，检查几何分辨率，必要时更换镜头；

（6）墙体材料（胶带等）的发射率；

（7）环境辐射来源及其温度（角系数的贡献）；

（8）尽可能记录红外成像区域的可见光照片。

尽管室外热成像存在问题，但是有时也是研究建筑物的唯一有效办法，例如，当研究石膏后面的半木结构时，当由于各种原因无法进入建筑物内部时，或试图定位建筑物正面的水侵入问题时。

当解译室内或者室外的红外图像时，首先应当排除所有上面提到的误差源（如太阳、阴影、热反射等）带来的影响。由此产生的温度曲线可能会指出一些问题。然而，有时根本就没有问题，也许观测到的波动只是由于结构上的热桥引起的，并且在允许范围内。

综上所述，建筑物红外热像可能会在不同位置产生明显的信号差异。修正发射率后，可能仍然存在一些温差。即使消除了所有其他干扰的影响，温差仍可能有处于允许的范围内，例如由于几何细节的原因。因此，并非所有建筑热图像的差异都意味着建筑存在结构问题或隔热材料存在渗漏现象。相反，需要非常仔细的分析。

6.1.4　建筑能源标准规定

在环保意识逐渐提高和可持续性发展时代的到来，通过减少化石燃料的消费和引进新的可再生能源与技术来减少温室气体的必要性是显而易见的。此外，多年来，对新建住宅在保温和建筑外墙结构热损失方面的节能要求发生了大幅变化，家庭单位面积的供热功率不断下降（图6.4）。从第一次严重的石油危机开始，根据2002年的规定，新建筑限制允许的年度能源需求从20世纪六七十年代的 $200 \sim 300kW \cdot h/m^2$ 降低到 $70kW \cdot h/m^2$ 以下。从2009年开始实行的新法律中，这一数字还将进一步降低至少30%，并且这一趋势还没有结束的迹象。

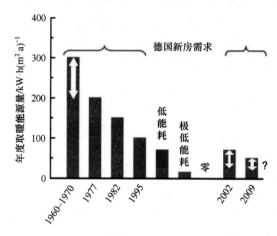

图6.4　在许多国家，建筑物每年取暖能源额度受到法律的限制。以德国为例，监管始于第一次石油危机之后。这些法律适用于新建筑

早在1995年，就制定了特殊建筑的新标准，即所谓的低能耗房屋或被动式房屋（如文献［3］）。后者只能消耗 $15kW \cdot h/m^2$，对应于最低每平方米每年约1.5L的石油。如今，甚至连零能耗住宅和能源生产住宅都有。

这些法律如果得到执行，就可以大幅度减少对一次能源的需求以及温室气体的排放。由于老旧建筑的使用寿命在几十年范围内，而且对老旧建筑的翻新没有那么严格的规定，因此德国所有建筑供暖所需能源的平均值下降较为缓慢。为加快这一进程，许多国家已制定了新的建筑能源标准。此外，还引进了针对建筑物的"能源护照"（图6.5），并颁发了相关证书（如德国）。又如美国在2006年引入了住宅能耗评级的概念，其中100级对应于一个2006年建造的典型住宅，能耗更低的建筑物指数更低。

红外热成像技术可以在节能领域发挥重要作用，从而节约个人住宅的能源成本。热像仪可以测试建筑的隔热是否更好进而判读节能行为是否真的有效。房主通常都是出于经济上的考虑，因为安装改良隔热材料的成本要远远低于几年内可以节省的能源成本，特别是近几年石化能源的成本在不断上升。下面估

算修缮一个旧房子能够节约的能源成本。修缮之前，一个面积为100m²房子的能耗为270kW·h/m²；修缮后，能耗减少到70kW·h/m²。这将导致节能100m²×200kW·h/m² = 20000kW·h。如果使用的是价格为0.06 欧元/kW·h的天然气供暖，那么修缮后每年可以节约成本约为1200 欧元。

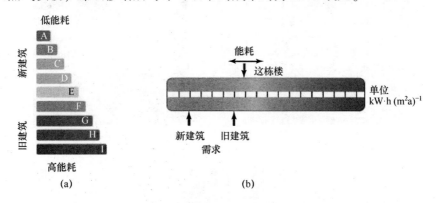

图6.5 建筑物的能耗等级。它们可能只是定性地用显明的标识表示现有建筑物的能耗（a），也可能是采用单位面积能耗量等定量地描述现有建筑物的能耗（b）

6.2 建筑热成像的经典案例

一般来说，建筑热成像是一种工具，用于定位由于热异常而隐藏或不明显的结构，产生热异常的原因是多样的。在任何情况下，墙壁或者建筑部件的热传递都会影响建筑表面温度的测量结果，这是由建筑材料的导热性和比热容的不同所导致的。通过红外热成像发现的每一个热异常都必须结合建筑学、材料学等相关背景知识进行详细分析，以便确定温度异常是否在允许范围内，或者是否真正代表了与能量损失、结构破坏或甚至二者都有关的隔热问题。在本节，首先介绍几个建筑热像图的定性案例，其中产生特定热特征的结构隐藏在表面之下，但在建筑施工过程中却是广为人知的。

6.2.1 半木结构房屋外墙

在欧洲，仍有许多房子是用半木结构建造的。从12世纪到19世纪，木框架在德国是最流行的建筑技术。该方法是用将沉重的木材采用特殊的方式连接起来创建框架结构。一些对角线框架用于稳定结构。木材之间的空间用砖块填充，或者用编织的木条格子填充，木条上涂有黏性材料，通常由湿土、黏土、沙子、动物粪便和稻草混合而成。在20世纪，许多这些古老的半木结构建筑都加盖了一层灰泥，有时还加了隔热层，这往往是由于修缮维护原来的结构成本过于昂贵。如今，半木结构的房屋大多是珍贵的历史遗迹，需要加以保护。在这种情况下，红外热成像是一个有效的工具来识别这些房子，即使覆盖了一层灰泥。图6.6所示为德国勃兰登堡的一所房子，红外图像是在冬季拍摄的，室内与室外的温差约为15K。可见光图像（图6.6（b））没有显示出石膏层下面是什么，而红外图像（图6.6（a））则清楚地显示了木质框架结构。以下几个特点需要讨论。

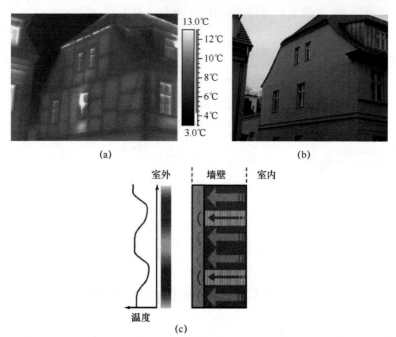

(a)　　　　　　　　　　　　　　　(b)

(c)

图6.6 （a）、（b）冬季（无阳光）采集的隐藏在灰泥后面的房屋半木结构。可见光图像（b）完全没有显示任何结构。红外图像（a）中心的白点对应于顶部的小窗户，该窗户在采集完可见光图像后打开。（c）通过墙结构的热流图。阴影区域表示木材，灰色区域是填充的隔间

（1）红外热像图中半木结构非常清晰，这是由于木材和墙体其余部分间隔中填充材料的导热系数不同造成的（表6.2）。如图6.6（c）所示的热流图，木材（阴影较亮的区域）的导热系数较低，因此与填充隔间的平面截面相比，通过框架的热流较小。从温度云图和相应的色标（随意选择的类似于红外图像的色标）可以看出，侧向热流不足以在外表面建立热平衡。热像中最突出的特征是中间的窗户是开着的。来自室内的热空气使靠近窗户的区域升温。整体而言，红外图像示出了木质框架结构，但在整个墙体表面观察到的温差并不表明存在任何能量或保温问题。

（2）建筑物右侧边缘的温度似乎比主墙体的温度低。这是由于几何热桥造成的，并不代表建筑物的隔热存在问题。

（3）靠近房檐下面的中间部分被加热了，并且处于墙壁可以接受的范围内。但是屋顶却缺少保温材料，需要更多的关注这个问题。右边窗户的框架是由腐蚀的金属制成的，发射率可能比墙体低一些。

（4）在打开的窗户下方中间位置有一段温度较高的墙体，可能是由于此处

有取暖设备或者缺少隔热措施造成的。这一现象在右侧窗户和顶层的窗户上也有微弱的体现。需要进行更多的研究分析，才能确定这是否代表在节能方面存在问题。目前的研究主要集中在检测半木结构上面。

表6.2　木材和典型砂石的材料特性

	导热系数 / W/(m · K)	比热容 / kJ/(kg · K)	密度 / (×10³kg/m³)
干木材	≈0.15	≈1.5	≈0.6
典型砂石	≈1.8	≈0.7	≈2

为了模拟半木结构，或者说为了研究具有不同导热系数和比热容的建筑结构，有学者建立了一种结构隐藏起来的模型。利用泡沫塑料、空气、金属和木材使模型具有不同的热性能。图6.7（a）和图6.7（b）分别是模型的正面和背面，尺寸大小为62cm×42cm，厚度为2cm。将其放置于一个0.6m×0.9m的电热板平面上（几分钟内表面温度可达到130℃）进行红外成像测试。图6.7（c）是红外成像结果，在加热后1min，隐藏的结构变得清晰可见。下面讨论该模型在风和湿度影响下的其他实验。

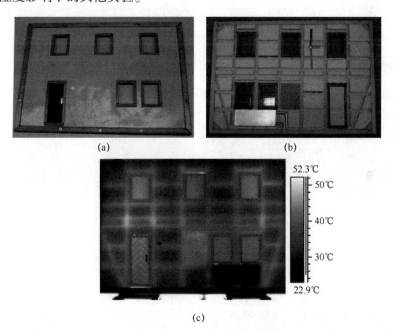

图6.7　具有隐藏结构的模型的正面（a）和背面（b），（c）是从背面加热时的红外图像

半木结构房屋不是只能在冬天进行研究的建筑物（图6.6）。由于墙体材料的比热容 c 和密度 ρ 有很大的不同，即使室内外的空气温度没有明显差异，建筑物在强烈的太阳辐射下墙体的温度分布也会有很大的差异，干木材的比热容较大，但密度比石头或填充物小得多。入射能量 ΔQ 与温升 ΔT 的关系是

$\Delta Q = c \cdot m \cdot \Delta T$，其中质量 m 由密度乘以体积得出，即 $m = \rho \cdot V$。当接收到相同的入射能量 ΔQ 时，给定体积下材料的温升 ΔT 与其比热和密度的乘积 $c \cdot \rho$ 成反比。干木头具有更小的 $c \cdot \rho$ 值，因此温度会更高。尽管这些结构在灰泥后面，但是温升效果依然很明显。

根据实验工况的不同，半木结构的木框位置在红外图像中的温度可能会表现得更高或者更低。

6.2.2　外墙的其他案例

有时建筑物会被重新装修，给这样的建筑外墙开口以增加或者封闭窗户。图6.8展示了一个酒店墙壁的红外图像。从红外图像中可以看出原本在墙的中央有一扇窗户，后来用砖石封闭，并被灰泥抹平。如果没有关于封闭这扇窗户的更多细节，人们只能推测产生这种情况的原因。首先，可能是施工过程中忘记了加装保温隔热措施；其次，封闭窗户所用的砖的导热系数可能与墙体其他部分的砖不同；最后，可能是在拍摄红外图像前墙体被加热（如太阳辐射等），而封闭窗户所用的砖石 $c \cdot \rho$ 值小于墙体其他部分的砖，进而导致这部分墙体的温度更高。在这种情况下，酒店可以很快意识到原来的窗户只是用砖和水泥封闭起来了，而没有保温隔热的作用。

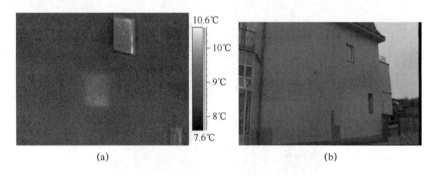

图 6.8　用砖石和水泥封闭起来的旧窗户

许多欧洲的家庭都配备了壁炉（以石油、煤炭或者木材为燃料）和烟囱，通常烟囱是位于建筑外墙的。图6.9所示为一个三层建筑的例子，烟囱在外墙的中部。从图中可以明显地看出，烟囱的隔热性能很差。

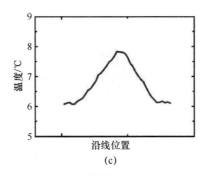

图 6.9　一栋房屋的红外图像（a）和可见光图像（b）。透过外墙可以很清楚地看到烟囱的位置。（c）中，红外图像中沿记号为 LI01 的直线上温差约为 2K

观察到的最大温差约为 2K，并且与保温措施的缺失程度是正相关的。另外，可以看出二楼天花板的连接处也没有采取适当的保温措施。

6.2.3　如何找出与能量有关的缺陷

定性地解释户外红外图像相对来说比较容易（如果所有可能的误差源已知并已消除）。但是，困难的是观察出房屋结构性缺陷并找到能够有效解决缺陷的方法。总之，解决这个问题不是一件容易的事。

首先，任何能够使建筑围墙热传递增加的热桥都会导致房屋的取暖热量流失到环境中。如果取暖能量来自石化能源，那么减少能量的损失就意味着可以减少 CO_2 的排放。建筑的隔热措施越好，取暖所需的一次能源就越少，CO_2 的排放量也就越少。

其次，如果房主根据观察到的缺陷进行整修，预防能源损耗，那么每年可以节省不少钱。如果 5 年节省下来的费用比整修的费用要少，那么这项工作就值得开展。

整修成本取决于工人工资、材料成本、房屋类型等，这里不进行讨论。但是，根据观察到的能源损失缺陷，可以粗略地估计出一年中可能损失多少能量。较为复杂的方法是建立有限元模型（计算流体力学）[4]，但对于初步估计，可以采用更简单的方法。

估算的方法是基于 4.3.3 节（式（4.11））中引入的 U 值和 R 值的概念。

$$\dot{Q} = U \cdot A \cdot \Delta T \tag{6.1a}$$

$$U = \frac{1}{R_{total} \cdot A} = \frac{1}{\dfrac{1}{\alpha_{conv,ins}} + \sum \dfrac{s_i}{\lambda_i} + \dfrac{1}{\alpha_{conv,out}}} \tag{6.1b}$$

式中：$\alpha_{conv,ins}$ 和 $\alpha_{conv,out}$ 分外为室内、外墙壁的对流换热系数；s_i 为墙的厚度；λ_i 为导热系数。在第 4 章中，讨论了计算模型，该模型可以计算所有相关的温度、各自的 U 值以及通过多个不同壁面的总热通量。

如果由于保温缺陷，这些贡献之一发生变化，那么通过建筑外墙相应部分的热流也会发生变化。一旦知道各部分的面积，就可以估计总的热损失，并由此计算出各部分的能源成本。最方便的方法是直接用热成像技术来测量 U 值（6.7节）。原则上，这是可行的。或者可以从已知的保温墙体的 U 值开始，并将其余相应的外墙温度联系起来。由于相邻热桥的壁面温度较高，可以在式（6.1(b)）中改变壁面材料的热阻，从而再现观测到的壁面温度。相应的热阻导致一个新的、更大的 U 值出现，接着可以根据式（6.1（a））来估算热损失。

这里我们举一个简单的例子，根据墙壁和窗户的典型 U 值来估算热损失。从表4.6中看出，没有保温措施的混凝土墙壁的 U 值约为 $3W/m^2 \cdot K$，砖墙的 U 值约为 $1.5W/m^2 \cdot K$，有保温措施的砖墙的 U 值约为 $0.5W/m^2 \cdot K$。假设一个家庭住宅的建筑面积约为 $50m^2$（$100m^2$ 的起居空间，两层），整个墙体面积（含屋顶）约为 $300m^2$。为简单起见，假设房屋所有的外墙（包含窗户和屋顶，保温的和不保温的）都有相同的 U 值。一年的时间为 $t = 3.15 \times 10^7 s$，$1kW \cdot h = 3.6 \times 10^6 J$，$1kW \cdot h$ 成本为 0.06 欧元，假设室内外温差为 $\Delta T = 10K$，取暖加热的时间最多为半年，计算结果如表6.3所列。这些数字可以估算采用保温措施的改善效果，如从类型3到类型2。如果缺陷只发生在较小的区域，相应的数字会更低。

表 6.3　三个不同家庭的年供热耗能和能源成本估算

房屋类型	U 值 / W（/$m^2 \cdot K$）	$\dot{Q} = U \cdot A \cdot \Delta T$ / W	Q/A / （$kW \cdot h/m^2$）	Q / $kW \cdot h$	成本/ 欧元
1. 无保温措施的水泥墙	3	9000	263	79000	4700
2. 无保温措施的砖墙	1.5	4500	130	39000	2350
3. 有保温措施的砖墙	0.5	1500	44	1300	790

6.2.4　内保温的作用

4.3.3 节讨论了墙体保温的重要性。复合墙体保温材料的导热系数决定了墙体内的温度分布（图4.10）。降温幅度最大的是保温层，如用聚苯乙烯泡沫塑料制成的保温层。冰点在这一层是最理想的，因此保温材料应安装在建筑物的外面。然而，需要考虑的是如果将内墙也装上一层保温层会发生什么。图6.10 是一所公立学校教室的外墙。内墙上钉有固定在组合金属杆上的白板。在采集热像图之前，将白板（尺寸为 1.6m×0.8m）从墙上取下来。红外图像中垂直的线条是由于金属杆导热所致。在金属杆的两端，空气可以被当作是隔热材料。最显著的特征是，在被白板覆盖的区域，墙壁的表面温度比周边低 2～2.5K。

乍一看，这种现象很容易解释。图 6.11 所示为典型的石墙结构示意图，该石墙由内壁抹有灰泥、中间砌石、外有保温层的示意图，并且给出了沿墙厚度方向的温度分布（计算详见第4章），石墙内、外的空气温度不变。不出所料，保温材料引起的降温幅度最大。黑色的实线显示的是平衡状态下裸露墙体的温度分布，蓝色的虚线显示的是室内有隔热材料情况下的温度分布（图6.10，以下简称白板）。

| (a) | (b) |

图 6.10　一间教室外墙的可见光图像（a）和红外图像（b）。在采集红外图像前，从墙壁上取下了一个大白板（位置见可见光图像）

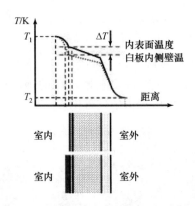

图 6.11　外墙内侧安装保温层（蓝色区域）的方案。保温层的内表面温度与无保温层的相邻墙体的内表面温度相同，但保温层后面的墙体表面温度较低（见彩插）

在这两种情况下的内表面温度，即灰泥表面和白板表面的温度是相同的（粉色水平线）。但是，由于白板的保温性能，白板与灰泥交界面的温度下降了几开。当取下白板时，这个界面成为新的墙体表面，温度比周边低。综上所述，应尽量避免在外墙的内侧覆盖保温材料，因为隔热性能越好，实际墙体表面的温度就越低。在最坏的情况下，甚至会使墙体发霉。

6.2.5　地热系统

室内热成像在地暖系统上的应用很广泛。采用热水循环进行辐射采暖的地暖系统在许多欧洲国家非常普遍，近年来在北美也越来越流行[5-7]。在北美的应用还包括外部系统，例如，在严寒气候下融化难以清除的积雪，而在北欧和中欧，尤其是德国，最为普遍的应用是私人住宅的地板供暖系统。尽管地暖系统的建造成本很高，但是与传统供暖系统相比，地暖系统在运行过程中循环水的温度较低，这意味着运行成本较低，因此地暖系统有着很强的市场竞争力。此外，地暖系统的地板是温暖的，能够让住户感觉更加舒适；地暖系统没有暖气片等设施，可以节省室内空间，更好地利用靠近墙壁和窗户的地方。

常见的地暖管路布置方式有螺旋铺设和曲流铺设（图 6.12），两种方式的不同之处在于表面温度的均匀性。当热水从入口流向出口时，曲流状结构通常会呈现出从左到右的温度梯度。

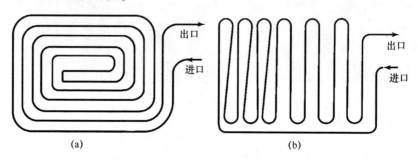

图 6.12　螺旋铺设（a）和曲流铺设（b）的地暖系统。曲流铺设的管路大多是平行的，但并不是必需的

图 6.13 所示为一间采用螺旋铺设的地暖系统的客厅（3m×3.2m）案例。

图 6.13（b）是图 6.13（c）在安装地板前的地暖管路布置。图 6.13（a）为地暖管路埋于地板下方几周后拍摄的红外图像。

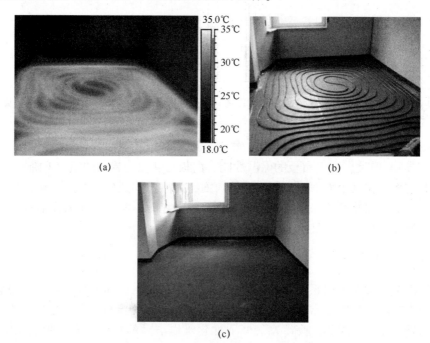

图 6.13　地暖系统的螺旋铺设区域（b），管路位于混凝土底板上。红外图像（a）是在管路被地板覆盖后拍摄的

通常这类图像是在地板温度较低的情况下，打开地暖进行加热后拍摄的[5]。这里所展示的图像是大功率加热数小时后在地板顶部拍摄的。显然，在正常情况下，地暖加热强度没有这么大，温度变化不会像图中展示的那样明显。如果使用另外的地板覆盖物，如木质拼花地板，那么地板表面的温度分布差异将会进一步模糊。在这种情况下，只能在加热期观察到明显的温度分布差异。从图 6.13 可以看出，加热系统工作良好。唯一的问题可能出现在螺旋中心，在螺旋中心附近0.3m 范围内，温度变化可达 5K。

热像仪也可以用来分析地暖系统的常用配件，如锅炉及其排气管，以及泵与地暖铺设的连接管的保温情况[6]。

6.3 几何热桥与结构问题

在通常情况下，建筑墙体下的结构差异可能会导致红外图像中出现一些热特征，而这些差异事先并不知道。因此在这种情况下，详细了解典型的和不可避免的热桥可以有效避免错误解释红外图像。在本节，首先给出一些具有几何热桥的建筑热成像的定性示例，并分析它们是如何引起建筑外墙的典型热特征的；然后，继续举例说明所观察到的热桥是由于结构缺陷造成的，如缺少保温层。

6.3.1 几何热桥

如第 4 章所述，几何热桥存在于建筑物的拐角处，这是由于热流总是从较小、较温暖的室内区域流向较大、较冷的室外区域（4.3.5 节和图 6.14）。因此，与外墙平面的相邻区域相比，内墙拐角区域始终显示最低温度。

由于天气条件、阳光、阴影等因素，建筑物的各个角落的工况往往不同，这些因素都有可能导致角落两侧墙壁温度的不同。在理想的室外条件下，如冬季干燥无风的深夜，也可以通过室外热像仪观察到这样的几何热桥。图 6.14（c）、(d) 为建筑地板（灰色阴影区域）与室外空气对流换热的示意图。来自外部角落的热流较大会导致角点的温度降低，而来自建筑混凝土地板内侧角落的热流较小会导致角点 B 的温度升高。

图 6.14（c）、(d) 所示为在建建筑的观察结果（图 6.15）。图中建筑的混凝土地板未超出房屋的边界。由于与房间里面的地暖系统邻近，混凝土地板被加热了。由于天井尚未建成，板材端面保温层尚未安装，在热像图中可以清楚地看到混凝土地板。在图中用白色圆圈圈出了一个 120° 的外角角落和一个 240° 的内角角落。虽然与上面所讨论的 90° 和 270° 不同，但是上述结论依然成立。图 6.16 是各个角落的红外图像。

可以看出，几何热桥效应非常明显。红外图像中沿折线绘制的温度分布曲线表明，混凝土地板角落处与附近区域的温差最高可达 3K。

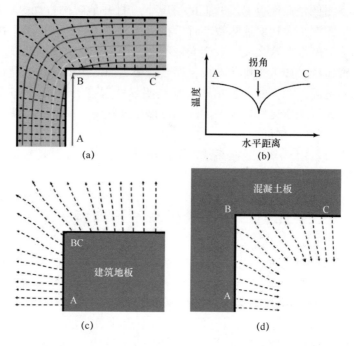

图 6.14　(a) 屋角的几何热桥示意图。等温线（彩色）弯曲，热流垂直于等温线（带箭头的虚线）。(b) 沿 ABC 线绘制墙体内部温度分布曲线。在角点 B 处，温度出现了明显的极小值。(c) 用室外热像仪观察到的几何热桥。在 90°的建筑混凝土的角点 B 处，室外热流较大，导致混凝土板（90°）在角落处温度较低。(d) 说明了在 270°的建筑混凝土板的角点 B 处，室外热流较小，导致混凝土板（90°）在角落处温度较高（见彩插）

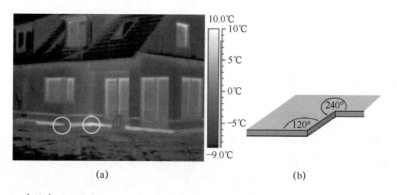

图 6.15　建筑中混凝土板 (a) 的几何热桥是由几何图形 (b) 中所示的内外角所决定的

　　尽管这种几何热桥可以从外部观察到，但从室内热像图中可以更好地了解这种效应。图 6.17 (a) 所示为一个房间内角落的示例。由于热桥的原因导致边缘的温度较低，而在顶部和底部的拐角甚至有着更大的温度下降。对下角的放大图像进行了定量研究。在红外图像中显示的温度曲线表明，在边缘处温度下降了 2～

2.5K，在拐角处温度下降超过了5K，最低温度低于11℃。这些地方的低温很容易导致发霉。首先，本次检测是在室外温度为1℃的条件下进行的。在深冬，通常气温会降至0℃以下，长达数日或几周的时间温度会低于 –5℃或 –10℃，因此室内的内壁温度和拐角温度会明显降低。其次，与湿度为50%、温度为20℃的空气对应的露点温度（见4.3.6节）为9.7℃，当墙壁温度低于露点温度时水会凝结。然而，研究表明，为了使霉菌生长，壁温不必低于露点温度，通常来说，只要湿度处于80%～90%的范围就足够了[8]。由于房屋拐角处的温度较低，本例中拐角处温度为12.5～14℃，这已经远高于露点温度，但附近空气的湿度处于80%～90%。这意味着，如果这些区域的空气流动受到限制，边缘特别是拐角区域就很可能会产生霉变现象。因此，室内的角落处不宜放架子或其他家具，以便保证足够的空气流通。

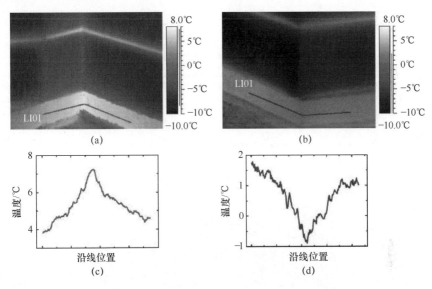

图6.16　图6.14（c）、（d）中几何热桥的热图像（a）、（b）和温度曲线（c）、（d）。
左边是内角角落（240°），右边是外角角落（120°）

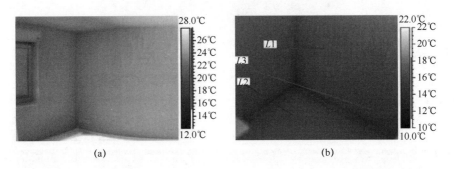

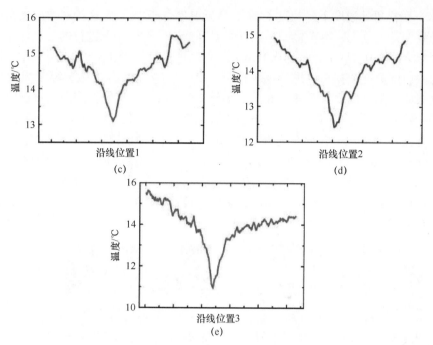

图 6.17 由地下室（无地窖）的两个外墙组成的内角的几何热桥。深蓝色区域（a）表示最低温度。如 3 条线（b）所示，更详细地分析了下角截面的温度分布。这 3 条线对应的温度曲线如图（c）~（e）所示。室外气温为 1℃（见彩插）

图 6.18 展示了另一个非临界的几何热桥实例。

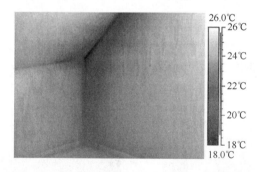

图 6.18 一个斜屋顶下卧室内的几何热桥。房间温度为 26℃

6.3.2 结构缺陷

除了在角落或边缘观察到的几何热桥外，还有一类由于结构缺陷导致的热桥。图 6.19 展示了两个在红外图像中可能出现的结构缺陷热桥的示例。在图 6.19（a）中保温材料之间的气隙会在红外图像中产生线型特征，或者保温材料中嵌入钢芯螺栓等零件会导致在红外图像中一系列斑点特征。这类问题可以使用两层横向偏移的保温层和较短的地脚螺栓来避免，如图 6.19（b）所示。在保温性能差的混凝土板里会有很多充满空气的空腔，通常在大型公寓楼中的天花板和地板中较为常见。它们会导致从外墙的红外图像中可以看到混凝土板的线型特征。这些缺陷都会导致能耗增加。然而，除了热流外，湿气也会渗入这些空腔中，这会大大缩短整个结构的寿命，即它们很容易导致非常昂贵的结构被破坏。

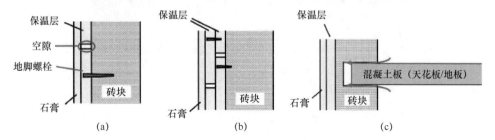

图6.19　结构性缺陷，例如，可以是保温材料之间的间隙，也可以是嵌入保温材料中的地脚螺栓（a）。可以通过使用两层横向偏移的保温层和较短的地脚螺栓避免这类问题（b）。其他潜在问题涉及保温性能较差的混凝土板，常用作大型公寓楼天花板或地板（c）

图6.20和图6.21所示为一栋由预制混凝土板建造的9层公寓楼。这种建筑技术在20世纪60年代非常普遍，尤其是在德国。图6.20为建筑物正面部分的可见光图像（b）及红外图像（a）。这些红外图像是在日出前几小时拍摄的。图像中间的窗户已经关闭了很长一段时间，在拍摄过程中也是如此（只有右下角部分可见的窗户是打开的）。可以清楚地识别出图6.19所示的混凝土板（地板/天花板）保温缺陷的结构问题。另外，窗框的保温性能也特别差，因为不仅是窗框的温度较高，而且邻近的混凝土板部分的温度也明显较高。最为严重的是窗户下混凝土墙板的保温措施缺失。在此处没有任何的保温措施，甚至可以透过墙壁看到暖气片的位置。在这些旧楼里，暖气是无法主动关闭或者打开的，通常是通过打开窗户来调节温度的。这栋建筑存在着巨大的热损失，供暖成本也非常高。这栋建筑在20世纪90年代末进行了翻修，并在外墙增加了保温层。

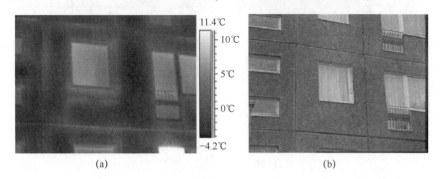

图6.20　（a）在翻修前，由预制混凝土板制成的一栋公寓楼的前窗。（b）透过墙壁可以看到混凝土板（天花板/地板）的位置、窗户的保温缺陷以及窗户下方的暖气片

图6.21所示为翻修前及翻修后同一栋建筑东侧没有窗户的墙壁的红外图像。

热成像分析表明，翻修工作确实取得了成功。翻修后该建筑红外图像的温度梯度最多只有3K，并且没有检测到结构热桥。

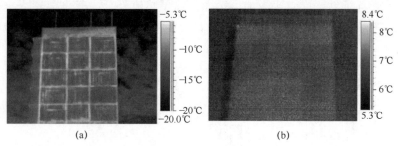

图6.21　建筑物东侧外墙在加装保温材料前（a）、后（b）的红外图像。翻修后没有检测到结构缺陷导致的热桥

最后，我们来看一下另一种常见的热桥效应。在图6.20和图6.21的例子中，没有保温措施的位置，都是在最初的设计中没有规划进出。相比之下，很多建筑的保温虽然是经过规划的，但是没有得到很好地实施，导致大量的结构热桥出现在建筑中。

图6.22（a）再次展示了图6.2中家庭住宅整体的红外图像。除了底部的几何热桥外，天窗附近的热特征也需要注意。窗户部分更详细的红外图像如图6.22（b）所示，它清楚地指出了一个明显与能量相关的缺陷，问题在于木制天花板与阁楼连接处的保温材料部分缺失。可能的原因是多方面的：第一，建筑工人可能将一些废品（饮料罐等）填塞并充当保温材料；第二，开口处填充的保温材料密度过低；第三，在增加一些必需的设施（电气、管道等）时需要去掉保温材料，但是施工结束后没有将保温材料补上。

图6.22　由于保温材料缺失导致天窗右侧出现热桥

6.4　外部因素

6.4.1　风的影响

目标周围气流对目标表面温度有着很强的影响。这是因为目标表面与周围空

气的对流换热系数取决于流动条件，尤其是流速[9~11]。较大的流速会产生较强的冷却效果。这对建筑物或电气设备的室外红外成像结果会产生影响。风不仅会降低目标表面的温度，还会改变目标表面的热特征。对于大多数试验来说，都会存在风的影响，通常会使用风速限制进行定性或定量分析。但是这些限制并没有标准化，而且风速和目标表面强制对流引起的热传递之间的关系非常复杂。

在任何情况下，对流换热系数 α_{conv} 都会随着流速的增加而增加（图6.23）。这会导致目标表面壁温的变化，如图6.23（b）所示。图中所示为外墙表面温度的计算结果，其中室内温度 $T_{inside}=20℃$、室外温度 $T_{outside}=0℃$，墙砖的厚度为24cm、导热系数 $\lambda=1.4W/m·K$，室内的对流换热系数 $\alpha_{conv\,inside}=7.69W/m^2·K$。

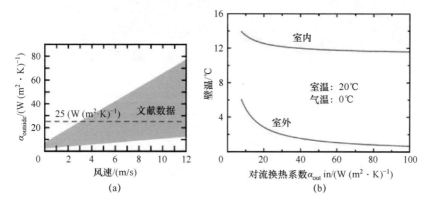

图6.23　单层墙体（导热系数 $\lambda=1.4W/m·K$）理论壁面温度与室外对流换热系数的函数关系

由图可以看出，内外墙体壁面温度都会随风速变化而变化。对于外墙来说，这一变化也会导致外墙壁面热特征的显著减弱（即当风速增大时，由于两侧墙体壁面导热系数不同，导致两个相邻点之间的温差将会减小）。这种特点在图6.7所示的半木结构墙体模型中得到了验证。图6.24所示为一个研究风的影响的试验装置。将壁面模型放置在加热板前，通过大风扇产生温度为室温的气流。风速使用经过校准的传感器测量，热流（W/m^2）使用经过校准的热流板测量。对壁面模型表面温度的测定显示，随着风速的增加，温度正如预期那样下降。

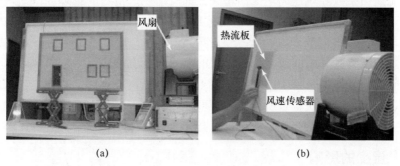

图6.24　用于分析风速对表面温度和传热速率影响的试验装置

图 6.25 所示为墙体模型风速效应的结果。图 6.25 （a） 为风速为 0 时墙体后方加热条件下的红外图像，图 6.25 （b） 风速为 7.3m/s 时同一为墙体后方加热条件下的红外图像。对 SP01 点 （墙体保温良好） 和 SP02 点 （墙体保温不良）进行定量分析，发现热对比度明显下降 （图 6.26）。随着风速的增加，由于强制对流作用，两个点的温度均呈下降趋势。但是，两个点之间的温差 （描述热对比度） 也会减小 （图 6.26 （b））。

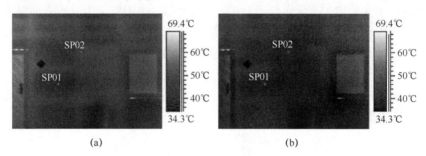

图 6.25　随风速的增加，热图像的变化

（a） 风速为 0；（b） 风速为 7.3m/s。

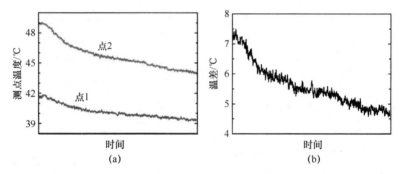

图 6.26　（a） 图 6.25 点 1、2 处壁面温度随时间变化的曲线，风速由 0 增加到 7.3m/s
（非线性尺度）；（b） 作为热特征量度的点温差随时间变化的曲线

这意味着室外热成像仪在风速较大时检测热桥和温差不再那么灵敏。

对流换热系数随风速的增大而增大，即所谓风寒指数的物理原理之一，这一点在天气预报中已广为人知。风寒温度的定义是由于空气温度和风速的综合作用，使暴露在外的皮肤表面所感受到的表观温度。人们感知到的不是空气的温度，而是皮肤温度和周围空气温度之间的温差所产生的热流。当有风时，皮肤和空气之间的 α_{conv} 增加，在二者之间产生了更大的热损失，也就是说，皮肤的温度开始接近空气温度，这就是所谓的"感觉更冷"。但是，风寒指数[12]的准确定义还包括人们对温度的感知，因此更为复杂。

6.4.2　湿度的影响

水分对建筑的损害往往需要很大一笔维修费用。因此，如何检测建筑物中的水分，以及了解水是如何改变建筑热特征信号的，是非常重要的。如前所述，壁面上的水分会因蒸发冷却而降低测量到的表面温度。这种影响必须与墙角或墙边的水汽凝结现象分开考虑，因为墙角或墙边较低的壁面温度主要是由于几何热桥造成的。此外，水的巨大热容也可能导致建筑构件升温，需要具体情况具体分析。

当气流流过液体表面时，就发生蒸发冷却[13]。这种效应是众所周知的，并且很久以来一直用于冷却物体。在20世纪20年代的亚利桑那州的沙漠里，夏天的时候，人们经常睡在带帘幕的户外门廊里。在炎热的夜晚，将用水浸泡过的床单或毯子挂在帘幕上，然后用风扇吹在帘幕上，通过蒸发冷却使房屋降温[14]。蒸发冷却是一种非常常见的建筑冷却形式，因为它相对便宜，并且比许多其他形式的冷却方式需要更少的能量。

简言之，所有的固体和液体都有蒸发成气态的趋势，而所有的气体也都有冷凝的趋势。在任何给定的温度下，对于一些特殊的物质，如水，都会存在着一个分压使其处于气态与液态的动态平衡状态。随着风速的增加，液态水中与气体分子碰撞的水分子的数量增加。这些碰撞增加了它们的能量，使其能够克服液体的表面结合能，进而导致了不断增加的蒸发效应。液体蒸发所需的能量来自液体的内能，因此本身也会冷却下来。在测量潮湿表面上的温度时必须考虑到这一效应，测量的温度结果与风速会有很大关系。

为了研究蒸发冷却对建筑物的影响，进行了室内墙壁模型试验（图6.27）。

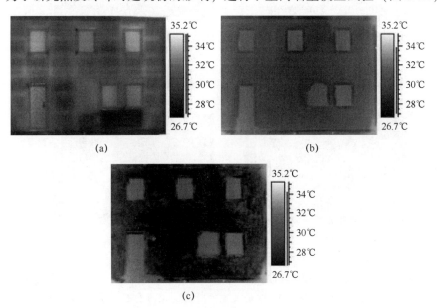

图 6.27　显示蒸发冷却效应的房屋墙壁模型热图像
（a）干燥表面；（b）潮湿表面，无风；（c）潮湿表面，风速7.3m/s。

首先，对干燥的房屋墙体表面温度进行分析（图6.27（a））。由于墙体不同的保温质量引起的温差可以清晰地显示为热特征。在湿润表面之后，墙体的热特征发生了变化，热像图的温度分布更为均匀（图6.27（b））。这种效果的产生是由蒸发冷却造成的，在温度较高的壁面位置，水分蒸发更为强烈，从而在这些区域产生更高的冷却效果，因此壁面上的温度分布更加均匀。壁面上空气流动进一步增加了蒸发效应（图6.27（c）），导致壁面温度在风速7.3m/s时进一步降低5~6K。

因此，可以得出这样的结论：首先，蒸发冷却使壁面整体的绝对温度降低；其次，蒸发冷却使热对比度明显降低，其幅度远远大于风单独作用于干燥表面。一方面，这意味着雨天或者墙面潮湿时进行室外热成像，对热桥的检测会非常不敏感。另一方面，人们可以通过增气隙流速度来降低壁面温度的方法检测墙面的水分。

我们成功地测试了一个想法，即有意使用蒸发冷却来检查墙壁上的低温点是干燥的还是潮湿的。图6.28所示为该试验的结果。在实验室的墙壁上，一些区域用冷水浸湿（图6.28（b）中的黑色圆圈），另一些区域采用冰袋冷却避免墙壁潮湿（图6.28（b）中的白色圆圈）。水的温度与无风时墙壁壁温相同，这个温度略低于室温。仅从原始热图像（图6.28（b））无法判断哪个区域是潮湿的，哪个区域是干燥的。

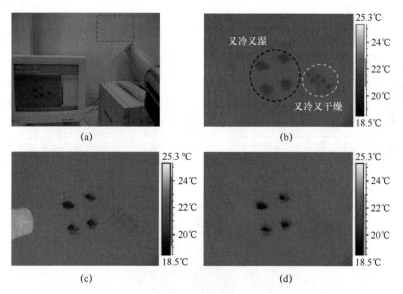

图6.28　应用气流分析墙体热像图中低温点的干、湿程度点

（a）试验装置，图中红色矩形表示观测区域；（b）无气流时，墙壁的红外图像；（c）、（d）分别为流速为7.3m/s的气流作用2s（左）和11s（右）后的热图像。

如果使用风扇将气流吹过墙面，潮湿区域由于水的蒸发会增加，导致这些区域在10s内降温3~4K（图6.28（c）、（d））。相比之下，干燥的区域则会被温度与室温相同的气流所加热。通过这个试验，我们得知在热成像检测时，可以使用风扇吹向墙壁来定性分析墙壁上的潮湿区域。

有大量的研究报道使用热成像技术来检测建筑围墙和屋顶的湿度[15-19]。这种方法的原理通常都是利用蒸发冷却来检测墙壁或天花板内的水分。在试验之前、期间和之后，使用热像仪来观察墙壁和天花板。文献［17］特别讨论了屋顶结构件、天花板结构件和基础墙结构件的湿度差异，以及室外和室内的检查方法。文献［18］利用太阳能负载来探测可疑区域。在这种情况下，观察到了墙壁的加热和冷却，如果水分（比热容比其他建筑材料高得多）存在于墙体内，探测区域的升温速度就会减慢。

6.4.3 太阳负载与阴影

建筑物的外墙经常受到太阳的辐射。这种太阳能负载会导致墙内的温度明显升高[18]。但是，即使在晴朗的天空条件下，由于太阳高度和方向的变化，入射到墙上的辐射通量在白天也会发生变化。另外，由于云的阴影、树木或附近建筑物的阴影在墙壁上可以移动，辐射通量还会在较短时间内发生变化，因此，太阳辐射和阴影的外部效应不可避免地会导致瞬态效应：面向太阳的墙体和屋顶的表面温度会不断变化。此外，所有的墙体和屋顶都会经历夜空辐射冷却（见6.4.5节），这也会导致瞬态效应。通过对这些效应的简单模型结果的描述，分别给出了试验和观测结果。

6.4.3.1 太阳负载瞬态效应建模

对德国两座有着不同典型墙体的建筑进行了测量，并对这些墙体进行了简单的模拟计算。墙体模型如图6.29所示。墙体1（图6.29（a））由一层气隙混凝土和外墙灰泥组成，墙体2（图6.29（b））增加了一层6cm的聚苯乙烯泡沫（又称膨胀聚苯乙烯）。聚苯乙烯泡沫是一种很好的低导热材料。图6.29（c）中的表格总结了所用材料的相关特性。墙体加热和冷却的时间取决于墙体材料的结构和性能。由于聚苯乙烯泡沫涂层的保温性能，它会对墙体内的温度分布产生较大的影响。因此，两种壁面模型的加热和冷却过程是不同的。

采用免费的 Excel 软件 DynaTherm2000[20] 对墙体表面温度和墙体内部温度分布进行了模拟。该软件利用有限元法计算给定边界条件下的温度分布。它可以计算任何复合墙体的瞬态热传导，同时可以考虑主要的气象影响因素，即地理位置、太阳条件（太阳高度是时间、日期、纬度和经度的函数）和风速，特别是它会自动计算太阳负载对墙壁的加热。图6.30所示为墙壁经历5h太阳照射的墙体在日落后（类似于一栋房子只在下午接收阳光照射）的一段时间内墙体模型截面上的温度分布，期间室内温度为20℃、室外温度为6℃。图6.29（a）中，由于太阳辐射作用，气隙混凝土内壁区域受热。而2号墙中的聚苯乙烯泡沫保温材料则阻挡了太阳负载导致的热通量。因此，图6.29（b）中气隙混凝土的最高温度低于21℃，远低于图6.29（a）中气隙混凝土的最高温度。

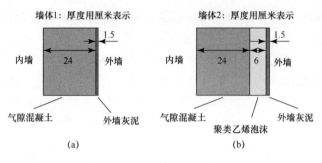

材料名称	比热容c/(J/(kg·K))	热导率λ/(W/(m·K))	密度ρ/(kg/m³)
气隙混凝土	1000	0.1	400
聚苯乙烯泡沫	1200	0.04	12.5
外墙灰泥	1000	0.31	600

(c)

图 6.29 墙体模型

（a）为墙体 1；（b）为墙体 2，相当于墙体 1 加上一层保温材料；

（c）为模型中使用的相关材料性能表。

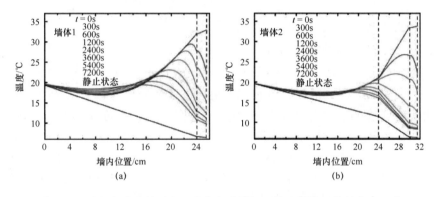

图 6.30 日落后不同时间点墙体模型内温度分布的模拟。静止条件（最低曲线）为 $T_{in}=20℃$、$T_{out}=6℃$，且无任何太阳辐照。曲线（$t=0s$）反映经历 5h 太阳照射的墙体在日落后的温度分布

　　与墙体 2 相比，墙体 1 储存的热能更多，冷却时间也更长。这个冷却过程由热量从墙体内部扩散到表面来控制。为了将模拟结果与实验结果进行比较，需要计算太阳辐射作用下的外墙表面温度。在适当的太阳辐照条件下，加热和冷却过程表面温度的模拟结果如图 6.31 所示。

　　由图中可以看出，壁面的升温和冷却过程似乎遵循简单的指数规律。这是基于这样一个事实，即对于具有一种材料的无限一维墙体，其一维时变冷却过程可由下式表征：

$$T = A_1 \cdot \exp(-t/\tau) + T_0 \tag{6.2}$$

式中：T 为墙体表面温度；T_0 为稳态热平衡时的墙体表面温度；τ 为相应的时间常数。

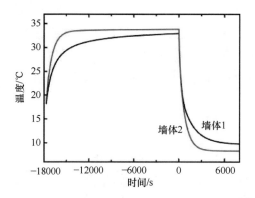

图 6.31　在 $T_{in} = 20℃$、$T_{out} = 6℃$ 的条件下，墙体 1 和墙体 2 模型表面温度的
模结果。太阳辐射在 $t \approx -18000s$ 开始，产生 5h 的太阳负载。时间 $t = 0$ 对应于
太阳辐照的结束，即随后冷却过程的开始。时间对应于图 6.30 中的时间

多层墙体的冷却过程更为复杂，如墙体 1 和墙体 2。通过仿真，发现模型的结果可拟合为

$$T = A_1 \cdot \exp(-t/\tau_1) + A_2 \cdot \exp(-t/\tau_2) + T_0 \qquad (6.3)$$

根据这些模拟结果，可以得出结论：由于外部对流和辐射冷却与墙体内部存储的能量到外表面之间的相互作用关系非常复杂，所以不能期望用简单的牛顿指数进行描述[21]。相反，我们可以尝试使用式（6.3）中更为复杂的双指数函数来拟合实验结果。

6.4.3.2　时间常数的实验

为了对壁面的冷却过程进行实验分析，有必要提供太阳负载加热或其他壁面加热的装置[22]。在第一次实验中，墙体加热是通过一个附着在墙体外表面的电加热板（$A = 1.2m^2$）来实现的，电加热板与外界之间是绝热的（图 6.32）。

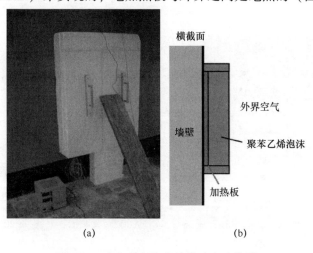

(a) 　　　　　　　　(b)

图 6.32　电加热板加热墙壁的实验装置

利用红外相机分别在中波和长波波段测量了电加热后两个墙体的冷却过程。正如 4.5 节所述，我们并不期望简单的指数冷却，而是用式（6.3）拟合数据。两个墙体的长波测量结果如图 6.33 所示。将这些结果与较为粗糙的一维无限墙体模型的模拟结果进行比较，可以发现墙体 1 与墙体 2 的变化趋势相同，即墙体 1 的冷却时间要比墙体 2 大得多。

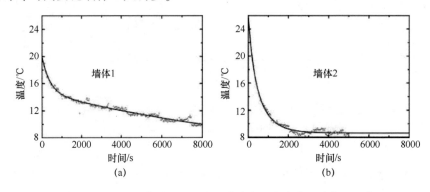

图 6.33　取下加热器后，立即测量墙体 1 和墙体 2 的表面温度
（数据点偶尔下降是由于相机执行自动校准）

利用太阳辐射加热的实验是在下午阳光照射到墙体 2 上 4h 后进行的。图 6.34 所示为 AR01 和 AR02 区域的测量结果。由于侧窗的反射照射，AR02 的平均温度较高。图 6.35 所示为测量区域与没有太阳照射的墙壁（隐藏在树林里）之间的温差 $\Delta T = T_{area} - T_{amb}$ 随着时间的变化关系。在 $t = 1600s$ 时，AR01 附近的部分墙体再次受到短暂的照射（森林和房屋之间存在能被阳光穿过的空隙）。显然，太阳辐射很容易导致墙体温差超过 20K，相应的时间常数很容易达到 1000s。因为热信号衰减到小于原始值的 1% 需要至少 5 个时间常数，因此这意味着只要太阳辐射出现在墙体上面后，至少要等待 1～2h 才能让太阳负载效应不再出现在红外图像中。

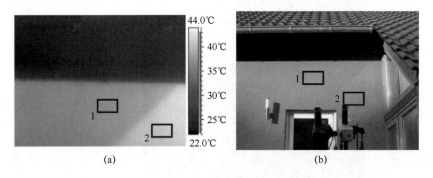

图 6.34　太阳照射 4h 后的墙体 2 的红外图像（a）和可见光图像（b）
（长波相机，T（AR01）=36℃，T（AR02）=42℃，$T_{amb.air}$=20℃）

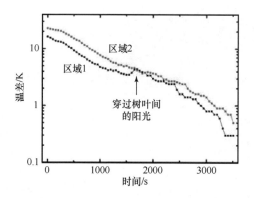

图 6.35 图 6.34 中的 T（AR01）、T（AR02）与 $T_{\mathrm{amb.air}}$ 之间的温差 ΔT

6.4.3.3 阴影

图 6.36 是一个典型的室外建筑热成像的例子。房子的墙壁被阳光照亮，但是另一部分处于屋顶的阴影中。此外，在右侧窗户上方，可以清晰地观察到热反射。阴影导致了太阳辐射对墙体加热和冷却的瞬态效应。

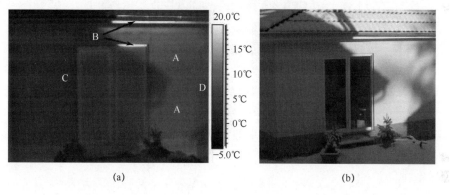

图 6.36 房屋墙体的中波红外图像（a）与可见光图像（b）。包含的因素有太阳辐射加热（A）、太阳反射（B）、邻近建筑的阴影（C）和树枝的阴影（D）

图 6.37 是一个在冬天记录的类似示例，在房子的墙上可以清楚地看到相邻房屋屋顶的阴影。由于太阳的位置随时间变化（每 4min 移动 1°），所以阴影在墙上移动。从几何上，可以粗略估计阴影的移动规律，如在 5min 内移动 20cm。在阴影的中心位置墙壁的温度要比完全暴露在太阳辐射下几小时的墙壁的温度低 15K 左右。

这种瞬态效应可能会导致误解。例如，一个很高的烟囱在墙壁上形成阴影，过了一会太阳被云层遮挡。尽管如此，在之后的 1 个多小时里，这堵墙的热图像仍然会呈现出这个阴影。如果没有意识到这个热特征是由于太阳辐射和阴影造成的，可能误认为是结构缺陷，这是一个完全错误的解释。

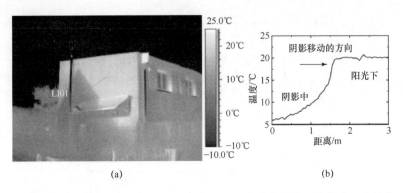

（a）   （b）

图 6.37   由于瞬态冷却和加热效应，移动的阴影对房屋墙体造成的温度梯度

6.4.3.4   墙体内结构的太阳负载

太阳负载效应不仅会影响墙体表面，还可能会改变墙体内部结构的热特征，这已经在图 6.38 所示的房屋中进行了研究。图 6.39 举例说明了隔热平面墙截面（B）与相邻的封闭卷帘门截面（A）之间的冷却过程随时间变化的差异。

（a）   （b）

图 6.38   带有一个封闭百叶窗的房屋墙壁，窗子之间有空气间隙
（a）这类似于图 6.29 中的复合墙体结构（b），但材料性质不同

图 6.39 中（a）为日出前、（b）为日出后 30min、（c）为太阳辐射加热并中断 4h 后的测量结果，分析了表面的平均温度。最初，这两个区域的温度是相同的，与卷帘门相比，太阳辐射导致墙体温度升高。这种温差 ΔT 随着冷却时间缓慢减小。由于较低的比热容和良好的封闭性，因此卷帘门在日落后的降温效率比实心墙更高。温度的高低取决于材料的性质。由此可以得出结论：太阳辐射也会影响墙体与其复合结构之间的热对比度。

6.4.3.5   太阳反射

太阳辐射不会被墙壁 100% 吸收，它不仅会导致加热，还会导致粗糙表面的漫反射和抛光表面的镜面反射。由于太阳辐射的光谱特性，反射对中波相机的影响比对长波相机更为明显。这里不讨论抛光表面的镜面反射（如图 6.36（b）所示），重点关注粗糙的墙面反射。

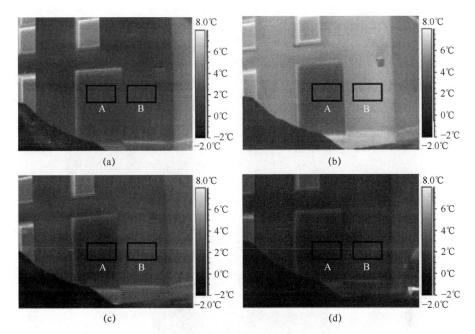

图 6.39　中波相机拍摄的卷帘门（A）和保温墙体（B）

（a）日出前，早上 7:30，$\Delta T = 0K$；（b）下午 15:50，经历了 4h 的太阳照射，$\Delta T = 2.6K$；
（c）下午 16:50，$\Delta T = 1.3K$；（d）下午 17:50，$\Delta T = 0K$。

有一个简单的方法来测试墙壁反射的效果。将一堵墙暴露在太阳辐射下，几小时后接近稳定状态。如果 t_0 时刻在太阳与墙壁之间放置一些物体，使壁面的一部分处于阴影中，红外相机测得的壁面表观温度曲线如图 6.40 所示。起初，由于缺少太阳辐射的直接反射，温度出现了非常快速、瞬间的下降。稍后，阴影中的墙壁区域开始冷却，出现如上所述的时间常数。

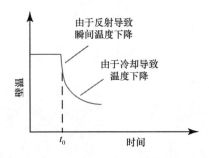

图 6.40　墙面反射检测。长期暴露在太阳照射下的墙体，其稳态温度（蓝色）几乎不受影响。在冷却过程（绿色曲线）开始之前，由于太阳的反射突然消失，墙壁上的阴影导致表观温度瞬间下降（红色曲线）（见彩插）

实验设置和测量结果如图 6.41 所示。一面墙暴露在太阳辐射下约 3h 后，用一个聚苯乙烯泡沫平板在墙上产生阴影。用中波红外相机检测表面温度（周围墙体温度35℃，发射率 $\varepsilon = 0.94$），发现阴影区域的表观温度瞬间下降 $\Delta T = 1.8\text{K}$。而使用长波相机检测时，温度的瞬间下降几乎看不到（降幅为 $\Delta T \leqslant 0.4\text{K}$），随后由于阴影导致的冷却在35s后可以清晰地看到温度的下降（降幅为 $\Delta T = 1.5\text{K}$）。

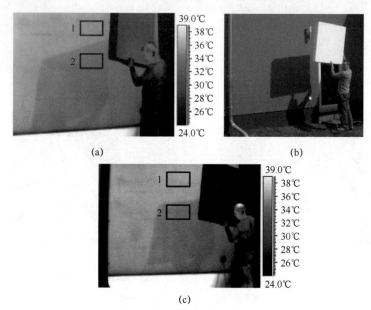

图6.41　在墙体2上突然出现阴影后的可见光图片（b）和中波红外图像（a）；（c）为35s后的长波红外图像

从图6.41中可以得出结论，对于中波相机来说，太阳反射造成表观温度效应可能高达2K，这种影响不可忽略。图6.41中的墙壁有着非常粗糙的表面，即高发射率和非常低的漫反射系数，太阳反射造成的影响已经如此明显。如果是采用具有更强的定向反射率的屋顶瓦片，那么太阳发射的贡献将会更大。

图6.42所示为一个用中波和长波红外相机分别观察屋顶的案例。房屋几何结构和观察角度如图6.43所示。从已知的角度（太阳高度角、屋顶角度、相机观察角）可以发现观察方向非常接近屋顶对太阳的镜面反射方向（$\Delta\varphi \leqslant 15°$）

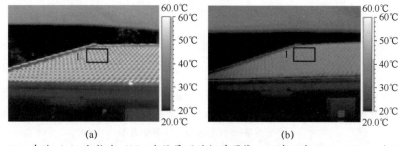

图6.42　中波（a）和长波（b）波段屋顶的红外图像，环境温度 $T_{\text{amb}} = 20℃$。由于太阳反射导致中波红外图像有着更强的红外信号。采用发射率 $\varepsilon = 0.8$，对于中波红外图像 T_{ave}（AR01）= 48.6℃，对于长波红外图像 T_{ave}（AR01）= 38.1℃

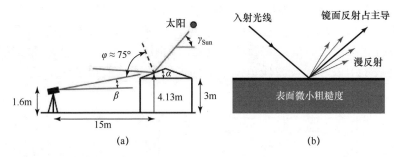

图 6.43 （a）测量几何尺寸示意图，中午 $\gamma_{sun}=53°$，$\alpha_{roof}=24°$，$\beta_{camera}=9°$；
（b）具有微小粗糙度的表面的散射辐射

因此，可以预见在这个角度观察会有非常强的漫反射贡献。通过几何结构，发现观察方向与屋顶表面的法线方向呈 75°。实验还发现，在这个角度下屋顶发射率降低到了 ε（75°）≈ 0.8，即屋顶反射率 $\rho \approx 0.2$。

为了定量估算中波和长波波段太阳反射对墙体和屋顶信号的影响，需要引入波段发射的黑体辐射函数（1.3.2.5 节）。F（$0 \to \lambda$）给出了黑体在 $0 \sim \lambda$ 波段内的辐射占总的黑体辐射的占比（见式（1.20）），而斯蒂芬 - 玻耳兹曼定律可以计算波长范围从 $0 \sim \infty$ 的总辐射（用 M_λ 表示光谱发射能力）。假设在 $\lambda_1 \sim \lambda_2$ 波长范围内，探测器灵敏度和发射率 ε 均为常数，那么就可以利用 F（$0 \to \lambda$）来计算中波和长波范围内的辐射分数 ΔF（λ_1，λ_2）（见式（1.21））。假设太阳表面温度 $T_{sun}=6000K$，墙壁的反射率 $\rho=0.06$，冬天太阳辐照度 $I=200W/m^2$，夏天太阳辐照度 $I=800W/m^{-2}$，并以此来定义反射太阳辐射的比例

$$S_{refl} = \rho \cdot \Delta F \cdot I (W \cdot m^{-2}) \qquad (6.4)$$

计算结果如表 6.4 所列。

表 6.4　中波和长波波段反射太阳辐射的计算结果

波段/μm	ΔF（6000K）	S_{refl}/ $W \cdot m^{-2}$	
		冬天 $I=200W \cdot m^{-2}$	夏天 $I=800W \cdot m^{-2}$
中波 3 ~ 5	1.45×10^{-2}	0.174	0.696
长波 8 ~ 14	9.88×10^{-4}	1.18×10^{-2}	4.74×10^{-2}

这些数字受反射率 ρ 的影响较大，较大的反射率（即较小的发射率）可以大大增加中波范围内反射太阳辐射的大小，因为 $\Delta F_{MW} \approx 15 \times \Delta F_{LW}$。

为了判断反射的太阳辐射 S_{refl} 对红外相机的影响，需要估算导致墙壁温度增加 1K（如从 $T_1=307K$ 增加到 $T_2=308K$）所需的红外辐射照度 $\Delta S_{thermal}$，计算方法如下：

$$\Delta S_{thermal,MW} = \varepsilon \cdot (\Delta F_{MW}(T_1)\sigma T_1^4 - \Delta F_{MW}(T_2)\sigma T_2^4) \qquad (6.5)$$

$$\Delta S_{thermal,LW} = \varepsilon \cdot (\Delta F_{LW}(T_1)\sigma T_1^4 - \Delta F_{LW}(T_2)\sigma T_2^4) \qquad (6.6)$$

对于发射率 $\varepsilon = 0.94$ 的墙壁，$\Delta S_{thermal}$（MW） $= 0.25 W \cdot m^{-2}$。从图 6.44 中可以计算出墙面（$\varepsilon = 0.94$，$\rho = 0.06$）的红外辐射表观温度从 307K 上升到 308K 所需的红外辐射照度 $\Delta S_{thermal}$ 以及墙面反射的太阳辐射照度 S_{refl}。蓝色区域和红色区域分别表示中波和长波波段范围。下面的阴影区域的积分就是 S_{refl} 和 $\Delta S_{thermal}$ 的值。

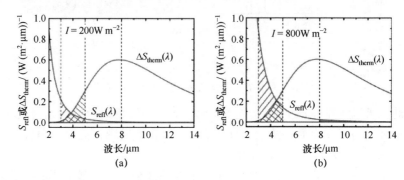

图 6.44 在给定太阳辐照度分别为 200W · m^{-2} 和 800W · m^{-2} 条件下，比较物体（$\varepsilon = 0.94$，$\rho = 0.06$）反射的太阳辐射照度 S_{refl} 与该物体在 307K 时辐射温度改变 1K 产生的辐射照度 $\Delta S_{thermal}$

假设太阳辐射照度 $I = 200 W \cdot m^{-2}$，则有

$$\begin{cases} S_{refl} = \int_{3\mu m}^{5\mu m} S_{refl}(\lambda) \mathrm{d}\lambda \approx 0.174 W \cdot m^{-2} \\ \Delta S_{thermal} = \int_{3\mu m}^{5\mu m} S_{thermal}(\lambda) \mathrm{d}\lambda \approx 0.25 W \cdot m^{-2} \end{cases} \tag{6.7}$$

从图 6.44 可以看出，对于长波红外相机来说，太阳反射可以忽略不计。如果物体的温度 T 改变了，那么图 6.44 中的 $\Delta S_{thermal}$ 曲线也将会改变，但计算方法仍是一样的。

以上的分析可以帮助理解墙体和屋顶反射太阳辐射的差异。根据图 6.41 的壁面测量结果，反射太阳辐射部分引起的降温 $\Delta T = 1.8 K$，在墙面实际温度为 307K 时，墙面反射的太阳辐射照度为 $1.8 \times 0.25 W \cdot m^{-2} = 0.45 W \cdot m^{-2}$。如果这额外的辐照度是由于反射的太阳辐射，则需要太阳的辐射照度为（0.45/0.174） × 200W · m^{-2} = 52W · m^{-2}，这对于 5 月晴朗的中午是合理的。

然而，对于屋顶来说，观察方向与屋顶表面的法线方向呈 75°，此时屋顶发射率 ε（75°） ≈ 0.8，即屋顶反射率 $\rho \approx 0.2$。屋顶的实际温度为 38℃，按照上述方法进行计算，发现在同样的太阳辐射照度 520W · m^{-2} 下，屋顶的发射导致约 7K 的温差。实验结果表明，长波与中波红外图像的温差约为 9K，这是相当接近的。

6.4.4 建筑热成像中的角系数效应

除了由于太阳负载、阴影以及风和雨随时间的变化而产生的瞬态效应外，还有一个非常重要的基础参数，对建筑物外墙温度有很大的影响：周围的几何结构。第1章介绍了黑体辐射和不同温度目标间辐射传递的规律。考虑最简单的情况，给定温度 T_{obj} 的灰体在温度为 T_{surr} 的恒温且各向同性的环境里。为了简单起见，假设物体与周围环境之间的空间是真空，这样就可以忽略热传导和对流。在这种情况下，物体与周围环境之间的辐射交换总和是由物体辐射功率 $\varepsilon \cdot \sigma \cdot T_{obj}^4 \cdot A_{obj}$ 和从环境接收到的辐射功率 $\varepsilon \cdot \sigma \cdot T_{surr}^4 \cdot A_{obj}$ 所决定。因此，物体发出的净辐射功率（$T_{obj} > T_{surr}$）或接收的净辐射功率（$T_{obj} < T_{surr}$）由下式给出

$$\Phi = \varepsilon \cdot A_{obj} \cdot \sigma(T_{obj}^4 - T_{surr}^4) \tag{6.8}$$

当物体没有被等温面包围时，情况就变得复杂很多。例如，考虑图 6.45 (a) 中描述的情况。一个物体被两个不同温度的半球所包围。在这种情况下，物体的左边（中间）发射的辐射比它接收的多，而物体的右边接收的辐射比发射的多。因此，物体的左右表面会有不同的温度，除非目标的导热系数极高。同样的情形也可能发生在建筑物上，如图 6.45 (b) 中描述的情况。房屋1与两栋温度不同的建筑（房屋2、房屋3）相邻，其中房屋2的温度比房屋1更低，房屋3的温度比房屋1更高。假设墙体材料的导热系数是有限的（这是合理的），面朝房屋3的墙体应该比面朝房屋2的墙体温度更高。当然，图 6.45 只是一个简化的例子。通常任何目标（如建筑物）都被许多不同的目标（房屋、树木、植物、地面、天空、云等）所包围，必须考虑到各部分的辐射平衡。周围各部分的辐射贡献由 1.3.1.5 节中介绍的各自的角系数进行定量描述。

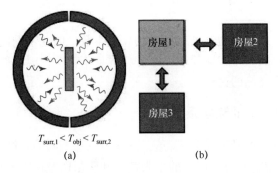

$$T_{surr,1} < T_{obj} < T_{surr,2}$$

(a)　　　　　　　　　　　(b)

图 6.45　一个物体被两个不同温度的半球所包围，会在不同方向产生不同的辐射传递（a）。这类似于一栋房屋，面对两栋温度不同的相邻房屋（b）。这将导致物体在不同方向的温度差异

图 6.46 举例说明了室外建筑热成像领域中三种不同典型情况对建筑热成像的影响，而不是给出如此复杂的计算。

对于建筑来说，通常有三种不同温度的元素：第一，地面及周围植被的温度 T_{ground}；第二，邻近物体（建筑）由于内部加热，可能有不同的表面温度 T_{obj}；第三，晴朗或者有云的天空的温度 T_{sky}。环境的每个部分的辐射贡献是由角系数决定的。简单地说，当两个目标面对面时的辐射交换比有角度时要大。图 6.46 (a) 所示为面向天空的平屋顶建筑。屋顶与周围环境的辐射交换由角系数来决

定，这是通过屋顶上方的半球空间积分进行计算的，因此只有天空有贡献。对于屋顶倾斜的建筑（图6.46（b）），天空只能以较小的角度对屋顶的辐射交换做出贡献。此外，部分屋顶还与有着不同温度的地面存在辐射交换。这时，必须计算出天空和地面的角系数，进而计算它们的辐射贡献。根据地面温度与天空温度的大小，可以判断它们对辐射交换影响的大小。最后，图6.46（c）也是一个屋顶倾斜的建筑，同时附近有着另一个相邻的建筑。现在，屋顶表面的辐射交换有三种：一个是进一步减小的天空辐射贡献，一个是减小的地面辐射贡献，另一个是额外的物体辐射贡献。很明显，随着更多不同温度的物体的加入，情况会变得更加复杂。建筑的不同部分，如墙壁，由于其不同的朝向，将有不同的辐射贡献。

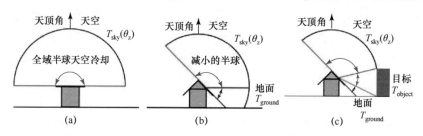

图6.46 不同情况下辐射交换的角系数示意图

使用热流板进行的试验表明[24]，在晴朗的夜空中，如果该板水平放置（即垂直于0°天顶角），测得该板流向周围环境的热流约为$60\mathrm{W \cdot m^{-2}}$。将热流板与天空之间的角度从0°改变到90°（即竖直放置），导致观测到的热流减少到仅为$10\mathrm{W \cdot m^{-2}}$。

由于建筑墙体或屋顶通常只有很低的导热系数，因此不同的环境温度极易导致建筑围墙结构上的温差，即使墙体厚度相同且不存在保温问题，下面针对夜空辐射冷却进行更为详细的讨论。

6.4.5 夜空辐射冷却与角系数

建筑物周围的三种典型温度T_{ground}、T_{obj}和T_{sky}在不同的限制范围内有所不同。典型建筑的温度（T_{obj}）会因白天的太阳负载和阴影以及夜晚的冷却效应而变化，但是由于冬季有室内供暖，建筑外围温度通常不会低于室外空气温度。同样地，地面温度也不会显著低于空气温度。相比之下，天空的温度变化最大。晴朗的天空和云雾笼罩的天空之间存在着很大的温差。这是由于云层在红外光谱中是不透明的目标，温度取决于云层的最低高度。相比之下，晴空测得的天空温度是由所有高度的大气共同决定的，因为大气中薄层空气的发射率非常小。

几乎每个拥有红外相机的人都会出于好奇，把相机对准晴朗的天空。图6.47展示了一幅晴空的热像，包括地平线。为了更合理地测量红外辐射温度，选取高度为100m的天空（温度10℃）的发射率来计算。天空呈彩色条带状，天空顶部的辐射温度减少到了 -40℃。

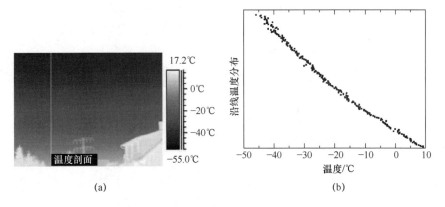

(a)   (b)

图 6.47   （a）晴朗夜空的典型热像图，视场角为 24°；（b）计算辐射温度所用的发射率在
选定线上为常数

当然，这些表观辐射温度是完全无用的，它们指的是在整个视场范围内某种平均的有效天空温度（详见 10.6 节）。

文献［25］对天空辐射的红外发射率进行了更深入的定量分析，得到的发射率值约为 0.8。利用这些发射率，有效天空温度被定义为一个温度为 T 的物体向具有有效温度为 T_{sky} 的半球形天空的净辐射热通量。在简化模型中，有效天空温度通常取决于露点温度、环境温度和云量[25]。

图 6.48 是有云的天空的可见光图像和红外图像。由于云层的高度较低，它们的温度比背景中的天空温度要高得多。

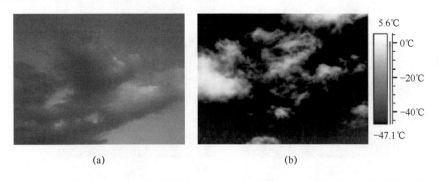

(a)   (b)

图 6.48   云对红外相机检测温度的影响（可见光图像是白天拍摄的，红外图像是夜晚
拍摄的）。云的辐射温度比天空的辐射温度高很多

可能较低的有效天空温度会对建筑物的室外红外热成像产生很大影响，特别是如果遵守室外热成像的规则在日出前几个小时内进行记录时。晴朗的天空与完全被云覆盖的天空相比，辐射损失会大大增加。因此，它们会导致建筑物墙壁、屋顶和窗户的温度随时间大幅度下降。在这种情况下，前一天晚上的天气条件决定了建筑外围结构的热特征。在气候炎热时，这种效应可以看作是一种冷却效应[26]。

通常来说，在晴空万里的夜晚，空气温度会较低，而完全被云层覆盖的夜晚则相反（正常情况下，特殊气候除外）。这个现象就是夜间天空的辐射冷却[24]（这个现象在一整天里都存在，但是白天会被太阳辐射效应所掩盖）。在下面的章节中，将举例说明角系数在涉及夜空辐射冷却的情况下对建筑热成像的重要性。

6.4.5.1 停在车库内或车库外的汽车

众所周知，将汽车停在车库内可以防止汽车挡风玻璃的温度低于露点温度或水的冰点温度，图 6.49 展示了这种现象。在图 6.49（a）、（c）中有两辆车停着，其中一辆车停在车库里，另一辆车停在车库外。车库顶棚由 3.5mm 厚的塑胶组成，对红外线不透明。天空的有效温度比周围空气温度低得多，使车库顶棚和车库外面车辆的温度较低。车库里汽车的车顶被温度比天空温度更高的车库顶棚完全遮挡，只有挡风玻璃与夜空有一定的角度而没有被车库完全遮挡，这类似于图 6.46（b）中的结构。因此，车库内的汽车对周围环境的辐射降温比车库外的要小。

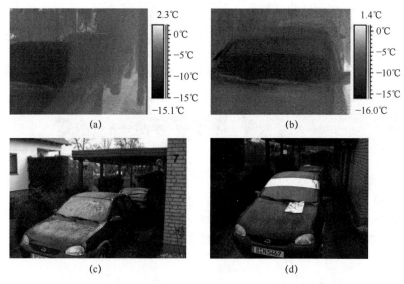

图 6.49   （a）、（c）在冬季的晴朗夜晚，两辆停放着的汽车（一辆在有塑料顶棚的车库内，
一辆在车库外）；（b）、（d）停在外面的汽车挡风玻璃和发动机罩被铝箔部分覆盖，
在记录红外图像之前，将铝箔取下

在晴朗的夜晚，停在车库外的车辆被天空辐射冷却到了 –12℃，而停在车库内的车辆温度约等于 –4℃的环境温度。

为了避免停在外面的汽车挡风玻璃上结冰，人们常在上面铺上箔毯。图 6.49（d）所示为一辆停在外面的汽车挡风玻璃的部分区域被一个厚度约 30μm 铝箔所覆盖。铝箔的高反射率（$R \geqslant 95\%$）会使被覆盖区域有着很低的发射率（$\varepsilon \leqslant$

0.05）。这样夜间的辐射损失就可以减小到最小，对应的红外图像也说明了覆盖铝箔区域有着较高的温度。由于玻璃的导热系数很低（$\lambda_{glass} \approx 0.7W/(m \cdot K)$），因此可以观察到挡风玻璃的两个区域存在着明显的温差，约为 5K。为了对比，在发动机罩的部分区域也覆盖了铝箔。在红外图像中观察不到发动机罩上的明显温差，因为金属的导热系数较大（$\lambda_{steel} \approx 50W/(m \cdot K)$），导致温度会快速均衡。

图 6.49 还证明这样一个事实，即在晴朗的夜空条件下，物体确实可以冷却到比环境空气温度低得多的温度，这是因为对流引起的热传递无法足够迅速地补充由辐射导致的巨大热损失。

6.4.5.2　面向天空的房屋墙壁

建筑物垂直墙壁夜空辐射冷却的角系数远小于汽车挡风玻璃，因为它与天空是垂直的。为了分析晴朗的夜空辐射冷却对没有相邻物体的墙体温度的影响（墙体表面竖直，如图 6.46（b）所示），在日落时对墙体的两个区域用铝箔覆盖，如图 6.50 所示。日落 4h 后，取下铝箔，并拍摄了一张热图像。与汽车挡风玻璃覆盖区域类似，之前用铝箔覆盖区域显示出更高的温度，产生的温差 ΔT 约为 6K，这是由于夜空辐射冷却减少造成的。

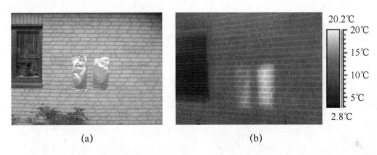

图 6.50　（a）被铝箔覆盖的建筑物外墙；（b）日落后 4h 取走铝箔后的热像图

6.4.5.3　角系数的影响：车库对墙体的局部遮挡

下面用车库的例子研究夜空辐射冷却对车棚建筑墙体的影响。图 6.51 重新展示了图 6.49 的车库。如上所述，由于夜空辐射冷却的影响，车库顶棚的温度会有所下降，但是仍然高于夜空的有效温度。比较 AR01、AR03 和 AR04 三个区域所示的房屋墙体是很有趣的。它们属于同一个墙体，结构相同，且没有几何热桥。车库顶棚下方墙体（AR01）的辐射能量损失远小于车库顶棚上方墙体（AR04）的辐射能量损失，这是由于两部分墙体与天空的角系数存在差异以及墙体的热时间常数过长导致的，日落 4h 后的温差大约为 3℃。AR03 的壁面温度介于两者之间，因为此处的壁面仍然被车库顶棚局部遮挡了夜空（类似于图 6.46 中较小的视角）。

车库后方的小木屋也被车库顶棚完全遮挡。但是，这个木屋（AR02）的温度比相邻建筑墙体（AR01）的温度要低。这是因为木屋的比热容更小（热时间常数更小）造成的。

(a)   (b)

图 6.51　不同角系数对墙体辐射冷却速率的影响。这张热像图是在日落 4h 后拍摄的

　　从图 6.52 也可以看出砖与木材的热时间常数的差异。这是一个在混凝土和砖块上建造的木制花园栅栏。对这种图像典型的错误解读可能是栅栏的下方有加热管道，其实是由于花园栅栏的热质量（密度和比热的乘积）非常小，冷却得非常快。但是，下面的基座可以储存更多的热能，冷却速度也会更慢。物体的冷却时间常数可以通过其热特性来估算[21, 27]。对于本例中的栅栏基座，发现其冷却时间常数约为 3h。

(a)   (b)

图 6.52　不同热时间常数导致的瞬态温度分布差异。这张红外图像是在日出前不久拍摄的

　　需要注意的是，如果不考虑角系数的影响，图 6.51 的热图像可能会被错误地解释为车库顶棚下方墙体保温性能不良。

6.4.5.4　角系数影响：邻近建筑及屋檐的影响

　　图 6.53 展示了另外一个例子，如果没有正确地考虑周围环境角系数的影响，就可能会对红外图像产生错误的解释。图中展示了两座相邻的房子，两座房子的西面是空旷的，角系数很大程度上是由天空决定的。远处白色房屋的南侧墙壁朝向可见光图像中靠前的房屋。它对晴朗夜空的角系数贡献较少，取而代之的是来自温暖的邻近房屋的角系数贡献。因此，该壁面（AR03）比西侧壁面（AR01）温度高（实验验证了发射率随角度变化对热成像结果没有影响）。

图 6.53 中标注的区域 A02 和 A04 说明了屋檐对辐射冷却速率的影响。略低于屋檐的区域（AR02）的温度更高，因为辐射冷却较弱。侧墙上部（AR04）由于屋檐降低了天空的角系数，也使得该区域的温度高于下墙（AR03）。

图 6.53　夜空辐射冷却和角系数对壁面辐射温度的影响

这样的实验结果可能会导致对热图像的错误解读。由于辐射冷却减少而引起的较高温度区域常常被误解为是热泄漏。

两栋建筑西墙的温度也很容易被错误地解读。测量到的靠前的房子墙体温度（AR05）明显高于靠后的房屋墙体（AR01）。这是由墙体结构不同引起的，而不是由保温材料不同引起的。具有较高温度的房屋墙体（靠前的房屋）由外部的砖墙、气隙和保温内墙组成，其比热容高、蓄热能力强。靠后的房屋墙壁由一层薄薄的（2cm）灰泥和保温内层组成。灰泥的蓄热能力比砖墙的蓄热能力小得多。因此，由于辐射冷却就会导致 AR01 表面热损失较多，使得这所房子的墙壁表面温度较低。测量到的温度并不代表房屋的能量损失，而是在白天被太阳和空气加热后，夜间降温产生的瞬时效应。

6.5　窗　　户

窗户是建筑物红外图像中最突出的特征。主要有两个原因：首先，玻璃表面通常非常平滑，为镜面发射提供了良好的条件；其次，窗框与建筑墙体的连接处通常保温性能较差。图 6.54 所示为建筑物墙壁上的窗框简图。现如今，双窗格和三窗格窗户都有非常低的 U 值，能量损失主要发生在框架处。可能是由于保温不良造成的，框架与砌体之间的空心空间未完全填充保温材料，导致气流向外流动（红色箭头）。此外，窗框的角落处也存在几何热桥。因此，窗户的热特征通常都会出现在热像图中。我们需要关心的是窗框的温度是否低于典型露点温度，所以从建筑物内部进行的红外分析都需要仔细检查窗框的露点温度。

图 6.55（a）所示为对客厅窗户的红外检查热像图，这是一扇与墙角成 120°角的分体式窗户。热像图中最显著的特征显然是测温者自身的热反射（有关热反射的详细信息，参见 9.2 节）。值得关注的是两个窗口之间的顶角处有一个低温

点。图 6.55（b）是这一关键部分的详细视图。由于窗框边缘存在的保温缺陷，因此最低温度只有 8℃，低于相对湿度为 50% 时的露点温度。此处，热泄漏可能与霉菌的形成有关。

图 6.54　窗户与建筑墙壁的连接示意图

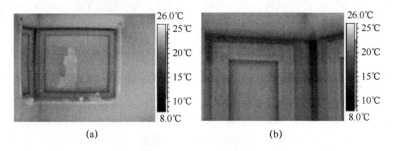

图 6.55　（a）客厅窗户的热反射；（b）窗口上角处的详细视图。工况：室外温度 0℃、室内温度 21℃、保温不良处最低温度 8℃

　　图 6.56 所示为另一个窗体保温不良的例子，是倾斜屋顶内的天窗。在相同的室内外条件下，右下角的温度很低，只有 7.3℃，明显低于露点温度。在寒冷的冬夜过后，窗户框架经常会出现潮湿现象。

图 6.56　窗框保温不良的天窗。右下角的最低温度只有 7.3℃，低于露点温度

　　图 6.57 所示为一个房子的顶层大窗户，从室外和室内分别拍摄的红外热像图。虽然窗框清晰地显示在图像中，但检查并没有发现保温问题。其特点是由于框架的几何热桥以及框架的 U 值比窗户玻璃略低而造成的。由于双层窗户的 U 值略大，因此它们本身比砖墙温度稍微高一些（表 4.6）。从室内对窗框的近距离成像也没有发现问题，而且窗框的温度远远高于露点温度，对于较低的室内温度也是如此。

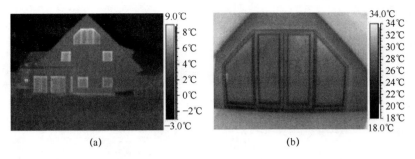

(a)　　　　　　　　　　　　　(b)

图 6.57　房屋顶层的四开大窗户室内外的红外图像显示存在较大的温差 ΔT

　　在热图像中，邻近建筑的阴影也会对窗户的红外特征产生较大的影响[28]。图 6.58（a）为相邻的两扇双层玻璃窗 A 和 B 的室内热像图。在不考虑外部条件（见图 6.58（b），B 处于阴影下）的情况下，可能会误认为 B 窗存在气体泄漏的缺陷。

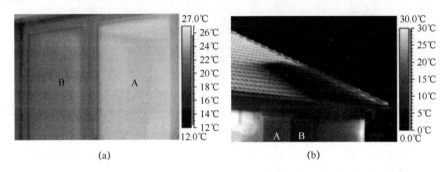

(a)　　　　　　　　　　　　　(b)

图 6.58　（a）两扇双层玻璃窗的室内热像图，表现出不同的温度；（b）该窗户的室外
红外图像分析（A 窗处于阳光下，B 窗处于阴影中）

　　相比之下，图 6.59 所示为一个双层玻璃窗户存在真实气体泄漏的案例。这种保温玻璃通常充满干燥的空气（以避免冷凝）或特殊气体（主要是氩气）。图 6.59 中的窗户 A 发生了气体泄漏。从理论上讲，如果发生泄漏，双层玻璃窗的低 U 值会被两个单层玻璃窗的高 U 值所取代，这意味着内层玻璃的温度会变低，外层玻璃的温度会变高。图 6.59 除了窗户的气体泄漏，窗框的橡胶垫片（B）也存在着的缺陷，只能从室内检测到。在室外红外图像中，窗框悬梁处的热反射会隐藏这一热特征。

　　图 6.60（b）展示了一个类似的例子，屋檐下方有一条明显温度较高的条状，这是由于屋檐的遮挡使得该处的辐射损失减少了（角系数影响）。此外，可以清楚地看到，由于卷帘门卷闸直接安装在窗户上方的墙壁上，导致此处的保温材料减少了。图 6.60 还体现了另一种影响：右侧窗口反射夜空辐射（夜间记录的红外图像，白天记录的可见光图像），而左侧窗口反射邻近建筑的辐射。夜空和邻近温暖物体的角系数贡献不同，导致右侧窗口较冷。再次强调，这与窗户保温性能好坏没有关系。

(a)   (b)

图 6.59　通过室内（b）和室外（a）的热像图可以判断窗 A 存在着气体泄漏。
B 处的橡胶垫也存在着缺陷

(a)   (b)

图 6.60　寒冷的夜空和较暖的邻近建筑不同角系数贡献对红外图像的影响（日落 4h 后拍摄的）

图 6.61 左侧为竖直窗户（区域 A、B）和天窗（区域 C），由于窗户相对于天顶的倾斜角度不同，使得 C 窗户的夜空辐射冷却幅度更大，温度会低得多。另外，左侧窗户的区域 B 由于屋檐的反射，显得更加温暖。

图 6.61　竖直窗户的 A、B 两部分和天窗（C）。由于夜空和屋檐的角系数不同导致的温差

图 6.62 所示为最后一个夜空辐射冷却对窗户热成像影响的例子。

这个例子分析了屋顶的两扇双层天窗，说明了使用滚动卷帘百叶窗可以减少夜空的辐射冷却。在一个晴朗的夜晚，图 6.62 中左侧滚动卷帘是打开的，右侧滚动卷帘是关闭的。在拍摄红外图像之前，将右侧关闭的卷帘打开（热成像使用的是中波相机）。有关使用中波红外相机测量窗户玻璃温度的详细信息，见文献 [28]。

<table>
<tr><td>(a)</td><td>(b)</td></tr>
</table>

图 6.62 卷帘百叶窗对天窗外层玻璃温度的影响。在拍摄红外图像之前，将右侧关闭的卷帘打开

拍摄热像图前卷帘关闭着的天窗温度比打开着的天窗温度高 5℃，这是由于卷帘百叶窗减少了夜空对天窗的辐射冷却。因此，右侧窗户的内窗玻璃和外窗玻璃的温差比另一个窗户的温差要低。这就降低了通过天窗的热量损失。可以得出结论：百叶窗确实有助于节约能源，尤其是在寒冷晴朗的夜空中。

6.6　热成像与风机门试验

任何建筑物都不是100%密闭的。空气交换率是一个量化的数字，表示在单位时间内建筑物与外界交换了多少倍建筑物内部容积的空气。例如，空气交换率为 3 意味着每小时的空气交换量为建筑内部容积的 3 倍。如果建筑物内的所有自然开口（门、窗）都是关闭的，则空气交换只会通过建筑物围护结构内的空气泄漏来进行，而这些空气泄漏是通过窗户或门的密封件上的小通道、裂缝等进行的。图 6.63 是一个在外墙墙壁上插座内发生漏气的例子，该问题是由于导线通道和插座孔部位缺少保温材料，很容易解决。

图 6.63　外墙插座内的空气泄漏导致冷空气流入室内，冷空气向下流动，从而使附近的墙壁降温

通过空气动力学和流体动力学可知，当空气通过管道时，体积流量与管道两侧的压差呈线性关系（Hagen Poiseuille 定律）。利用这种线性关系很容易测量出

空气交换率与压差的函数。通常，选择建筑物内外 50Pa 的标准压差来确定泄漏的位置，并给出标准的空气交换率。对应的方法称为风机门技术[29]（图 6.64）。

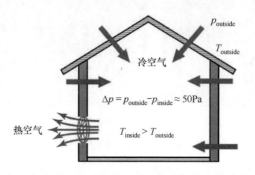

图 6.64　用于测量空气交换率的风机门技术：用一个大功率风机产生 50Pa 的压差。因此，来自室外的冷空气会通过建筑围护结构上的孔、洞进入室内。该技术除了可以利用风机测量体积流量外，还可以结合红外热像仪来定位泄漏点。冷气流会导致窗框、墙体等可能存在泄漏的部位温度下降

将一个大功率风扇连接到金属框架上，并调整框架使其与门框之间密闭。风机可以在与外部大气压的可变压差下运行，在距离建筑物至少 10m 的地方进行测量。在建筑物内维持高气压和低气压都可以，但通常使用 50Pa 的较低气压。一旦每扇窗户和门都关闭，由此产生的低压就会导致空气通过建筑围墙上的小孔流入。大的气流通常可以被人体感受到，或者从内部或外部使用烟雾源来直观地显示气流。然而，如果室内外空气存在足够大的温差，那么红外热成像可能是最佳的可视化方法。这意味着测量通常在冬季进行（关于建筑物热成像的预防措施和要求，参见 6.1.3 节）。在这种情况下，冷空气流入建筑物，从而冷却与泄漏点相邻的部分。问题是泄漏经常发生，如靠近窗框、屋顶等位置，而这些位置在红外图像中又能形成几何热桥。因此，应用风机门技术对热图像进行分析的正确方法是记录有压差和无压差的图像，并将红外图像相减，这样得到的图像就只是因气流变化引起的。文献 [4，30 - 32] 报道了一些风机门热成像的例子。

图 6.65（d）所示为一个屋顶倾斜的顶层公寓房间的可见光图像，最显著的特征是两个天窗和屋顶边缘的椽子。图 6.65（a）是在常压下记录的红外图像。然后，风扇工作以降低内部压力，并在与大气压力相差为 50Pa 的情况下记录图像（图 6.65（b））。很明显两张图出现了明显的差异。如上所述，由于热桥的存在，在热像图所有的窗框处都能看见典型的边缘结构。为了得到仅由气流产生的影响，需要将两幅图像相减，如图 6.65（c）所示。

空气泄漏变得清晰可见，最明显的是在左窗的左边缘、右窗的右边缘以及椽的下部。

图 6.66 所示为另一组住宅上层屋顶区域的红外图像。这些图像中最突出的特征是椽子、屋顶的屋脊以及圆弧窗的上部。与图 6.65 类似，图 6.66（a）为

常压下记录的图像，图 6.66（b）为低于常压 50Pa 的压力下记录的图像。相减后的图像（图 6.66（c））证明了屋顶是没有问题的，而屋顶与墙体之间连接的边缘处存在泄漏。此外，屋脊与墙体的连接处以及窗框和窗体中间密封处也存在漏气现象。

(a)　　　　　　　　　　　　(b)

(c)　　　　　　　　　　　　(d)

图 6.65　屋顶倾斜的顶层公寓房间的可见光图像（d）和热像图（a）、（b）
（a）正常压力下的红外图像；（b）内部压力降低 50Pa 时的红外图像；
（c）这两幅图像相减得到的图像。
（热像仪采用 LW Nec TH 3101 摄像头（256×207 像素，HgCdTe 探测器），
图片由 QC-Expert AG 的 Christoph Tanner 提供）

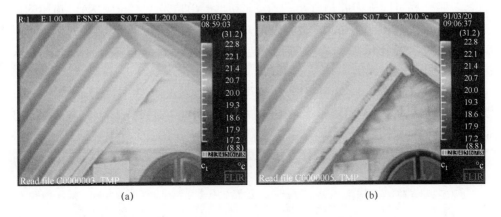

(a)　　　　　　　　　　　　(b)

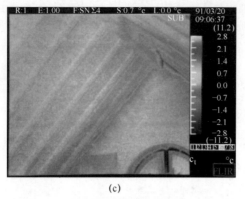

(c)　　　　　　　　　　　　　　　　　(d)

图 6.66　房屋屋顶的可见光图像（d）和热像图（a）、（b）

（a）正常压力下的红外图像；（b）内部压力降低50Pa时的红外图像；

（c）这两幅图像相减得到的图像。

（热像仪采用 FLIR 6200 摄像机，图片由 QC-Expert AG 的 Christoph Tanner 提供）

　　这两个例子清楚地说明了风机门技术与热成像技术相结合的实用性：只有空气泄漏的区域显示出来。

6.7　定量红外成像：　通过建筑围护结构的总传热量

　　到目前为止，热成像技术主要用于建筑诊断，以定性地定位热桥，并根据空气泄漏、几何效应、保温缺失、设计缺陷、湿度问题等对其进行解释。因此，直接判断任何检测到的热特征是否与能量相关，或者是否与建筑物损伤相关，这或多或少是一个经验问题。在很多情况下，定量分析通常是将测量到的表面温度与露点温度进行比较，以判断是否会发霉或产生凝结。当然，这种直接定量分析最大的困难是建筑类型、墙体结构等可能有很大的变化。显然，利用热成像技术直接定量地判断建筑围护结构的传热速率是非常必要的。

　　如 4.3.3 节所述，通过任何复合墙体的传热可以用一个数字来描述，在欧洲称为 U 值，在美国称为 R 值（$R=1/U$）。U 值的单位是 W/（$m^2 \cdot$ K），描述的是稳态条件下，如果墙壁两边的温度相差 1K，每秒通过单位面积的墙的能量。因此，通过面积为 A 的墙的总传热速率（单位：W）和温差 ΔT 的关系由下式定义：

$$\mathrm{d}Q/\mathrm{d}t = U \cdot A \cdot \Delta T = (1/R) \cdot A \cdot \Delta T \qquad (6.9)$$

　　需要注意的是，R 值通常不是国际标准单位制（W/（$m^2 \cdot$ K）），而是用旧单位制（$ft^2 \cdot$ F/（BTU/h））。

　　在接下来的章节中，我们使用 $1/U$ 来表示 R 值，因为热阻通常也用符号 R 表示。

　　假设外墙有一个标准对流系数（4.3.3 节），U 或 $1/U$ 的值很容易从建筑材料的导热系数计算出来。建筑师必须保证新建筑至少要满足相关国家法律规定的 U 值要求。但是这些值一直都很难测量。最近，Madding 提出了一种基于红外热成像的简化方法可以用来直接评估外墙段的 R 值[33]。好消息是，迄今为止，这种方法已经在一些标准的墙体结构中进行了测试，结果表明该方法是可靠的。缺点是用户不能直接点击相机上的一个按钮就可以得到结果，而是需要一些背景知识来进行正确的计算分析。下面，简要描述该方法背后的学术思想。

根据式（6.9）及图 4.9，可以将 R 值表示为

$$\frac{1}{U} = \frac{A \cdot \Delta T_{\text{in-out}}}{Q} \tag{6.10}$$

因此，需要知道墙的面积 A（通常是 1m^2），室内、外空气之间的温差和通过墙壁的总传热速率 dQ/dt。在稳态条件下，后者是相同的，因为能量从内部流向外部必须通过墙壁的所有部分，因此式（4.9）中

$$\dot{Q} = \frac{\Delta T_i}{R_i} = \frac{T_{\text{inside,air}} - T_{\text{outside,air}}}{R_{\text{total}}} \tag{6.11}$$

式中：ΔT_i 和 R_i 分别为任意墙壁区域的温度下降和它的热阻；R_{total} 为墙体的总热阻。因此，只需要知道热阻就可以通过测量温度来计算热传递。Madding 提出利用室内温度与内墙壁面温度之间的热阻来计算热流。证明过程如下：

内墙壁面与室内环境之间的传热是辐射和对流共同作用的结果。这两项辐射贡献的原理是已知的。辐射传热速率由下式给出：

$$\dot{Q}_{\text{Rad}} = \varepsilon \cdot \sigma \cdot A \cdot (T^4_{\text{inside,wall}} - T^4_{\text{inside,surr}}) \tag{6.12}$$

式中：T_{surr} 为房间内表面的温度。假设这些内表面可看作为一个较大的热储层（没有温度变化），其温度为参考温度。在热成像中，这个温度也称为表观反射温度。如第 4 章所述，对式（6.12）进行线性化，可以获得较小的温差：

$$\dot{Q}_{\text{Rad}} = 4\varepsilon \cdot \sigma \cdot A \cdot T^3_{\text{mean}} (T_{\text{inside,wall}} - T_{\text{inside,surr}}) \tag{6.13}$$

式中：$T_{\text{mean}} = (1/2) \cdot (T_{\text{inside,wall}} + T_{\text{inside,surr}})$。

室内壁面与室内空气对流传热速率由下式定义：

$$\dot{Q}_{\text{Conv}} = \alpha_{\text{Conv}} \cdot A \cdot (T_{\text{inside,air}} - T_{\text{inside,wall}}) \tag{6.14}$$

式中：α_{Conv} 为对流换热系数。

由式（6.10）、式（6.13）、式（6.14）可以得到下式：

$$\frac{1}{U} = \frac{T_{\text{inside,air}} - T_{\text{outside,air}}}{4\varepsilon \cdot \sigma \cdot T^3_{\text{mean}}(T_{\text{inside,wall}} - T_{\text{inside,surr}}) + \alpha_{\text{Conv}} \cdot (T_{\text{inside,air}} - T_{\text{inside,wall}})} \tag{6.15}$$

式（6.15）是确定墙体 R 值 $R = 1/U$ 的基础（使用非线性关系式（6.12）比式（6.13）更为直接），只需要知道下列几个量就可以进行计算。

ε：墙体发射率。

σ：斯忒藩 - 玻耳兹曼常数 $5.67 \times 10^{-8} \text{W} \cdot (\text{m}^2 \cdot \text{K}^4)^{-1}$。

α_{Conv}：对流换热系数。

$T_{\mathrm{inside,air}}$：室内空气温度（与墙壁距离足够大）。

$T_{\mathrm{outside,air}}$：室外空气温度。

$T_{\mathrm{inside,wall}}$：室内墙壁表面温度。

$T_{\mathrm{inside,surr}}$：表观反射温度，室内墙壁附近的空气层温度。

T_{mean}：平均温度 $(1/2) \cdot (T_{\mathrm{inside,wall}} + T_{\mathrm{inside,surr}})$。

需要用热像仪测量三个温差和一个平均温度值。室内空气温度的测量方法是将纸板放置在离墙体足够距离（如 0.5m）处，待热平衡建立后再测量纸板表面温度。内墙壁面温度可由红外相机直接测量。测量表观反射温度的方法是撕碎一片较大的铝箔，使其在红外相机上占据一定的像素。将这一块破碎的铝箔贴在用来测量内部空气温度的纸板上（与墙壁保持安全距离）。由于铝箔具有非常低的发射率和强烈的反射（由于破碎而漫射），因此从箔片测得的温度就是内墙壁面的表观发射温度。通过在单幅红外图像中测量内墙壁面与室内空气、及其与反射的表观温度之间的温差，可显著降低测量的不确定度。使用相同的红外相机测量室外空气的温度具有类似的优势。

除了温度和发射率，还需要知道对流换热系数 α_{conv}。这是最为重要的输入参数，因为这些系数取决于气流条件（层流与湍流）和壁面与空气之间的实际温差。一般情况下，可以假设气流为层流，然而，不同的公式流动情况是已知的。内墙空气对流系数 α_{conv} 的典型值为 $2 \sim 8\mathrm{W}/(\mathrm{m}^2 \cdot \mathrm{K})^{-1}$。

此外，需要工况条件达到稳态或接近稳态，即内外温差应稳定，外墙不应承有太阳辐射和/或风荷载。内墙上不能有挂像等会导致保温的物体。室内空气与室内壁面之间以及室内壁面与附近空气层之间的温差可能会非常小（保温良好时 0.3K，保温较差时可达 6K）。为了测试保温性能较好的情况，红外相机的噪声等效温差（NETD）应小于 50mK。NETD 较大的红外相机不适合用于测量。

Madding 成功地测量了立柱框架结构房屋的 R 值，包括实验室模型[33]和结构保温板以及保温混凝土墙体建筑[34]。Madding 很好地证明测量偏差小于 5%，与建筑材料 R 值之和的计算结果相比误差小于 12%。后一种差异还受到建筑所用的材料 R 值与实际建成条件相比的不确定性的影响。采用实验方法估算 U 值时，最大的限制是只能在近稳态条件下进行测量，因为外部环境条件随时间变化差异较大。

6.8 结 论

建筑热成像是红外热成像中应用最广泛的领域，但在定量分析方面并不容易，甚至很难提取有效的定性信息。如前所述，一些外部因素的影响是非常重要的，如风、太阳负载、阴影、湿度、角系数和夜空辐射冷却等。如果需要室外热成像，最好遵循以下规则：避免太阳辐射，即应在夜间测量；避免因夜空辐射冷却而产生的瞬态效应，即选择阴天夜晚比晴空夜晚好；尽量避免因建筑物温度波动过大而产生的瞬态效应，即最好在云层覆盖的夜晚之后再测量一个云层覆盖的白天；避免风、雨等气象条件。

在了解了所有这些因素的影响之后，我们回到图 6.1 的示例。上面提到的红色表示建筑正在失去能量，这是荒谬的。屋顶可能是倾斜的，并且直接暴露在阳光下，只有当它是一个倾斜的屋顶，这样才能解释红外图像中屋顶的变化。太阳辐射导致屋顶瓦片吸收能量，使其大幅升温。如果这张照片是用中波相机拍摄的，可能还会有大量反射来自太阳的辐射。由于角系数的差异，因此太阳辐射引起的墙体升温比屋顶（墙体垂直、屋顶倾斜）低。这种太阳辐射加热也解释了为什么窗户看起来比墙体温度更低。如果仅仅考虑 U 值，那么结果应该是相反的。

地下室和一楼的窗户显示出不同的温度，这很可能是因为地下室是有加热的，而一楼没有加热。

这幅室外红外热像是绝对无用的，除非有人想指出红外图像解释过程中可能出现的所有错误。

参 考 文 献

[1] Holst, G. C. (2000) *Common Sense Ap-proach to Thermal Imaging*, SPIE Optical Engineering Press, Washington, DC.

[2] Kaplan, H. (1999) *Practical applications of infrared thermal sensing and imaging equipment*, Tutorial Texts in Optical Engineering, 2nd edn, vol. TT34, SPIE Press, Bellingham.

[3] Feist, W. and Schnieders, J. (2009) Energy efficiency - a key to sustainable housing. *Eur. Phys: J. Special Top.*, 176, 141-153.

[4] Fronapfel, E. and Kleinfeld, J. (2005) Analysis of HVAC system and build-ing performance utilizing IR, physical measurements and CFD modeling. Inframation 2005, Proceedings Vol. 6, pp. 219-229.

[5] Amhaus, E. G. (2004) Infrared applications for post construction radiant heating systems. Inframation 2004, Proceedings Vol. 5, pp. 1-8.

[6] Karstädt, D., Möllmann, K. P., Pinno, F., and Vollmer, M. (2005) Using infrared thermography for optimization, quality control and minimization of damages of floor heating systems. Inframation 2005, Proceedings Vol. 6, pp. 313-321.

[7] Consumer information of the US Department of Energy *http://www.eere.energy.gov/consumerinfo/factsheets/bc2.html* (2010).

[8] Tanner, Ch. (2000) *Die Gebäudehülle – Konstruktive, Bauphysikalische und Umweltrelevante Aspekte*, EMPA Akademie, Fraunhofer IRB Verlag, Stuttgart, p. 2437.

[9] Madding, R. P. and Lyon, B. R. (2000) Wind effects on electrical hot spots - some experimental data. Ther-mosense XXII, Proceedings of SPIE, Vol. 4020, pp. 80-84.

[10] Madding, R. P. , Leonard, K. , and Orlove, G. (2002) Important measurements that support IR surveys in substations. In-framation 2002, Proceedings Vol. 3, pp. 19-25.

[11] Möllmann, K. -P. , Pinno, F. , and Vollmer, M. (2007) Influence of wind ef-fects on thermal imaging results - Is the wind chill effect relevant? Inframation 2007, Proceedings Vol. 8, pp. 21-31.

[12] Oscevski, R. and Bluestein, M. (2005) The new wind chill equivalent temper-ature. *Bull. Am. Meteorol. Soc.* , 86 (10) 1453-1458.

[13] Incropera, F. P. and DeWitt, D. P. (1996) *Fundamentals of Heat and Mass Transfer*, 4th edn, JohnWiley &Sons, Inc. , New York.

[14] *http://www. consumerenergycenter. org/home/heating_cooling/evaporative. html* (2010).

[15] Grinzato, E. and Rosina, E. (2001) Infrared and thermal testing for con-servation of historic buildings, in *Nondestructive Testing Handbook*, In-frared and Thermal Testing, Vol. 3, Chapter 18. 5 (ed. P. O. Moore), 3rd edn, American Society for Nondestructive Testing, Inc. , Columbus.

[16] Wood, S. (2004) Non-invasive roof leak detection using infrared thermography. Inframation 2004, Proceedings Vol. 5, pp. 73-82.

[17] Colantonio, A. and Wood, S. (2008) Detection of moisture within building enclosures by interi-orand exterior ther-mographic inspections. Inframation 2008, Proceedings Vol. 9, pp. 69-86.

[18] Kleinfeld, J. M. (2004) IR for detection of exterior wall moisture and delami-nation: a case study and comparison to FEA predictions. Inframation 2004, Proceedings, Vol. 5, pp. 45-57.

[19] Royo, R. (2007) Looking for moisture: inspection of a tourist village at the south of Spain. In-framation 2007, Proceedings Vol. 8, pp. 39-49.

[20] Internet source for download: *http://www. holznagels. de/DYNATHERM/download/index. html* DynaTherm2000. zip (2009).

[21] Vollmer, M. (2009) Newton's law of cooling revisited. *Eur. J. Phys.* , 30, 1063-1084.

[22] Pinno, F. , Möllmann, K. -P. , and Vollmer, M. (2009) Solar load and reflection effects and re-spective time constants in outdoor building inspec-tions. Inframation 2009, Proceedings Vol. 10, pp. 319-330.

[23] Henke, S. , Karstädt, D. , Möllmann, K. P. , Pinno, F. , and Vollmer, M. (2004) Iden-tification and suppression of thermal reflections in infrared thermal imaging. Inframation Proceed-ings Vol. 5, pp. 287-298.

[24] Möllmann, K. -P. , Pinno, F. , and Vollmer, M. (2008) Night sky radiant cooling - influence on outdoor thermal imaging analysis. Inframation 2008, Proceedings Vol. 9, pp. 279-295.

[25] Martin, M. and Berdahl, P. (1984) Char-acteristics of infrared sky radiation in the United States. *Solar Energy*, 33, 321-336.

[26] Moyer, N. (2008) Using thermogra-phy in the evaluation of the NightCool nocturnal radiation cooling concept. Inframation 2008, Proceedings Vol. 9, pp. 309-319.

[27] Vollmer, M. , Möllmann, K. -P. , and Pinno, F. (2008) Cheese cubes, light bulbs, soft drinks: An unusual approach to study convection, radiation and size dependent heating and cool-ing. Infra-mation 2008, Proceedings Vol. 9, pp. 477-492.

[28] Pinno, F. , Möllmann, K. -P. , and Vollmer, M. (2008) Thermography of window panes - problems, possibilities and troubleshooting. In-framation 2008, Proceedings Vol. 9, pp. 355-362.

[29] http://www. energyconservatory. com(2010).

[30] Streinbronn, L. (2006) Building air barrier testing and verification using infrared thermography and blower doors as part of the building commissioning process. Inframation 2006, Proceedings Vol. 7, pp. 129-144.

[31] Amhaus, E. G. and Fronapfel, E. L. (2005) Infrared imaging and log construction thermal performance. Inframation 2005, Proceedings Vol. 6, pp. 285-292.

[32] Coloantonio, A. and Desroches, G. (2005) Thermal patterns due to moisture accumulation within exterior walls. In-framation 2005, Proceedings Vol. 6, pp. 249-260.

[33] Madding, R. (2008) Finding R-values of stud frame constructed houses with IR thermography. Inframation 2008, Proceedings Vol. 9, pp. 261-277.

[34] Madding, R. (2009) Finding R-values of SIP and ICF wall construction with IR thermography. Inframation 2009, Proceedings Vol. 10, pp. 37-47.

第7章 工业应用：气体检测

7.1 引　言

在红外热成像的大部分应用中，来自被研究对象的红外辐射在到达探测相机之前会穿过气体。由于最主要的气体就是空气，因此大气中空气的红外吸收特性对使用热像仪进行定量分析具有重要意义（1.5.2节）。在商用红外相机中最显著的光谱吸收特性是由水蒸气和二氧化碳造成的（图1.46），因此需要相对湿度和目标距离作为输入参数来修正目标与相机之间的传输损失。

在这一章中，详细地研究气体成分对红外成像的影响。在简要介绍气体的光谱特性之后，研究了气体分子在热红外光谱范围内由于旋转—振动激发而产生的辐射吸收、发射和散射现象，这些现象导致来自目标的红外辐射在通过气体后发生改变。虽然定量描述很困难，但却能将结论用于某些定性和半定量的应用，正是这些应用引导了商业定性气体检测相机的发展。目前，热成像技术已发展成为一种气体泄漏检测技术，主要用于检测挥发性有机化合物（VOC）和六氟化硫，最近也开始用于一氧化碳的检测。大气吸收和散射对红外相机探测距离的影响是一个重要课题，这部分内容在监控系统中进行讨论（10.5.2节）。

7.2 气体分子光谱

原子物理学在光学研究中最突出的表现之一是观察辐射的吸收或发射。图7.1 (a)是一个在可见光谱范围内的示例，例中所示为太阳光谱中的夫琅和费谱线。这是由于较冷气体元素的存在，太阳外层大气吸收太阳辐射而导致的结果。在原子理论中，可以计算原子可能的能级阶梯。光的吸收（激发）或发射（去激）对应于在这些能级中某两级间的电子跃迁。当能级改变时，原子核周围的电子电荷分布也发生变化，如图7.1 (b) 中的右图所示。

原子和分子的大多数电子激发都发生在紫外或可见光谱范围内。因此，当考虑气体成分在 $1 \sim 14 \mu m$ 热红外波段中的影响时，电子激发的作用只是次要的。然而，由于振动和转动激发，该光谱范围却是成千上万个分子的光谱指纹区域。

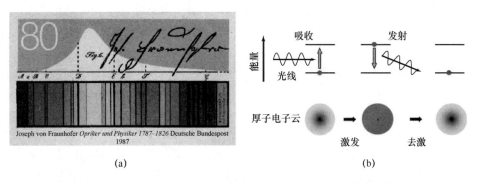

(a)　　　　　　　　　　　　　　(b)

图 7.1　德国邮票，说明了由于原子的电子激发（a）和原子的电子激发与去激的组合（b）导致的太阳光谱中出现著名的夫琅和费谱线

最简单的分子是双原子分子。由两个同种原子组成的分子（如 N_2、O_2 等）被称为同核分子，由不同原子组成的分子（如 CO、HCl 等）被称为异核分子。除了电子激发之外，分子还能表现出振动和转动激发。图 7.2（a）所示为双原子分子振动和转动的示意图。在半经典描述中，可以认为分子的两个原子是由一个弹簧连接起来的（图 7.2（a）），弹簧常数决定了振荡频率（在力学入门中，质量 m 的物质连接在弹簧常数为 K 的弹簧上所产生的振荡频率为 $\omega = (K/m)^{1/2}$）。此外，分子可以绕着垂直于化学键的两个轴转动。根据量子力学可知，对于每一种可能的状态（振动和转动），能级都是相关的，类似于图 7.1（b）中的电子激发，但能量分离要低得多。特别指出，许多分子的振动频率位于热红外光谱范围内，因此对红外成像具有重要意义。

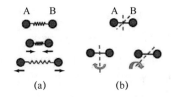

(a)　　　　　　　　(b)

图 7.2　双原子分子的振动和转动的示意图

分子的振动是否能导致红外辐射的吸收取决于所谓的选择原则。最重要的原则是，如果要吸收红外辐射，分子的电偶极短必须在振动激发过程中发生变化。电偶极子由两个相距为 d 的相反电荷组成。每个异核双原子分子都是类似于这样的电偶极子，因为不同的原子吸引原子核周围电子云的能力不同。例如，在一个 HCl 分子中，来自氢原子的电子电荷受到氯原子更强烈地吸引，这意味着总的来说，分子的氯端带有更多的负电荷，而氢端带有更多的正电荷。在这种情况下，分子有一个由电荷乘以键长定义的电偶极矩。如果在这个分子振动的过程中，键长周期性地增加和减少，那么偶极矩也会周期性地变化，即异核双原子分子能够吸收红外辐射。

与此相反，同核双原子分子如 N_2 或 O_2，本身就不存在偶极矩，因此在分子振动过程中偶极矩也不会发生变化。因此，这种气体不能直接吸收热红外辐射。当然，这对地球生命非常有利：因为如果大气中的主要成分的氧气和氮气也能吸收红外辐射，那么地球的大气层就会类似于一个巨大的温室，与温室行星如金星（大气中含有 96.5% 的温室气体二氧化碳）相似，其温度将会远超水的沸点，从而使人类无法生存。

下一种简单类型的分子是三原子分子。它们呈现出一种新的可能性：分子可以是线性或非线性的。以大气中的温室气体 H_2O 和 CO_2 分子为例，图 7.3 所示为三原子线性分子（CO_2）和非线性分子（H_2O）可能发生的振动模式。除了振动，每个分子还可以有两个（CO_2）或三个（H_2O）旋转模式，如图 7.3 中的轴（虚线）所示。

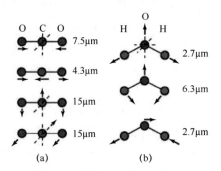

图 7.3 三原子线性分子（CO_2）和非线性分子（H_2O）的振动模式示例。振荡频率经常被称为波数（单位：cm^{-1}）。要得到以微米为单位波长，用 10000 除以波数（单位：cm^{-1}）。例如，$10000/2349cm^{-1} = 4.26\mu m$

将偶极矩原则应用于 CO_2 的四种振动模态，很明显 $\lambda = 7.5\mu m$ 的模式不能被红外辐射的吸收所激发，因为 CO_2 是一种对称分子，它在静止时没有偶极矩（两端带微弱负电荷，中心带微弱正电荷⇒两个偶极相互抵消）。因此，呼吸式振动（如图 7.3（a）中顶部振动）不能改变偶极矩。相反，氧原子和碳原子从线性几何结构移出的模式会导致有限的偶极矩，因此这些模式能够吸收红外辐射。另外，水分子在三种可能的基本振荡模态下都能吸收红外辐射。图 7.4 所示为水分子和二氧化碳分子的红外吸收光谱曲线。光谱表现出相当复杂的形状，因为事实上振动与旋转激发是耦合的，因此人们通常称为旋转—振动带。

显然，三原子分子的情况比双原子分子更为复杂。四原子分子存在另一种可能性：从几何形状上来说，它们可以是线性的（C_2H_2）、平面的（SO_3）、甚至是三维的（NH_3）。如果加入更多的原子，分子的形状通常是三维的。例如，甲烷（CH_4）形状是四面体，C 原子在中心，氢原子在四个角上。

一般来说，一个由 N 个原子组成的分子有 $3N$ 种不同的储存能量的方式（也称为自由度）。这三种方式是空间三个方向上的动能。线性分子能够绕着线性分子的两个轴旋转（图 7.3），也可以绕着非线性分子的三个轴旋转，进而提供了两到三种储存能量的方法（根据量子力学，线性分子不能绕着键轴旋转；在半经典描述中，必需的激发能将过大以至于不能被激发）。最终分别形成了 $3N-5$（线性）或 $3N-6$（非线性）的不同方式来存储振动中的能量。例如，三原子分子（$N=3$）中类似 CO_2 的分子可具有 4 种振动模式，类似 H_2O 的分子可具有 3 种振动模式。因此像甲烷这样有 $N=5$ 原子的分子原则上有 9 种不同的振动模式，而且原子数越多，振动模式也相应更多。

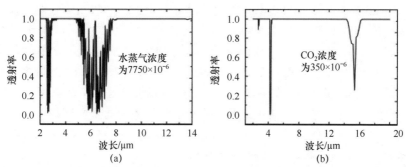

图 7.4　以波长为变量，水蒸气（a）和 CO_2 蒸气（b）在 10cm 路径上的测量光谱。
这些特征反映了图 7.3 中的红外主动振动模式。箭头表示的是中波和长波红外相机系统的
光谱范围。如果用高分辨率记录 CO_2 光谱（图 7.10），每个吸收特征将进一步分成
多个单独的吸收线

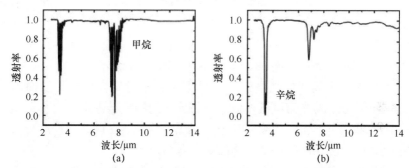

图 7.5　以波长为变量，在 $2\sim10\mu m$ 范围（这些和其他光谱只能表明共振位置，有关浓度的
定量信息请参见文献 [2]）的甲烷（CH_4，高分辨率（a），红外光谱测量）和
辛烷（C_8H_{14}，低分辨率（b），基于 NIST（国家标准协会）数据）的测量光谱

幸运的是，各自的红外光谱还是很简单的（例如，图 7.5 中的甲烷和辛烷光谱）。虽然甲烷应该有 9 种不同的振动模式，辛烷甚至应该有 72 种不同的振动模式，但光谱看起来惊人地简单，而且甚至很相似，这是因为它们都属于单键的单一烃类。

可以通过以下方式来理解甲烷的光谱：甲烷是四面体，是一种非常对称的分子，因此一些类似于"呼吸模式"的模式无法被激发（无偶极矩的改变）。这种对称性迫使一些可能的红外激发模式彼此非常靠近，其中一些可能被其他量子力学选择原则所抑制。

显然，分子越大，可能的振动模就越多。但是为什么拥有 26 个原子的辛烷分子的光谱看起来如此简单，甚至和甲烷分子的光谱很相似。特别是在 λ = 3.3μm 周围的光谱特性。事实上，许多不同种类的有机碳氢化合物分子（光谱在附录 7. A）在波长 3.1 ~ 3.5μm 范围内的光谱特性都很相似。另外，正是利用该特性成功开发出来的 GasFind 相机能够识别出这些分子成分。

光谱中的每个吸收特征都对应于分子的特定振动激发。各种振动之间的相互作用，以及振动和旋转之间的相互作用可以引起非常复杂的光谱，但是具有非常典型的光谱特征。根据上述关于双原子分子的讨论，振动频率取决于"弹簧常数"，即两个原子之间的化学键强度和质量。因此，如果分子包含不同化学键的原子对（例如，单键、双键或三键共价键或不同强度的离子键），则相邻原子之间的振动会发生在完全不同的频率上[1, 3]。这使我们能够用组成原子对的振动来描述一个复杂的分子光谱。例如，因为碳原子配位体的质量的明显变化，由 C – H 键、C – C 键、C – O 键或 C – N 键等形成的光谱区域在光谱中分离得很明显（质量越大，振荡频率越低，即波长越长[1]）。

所有简单的碳氢化合物，如辛烷，在碳链中都有两个不同的官能团，链中间的 CH_2 基团和链末端的 CH_3 基团。其他有些碳氢化合物只有 CH 基团。由于分子间的相似性，这些官能团以其不同的拉伸和弯曲振动模式来支配光谱特征。特别是 CH、CH_2 和 CH_3 基团的拉伸模式在波数 2800 ~ 3000cm^{-1} 之间有显著贡献。此外，变形模式（弯曲振动）引起波数 1300 ~ 1500cm^{-1} 附近光谱特性。这就解释了为什么差异很大的分子（甲烷和辛烷）具有相似的光谱。许多其他种类的碳氢化合物也是如此（光谱见附录 7. A）。这些相似点在红外热成像中得到了应用，红外热成像使用一个较宽的光谱区域（见下文）进行定性分析。然而需要注意的是，这些不同分子的光谱虽然相似，但彼此之间的差异也足够大，以至于高分辨率的检测能够通过其光谱指纹清晰地辨识每个分子。在这方面，高分辨率红外光谱学也是气体检测领域的一个重要的定量分析工具。

在附录 7. A 中，我们提供了无机气体和有机气体的红外光谱（表 7. A.1）。其中一部分利用传统的棱镜或光栅光谱仪记录，另一部分利用 FTIR 记录[4, 5]。这些光谱表明哪种红外相机可以用来探测特定的气体。商用相机只能在预先设定的窄带范围内工作，而带有可交换滤光片的研究相机则可探测到更多种类的气体。更多关于光谱的信息可以在文献［2］中查阅。

7.3 气体对红外热成像的影响：辐射的吸收、散射和发射

7.3.1 引言

多年来人们认为在红外成像中，气体的重要性仅限于其作为介质方面，即红

外辐射到达相机探测器之前需要穿过的介质。因此，为了不改变相机的信号，气体既不能吸收也不能发射任何红外辐射。在大部分应用中，气体的这些限制，即大气空气，定义了红外相机的典型光谱范围（图7.4，图1.8）。在商用红外相机系统的波长范围内，大气中气体的消光可以得到很好的补偿，甚至进行长距离的定量测量[6]。

相比之下，利用热像对气体本身进行定性检测是一个相当新的应用领域。据我们所知，关于这一点的首次报道是在1985年[7]。这也催生了新型红外相机的开发。它们都利用了气体分子在 $1 \sim 15\,\mu m$ 热红外区域起作用的旋转振动带引起的红外辐射的吸收和发射作用。虽然借助气体的强吸收/发射特性能实现宽频红外相机在中波和长波范围内对气体的检测，但更为灵敏的商用 GasFind 相机[9]在探测器前使用窄带冷滤光片。目前，GasFind 相机可用于检测 VOC[10]、SF_6[11]，且最近用于检测 CO。另外，热滤光片也可以用于敏感二氧化碳检测[12, 13]。

任何气体红外成像的关键问题之一，是它是否能在气体可视化方面给出定性结果，或者能分别得到气体浓度的定量数据。所有商用的 GasFind 相机都只能在定性模式下使用。与定量成像相关的问题在7.4节中讨论。

7.3.2　气体与红外辐射的相互作用

如7.2节所述，由于分子的旋转振动带的激发，红外辐射可能被分子吸收。为了简单起见，假设只有两个离散的能级，分别代表这些带内分子的基态和激发态。因此，我们可以区分气体分子与红外辐射相互作用的三种不同可能性（图7.6）。

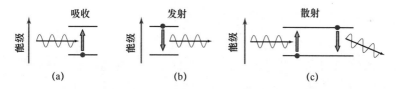

图7.6　每个分子都有特定的能级，它们在红外谱带之间的跃迁是由旋转振动激励所表征的。气体分子与红外辐射相互作用的三种基本模式分别是（a）吸收：最初的低洼状态可能会吸收辐射。分子最终处于不同的旋转振动状态（b）发射：辐射可能从最初的激发态发射，或者（b）散射：辐射可能会被散射（吸收—发射循环）

（1）如果分子最初处于基态（a），可以吸收适当的红外辐射。在这种情况下，来自气体后面的目标的定向红外辐射将被气体吸收衰减，也就是说，检测到的辐射比没有气体时要少。

（2）如果分子最初处于激发态（b），则可以各向同性地发射适当的红外辐射。在这种情况下，在目标方向上探测到的红外辐射要比没有气体时更多。

（3）如果分子最初处于基态（c），红外辐射可能会被分子散射。然后气体分子也可能会被适当的红外辐射所激发，比较热物体的靠近。在激发之后，它们立即或多或少地各向同性地重新发射这种红外辐射。在这种情况下，在目标方向上探测的红外辐射也要比没有气体时更多。

气体的发射和散射过程都会产生额外的红外辐射。如果气体激发态的比例是由于其温度（热激发）和气体的光学厚度（见下文）引起的，则光谱或发射过程可以用普朗克黑体辐射定律来描述。如果光学厚度很薄，则通过将普朗克定律与适当的发射率相乘获得光谱，则发射率可能与波长有关（1.4 节）。

另外，散射不需要激发态的初始布居。原子的电磁辐射散射是众所周知的，通常分为共振散射和非共振散射。在共振散射中，入射光子的能量与激发分子到激发态所需的能量相匹配，这个过程称为共振荧光。当光子能量与激发能量不匹配时会产生非共振散射，最著名的例子就是瑞利散射，可用来解释天空是蓝色的原因（由于可见光散射的能量低于电子激励的能量，而高于空气分子振动激励的能量）。如果非共振辐射入射到分子上，我们还可以观察到另一种现象，即散射光的能量与入射光略有不同。这一过程称为拉曼散射，是一种成熟的红外光谱技术。

在热红外范围内，分子发射非共振散射的概率要远远低于共振散射的概率，因此只需考虑不同波长跃迁的散射过程。可以认为气体分子的这种散射过程类似于研究固体时已知的热反射。

这就解释了在试图定量测量气体影响时存在的另一个困难：我们需要知道散射的贡献。可以借鉴类似于解决在传统热成像中减少热反射问题的方法：为减少散射的红外辐射，必须使可观测气体不受任何可能提供散射所需红外辐射的热目标的照射。

7.3.3　气体对目标红外辐射信号的影响

气体吸收、发射或散射对红外热成像的影响如图 7.7 ~ 图 7.9 所示。图 7.7 的第一行所示为红外相机通过温度为 T_{gas} 的低温气体观测目标的场景。目标温度应该是 T 高于 T_{gas}。中间一行描述（从左到右）目标辐射（如辐亮度），其黑体光谱遵循普朗克定律。红外相机只使用一个预定义的光谱范围，由曲线下方的粉红色区域表示该范围。如果从目标到探测器之间没有额外的辐射衰减，这片区域就会反映探测器接收到的信号。然而，如果低温气体在红外相机光谱范围内具有吸收特征（用最小透射率光谱表示），则探测到的目标信号较低（粉红色区域较小）。这意味着透过气流的探测将会导致目标信号的减弱。

如果在相机镜头（底行）前使用窄带光谱滤光片，则目标信号（绿色区域）一方面会小于宽带探测所获取的信号；另一方面，如果关注气体的吸收特性，由于气体吸收引起的相对信号变化要大得多，即可以改善信号的对比度，使探测更加灵敏。此外，详细的分析必须要考虑各自的信噪比变化（3.2.1 节）。

图 7.8 所示情况为除研究对象外，附近还有其他热目标也在发射红外辐射。周围热目标发出的热辐射可能引起分子气体的共振散射。这与固体目标的"热反

射”效应非常相似（9.2 节）。

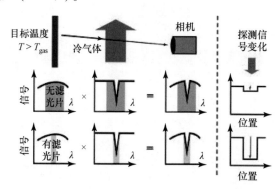

图 7.7　在有无滤光片的热背景前探测冷气体。阴影区域为相机系统用于探测的光谱范围（详情见正文）

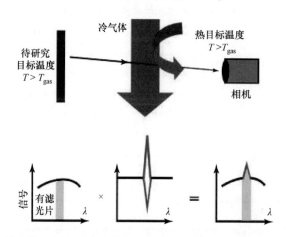

图 7.8　若附近有其他热目标，通过冷气体探测热目标的情况。这可能导致一种“热反射”现象，从而改变信号强度（详情见正文）

　　相机探测到的信号将根据气体吸收（蓝色，信号减少）和共振散射（红色，信号增加）的相对重要性而变化。如果相机的几何形状/方向发生变化，从而导致气体的“热反射”量发生变化，那么使用 GasFind 相机则可以观察到这种散射效应。

　　图 7.9 中的第一行所示为宽带红外相机透过温度为 T_{gas} 的热气体观察目标的理想状态。目标温度 T 应低于 T_{gas}。如果气体在光学上是“厚”的，气体的热发射则可以用气体温度的普朗克定律来描述。然而实际情况是，所研究的气体在光学上是“薄”的，即它们是发射率小于 1 的光谱发射体。在任何情况下，热气体辐射可叠加到目标信号上。这意味着透过热气流的探测会导致目标信号的增加。

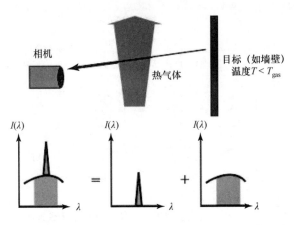

图7.9 利用宽带红外相机在冷背景前探测热发射气体。阴影区域反映了相机系统用于探测的光谱范围（详情见正文）

我们注意到图7.9也可以用来说明窄带滤光片的扩展用途（图7.7），此外，这种情况还可能导致额外的热目标而引起共振散射（图7.8），从而改变目标信号。

如图7.7～图7.9所示，气体对红外辐射的吸收、发射和/或散射都会对红外热成像信号产生影响。对于很多相机而言，优化气体探测的常用方法是利用窄带滤光片来提高信号对比度和灵敏度。例如，图7.10所示为一个扩展的CO_2在$4.3\mu m$吸收带的高分辨率视图（图7.4），以及该波长区域内一种典型商用滤光片的透过率光谱。这种滤光片确实很容易达到红外成像的目的。在热红外波段有多种窄带和宽带滤光片可选[14]。

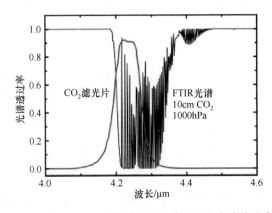

图7.10 CO_2在$4.3\mu m$的光谱，以及叠加的滤光片透过率曲线

当使用冷的而不是热的滤光片时，灵敏度会进一步提高，因为探测到的背景信号也会减少，尤其是当滤光片材料也吸收红外辐射的时候（3.2.1节）。这种使用冷滤光片的气体检测方法是GasFind相机用于VOC气体检测的常用方

法。此外，还有一些相机根本不需要任何滤光片。例如，带有量子阱窄带探测器（QWIP 系统）的相机，其波长被调谐到分子吸收波段，如 SF_6 中的波段之一。

7.4 冷气体的吸收作用：定量方面

原则上，气体对红外辐射吸收的定量分析如下所述。然而，我们只给出了一个概要描述，因为对任何特定气体的测量都需要考虑很多方面，如气体吸收的定量细节、环境的几何形状、测量条件等[15]。最近，有一些关于定量测量甲烷热成像仪的气体敏感性的初步研究陆续发表。

分析的理由如下：

（1）必须知道气体的定量光谱；

（2）可以由此计算出某一气体引起的红外辐射（如辐亮度）随气体参数和红外探测器所用光谱范围的变化而减小的情况；

（3）由此实现定量信号估计，也就是一种红外相机的校准曲线。

7.4.1 冷气体对辐射的衰减

通过气体的红外辐射的衰减损失可以用布格尔定律（有时也称为朗伯 – 比尔定律）来描述，该定律表明通过物质引起的辐亮度变化是长度 L 的函数，如

$$I(\tau) = I_0(\lambda) \cdot e^{-\tau(\lambda, c, L)} \qquad (7.1)$$

式中：I_0 为进入物质的辐亮度。

图 7.11 是式（7.1）的图形化，是透过率 $T(\tau) = I(\tau)/I_0(\lambda)$ 的变化曲线。$\tau(\lambda, c, L)$ 是气体的光学厚度，它取决于波长 λ、气体浓度 c 和穿过气体的光学路径长度 L。气体浓度可以通过很多方式表达，例如，可以表示为 $\rho = m/V$，即单位体积的质量（$kg \cdot m^3$）；可以表示为 $n = N/V$，即单位体积的分子数（单位制为 m^{-3}）；或者表示为压力 p（单位制为 hPa 或 atm），因为根据理想气体式，p 正比于数密度 n。

对于气体密度为常数 n（单位体积的分子数）的气体，在整个光学路径上的透过率可以用两种方式来表示：

$$\tau(\lambda, c, L) = \sigma_{ext}(\lambda) \cdot n \cdot L = k(\lambda) \cdot p \cdot L \qquad (7.2)$$

这里消失截面 $\sigma_{ext}(\lambda)$ 代表了散射和吸收的损失比例。下面只讨论吸收特性。$k(\lambda)$ 为气体光谱吸收系数，常用单位为 $1/(atm \cdot m)$。一旦 $k(\lambda)$ 是已知的，就可以根据式（7.1）定量计算穿过给定压力 p 和长度 L 的任何气体的辐射透过率 $T(\lambda, p, L) = I(\lambda, p, L)/I_0(\lambda)$。显然，式（7.1）和式（7.2）是任何定量分析气体吸收的关键。我们需要非常精确地知道吸收系数 $k(\lambda)$，然后，计算在给定压力下，通过给定长度的气体的透射辐射就很简单了。

实际情况可能更为复杂，如气体不是均匀分布的。在这种情况下，光学厚度

由下式表示：

$$\tau(\lambda) = \int_0^L \sigma(\lambda) \cdot n(x) \, dx = \int_0^L k(\lambda) \cdot p(x) \, dx \qquad (7.3)$$

也就是说，必须考虑到贡献程度是在光学路径总长度上叠加的。在下面，我们统一用吸收常数 k 来描述。

7.4.2 从透射光谱到吸收常数

对由于气体吸收作用引起的相机信号变化进行定量评价的主要问题，在于对吸收系数 k 的精确认识。入手点是关于透射光谱的理论或实验文献数据。根据式（7.1）和式（7.2），为了从光谱中提取 k 值，必须知道通过气体的压强 p 和路径长度 L 的精确值。有时要获得可靠的数据并不容易，因为文献数据之间可能会有明显的偏差。

例如，图7.11为 CO_2 的光谱图（本章给出 CO_2 的分析方案）。各种文献［2，8，17，18］可能存在差异，主要的差异通常是由于所选择的光谱分辨率不同。低分辨率光谱只显示平均吸收，无法在光谱中求解单个振动线。图7.11中所示的光谱最初是用高分辨率记录下来的，以解决结构精度的问题。然后，通过对相邻数据点（平滑光谱）求平均得到低分辨率光谱。如果记录条件（气体压力 p，通过气体的光学路径 L）选择不当，光谱可能会在 $4.2\mu m$ 和 $\lambda = 4.35\mu m$ 之间的共振中心表现出饱和现象（零透过），进而使分析复杂化。

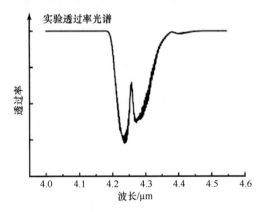

图7.11　定量分析的入手点：利用红外光谱学傅里叶变换记录的 CO_2 气体的典型透射光谱

利用式（7.1）和式（7.2），如果记录光谱的压强 p 和长度的 L 已知，则可以利用图7.11的透射光谱来提取吸收常数。显然，从透过接近于零的光谱区域提取数据是困难的，因为 k 的误差非常大。类似的问题存在于透过接近于1的区域。关于其他不确定性介于 $0 \sim 1$ 之间的谱线（特别是旧文献的谱线），我们认为提取 k 的合理值应介于数据区间 $\{0.1, 0.9\}$。图7.12是利用式（7.1）和式（7.2），根据图7.11的光谱求出的吸收系数 k。

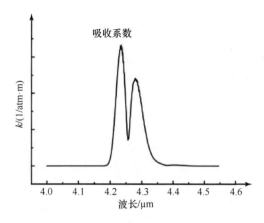

图 7.12　利用图 7.11 中提取值求得的吸收系数 k

7.4.3　任意气体条件和热像仪信号变化情况下的透射光谱

根据式（7.1）和式（7.2），一旦某气体的吸收系数 k 已知，则可以很容易计算出透过任意压力和光学路径长度下的透过情况。例如，图 7.13 为选择不同 pL 值对应的透射光谱。

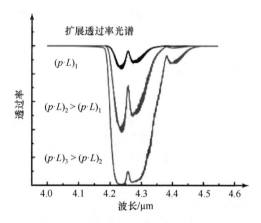

图 7.13　利用图 7.12 的 k 谱，计算得到各种 pL 条件下的透射光谱

利用像这样的透射光谱模型，可以用来估计通过给定的浓度和路径长度的冷气体，探测到的热目标辐射所引起的变化。此外，我们需要知道（图 7.14）：

（1）目标温度所对应的辐射（这里光谱辐射出射度为 $M_\lambda d\lambda$）；

（2）目标的发射率；

（3）探测器灵敏度（这是在一些实验中使用的中波 SC6000 相机），决定了所用相机的探测波段；

（4）光学透过率，特别是窄带滤光片（这里是 4235 和 4480）。

图 7.14（a）说明了定量分析通过气体（气体 + 背景在 300K）探测目标

（350K）背后的思想。CO_2的吸收带定义了需要关注的区域。探测到的辐射作为波长的函数，与目标普朗克函数、目标发射率、探测器灵敏度、滤光片透射率，以及气体透过率的乘积成正比。滤光片透过率变化的最快，因此决定了最终探测到的光谱辐射函数的形状。

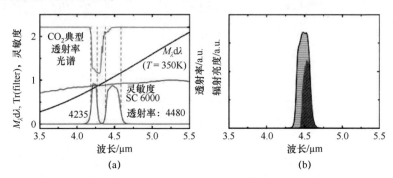

图 7.14　（a）普朗克黑体辐射 $M_\lambda d\lambda$，SC6000 相机灵敏度，两个商用滤光片[14]，以及典型 CO_2 透射光谱，均以各自单位表示；（b）使用窄带滤光片 4480 时，有无气体吸收效应下相机信号示意图

　　如果没有吸收气体（CO_2 透过 100%），则最大可能的信号如灰色阴影区域。然而，如果由于 CO_2 的吸收效应产生衰减，则光谱辐亮度减小，新的信号如红色阴影区域。这种面积的减少对应于图 7.7 中的信号衰减。

7.4.4　气体检测的校准曲线

　　由气体引起的红外信号的变化由 pL 值（气体中的压力乘以路径长度）决定。

　　图 7.15 说明了对于非常小的吸收（pL 的值很小），两信号将基本相等（左边的高值区域），而对于非常大的 pL 值，几乎所有来自目标的红外辐射都会被吸收（信号下降到接近于零）。对于处于任何中间值 pL，都会产生一个中间信号比。因此，如果已知这样的校准曲线，就可以很容易地从测量到的信号衰减（蓝色箭头）中找到其对应的 pL 值。

　　该方法的灵敏度取决于所研究的气体（k 常数值）和滤光片的使用。如果 pL 的微小变化能引起信号的较大变化，则认为相机对于一定量的气体是敏感的。图 7.15 中的两个滤光片产生了两个分离的敏感区域，它们位于各自饱和度值的 10% ~ 90% 之间。滤光片 1 可以检测较小的 pL 值，即可用于检测较少量的气体。

　　显然，气体的最小 pL 值由给定的 k 值和使用的窄带滤光片确定。如果滤光片是共振的，即与转子振动吸收带完全重叠，固定 pL 的信号衰减达到最大值，并达到最低可检测的 pL 值（如图 7.15 中的滤光片 1）。图 7.14 中的 4235 滤光片几乎就是这种情况。然而，如果滤光片略失谐振（如图 7.14 中的滤光片 4480），则通过滤光片，更少的辐射会被吸收。因此，属于同一信号衰减的 pL 值必须增大。因此，校准曲线移动到较大的 pL 值（如图 7.15 中的滤光片 2），类似于低灵敏度检测。如果一种气体具有很强的吸收带，并且在高压下和长路径上存在，就需要用到上述情况。实际上，在相机中从高灵敏度模式切换到低灵敏度模式可能是可行的，例如，在研究非常严重的气体泄漏时（这种情况下，相机可能接收不到任何背景信号，因为强烈的气体吸收会阻止任何目标辐射的传播）。

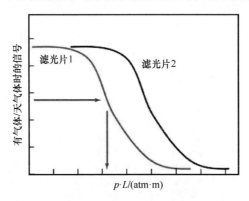

图 7.15　基于给定的 T_{object}，考虑 CO_2 气体吸收效应，得到以气体压力和光学路径长度为变量的信号变化函数的归一化示意图。利用适当的滤光片可以改变敏感气体检测的范围

剩下的唯一问题，就是"如何在给定的气体条件下，获得如图 7.15 中的'校准'曲线？"。最简单的方法是使用校准程序。原则上，可能在相机中会包含一个数据库，将在特定的背景目标温度和距离下的信号衰减表示为 pL 的函数。这可以通过相机生产时的校准来完成。他们需要几个配备红外窗口的气体容器，例如，长度不等的可加热舱，长度介于 20cm（用于后期的近距研究）到 10m 不等。然后评价气体吸收效果的过程就类似于 Richards[6] 的研究，他研究了长大气路径（长达 1km）的影响。相机需要对准给定温度的黑体源，而且将信号变化记录为随压力和/或长度增加的函数。随着黑体温度的变化，会产生很多这样的图表。

7.4.5　问题：测量条件的种类过多

到目前为止，还没有商用的定量气体检测相机。这是由于在实际应用中，测量参数的变化如此之大（气体密度的几何分布、背景目标温度、环境温度等），以至于对于每种测量情况，都需要有自己的校准曲线。

即使有校准曲线，并且测量结果会给出一个特定的 pL 值，但解释它们仍然是个问题。为了根据 pL 的乘积来估计浓度（根据理想气体定律，p 与体积浓度成正比），需要很好的估计长度。有三种较为可能的测量条件：第一种是均匀气体分布；第二种是局部气体泄漏，具有相当明确的气体流动；第三种是复杂不均匀的气体分布，这可能是由于局部泄漏与扩散过程相结合，导致与周围空气的湍流混合。图 7.16 概要地所示为这三种条件。

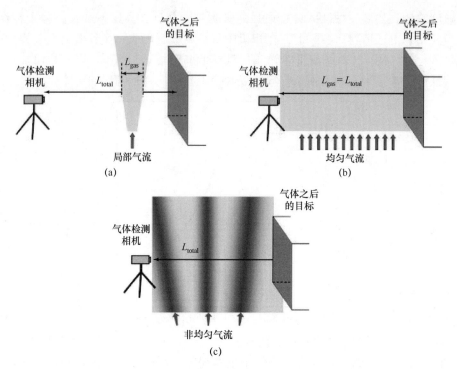

图 7.16 利用红外相机研究气体吸收的三种典型测量情况

对于相机和目标之间气体是均匀分布的情况（图 7.16（b）），分析很简单，因为 L_{total} 很容易测量，如用激光测距仪。从信号变化量的测量中可提取 pL，即通过体积浓度直接得 p。

最普遍也是最困难的情况就是图 7.16（c）。这种情况可能是局部泄漏的结果，然而扩散过程和与周围空气的湍流混合很容易掩盖泄漏层流的局域特征，特别是从远处观察的时候（出于安全考虑，这可能是明智的）。在这种情况下，信号的变化将仅仅反映出光学厚度，厚度是沿光路积分，由平均值 $p_{average}L_{total}$ 决定的。因此，仅可推导出平均浓度，就有可能掩盖高浓度气体泄漏点。

对于从喷嘴或管道孔中流出的局部气体泄漏，通常认为靠近泄漏处的非均匀气体分布仍然类似于图 7.16（a）所示的层流（也可参考文献［12，13］中的例子）。如果在距离 L_{total} 检测时能够估算出实际的气流长度 L_{gas}，那么根据 $p_{gas}L_{gas} = p \cdot L_{total}$，利用在 L_{total} 上测量的平均压力 p，就可以得到相关局部压力 p_{gas}。无论如何，最终结果顶多是气体的体积浓度。

显然，许多实际应用需要利用气体流动的知识。从上面的讨论中发现，这些无法只通过红外成像来评估。然而，正如人工 CO_2 气体泄漏[12,13] 的例子所证明的那样，针对小流量气体的灵敏检测是可能的。对于给定的泄漏尺寸，校准测量也可能是可行的。

7.5　高温气体热发射

虽然在实际情况下，大多数人们遇到的都是在前面几个小节中讨论过的冷气体，但我们还想简要地关注通过热气体探测较冷目标的情况，特别是在气体热发射红外辐射的情况。在这种情况下（图7.9），气体热发射叠加目标辐射，即原信号（不含气体）被放大。7.6节中所示为一些实验案例。这里，我们将着重讨论需要知道热气体发射率的定量分析问题。这一问题经常由寻求用红外成像来估计火焰中气体温度方法的实践者提出。

吸收常数 k（λ）和气体的定向发射率有关。总的平均体积发射率 ε_{gas} 如下式表示（如文献[19]）。

$$\varepsilon_{gas}(T, p_{tot}, p_{gas}, L) = \frac{1}{\sigma T^4} \int (1 - e^{-k(\lambda, T) \cdot p \cdot L}) M_\lambda(T) \, d\lambda \qquad (7.4)$$

气体的结果取决于光学厚度；通常它们被描述为 pL 的函数。

水蒸气和 CO_2 在高温下的上述参数是广泛已知的，因为这些气体是燃烧过程中的副产物，而且对于了解锅炉内壁的辐射热负荷是非常重要的。这是计算 CO_2 发射率的原始动机，因此数据主要适用于高温。尽管如此，它们仍然可以对一般情况提供一些见解。图7.17（a）（使用 Hottel 数据后[20]）显示各种 pL 值[17, 19, 21-23]对应的 ε_{gas}（CO_2）。参数在英尺大气中给出，1英约等于0.3m。在略高于室温和在标准压力下，pL 值为1atm·m（≈ 3atm·ft）的 CO_2 的 $\varepsilon_{gas} \approx 0.18$。特殊形式的 $\varepsilon(T)$ 曲线可以依据黑体辐射的基本物理原理和各自的吸收带来理解。

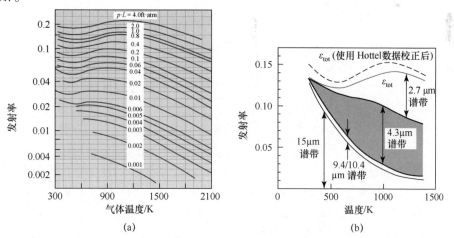

图7.17　（a）不同温度下，不同 pL 值对应的 CO_2 体积发射率（a）以及压力变化的校正
因子（b）（使用文献[20]的 Hottel 数据后）（b）$pL = 1$ft·atm 时（文献[17]后），
各种振动带的吸收对总发射率的贡献情况

图 7.17（b）说明了在 $pL = 1 \text{atm} \cdot \text{ft}$ 的情况下，哪些 CO_2 吸收带是温度的函数。对于低温，$M_\lambda(T)$ 的光谱峰值在长波区域，因此 $15 \mu m$ 吸收带将主导吸收作用。对于较高的温度，$15 \mu m$ 吸收带的贡献将会减少，由于 $M_\lambda(T)$ 的光谱峰值转移到中波区域，$4.2 \mu m$ 吸收带的贡献将会增加。对于更高的温度，$4.2 \mu m$ 吸收带的贡献也会减少，然而此时 $2.7 \mu m$ 吸收带的贡献将会增加。通过过渡矩阵单元可以计算出不同吸收带对总发射率的贡献随温度的变化，该单元给出了各自的振子强度。这种变化或多或少是由于总的振子强度是有限的，而且来自不同吸收带的转换会相互竞争。

当讨论用中波相机测试时，我们不会从图 7.18（a）中提取总的气体发射率，而是利用图 7.18（b）中 $4.3 \mu m$ 吸收带的更小的粉红色阴影贡献区域。这意味着对于任何中波相机都要提取小得多的发射率，例如，在 $T \approx 500K$ 情况下，$\varepsilon_{4.3\mu m} \approx 1/4 \varepsilon_{gas}$ 等。

显然，由图 7.18 可知，热气体在 1m 量级的尺度下的发射率仍然很低，也就是说，相应的热气体辐射远不及普朗克黑体或灰体源（关于达到热平衡所需的典型气体尺寸和发射率 $\varepsilon = 1$ 原子氢气体的讨论见文献［24］）。

7.6 实践应用：用于气体检测的商业红外热像仪

在这一节中，通过相机与所研究背景目标之间的气体吸收或发射过程进行气体检测，我们提供了一系列不同气体的红外图像。一些研究使用宽带相机进行，另一些则使用带有窄带滤光片的相机。所有被研究气体的光谱载于附录 7.A。这里展示的大多数例子都是定性的，除了少数一些关于 CO_2 检测的研究。

7.6.1 有机化合物

第一台商用红外相机是专为气体检测而研制的，是对挥发性有机化合物（VOC）敏感的 GasFind 相机[9]。

虽然一些国家有关于 VOC 的定义，但没有一个被普遍接收的定义。从定性上讲，VOC 是一种挥发性有机化合物，在正常条件下具有较高的蒸气压，具有明显的汽化作用。比如在欧盟，VOC 是指在 1013hPa 标准大气压条件，初始沸点小于或等于 250℃ 的任何有机化合物。显然，这个模糊的定义解释了为什么有数百万种不同的化合物（天然的和合成的）可以被归类为 VOC。典型的例子包括燃料、溶剂、药物、杀虫剂或制冷剂。由于许多 VOC 是有毒的（如苯类化合物）或是对地球气候有危险的（如温室气体、臭氧层中的氯氟碳化合物），所以它们的使用经常受到管制，并且需要配套有效的检测手段。VOC 红外气体成像最重要的单一应用领域可能是石化行业。

或许最简单但也最广为人知的 VOC 分子是甲烷。根据图 7.5 所示的光谱，甲烷有两个主要的吸收带，一个在中波段 $3.3 \mu m$ 附近，另一个位于 $7 \sim 8 \mu m$ 之间。这意味着中波相机更适合于检测，而且商业 GasFind 相机就是中波相机，并且配有窄带滤光片，将波长范围调整至 $3 \sim 3.5 \mu m$ 之间。然而，一些长波相机甚至开始检测在 $7.5 \mu m$ 波长的辐射，也就是说它们的探测器能检测到少许 $7.5 \mu m$ 附近的甲烷吸收带。另外，丙烷具有相似的光谱特征。然而，吸收带的相对强度有所变化。与甲烷相比，长波的吸收相对于中波有所降低。

图 7.18 比较了两种类型相机（GasFind 中波相机和典型长波）检测甲烷和丙烷的情况，在黑体源 55℃ 前方用喷嘴喷出压力为大气压的气体。每种气体的两幅图像几乎是同时记录的，为了更好地观察动态图像，有时会移动气体流动管道。有三个明显的发现：

（1）用哪种波长的区域来检测气体并不重要，唯一的先决条件是必须有一个吸收带。

（2）这些图像所示为 GasFind 相机窄带滤光片的改进。图 7.18（a）、（b）有更好的信号对比度。在实时观测中，这一点更为明显。然而我们注意到，两相机有不同的光谱范围。下面，我们再举一个 CO_2 的例子，在相同的光谱范围内比较宽带和窄带滤光片的检测结果。

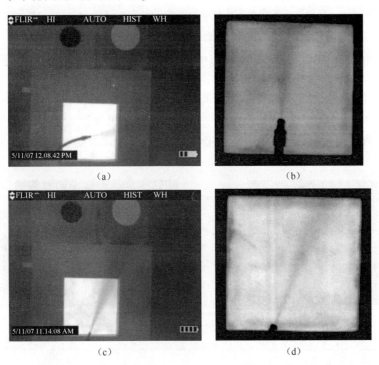

图 7.18　在黑体源前方喷射纯甲烷（a）、（c）和丙烷（b）、（d）气体的红外图像
（a）、（b）拍摄使用中波 FLIR GasFind 相机；（c）、（d）拍摄使用宽带长波 FLIR P640 相机。
照片均在勃兰登堡实验室拍摄

（3）光谱间的差异在图中表现出来。对丙烷而言，由于吸收常数高得多，中波检测效果有了很大改进（附录 7. A 中的两个光谱参考相同的气体压力和样品长度）。

商用 VOC GasFind 相机应可检测多种气体种类。由于各自的光谱有时会在固定的滤光片区域附近移动，因此针对有些气体的检测效果可能比其他气体稍好一些。

和丙烷一样，丁烷是另一种非常重要的常见气体。在欧洲，这两种气体的混合物常用于生产打火机或野营燃烧器。丁烷的吸收特性与丙烷非常相似。图 7. 19 是从野营燃烧器流出气体（没有火焰）时检测的图像。由于丙烷和丁烷都比空气重，因此燃烧器被倒置了。

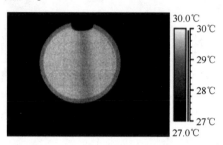

图 7. 19　野营燃烧器喷射气体的红外图像，由长波 FLIR SC2000 相机拍摄

文献［8］利用宽带长波相机对多种有机化合物进行了实验研究，主要目的是证明利用宽带系统检测这些气体的可能性。当然，窄带检测更加敏感。这里，将乙醇和汽油作为另外两个例子来讨论。

乙醇可能是最重要的酒精种类。为了单独检测纯乙醇，我们使用实验室级乙醇（图 7. 20）。室温（18℃）条件下，在约 35℃ 的黑体源前一打开烧瓶，立即能观察到蒸气的吸收效果。当把酒精倒入浅盘并稍微移动盘子时，这一现象变得更加明显。

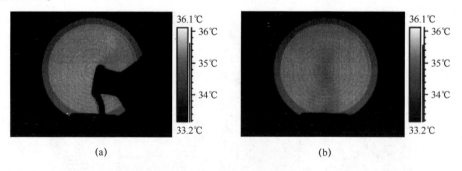

(a)　　　　　　　　　　　　　　　　　　(b)

图 7. 20　（a）在恒温黑体源前将常温纯乙醇倒入盘中；（b）盘上方的乙醇蒸气

红外相机对乙醇的检测足够灵敏，可以直接检测到吸入高浓度酒精后呼出的酒精蒸气（当然，还有更灵敏的光谱方法）。图 7. 21 中的红外图像所示为以下实验的结果：一名志愿者喝纯净水然后呼气（或酒精，只要冲洗口腔就足够了，不需要吞咽，而且必须小心呼气而不能呼出液滴）。饮水后呼气未见明显效

果（图7.22（a）），而呼气中的酒精很容易被观察到（图7.22（b））。

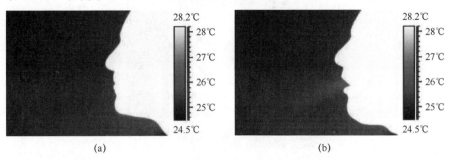

(a)　　　　　　　　　　　　　　　(b)

图7.21　（a）饮水后正常呼吸和呼气对长波红外热像无明显影响。与此形成鲜明对比的是，
（b）饮酒确实会导致呼吸中产生可检测到的酒精蒸气

图7.22和图7.23所示为用GasFind相机记录VOC的现场分析的两个典型实例。VOC的一个最常见的用途是用作汽车的汽油。在加油站加油时，由于液体蒸气压的作用，VOC烟雾可能会被排放到环境中。这在图7.22中可以清楚地看到，图像所示为加油前、后的情况。为了减少这些排放，加油软管可能配备了一个管道，将烟雾抽走。图7.23所示为一个炼油厂的例子，在这个例子中，人们可以检测到从废水池盖子下面泄漏出来的VOC烟雾。

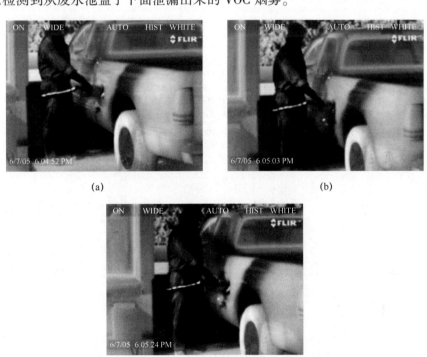

(a)　　　　　　　　　　　　　　　(b)

(c)

图7.22　三张图为普通加油站加油的照片

（a）在开始加油之前，看不到烟雾；（b）在开始加油后，立即检测到烟雾；（c）虽然比空气重，但由于它们由气流驱动，也可能会被吹向客户。（Courtesy Infrared Training Center, FLIR Systems Inc）

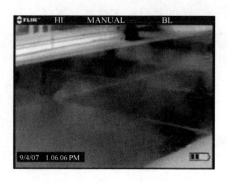

图 7.23　炼油厂内 VOC 烟雾通过废水储罐的盖子泄漏出来。这种罐子将油与水分开
（图像由 FLIR 系统公司红外培训中心提供）

7.6.2　无机化合物

氨是化学工业中很常见的物质。打开一个装有纯氨的瓶子会导致蒸气从液体上方逸出。

图 7.24 所示为在以 41℃ 稳定黑体源作为背景物的前方蒸气的情况。在长波范围内蒸气的强烈吸收（光谱见附录 7.A）立即导致了红外图像中清晰可见的特征。

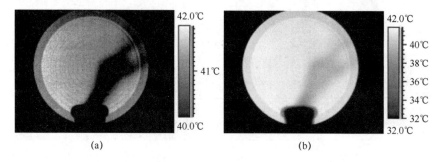

(a)　　　　　　　　　　　　(b)

图 7.24　使用长波相机不仅可以在 2K 的范围内（a），而且也可以在 10K 的范围内（b），
很容易地发现发热物体前的室温氨气

然而氨由于其难闻的气味可以被人类感知，但六氟化硫（SF_6）却不能被人类的感官检测到。然而氨在中波波段也表现出较小的吸收特性，SF_6 气体由于高对称性，只在 $10\mu m$ 附件热红外范围表现很强的吸收特性。

在接下来的实验中（文献 [8] 之后），将 SF_6 填充到气球中，通过将其定位在黑体源前，研究其对红外信号的影响。然后打开一个阀门，气体被压出气球。图 7.25 所示为一些室温气体（约 24℃）的例子，例子中背景物温度以 5K 和 20K 的跨度变化。说明随着气体和背景物之间温差的增加，图像的变化情况。此外，大跨度情况下也有良好的信号对比度清晰地说明，无须仔细调整电平和跨度即可轻松检测 SF_6。因此，文献 [11] 介绍了一种新型的长波 GasFind 相机，用

于检测 SF_6 等在 $10\,\mu m$ 波长附近具有吸收特性的气体。

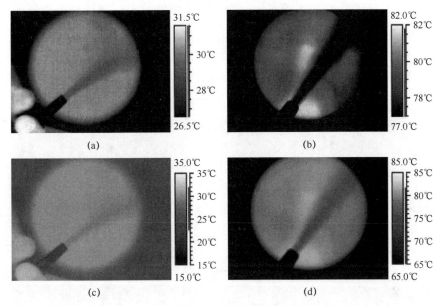

图 7.25 在 32℃黑体（a）、（b）和 82℃黑体（a）、（b）前方的室温 SF_6 气体。两幅图像
是用 5K 跨度（a）、（c）和 20K 跨度（b）、（d）的宽带长波相机记录的

装有 SF_6 的气球很容易调控，使我们能够研究当气体温度随周围环境变化时红外图像的变化。通过把气球放在一个温度稳定的烘箱中足够长的时间以建立热平衡来完成的。一个气球被冷却到 -20℃，第二个被加热到 80℃，即一个气球的温度比环境温度低得多，而另一个温度则高得多。图 7.26 为观察到的在室温壁面前方各自的气体流动。这些图像很好地说明了从冷气体吸收红外辐射到热气体发射红外辐射的变化过程。

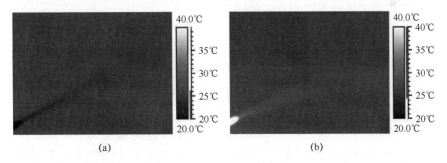

图 7.26 在室温壁面前方的冷（a）和热（b） SF_6 气体

7.6.3 二氧化碳——世纪之气

利用红外相机进行气体检测的最后一部分讨论了可能是 21 世纪最重要气体的应用。CO_2 是一种天然气体，在工业上有着广泛的应用。此外，它是碳基

能源燃烧的副产品。因此，目前它对人为温室效应的贡献最大[25,26]。为减轻人为排放温室气体造成的气候变化，许多能源领域的大公司计划引进所谓的碳捕捉和储存（CCS）技术。CCS的概念在图 7.27（来自文献［27］）中进行了简要概述。

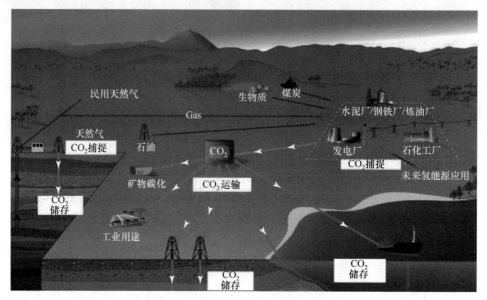

图 7.27　CCS 系统显示 CCS 可能相关的碳源以及运输和储存 CO_2 的选择

（摘自文献［27］，第 4 章，能源供应，图 4.22）

来自如大型发电厂等主要来源的 CO_2，被捕获并运输到几个储存地点（主要通过管道）。例如，可以利用深层地质构造、油井、深海，或者以矿物碳酸盐的形式进行储存。

CCS 技术的引入将会引起以下的问题：

（1）确认发电厂确实不再排放 CO_2；

（2）确认管道不会泄漏；

（3）确认地下存储是安全的，即不会发生泄漏。

对于所有这些验证问题，需要分析工具，以便很容易地通过敏感的 CO_2 气体检测系统对管道或场址进行监测。

如下面的例子所示，红外热成像为实现该目的提供了一个极好的工具[12,13,28]。作为一种成像设备，它提供了特别是发生大面积快速泄漏时检测的可能。一旦定位泄漏点，该方法可与其他传统的、非常灵敏的 CO_2 点测量技术相结合。我们最近也注意到一项被动技术，该技术利用二次热效应检测地表大量 CO_2 的脱气现象[29]。

下面给出了一些不同的 CO_2 热成像实验[12,13]。其中包括在中波范围内宽带检测与窄带检测的比较、短距离对约 500×10^{-6} 的低浓度 CO_2 的检测、对呼出空气

和燃烧过程中 CO_2 的检测，以及气体对辐射的吸收、散射和发射的可视化研究。最重要的是，提出了对清晰定义的气体流的检测和泄露仿真，说明能够检测到流量为 $1\ mL \cdot min^{-1}$（相当于质量是 $1\ kg/$年）的 CO_2 气体流。

两个装置的原理如图 7.28 所示。利用中波红外相机对黑体发射体进行了观测，该黑体作为背景具有明确的温度和发射率。在某些情况下，黑体被热不均匀的大面积热平板所替代，但仍可以很好地发挥背景目标的作用。我们使用一个宽带 THV 550 Agema 相机（$3 \sim 5 \mu m$ 范围/PtSi 探测器/320×240 像素），以及一个宽带 FLIR SC6000 相机（$1.5 \sim 5 \mu m$ 范围/InSb 探测器/640×512 像素）。后者可以使用商用的室温窄带光谱滤光片，以调整到适应 CO_2 气体的吸收特性（这里是光谱滤光片 4235，文献 [14]）。

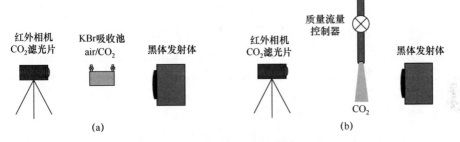

图 7.28　实验装置。用带或不带滤光片的红外相机检测来自已知温度和发射率的背景目标的辐射变化

CO_2 被引入相机和黑体源之间，要么知道确定的压力和路径长度（a），要么由质量流量控制器控制，其他以确定的流量流出直径已知的管道（b），要么由于各种各样的过程，气体流能够以未知的浓度排放。

7.6.3.1　宽带检测和窄带检测的比较

尽管中波相机可以通过气体的吸收特性来检测 CO_2[8,13]，但人们还是习惯使用窄带滤光片。图 7.29 为利用宽带中波相机（$3 \sim 5 \mu m$）和窄带相机（SC6000 配备热滤光片 4235）拍摄的红外图像对比。两个相机在约 50℃ 黑体源前方观测相同的 CO_2 流。

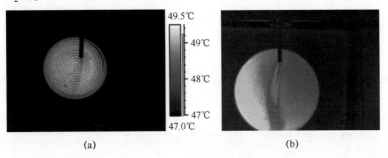

图 7.29　利用宽带中波相机（THV 550，（a））和窄带相机（SC6000 加滤光片，（b））检测相同的 CO_2 流（管内径 6mm，流量 $100\ mL \cdot min^{-1}$）

然而宽带相机几乎检测不到如此小流量（100 mL·min^{-1}）的 CO_2 流，相比之下窄带检测则大大提高了相机的灵敏度。另外，SC6000 相机的 InSb 探测器比 THV 550 相机的 PtSi 探测器更加灵敏。减少气体流量能有助于估计灵敏度的差异。在当前的给定条件下（黑体源 50℃，管内径 6mm），最低可检测气体流量的差异约为 20～30 倍，也就是说，相比宽带相机，窄带相机系统能够检测到流量小 20～30 倍的气体流动（检测极限，见下文）。作为从业者，我们注意到最小可检测气体流动总是被视为生命图像序列中的信号变化。这是因为大脑中的图像处理通常对视野中的运动非常敏感，也就是说，图像随着时间的变化而变化。在静态图像中，要检测出如此之小的气体浓度变化则困难得多。

7.6.3.2　呼出空气中 CO_2 的体积浓度检测

成为人类呼吸的"废气"，CO_2 与人类摄入氧气后的能量生产直接相关。空气中 CO_2 的平均浓度，也就是吸入空气的浓度约为 380×10^{-6}（在室外），在封闭的房间中约为 400×10^{-6}～800×10^{-6}（根据房间的大小，房间内人数随时间的变化，房间的通风等情况而定）。封闭房间中 CO_2 浓度的增加是由于呼吸。呼出空气中 CO_2 的典型体积浓度约为 4～5%（40000×10^{-6}～50000×10^{-6}），即比新鲜空气中的典型浓度大 100 倍。

图 7.30 为呼气时 CO_2 浓度定性检测的例子。呼气可能通过鼻子（开口直径约 1cm，（a））或通过嘴（开口直径约 4～5cm，（b））。在两种情况下，较冷气体对背景红外辐射的吸收效果都很明显。

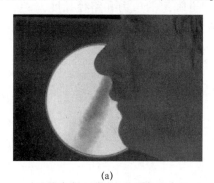 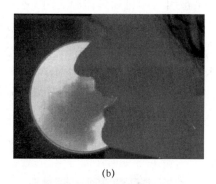

(a)　　　　　　　　　　　　　　　(b)

图 7.30　作者（K.-P. M.（a），M. V.（b））在 50℃黑体源前方，通过鼻子呼气，以及通过嘴呼气（笑的时候）

7.6.3.3　红外辐射的吸收，散射和热发射

图 7.31 所示为周围热物散射对红外气体成像的影响。设置背景黑体源为 80℃，CO_2 气体处于室温（约 20℃），而且我们将 400℃的烙铁尖作为额外的辐射来源，且烙铁可以在气体流动的周围区域自由移动。相机、排气管和黑体源的方向不变化。

在图 7.31（a）中，冷气体（蓝色）明显减弱了黑体源（黄绿色）的红外辐射。如果额外的热物体（红色烙铁）离得很远（a），CO_2的散射作用太弱以至于检测不到。然而，将烙铁移动至冷气体附近几厘米的位置（b），由于红外辐射的散射，人们立即可观察到明显高温的气体特征。

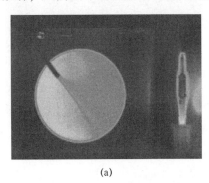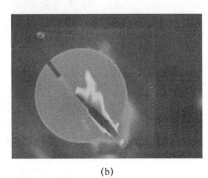

(a)   (b)

图 7.31　在 80℃黑体源前方，喷射流量为 $700\ mL \cdot min^{-1}$的室温 CO_2气体（见彩插）
（a）低温气体导致红外辐射衰减；（b）由于对 400℃烙铁红外辐射的散射作用，可同时
观察到气体吸收和散射效果。烙铁放在气流前方几厘米处。

原则上，靠近烙铁尖端的受加热气体也可能有少量的热发射，而且在实际应用中很难将散射与气体热发射的贡献分开。为了估算热发射量，需要计算发射率和光学厚度（7.5 节）。定性地说，通过研究产生热 CO_2的燃烧过程可单独研究热发射。在实验室装置中，把点烟器放置在黑体源下方。用红外相机观察，可见的火焰顶端在距红外图像下边缘下方约 10cm。图 7.32 显示热 CO_2气体在上升，同时在发射红外辐射。此外，人们还可观察到从管子里流出的更冷的气体。

图 7.32　在稍热的背景和点烟器火焰的热 CO_2燃烧产物前，从管道中排出 CO_2
（可见的火焰顶端在距红外图像下边缘下方约 10cm）

通过对内燃机排气的研究，得到了更令人印象深刻的 CO_2燃烧产物的可视化结果。图 7.33（b）为在加热板前的摩托车（Suzuki 1100 GSXF，98 hp）排气管，加热板温度分布不均匀且平均温度约为 80℃。

图 7.33（a）所示为低功率启动并运行发动机后排气中的 CO_2吸收特性。显然，废气有足够的时间在排气管内冷却。因此，在暖背景前只能观察到一定程度的红外辐射吸收效应。然而，当发动机（短时间内）全功率运转时，会释放出

相当热的废气，正如图 7.33（b）中看到的红外图像。

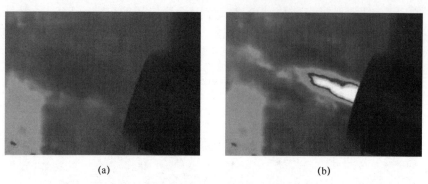

(a)　　　　　　　　　　　　(b)

图 7.33　摩托车发动机燃烧产生的暖（a）热（b）CO_2 废气。背景温度约 80℃
（摩托车的使用要感谢 F. Pinno）

7.6.3.4　定量结果：检测空气中微量 CO_2

对于 CO_2 的定量测试，我们使用的容器长度为 10cm，KBr 窗口的透过率约为 95%，可填充任何所需的分压。首先，周围空气以典型的 CO_2 体积浓度流入密闭房间中（房间中浓度为 $400 \times 10^{-6} \sim 800 \times 10^{-6}$），此时排空容器并观察。图 7.34 所示为以下结果：CO_2 含量的变化是由于 10cm 的容器导致的，而总测量距离约为 1m。观测到的变化意味着我们能够在 1m 的测量距离内检测到 CO_2 浓度为 $40 \times 10^{-6} \sim 80 \times 10^{-6}$ 的微小变化。

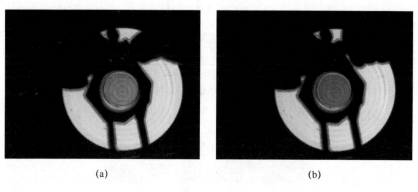

(a)　　　　　　　　　　　　(b)

图 7.34　真空容器（a）和填充室温空气的容器（b）（CO_2 浓度为 $400 \times 10^{-6} \sim 800 \times 10^{-6}$）

测量的高度敏度甚至让能够检测出由于压力拓宽而增加的衰减。图 7.35 比较了相同 CO_2 分压（51hPa）情况下，总压分别为 51hPa（纯 CO_2）和 1029hPa 时的信号。较高的大气压导致压力拓宽，导致红外辐射发生更大的衰减。

7.6.3.5　定量结果：检测由管道流出的已知浓度 CO_2 气体

GasFind 相机最重要的应用应该是它的泄漏检测能力。图 7.36 所示为在 50℃ 黑体源前不同的 CO_2 流。CO_2 流量（体积浓度为 100%）采用质量流量控制器进行调节，气体从距离黑体几厘米远的一根 6mm 内径的管子中喷出。

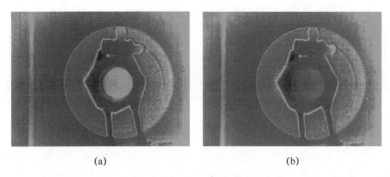

(a)   (b)

图 7.35　CO_2 光谱中的压力拓宽：10cm 的容器安装 KBr 窗口，放置在 35℃的黑体源前。CO_2 分压均为 51hPa，总压分别为 51hPa（a）和 1029hPa（b）

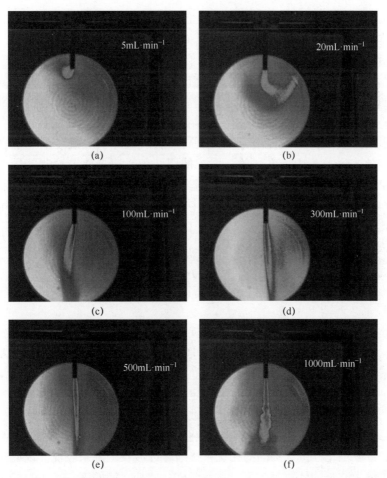

图 7.36　CO_2 流量检测的原始数据（单位为 $mL \cdot min^{-1}$）：5（a），20（b），100（c），300（d），500（e），1000（f）。SC 6000 相机放置在 50℃黑体发射器前，且相机安装有非制冷窄带滤光片

图 7.36 中的图像序列所示为流量在 $5 \sim 1000 \ mL \cdot min^{-1}$ 变化的结果。尽管 CO_2 的密度比空气大，但小流量产生的烟雾很容易被周围的气流所驱动。流量在 $100 \sim 500 \ mL \cdot min^{-1}$ 时基本为层流流动。流量超过 $1000 \ mL \cdot min^{-1}$ 时发展为湍流。

主要问题是可检测气体流量的下限问题，这取决于背景信号和探测器所选用积分时间的组合（大多数商用红外相机不允许用户选择积分时间）。为了更接近典型的户外环境，实验将背景黑体温度设置为仅略高于室温（$T_{BB} = 35℃$）。由于相应的低辐射信号（相对于 50℃ 黑体），可以使用更长的积分时间，从而产生更好的信噪比。截至目前，能够检测到流量低至 $1 \ mL \cdot min^{-1}$ 的气体。如此小流量的气体，在静态图像中有时很难检测到，而在动态生命周期图像中更容易观察到。

实验结果表明，利用红外相机分析气体泄漏是可行的。到目前为止，最小可检测气体流量为 $1 \ mL \cdot min^{-1}$，相当于 0.06L/h，1.44L/天，或者 $0.5m^3$/年。因此利用 CO_2 的密度（约 $2 \ kg \cdot m^{-3}$），有可能从个别泄漏中检测到低至 1 kg/年的排放。即使在条件差得多的工业环境下，也应该很容易观测到 $1 \ mL \cdot min^{-1}$，或者说 1 kg/年的最低可检测流量。一旦泄漏被定位，就可将该方法与其他更灵敏的 CO_2 点测量技术相结合。

展望未来发展，我们提出另一种提高这种气敏相机灵敏度的可能性。正如我们在其他光谱技术中所熟知的那样，使用两个热滤光片来检测气体中的目标信号是有意义的，一个滤光片是非共振的（不吸收），另一个是共振的（吸收）。这两个信号的比率非常敏感地直接反映了气体的吸收。在红外相机中嵌入热滤光片应该不会有问题，这已经是在改变红外相机温度范围时使用的一种普遍做法。

附录 7. A　各种气体透射光谱的测量

此处对重要的挥发性有机化合物和无机分子的光谱进行了定性研究，光谱来自计算、测量和文献 [2] 中的数据。通过不同的分组，利用不同的方法（棱镜、光栅光谱仪、红外光谱仪）记录下这些光谱。虽然很多光谱由于记录条件良好而可以进行定量描述，但我们只展示定性光谱，也就是说，气体之间的压力和光学路径长度等条件各不相同，因此导致在吸收带中心的透过情况较为类似。更多细节可以在网站[2]上找到。人们通常将光谱记录为波数的函数，波数与辐射的频率或能量成正比。由于不同的相机系统通常以波长范围来表征，因此这里我们将数据表示为波长的函数。出于完整性考虑，此处复制的表 7. A.1 总结了所有可在本附录中找到光谱的物质。

表 7.A.1　一些在热红外区域具有吸收特性的天然和工业气体，包括碳氢化合物和其他有机化合物

无机化合物	简单碳氢化合物	简单多键化合物	苯化合物
H_2O 水蒸气	CH_4 甲烷	C_2H_2 乙烯	C_6H_6 苯
CO_2 二氧化碳	C_2H_6 乙烷	C_3H_6 丙烯	C_7H_8 甲苯
CO 一氧化碳	C_3H_8 丙烷	C_4H_6 丁二烯	C_8H_{10} 对二甲苯
NO 一氧化氮	C_4H_{10} 丁烷	醇	C_8H_{10} 乙苯
N_2O 一氧化二氮	C_4H_{10} 异丁烷	CH_3OH 甲醇	$C_{10}H_8$ 萘
NH_3 氨	C_5H_{12} 戊烷	C_2H_5OH 乙醇	含卤素碳氢化合物
O_3 臭氧	C_6H_{14} 己烷	C_3H_7OH 丙醇	CCl_2F_2 氟利昂 12 （CFC12）
H_2S 硫化氢	C_8H_{18} 辛烷	酮/醚	$CHClF_2$ 氟利昂 22 （CFC12）
SO_2 二氧化硫	C_8H_{18} 异辛烷	C_3H_6O 丙酮	CHF_3 氟利昂 23 （CFC23）
CS_2 二硫化碳	$C_{12}H_{26}$ 十二烷	C_4H_8O 甲基乙基酮	$CHCl_3$ 氯仿
SF_6 六氟化硫	$C_{16}H_{34}$ 十六烷	$C_6H_{12}O$ 甲基异丁基酮	CCl_4 四氯化碳
—	—	$C_5H_{12}O$ 甲基叔丁基醚	$COCl_2$ 碳酰氯

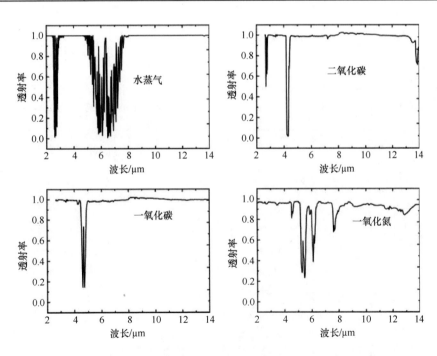

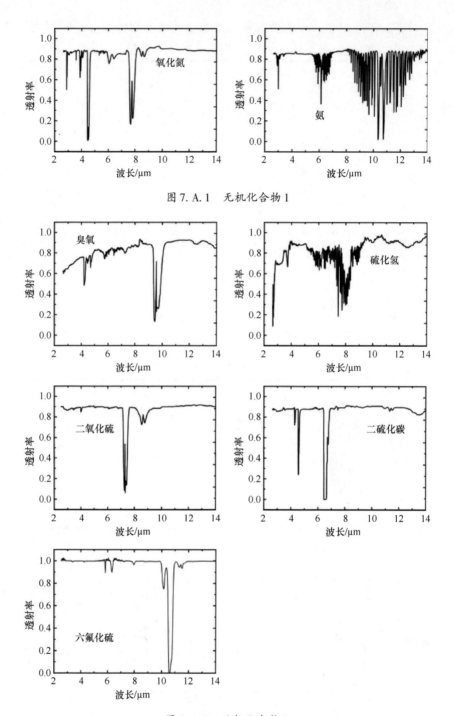

图 7. A. 1 无机化合物 1

图 7. A. 2 无机化合物 2

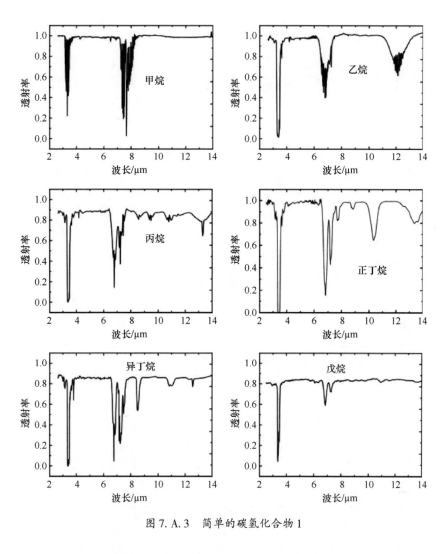

图 7. A. 3 简单的碳氢化合物 1

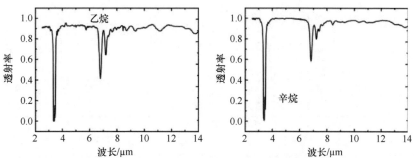

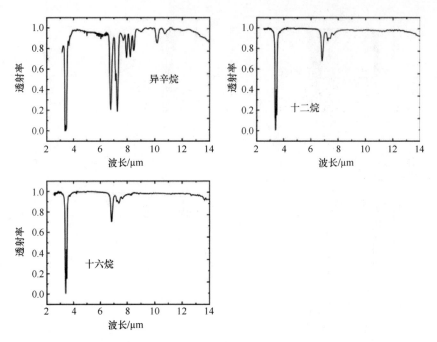

图 7. A. 4　简单的碳氢化合物 2

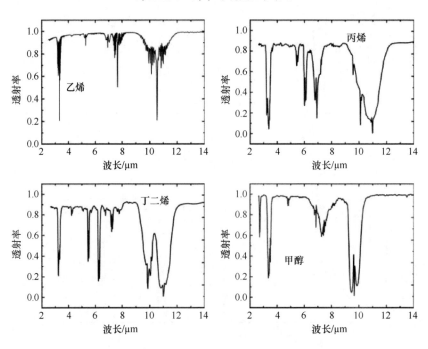

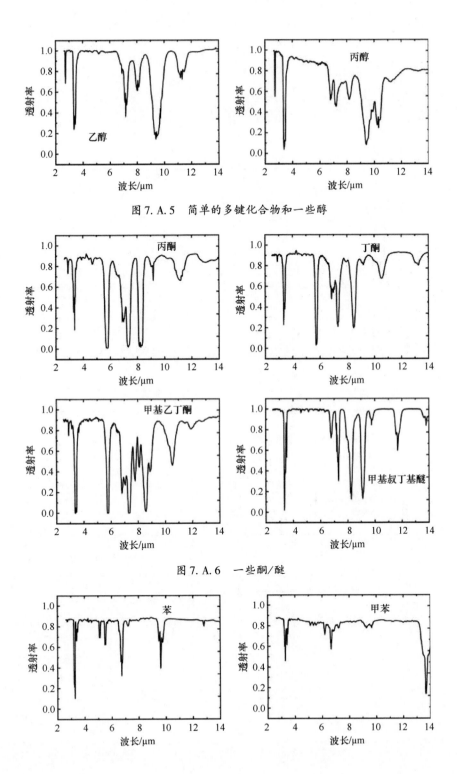

图 7. A. 5　简单的多键化合物和一些醇

图 7. A. 6　一些酮/醚

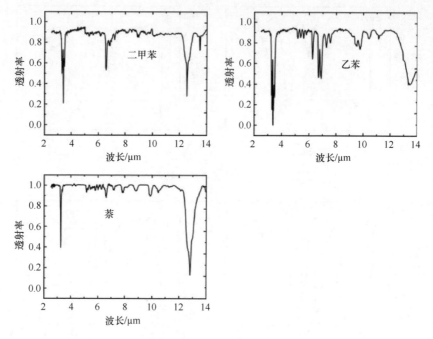

图 7. A. 7　一些苯化合物

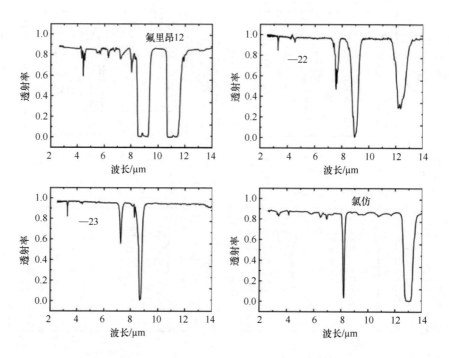

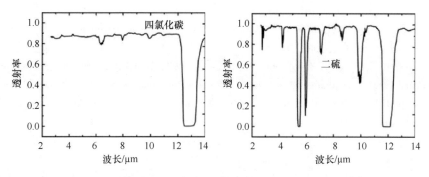

图 7. A. 8　一些含卤素的碳氢化合物

参 考 文 献

[1] Günzler, H. and Gremlich, H. -U. (2002) *IR Spectroscopy - AnIntroduction*, Wiley-VCH Verlag GmbH.

[2] Database of IR Spectra and Properties of Chemical Compounds. *http ://webbook. nist. gov/chemistry/formser. html.* (2010)

[3] Socrates, G. (2001) *Infrared and Raman Characteristic Group Frequencies*, *Tables and Charts*, 3rd edn, John Wiley & Sons, Inc.

[4] Bell, R. J. (1972) *Introductory Fourier Transform Spectroscopy*, Academic Press, New York.

[5] Kauppinen, J. and Partanen, J. (2001) *Fourier Transform in Spectroscopy*, Wiley-VCH Verlag GmbH, Berlin.

[6] Richards, A. and Johnson, G. (2005) Radiometric calibration of infrared cameras accounting for atmospheric path effects. Thermosense XXVII, Proceedings of SPIE vol. 5782, pp. 19-28.

[7] Strachan, D. C. *et al.* (1985) Imaging of hydrocarbon vapours and gases by infrared thermography. *J. Phys. E*: *Sci. Instrum.*, 18, 492-498.

[8] Karstädt, D., Möllmann, K. P., Pinno, F., and Vollmer, M. (2006) Influence of gaseous species on thermal infrared imaging. Inframation 2006, Proceedings vol. 7, pp. 65-78.

[9] *http ://www. flir. com/.* (2010).

[10] Furry, D., Richards, A., Lucier, R., and Madding, R. P. (2005) Detection of Volatile Organic Compounds (VOC's) with a spectrally filtered cooled mid-wave infrared camera. Inframation 2005, Proceedings, vol. 6, pp. 213-218.

[11] Madding, R. and Benson, R. (2007) Sulphur Hexafluoride (SF6) insulating gas leak detection with an IR imaging camera. Inframation 2007, Proceedings vol. 8, pp. 89-94.

[12] Vollmer, M. and Möllmann, K. -P. (2009) Perspectives of IR imaging for industrial detection and monitoring of CO_2. Proceedings of the Conference Temperature PTB, Berlin. ISBN: 3-9810021-9-9.

[13] Vollmer, M. and Möllmann, K. -P. (2009) IR imaging of gases: potential applications for CO2 cameras. Inframation 2009, Proceedings vol. 10, pp. 99-112.

[14] *www. spectrogon. com.* (2010).

[15] Vollmer, M. and Möllmann, K. -P. (2009) IR imaging of gases: quantitative analysis. Inframation 2009, Proceedings vol. 10, pp. 113-123.

[16] Benson, R. G. , Panek, J. A. , and Drayton, P. (2008) Direct measurements of minimum detectable vapor concentration using passive infrared optical imaging systems. Paper 1025 of Proceedings 101st ACE meeting (held June 2008 in Portland/Oregon) of the Air & Waste and Management Association.

[17] Edwards, D. K. (1960) Absorption by infrared bands of carbon dioxide gas at elevated pressures and temperatures. J. Opt. Soc. Am. , 50, 617-626.

[18] Burch, D. E. et al. (1962) Total absorptance of CO2 in the infrared. *Appl. Opt.* , 1 , 759-765.

[19] Lapp, M. (1960) Emissivity calculations for CO2. part 1 of PhD thesis, Cal Technology.

[20] Incropera, F. O. and DeWitt, D. P. (1996) *Fundamentals of Heat and Mass Transfer*, 4th edn, John Wiley & Sons, Inc.

[21] Schack, K. (1970) Berechnung der Strahlung von Wasserdampf und Kohlendioxid. *Chem. -Ing. - Tech.* , 42 (2) , 53-58.

[22] DeWitt, D. P. and Nutter, G. D. (1988) *Theory and Practice of Radiation Thermometry*, John Wiley & Sons, Inc. , New York.

[23] (a) Baehr, H. D. and Stephan, K. (2006) *Wärme - und Stoffübertragung*, 5th German edn, Springer-Verlag; (b) Baehr, H. D. and Stephan, K. (2006) *Heat and Mass Transfer*, 2nd English edn, Springer, Berlin.

[24] (a) Vollmer, M. (2005) Hot gases: transition from line spectra to thermal radiation. *Am. J. Phys.* , 73, 215-223; see also comment by (b) Nauenberg, M. (2007) *Am. J. Phys.* , 75, 947; reply to comment (2007) *Am. J. Phys.* , 75, 949.

[25] Houghton, J. T. *et al.* (eds) (2001) *Climate Change* 2001, *The Scientific Basis, Contribution of Working Group I to 3rd Assessment Report of the Intergovernmental Panel on Climate Change*, IPCC.

[26] Solomon, S. *et al.* (eds) (2007) *Climate Change* 2007, *The Physical Science Basis, Contribution of Working Group I to 4th Assessment Report of the Intergovernmental Panel on Climate Change*, IPCC.

[27] Metz, B. *et al.* (eds) (2007) *Climate Change* 2007, *Mitigation of Climate Change, Contribution of Working Group III to 4th Assessment Report of the Intergovernmental Panel on Climate Change*, IPCC.

[28] Yoon, H. W. *et al.* (2006) Flow visualization of heated CO2 gas using thermal imaging. Thermosense XXVIII, Proceedings of SPIE vol 6205, p. 62050U-1.

[29] Tank, V. , Pfanz, H. , and Kick, H. (2008) New remote sensing techniques for the detection and quantification of earth surface CO_2 degassing. *J. Volcanol. Geotherm. Res.* , 177, 515-524.

第8章 微系统

8.1 引　言

微系统工程很可能成为 21 世纪的一项关键技术，并将有望彻底改变几乎所有的产品类别。微机电系统（MEMS）是通过微加工技术将具有微米级特征尺寸的机械、光学和流体元件、传感器、执行机构和电子元件等集成在一起的系统。它们在日本被称为微机械，在欧洲被称为微系统技术（MST）。这是一项能够开发智能产品的技术，利用微传感器和微驱动器的感知和控制能力来增强微电子的计算能力，并扩大可能的应用范围。在产品生产过程中，随着相关参数的变化，每个技术产品其性能变化的特性必须是已知的。

然而，由于微系统工作中所使用的物理元件的尺寸较小且种类繁多，使得从微电子学或精密机械等领域中获得的测量和测试技术的基本概念，只能部分地应用于微系统。因此，必须开发新的测试方法来表征微系统的运行和重要性能参数。

对于许多微系统而言，均匀的温度或空间温度分布以及热响应时间是最重要的参数之一。任何用于温度测量的接触式探头都会由于导热而引起明显的热损失，这会使分析复杂化，甚至变得不可能。因此，需要非接触式测量来分析微系统部件（反应器、传感器、驱动器）的这些参数。显然，红外热成像技术可以在不同微系统热特性的研究和开发工作中发挥重要作用，可以在不改变系统性能的情况下控制系统运行[1,2]。

在下面的例子中，将展示微流控系统、传感器以及微系统在工作过程中利用电能到热能转换的典型结果。

8.2　热成像的特殊要求

对微系统进行热成像需要解决许多在研究宏观物体时通常不会遇到的问题，具体要求涉及机械不稳定性和振动的抑制、需要微距镜头或显微镜物镜以及高速记录的可行性。

8.2.1　装置的机械稳定性

由于试件的微观尺寸很小，为了避免机械不稳定性或机械振动对热成像结果的影响，试验台需要具备一个非常稳定的机械结构。一块试验板，或者最好是一个能够调节样品和相机支架的隔振光学平台，这都非常适合于显微热成像研究（图8.1）。

图 8.1　利用光学平台进行显微热成像的实验装置

8.2.2　显微镜物镜、微距镜头和扩展环

通常需要远高于 1mm 的热成像空间分辨率，尽管在实践中这一要求取决于微结构的尺寸。红外相机标准物镜的空间分辨率在 1mm 左右，因此需要额外增加一个微距镜头，用来提高空间分辨率（2.4.4 节）。对于可更换镜头的相机，也可以使用接圈（2.4.4.4 节）。利用显微镜光学系统可以获得最大的空间分辨率。图 8.2 说明了使用不同附加组件对晶体管外壳中的小型热发射器成像光学分辨率的改进。使用额外的光学元件来增加成像的空间分辨率，同时伴随着相机的物镜和物体之间工作距离的缩短。因此，必须考虑水仙花（Narcissus）效应（俗称冷反射现象）对非黑物体的影响[3]（2.4.4.5 节）。

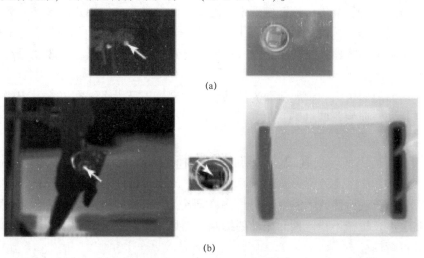

图 8.2　TO-39 外壳中小型红外发射器（尺寸为 2.1mm×1.8mm）的热像图。右图为左图和中间图中箭头所示感兴趣区域的放大。（a）中波相机 FLIR THV 550（320×240 像素），带 24°光学镜头（左）和一个额外的微距镜头（右）。（b）中波相机 FLIR SC6000（640×512 像素），带 25mm 透镜（左）、接圈（中间为 160×120 像素）和显微镜光学系统（右）

在分析微观结构温度之前，需要先确定所使用设备的空间分辨率，以避免温度测量误差。例如，对于空间分辨率的测定，可以在玻璃基板的光刻掩模上使用具有明确尺寸的铬结构。对掩模进行加热，利用掩模的发射率对比度进行测量。图8.3 描述了通过掩模上 34μm 线的测量。与可见光显微镜图像（图8.3（a），上）相比，热像图显得模糊（图8.3（a），下）。对 34μm 线上的原始信号数据进行分析，形成约 6 个像素的信号平台（图8.3（b））。将这个像素数与 34μm 的线宽进行比较，可以得出这样的结论：对于这个相机设备，每个像素的分辨率约为 5~6μm。

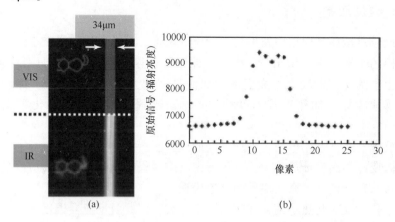

图 8.3　铬掩模上宽度为 34μm 线的可见光显微镜图像（（a）、上）和热像图（下）。使用
SC6000 相机在热像图（b）中测量的 34μm 线的原始信号剖面

对于更详细的分析，应按照 2.5.4 节中的描述对 MTF 进行分析。

8.2.3　高速采集

由于热容或热质量（thermal mass）较低，微系统中的热传递和温度变化等热过程，大多以微秒到毫秒级的极小时间常数为特征。对于时间分辨热成像，需要高速的数据采集。红外相机的响应时间决定了时间分辨率的限制。如 2.5.5 节所述，对于带有光子探测器的相机，有时可以选择不同的积分时间（微秒到毫秒），而对于带有热探测器的相机，探测器时间常数本身（几毫秒）决定了相机的响应时间。只有当相机的响应时间远小于微系统的时间常数时，才能测量出瞬态热过程的准确温度值和随时间变化的温度。因此，配备测辐射热计焦平面阵列（FPA）的相机仅在一定程度上适用于热微系统的研究。

通过辐射测温进行非常精确的温度测量需要对目标发射率有准确的了解，而微系统发射率的测定是一个复杂的问题。

微系统由各种不同的材料制成，由于其发射率的特性，这些材料通常不适合热成像，如高反射材料（金属）、半透明材料（玻璃或硅），或选择性发射材料（塑料）。在标准热成像应用中，使用额外的颜色或发射率条进行表面修饰是失败的，因为这会极大地改变微系统的物理特性。如果需要确定绝对温度值，可以通过使用气候暴露试验箱将微系统调至已知温度来确定发射率。改变相机的发射率调节器来测量已知温度的目标。通过相机上正确的发射率调节得到目标的发射率。发射率也可以通过使用红外显微镜的红外光谱测量进行估计[2]。

8.3 微流控系统

8.3.1 微反应器

微反应器是在微通道中发生化学反应的装置，其径向尺寸通常小于1mm。与传统规模的化学反应器相比[4]，微反应器通常是连续运行的，并具有许多优点。例如，由于微反应器较大的表面体积比而具有较大的热交换系数，能够实现快速、精确地冷却或加热以及温度稳定，这对于强放热和危险的化学反应非常重要。

微反应器通常是用金属、玻璃、硅或陶瓷制造的。

在微反应器的设计过程中，首先考虑反应过程的化学性质和反应物的流体性质等诸多参数，建立了微反应器的理论模型。

由于化学反应与热量消耗或热量产生有关，因此对反应器温度、温度分布和沿反应通道的随时间变化的温度特性的实验分析是反应器控制的重要工具，这些研究可用于验证和改进设计模型。为此，使用具有有限放热行为的典型化学反应来描述微反应器在工作过程中的特性。例如，通过热成像对时间和空间分辨温度进行分析，可以找到最佳工作参数，并有助于优化反应器的结构。

如果没有对反应器温度和温度分布的详细分析，通常不足以找到最佳的微反应器内部结构和最佳工作参数来分析反应产物。因此，下面的例子将展示热成像在微反应器技术中的应用潜力。

8.3.1.1 不锈钢降膜微反应器

降膜微反应器的设计和工作原理如图8.4所示。例如，它可以用于气-液反应[5]。图8.4（b）说明了在带有微通道的反应板上生成微米范围薄膜的原理。流体分布在反应板上，以流体膜的形式向下流向底部的抽离区。当液相反应物的流动方向与重力方向一致时，气相可以平行或反平行于液相。

为了检测化学反应区，并测量反应板上液膜的流体均分和温度分布，使用了带有24°镜头的FLIR SC 2000红外热像仪。为了实现热过程控制，微反应器配备了红外透明检测窗口（626μm厚的硅片）。此外，使用微距镜头可以在高空间分辨率（约200μm）下进行测量，足以揭示比微反应器特征尺寸更小的细节。

反应器能够最佳运行的最重要前提之一是反应通道中的流体均分。在大多数情况下，反应流体在可见光谱区是透明的，而在红外光谱区是不透明的。因此，利用流体与反应板材料的发射率对比，通过在长波红外区域热成像，研究异丙醇对反应板在非反应条件下的润湿行为，可以测试微通道的均匀性。通过集成微型热交换器将异丙醇膜加热到室温以上至30℃。高合金不锈钢（$\varepsilon \approx 0.5$）制备的微结构反应板在长波红外区的发射率与异丙醇（$\varepsilon \approx 0.9$）的发射率有很大差异。因此，被预热的异丙醇浸湿的区域呈现明亮的白色（即较大的信号），而干燥区域发射的辐射较少用黑色显示。利用这种效应可以方便地对平行通道中的均分流体进行成像。在图8.5中，显示了不同时间15个通道反应板在异丙醇体积流量为250ml/h时的初始润湿行为序列。很明显，由于流体前缘在所有微通道中移动的距离相同，因此获得了非常均匀的停留时间分布。

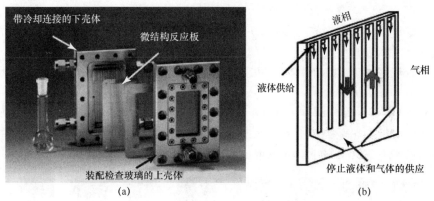

图8.4 （a）降膜微反应器组件（总高度为10cm）和（b）降膜反应器微结构反应板（通道宽度和深度300μm×100μm或1200μm×400μm）（图片提供：IMM，Mainz，德国[6]）

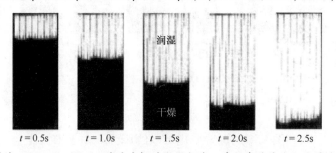

图8.5 通道为1200μm×400μm的反应板的润湿行为，其加载的是体积流量为250mL/h的异丙醇，并随时间加热至31℃

热管理在许多反应中起着重要作用，因为大多数反应速率强烈地依赖于温度。热成像可以记录整个反应板的温度剖面，只需一次高空间分辨率的测量，就可以显示出比特征尺寸更小的细节。图8.6（a）为非反应条件下异丙醇润湿反应板温度分布的红外图像，图8.6（b）为从红外图像的相应数据中提取的、跨越多个微通道的沿红外图像描绘的一条温度曲线图。除了反应板底部的环境辐射反射外，温度分布非常均匀：与设定值30℃的最大偏差为沿线的±0.3℃，对于面积为27mm×65mm的整个反应板温度偏差约为±0.5℃。

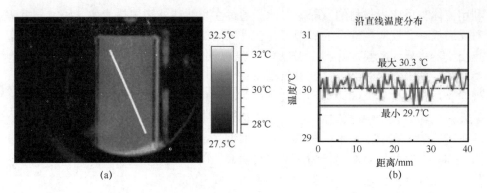

(a)　　　　　　　　　　　　　　　(b)

图 8.6　用异丙醇湿润的热反应板温度剖面的红外图像

通过对气体反应物放热实验反应的热成像分析，可以监测反应器运行过程中液相的升温和空间温度分布[7,8]。研究采用分段进行的方式：在固定条件下，反应板加载规定的 NaOH 液体流，并向气室注入过量的纯 CO_2，使其与降膜反向流动。

NaOH 溶液的摩尔浓度为 2.0M，NaOH 的液体流量为 250mL/h，通过集成换热器将反应板加热至 25℃。在图 8.7 中，给出了一组红外图像序列，展示了打开 CO_2 供应阀后，2.0M 的 NaOH 溶液的放热情况。

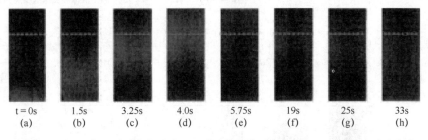

| t = 0s | 1.5s | 3.25s | 4.0s | 5.75s | 19s | 25s | 33s |
| (a) | (b) | (c) | (d) | (e) | (f) | (g) | (h) |

图 8.7　2.0M 的 NaOH 溶液吸收 CO_2 的放热现象。CO_2 从 0 ~ 6s 被输入到反应室。
反应板通道为 1200μm × 400μm，流量为 250mL/h，温度设置为 25℃。红外比例尺
从蓝色到红色对应 $\Delta T = 2K$

反应区在一系列图像中的位置变化可以解释为：由于 CO_2 比空气重，从底部进入气室，随着气室中 CO_2 含量的增加，反应前沿升高（图 8.7（a）~（d））。当反应前沿离开反应板的可观察区域且反应在底部终止时，气室被 CO_2 完全填充（图 8.7（e））。当 $t = 5.75s$ 时，气室充满过量的 CO_2。反应现在只发生在 NaOH 的入口。然后在 $t = 6s$ 时，CO_2 供应停止。随着反应室中 CO_2 水平的降低，反应前沿又开始向下移动（图 8.7（f）、(g）），从而消耗掉反应室中剩余的 CO_2。实验开始时，CO_2 的流入是一个快速的过程，而消耗是一个缓慢的扩散过程，显示出宽的反应区和小的温度峰值。

2.0M 的 NaOH 溶液吸收 CO_2 会导致温度明显升高约 1.5℃（图 8.8）。这一温度的升高与理论计算数据相吻合[9]。

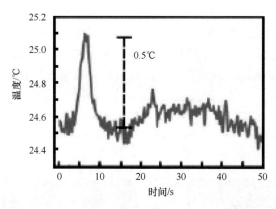

图 8.8　2.0M 的 NaOH 溶液从开始到完全吸收所有 CO_2 过程中的温度分布曲线

这种分析的结果可以优化和定义微反应器中化学反应物的流速，特别是确保在微结构反应板的中心发生化学反应。此外，对于反应板冷却（用于更强烈的放热反应）的要求可以通过温度升高和反应板在稳态工况下的空间温度分布来确定。

8.3.1.2　玻璃微反应器

玻璃广泛用于制造化学反应容器。玻璃的使用基于其独特的物理和化学性质，例如，对许多化学品的优异的耐腐蚀性、光学透明度或机械硬度，以及高温稳定性等。传统的硅基微加工技术已经被应用于玻璃加工。

Fraunhofer ICT 公司开发了一种玻璃微反应器，用于控制具有强放热行为的液 – 液化学反应[10]。如图 8.9 所示，该反应器由可光蚀刻、耐化学腐蚀、温度稳定的 Foturan© 玻璃制成。

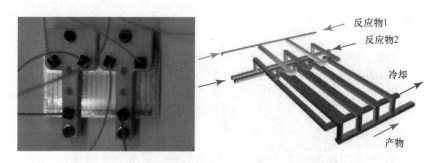

图 8.9　用于强放热的液 – 液反应的微玻璃反应器（描述区域总尺寸 6cm×8cm，排液输出为
蓝色，反应物 1 输入为灰色，反应物 2 输入为黄色，冷却系统未连接）（见彩插）
（图片由 visimage 提供：Fraunhofer ICT, Pfinztal, Germany[11]）

反应物液体分别通过输入端 1 和 2 注入（图 8.9）。化学反应发生在混合和反应通道内（宽度约 120μm）。在反应通道后面的微系统中集成了一个单独的冷

却系统。

幸运的是，Foturan©玻璃在 3 ~ 5μm 波长范围内是半透明的，这使得玻璃微反应器的热成像成为可能。在黑体温度为50℃的条件下，如果在相机前放置一个厚度为1mm的 Foturan©玻璃板，中波红外相机的原始数据信号将下降到50%。因此，利用中波红外相机可以很容易地观察到反应器内部的热过程。

在第一次热水测试（$T \approx 80℃$）中，发现强烈的温度不均匀性（图8.10）。当用室温水进行额外冷却时，这些不均匀性被放大。这些结果可用于优化反应通道和冷却通道的装配。

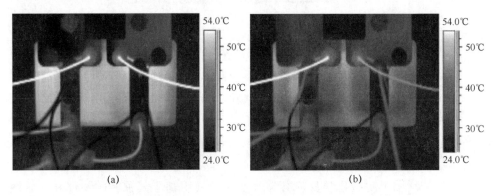

图 8.10　使用 AGEMA THV 550 相机记录的微反应器在有、无冷却
（红外图像中 $\varepsilon \approx 0.9$）时的热水（$T \approx 80℃$）测试

为表征反应器在放热化学实验反应中的运行情况，用水稀释硫酸（96%）。图8.11表明，时间和空间分辨率的热像图是调节和控制化学微反应器工艺参数的有效方法。如图8.11所示，对反应物的流量和/或流量比的选择是不合适的。因此，化学反应并没有按照所期望的在微通道内发生，没有必要的排水冷却是不受控制的。

图 8.11　由于平衡时流体流动不畅，硫酸（96%）与水的稀释反应发生在排水槽

通过改变流动参数的实验结果，改进了微反应器的设计，保证了反应通道内化学反应的均匀性和受控性。

8.3.1.3 硅微反应器

硅是微技术领域最著名和最容易掌控的材料。硅具有较大的机械强度、优异的高温热性能、良好的化学稳定性，再加上成熟的硅微加工技术，为制造微反应器提供了极好的可能性。这种反应器适合在高温、高压下进行化学反应。

硅在中波区域是不吸收的，其特征是透射率在50%左右时随波长的变化相对平坦（图1.49）。在长波区域，吸收特性影响透射（1.5.4节）。然而，对于典型厚度小于1mm的硅片而言，与中波范围相比，透射率仅降低约10%（图1.49）。因此，硅微反应器内化学反应物的温度可以通过中波或长波红外相机进行分析。

图8.12所示的硅微反应器是为实现9个平行微通道（通道宽度约为300μm）内强放热液-液化学反应的过程控制而开发的。利用计算机模拟设计了特殊的几何形状和结构，以实现反应物的最佳混合。

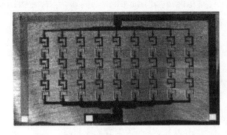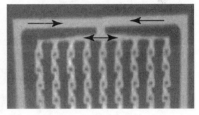

图8.12 硅微反应器的剖面图和充满热水的反应通道的红外图像（箭头表示流动方向）

以硅微反应器为例，对二乙基尿素与 N_2O_5 的硝化反应进行了实验研究。这个反应的热成像结果出乎意料。与预期相反，非均匀反应发生在沿着反应通道的热点上（图8.13）。根据反应区内反应物压力、流速和温度的不同，红外图像所示为不同反应通道内随时间变化的局域热点，如"雷暴"现象。

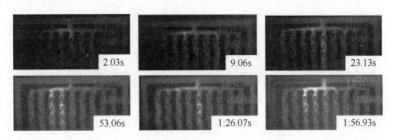

图8.13 用THV550中波相机记录了尿素在硅微反应器中硝化反应的热成像。
数字表示反应开始后经过的时间

到目前为止，造成这些意外结果的原因尚不清楚。显然，图8.13是一个很好的例子，表明时间和空间分辨率的温度分布是反应堆优化的极有价值的工具。

热成像结果导致结构和尺寸的完全重新设计，以获得化学反应在整个反应器中的均匀和连续分布。

8.3.2　微热交换器

微热交换器是一种典型尺寸在 1mm 以下的流体微通道换热器。这种表面体积比非常大的微尺度热器件，其传热系数随着通道直径和通道距离的减小而增大[12,13]。微热交换器是用金属、玻璃、硅或陶瓷制造的。由于硅和玻璃在中波区域内的透射有限，用这些材料制成的微热交换器在工作过程中可以进行热成像分析。本书将以玻璃微热交换器为例进行热分析。

德国米克罗格拉斯技术公司（MGT Mikroglas Technik AG）在开发微结构玻璃组件方面拥有专业的技术[14]。该公司的最新进展之一是一种由光蚀刻的 Foturan©玻璃制成的微型热交换器。这种类型的玻璃也被用作玻璃微反应器的盖层。

微型热交换系统的组件如图 8.14 所示。初级回路和次级回路是相同的曲流结构。初级回路和次级回路的通道直接在彼此的顶部，由厚度为 200μm 的 Foturan©玻璃板隔开。两个回路均有 5 个弯曲的分支，通道宽度约为 700μm。

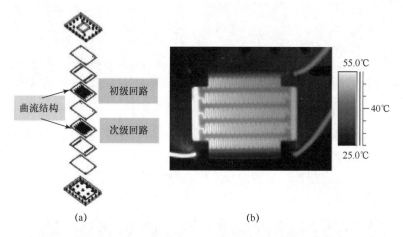

图 8.14　微热交换系统组件（a）和（b）初级回路的红外图像
（中波相机 AGEMA THV 550），内部有热水流动

应用时间和空间分辨热成像技术，可以精确地研究微热交换器内的热过程和传热过程。可以非常准确地描述不同的工作模式（并联和反并联方式，即共流和逆流）（图 8.15）。

红外图像显示，整个热交换器的温度变化非常平稳。由于温度梯度很小，系统运行非常均匀，如图 8.16 所示。显然，所有 5 个弯曲都显示出相同的温度梯度，特别是对于逆流工况。

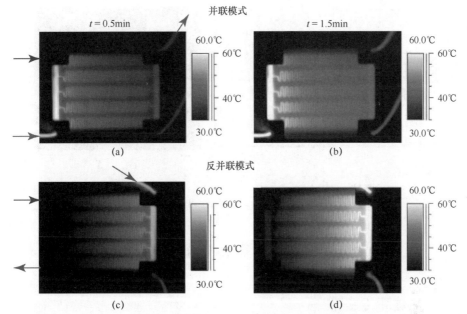

图 8.15　初级回路的红外图像（AGEMA THV 550）。热交换器分别在 30s（（a）、（c））和
90s（（b）、（d））后，共流（（a）、（b））和逆流（（c）、（d））模式下的温升。输入热水
（$T = 60℃$）和初级回路的输出用红色箭头标记，输入冷却水（$T = 25℃$）用蓝色箭头标记。
在 $t = 0$s 时，热水开始流动，冷却后持续运行

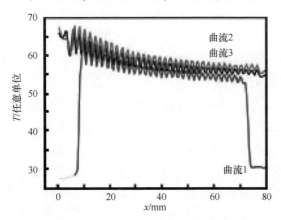

图 8.16　约 30s 后，沿着选定弯曲方向的温度曲线（图 8.12 中的水平线未显示）
（初级和次级回路反并联，未校准温度）。曲流 1 部分被外壳覆盖

　　时间分辨热成像为详细分析热过程提供了可能性，如图 8.17 中的逆流所示。
所选测点的温度随时间变化，可用来确定时间响应和传热效率。统计上出现的温
度峰值是由通道内的小气泡引起的。相应的表观温度变化是由水和空气的发射率
变化引起的。

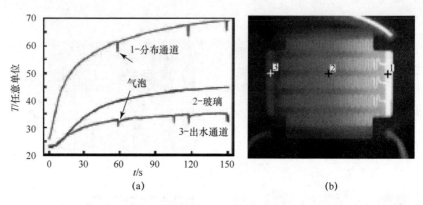

图 8.17　选定测点的温度随时间变化（逆流）

8.4　微传感器

8.4.1　热红外传感器

热辐射传感器的性能取决于从入射辐射功率到温度变化以及从温度变化到输出电信号两个转换步骤的效率和特性（2.5.3节）。热辐射探测器的响应率和时间常数测量同时利用了这两个转换步骤。然而，为了进行更详细的分析，需要对每个单独的转换步骤进行研究。从传感器元件中的能量沉积到温度升高的第一步尤为重要，因为两个最重要的热参数：热容和导热系数，可以直接从这个转换过程中确定。下面的例子将展示红外热成像在表征热红外传感器特性方面的潜力。

8.4.1.1　红外热电堆传感器

辐射热电偶可能是最古老的红外探测器[15]。它们由两种不同材料的交替连接组成，并利用塞贝克效应[16]产生信号。交替连接被定义为冷结、热结。对于交替接头之间的任何温差，都会产生与温差成比例的电压。为了提高它们的电压响应能力，通常将大量的单个热电偶组合在一起形成热电堆。与其他热探测器（如辐射热计或热电探测器）相比，热电堆的响应率较低。然而，热电堆在工作时不需要偏压运行，并且在低频时表现出低噪声。热电堆通常用作高温计的红外传感器，因为与测辐射热计（2.5.3节）相比，热电堆在直流工作时具有优异的性能，不需要温度稳定。

用作红外传感器的典型热电堆如图8.18所示，由72对热电偶组成，其中一种类型的结（"热结"）位于薄的微加工 Si_3N_4 膜的中心，另一种类型的结（"冷结"）连接到外部硅基板上[16, 17]。红外辐射必须在热电堆上被吸收才能被检测到，因此中心涂有一层吸收层（直径为 $500\mu m$，厚度约为 $1\mu m$）。均匀调温（传感器温度略高于环境温度）的热电堆红外图像描述了吸收层与周围传感器区域之间的发射率差异（图 8.18）。

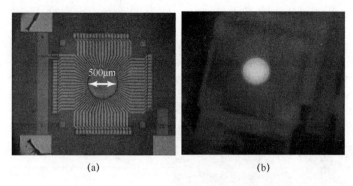

(a)　　　　　　　　　　(b)

图 8.18　稳态热平衡下热电堆（含 72 对热电偶）的可见光显微镜图像（a）
和红外图像（b）（温度分布均匀，仅发射率对比明显）

吸收层应定义辐射敏感区。然而，也有部分入射辐射被未覆盖膜的区域所吸收，这导致膜的温度升高。因此，根据吸收层的大小，传感器显示出更大的辐射敏感区。未定义的辐射敏感传感器区域的这种特性可能会在传感器的应用中造成许多问题（2.2 节）。

珀耳帖效应是一种反向塞贝克效应，因此，如果以相反的方式运行，则热电堆就代表了珀耳帖元件[18]。如果对热电堆施加电压，一种类型的结被加热，另一种类型的结被冷却。施加电压的方向分别决定加热或冷却的类型。图 8.19 所示为一个作为珀耳帖元件工作的热电堆探测器。

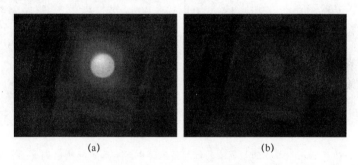

(a)　　　　　　　　　　(b)

图 8.19　作为珀耳帖元件工作的热电堆：向热电堆探测器施加电压，使中心的热电偶被
加热（a）。为了比较，图中所示为没有施加电压的图像（b）（配色与图 8.18 中的不同）

所施加电压的使用极性会使膜中心的结被加热。辐射敏感传感器区上的温度分布由施加的电压决定。这种特性可以用来研究空间传感器的灵敏度分布。如果施加一个电压脉冲，也可以确定传感器的时间常数。

空间灵敏度的分布通常由激光微探针利用聚焦激光束的空间扫描来确定。在传感器区域测量不同激光束位置的探测器信号。图 8.20 所示为由这种激光光斑测量产生的二维灵敏度分布图和空间灵敏度分布的灵敏度伪彩色表达。这些结果可与热电堆珀耳帖元件工作时的热成像结果进行比较（图 8.20）。显然，对于传感器的空间灵敏度分布，热成像给出的测量结果与激光光斑测量结果一致。然而，热成像红外测量优于激光光斑测量，因为传感器工作时处于红外光谱区域，而激光光斑测量则主要使用可见光波段的激光辐射。此外，红外成像可以更快地测试传感器。

(a)

(b)
像素

(c)

(d)

(e)

图 8.20　作为珀耳帖元件工作的热电堆的红外图像，中间有加热的热电偶（a）。中心加热热电堆（b）的温度线分布与激光光斑测量（c）的二维灵敏度分布的比较。红外成像珀耳帖效应产生的温度分布（d）和激光扫描下的空间灵敏度分布（e）用伪彩色表示

如果热电堆在方波脉冲电压下工作，则传感器的时间常数可通过珀耳帖元件工作期间的温升和温降来确定（图 8.21）。在确定时间常数时，使用了原始信号数据（代表辐射亮度）。由于传感器温度只有几个摄氏度的微小变化，因此可以假设辐射与温度之间呈线性关系。所测定的 40ms 时间常数与使用强度调制和入射辐射脉冲的信号上升/衰减测量的频率相关灵敏度测量结果吻合良好。温度上升和下降的区别是时间常数略有不同。这种现象是由加热热电堆区域内复杂的热条件造成的[12]。热量是由膜结构中心的电加热产生的。结构内部的瞬态热传递

358

是由周围气体的对流和进入基板（膜结构外部）的二维热传导引起的。

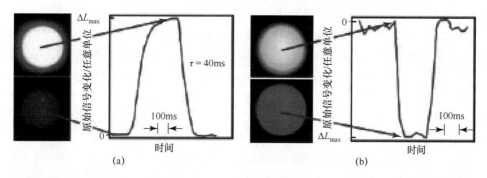

(a)　　　　　　　　　　　　　(b)

图 8.21　由于珀耳帖效应，在 250ms 方波电压脉冲期间，热电堆中心加热（a）和冷却（b）
发射辐射（原始数据信号）的时间分辨测量（积分时间为 0.75ms，帧速率为 1kHz）

8.4.1.2　红外测辐射热计传感器

微测辐射热计是红外成像工业中非常重要的组成部分（第 2 章）。微测辐射
热计优良的探测性能不仅可以用于红外热成像，还可用于其他领域，如非色散气
体检测、高温测量或红外光谱应用。因此，开发了一种单微加工测辐射热计技术
和表征测辐射热计性能的测量技术，包括微热成像技术[19]。

单个测辐射热计由一层带有电触点的高温电阻系数（TCR）的材料薄层组成
（2.5.3 节）。这一层与周围环境绝热。图 8.22（a）、（b）分别为单个微测辐射
热计的布局图。

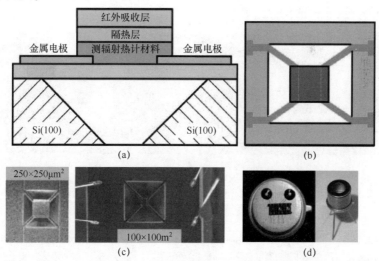

图 8.22　微测辐射热计结构（a）的布局（未正确缩放）和测辐射热计（b）的顶视图。
带有管脚的 $100\mu m \times 100\mu m$ 微加工测辐射热计的可见显微镜图像（c）。
安装的微测辐射热计和带外壳的完整微测辐射热计（d）
（图片来源：Iris GmbH，柏林，德国）

采用了基于各向异性硅蚀刻的块体微加工技术[19]。首先，在硅基板上覆盖一层 Si_3N_4 薄层，形成测辐射热计结构的薄膜。研制了一种新型测辐射热计材料，其 TCR 高达 -2.5% ~ -3%/K。为了将入射辐射完美转化为热量，在传感器区域顶部蒸发掉吸收层结构（最大吸收率为 0.95，可调波长最大吸收率处于 2 ~ 14μm 波段）。最后，在硅基片上刻蚀出 500μm × 500μm 的倒金字塔形空腔。KOH 是一种湿式蚀刻，它优先蚀刻（100）平面中的硅，产生一种典型的 V 形蚀刻，其中（111）平面作为侧壁，与表面形成 54.7°的角度[17, 20]。测辐射热计通过支撑腿与硅基板绝热，支撑腿同时充当电触点。像素间距为 100μm 和 250μm。图 8.22（c）、（d）为工艺过程完成后测辐射热计的显微图像（c）和 TO 外壳中测辐射热计的显微图像（d）。封装可以通过安装带有红外透明窗口的晶体管帽来完成。

测辐射热计结构的热容 C_{th} 和导热系数 G_{th} 是影响测辐射热计性能的重要参数[21]（2.2.3 节）。因此，微测辐射热计结构的热设计对探测器的性能有很大影响。电压响应率与 G_{th} 成反比，传感器的时间常数等于 C_{th} 与 G_{th} 的比值（图 2.2）。

在布局设计过程中，对结构进行了详细的热分析。为了将数值模拟的结果与处理后的测辐射热计的结构参数进行比较，并进一步提高探测器的性能，需要分别确定 C_{th} 和 G_{th} 这两个值。通常这两个参数是通过时间常数和灵敏度实验测量来确定的。为了提高这两个参数测定的准确性，在施加电压的情况下，利用测辐射热计的自热过程，开发了一种结合显微热成像的电测量方法[19]。图 8.23 所示为施加电压后测辐射热计的自热效应。导热系数可由测辐射热计结构中耗散的电能与观测到的温度变化的比值确定。

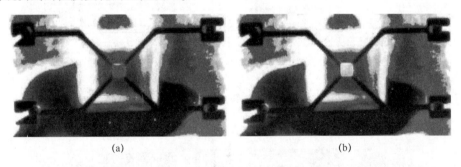

（a）   （b）

图 8.23　通过外加脉冲电压电加热的 100μm × 100μm 微测辐射热计的红外图像
（无电压（a）；有电压（b））

测辐射热计在自热过程中的温度可以通过显微热成像技术直接测定，也可以通过已知温度相关的测辐射热计电阻变化量来分析。对于图 8.23 所示的 100μm × 100μm 辐射热计，测定其热导率为 $G_{th} = 4μW/K$。

利用脉冲加热，通过加热和冷却过程中的瞬态热成像，确定微测辐射热计的时间常数约为 4ms（图 8.24）。与小型发射体的分析相似，发现了不同的温升和温降的时间常数。热容由热导率 $G_{th} = 4μW \cdot K^{-1}$ 和时间常数 $\tau \approx 4ms$ 共同确定为

$C_{th} \approx 1.6 \times 10^{-8} \text{J} \cdot \text{K}^{-1}$。

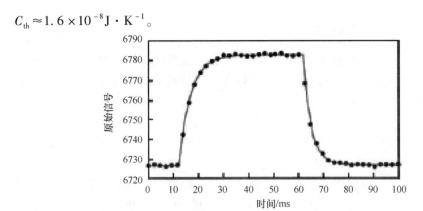

图 8.24　在施加 250 ms 电压脉冲期间，测辐射热计的温升和温降（以相机信号原始数据测量）（FLIR SC6000 相机参数：积分时间为 0.8ms，帧速为 430Hz）。用指数函数近似信号的上升和下降，时间常数分别为 4.7ms（红色曲线）和 3.4ms（绿色曲线）

此外，电自热式测辐射热计的热图像可用于分析测辐射热计区域温度分布的均匀性，以及由于测辐射热计支撑腿导热引起的温度下降。图 8.25 中自热式测辐射热计的红外图像可用于估计空间灵敏度分布。可以排除增加有效探测面积的横向聚集效应。这些结果得到激光光斑测量结果的证实（图 8.25）。

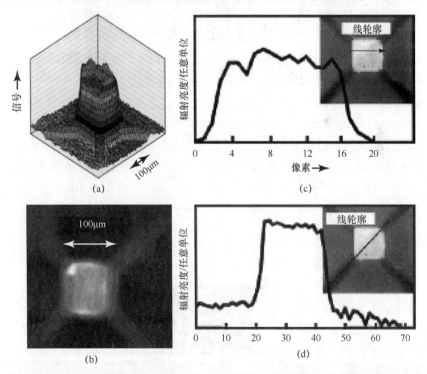

图 8.25　100μm × 100μm 的辐射热计激光光斑测量和热成像确定的空间灵敏度分布
（a）激光光斑测量的二维灵敏度分布；（b）激光光斑测量空间灵敏度分布的伪彩色表示；
（c）、（d）带有原始信号线轮廓的受热辐射热计的热图像。

8.4.2 半导体气体传感器

气体传感器因其在安全、环境、控制、汽车和家庭应用等重要领域的应用而受到业界的广泛关注。一种特别有趣的气体传感器是基于吸附气体引起的金属氧化物半导体薄膜电阻率的变化。不同气体的可逆吸附与解吸反应由工作温度（传感器芯片上集成的加热器允许温度在 $150 \sim 900℃$ 之间变化）和所用的金属氧化物类型控制。此类传感器可以分析各种浓度低至百万分之一范围内的痕量气体，如 CO_x、NO_x、NH_3 和碳氢化合物。

在过去的几十年里，大多数厚膜器件已经被广泛使用，特别是对于便携式系统，同时，与薄膜器件生产相关的技术问题也得到了解决，弗劳恩霍夫（Fraunhofer IPM）[22] 将薄膜沉积技术、CMOS 兼容微加工和大块硅微加工技术相结合，开发了用于商业系统的气体传感器阵列。如图 8.26 所示，该传感器由 4 个二次气体敏感区组成，加热器位于芯片中心。

图 8.26　金属氧化物气体传感器芯片照片（尺寸约为 5mm×5mm）和红外图像（绿色等温线的 $\Delta T = 12K$）（图片来源：费劳恩霍夫，弗莱堡，德国[22]）

与热电堆和测辐射热计的研究类似，使用热成像技术分析传感器的表面温度、传感器升温至工作温度的热响应时间以及芯片上的空间温度分布（图 8.26 和图 8.27）。整个敏感传感器区域的温度分布非常均匀，$\Delta T \approx 10K$。

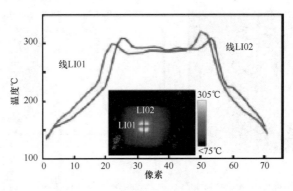

图 8.27　芯片上的温度分布。温度平台的中心与芯片的中心相对应

加热过程中的时间响应如图8.28所示。4 个传感器在随时间变化的温升过程中表现出几乎相同的特征，偏差均小于 2K。加热过程显示出 2 个时间常数（开始时快速加热，然后缓慢升温）。由于灵敏度很大程度上取决于传感器的温度，这些结果现在被用来优化芯片结构，以获得较短时间常数的气体传感器。

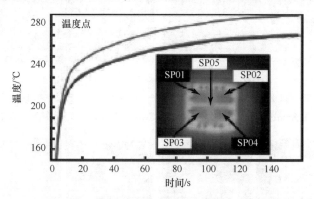

图 8.28　芯片加热过程中传感器区域（SP01～SP04）的温度随时间变化曲线
（SP05 为加热器的温度）

8.5　电热转换微系统

热成像可以对将电能转换为热能的小型系统的热特性进行描述，例如，电加热辐射发射器、珀耳帖元件或低温驱动器。对于这些系统的最佳运行，能量传递效率、绝对温度值、工作期间的温度分布以及特征热时间常数都是非常重要的。

8.5.1　小型红外发射器

新型微机械热红外发射器安装在带有保护帽、反射镜或红外透明窗的 TO - 39 外壳中，可用于紧凑的红外光谱应用和非色散红外（NDIR）气体分析[23]。典型的发射器面积在几平方毫米的范围内。图 8.29 所示为两种小型化红外发射器。微型发射器由一个电阻加热元件组成，该电阻加热元件位于由微加工硅基板悬浮的绝缘薄膜顶部。由于 MEMS 结构（厚度在微米范围内的加热膜）的热质量较低，这些发射器表现出毫秒范围内的时间常数。发射温度最高达 750℃。发射器具有不依赖波长的较大发射率值（在 2～14μm 范围内通常为 0.95），并具有低功耗、高的电气到红外辐射的输出效率、良好的长期稳定性和重复性等优点。这些发射器最重要的优点之一是可以实现高调制深度的快速电调制（在 10Hz 时通常为 80%），即不再需要用于辐射调制的斩波轮。

在发射器工作时，利用显微热成像和高速热成像技术，可以分别对时间常数和温度分布进行分析，如图 8.30 和图 8.31 所示。空间温度分布对发射辐射随角度变化关系有一定影响。

图 8.29　两种商用小型发射器的可见显微镜图像。(类型 1，(a)) 最高温度为 450℃，发射器面积为 2.1mm×1.8mm；(类型 2，(b)) 最高温度为 750℃，发射器面积为 2.8mm×1.8mm

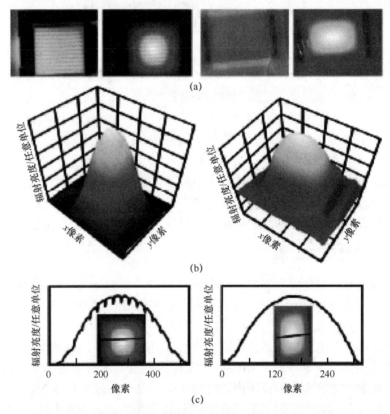

图 8.30　发射器表面的静态空间辐射分布（左为 1 型，右为 2 型）
(a) 有（右）、无（左）施加电压的发射器表面的热图像（稳态温度分布）；(b) 在施加电压的情况下，测量到的原始数据信号在发射器表面的二维分布图；(c) 施加电压的原始测量数据的线路轮廓。

　　辐射测量表明，整个发射区域的温度分布在空间上是变化的。这种特性是由微型发射器的结构引起的。加热区置于与硅基板边缘相连的膜区上。因此，元件中产生的热量通过热传导经由薄膜材料传输到这些边界。由于大块硅的热导率很大，在膜加热过程中边界处的温度不会增加，而在膜的中心达到最高温度。1 型发射器的红外图像显示出辐射减少的额外线条（图 8.30（c）的左侧）。这些线在显微图像中也可以看到（图 8.29），并且是用于向发射器供电的接触线。由于金属用于建立这些接触线，导致发射率及相应的辐亮度均有所降低。

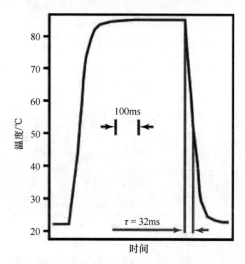

图 8.31　施加 250ms 方波电脉冲（测量帧频为 600Hz，积分时间为 0.8ms，在发射器表面中心进行点温度测量），由 1 型发射器表面瞬态温度信号确定时间常数

$\tau = 32\text{ms}$ 的时间常数是通过测量红外发射器电压脉冲工作期间发射器表面的温度信号确定的（图 8.31）。发射器代表一个低通滤波器，对于 $\omega\tau = 1$ 的工作点，其特征频率为 $f = 5\text{Hz}$。

8.5.2　微型珀耳帖元件

随着微型化技术的不断发展，用于局部降温或温度稳定的微型珀耳帖式制冷器和微型热发生器在未来的许多微电子和光电应用领域都有着很高的需求。例如，微电子中的芯片冷却或电信激光器的温度控制。

珀耳帖制冷器和热发生器具有响应时间短、面积小、热电转换效率高等微系统的典型优点。英飞凌科技（Infineon Technologies AG）和弗劳恩霍夫共同研发了第一款基于 V-VI 化合物 Bi_2Te_3 和（Bi，Sb）$_2Te_3$ 的珀耳帖器件，该器件可以通过常规薄膜技术结合微系统技术[24]制造（图 8.32）。现在，1mm×0.5mm 的微小尺寸已经可以被加工出来。

MicroPelt©公司利用热成像技术对新一代热电元件进行了分析。图 8.33 和图 8.34中所示为一些示例。这种优化元件具有许多突出的性能，例如，冷却密度大于 100W/cm²，可实现的温差 $\Delta T > 40\text{K}$，以及 10ms 级的响应时间[25, 26]。显然，非接触红外成像技术对于这些系统表面温度的时间和空间分辨测量非常有用。

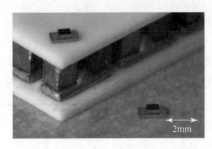

图 8.32　微型热电元件与"经典"珀耳帖元件对比

（图片来源：费劳恩霍夫，弗莱堡，德国[22]）

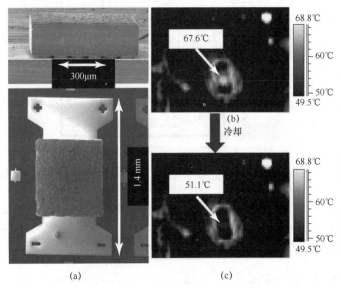

图 8.33　微型珀耳帖制冷器的侧视和顶视的可见光照片（a），

以及施加电压脉冲之前（b）和施加电压时（c）的红外图像

（图片来源：弗劳恩霍夫，弗莱堡，德国[22]）

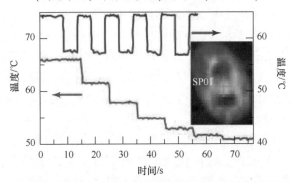

图 8.34　微型珀耳帖制冷器在热成像测量中两种电压下的时间响应

（方形脉冲电压—蓝色曲线、阶跃脉冲电压—红色曲线）

（插图中所示为典型的红外图像，见彩插）

8.5.3　低温执行器

德国柏林 NAISS 公司的低温夹持器[27]是一种新型专利夹持器，它通过冷冻蒸气将夹持器接触面与被研究对象连接起来（图 8.35）。这种方法可用于任何亲水性材料。新产生的连接产生了一个很高的保持力，而又不会拉坏材料。低温夹持器可用于微探针的自动处理，其对空气具有渗透性，适用于非刚性材料和微型元件且不会产生张力。

图 8.35　冷却过程中低温执行器的照片和红外图像（从夹持器下方以一定角度记录）

（图片来源：NAISS GmbH，柏林，德国[27]）

时间分辨热成像是优化处理过程（冷却和加热）的有力工具。抓取是基于材料附近的水蒸气。夹持器中的集成喷嘴仅用于将水蒸气喷射到抓握点上。蒸气的冻结是由珀耳帖冷却元件产生，这样可以确保在 1s 内冻结少量的水。这些材料将在其目的地取下并运走。为了使材料脱落，冻结的蒸气（即冰）将通过加热再次液化。除了融化，加热同时使材料变得干燥，整个过程只需几秒钟。

为了优化和实现夹持器的功能，需要详细了解夹持器顶部的热性能。因此，对温度分布进行了时间分辨测量。图 8.36 所示为周期性冻结、运输和加热系统期间夹持器上表

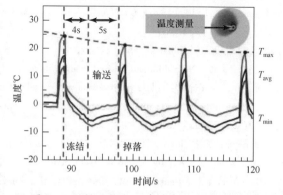

图 8.36　低温执行器在冷却和加热过程中温度随时间变化情况

面的温度。根据这些结果，优化工作参数，即夹持器上表面的珀耳帖制冷器/加热器电流的循环时间。

参 考 文 献

[1] Möllmann, K. -P. , Lutz, N. , Vollmer, M. , and Wille, Ch. (2004) Thermography of microsystems. Inframation 2004, Proceedings, Las Vegas, Vol. 5, pp. 183-195.

[2] Möllmann, K. -P. , Pinno, F. , and Vollmer, M. (2009) Microscopic and high-speed thermal imaging: a powerful tool in physics R&D. Inframation 2009, Proceedings, Las Vegas, Vol. 10, pp. 303-318.

[3] Holst, G. C. (2000) *Common Sense Approach to Thermal Imaging*, SPIE Press, Bellingham.

[4] Roberge, D. M. , Ducry, L. , Bieler, N. , Cretton, P. , and Zimmermann, B. (2005) *Microreactor Technology: A Revolution for the Fine Chemical and Pharmaceutical Industries?* Chemical Engineering and Technology, Vol. 28, No. 3, Wiley-VCH Verlag GmbH & Co. KgaA, Weinheim.

[5] Hessel, V. , Ehrfeld, W. , Golbig, K. , Haverkamp, V. , Löwe, H. , Storz, M. , Wille, Ch. , Guber, A. , Jähnisch, K. , and Baerns, M. (2000) *Conference Proceedings of the 3rd International Conference on Micro-reaction Technology*, Springer-Verlag, Frankfurt a. M. , April 18th-21st 1999, pp. 526-540.

[6] *www. imm-mainz. de.* (2010).

[7] Hessel, V. , Ehrfeld, W. , Herweck, Th. , Haverkamp, V. , Löwe, H. , Schiewe, J. , Willle, Ch. , Kern, Th. , and Lutz, N. (2000) *Conference Proceedings of the 4th International Conference on Micro-reaction Technology*, AIChE, Atlanta, March 5th-9th 2000.

[8] Wille, Ch. , Ehrfeld, W. , Haverkamp, V. , Herweck, T. , Hessel, V. , Löwe, H. , Lutz, N. , Möllmann, K. -P. , and Pinno, F. (2000) Dynamic monitoring of fluid equipartion and heat release in a falling film microreactor using real-time thermography. *Proceedings of the MICRO. tec 2000 VDE World Microtechnologies Congress, September 25th-27th 2000, Expo 2000, Hannover, Germany*, VDE Verlag, Berlin und Offenbach, pp. 349-354.

[9] Danckwerts, P. V. (1970) *Gas/Liquid Reactions*, McGraw-Hill Book Company, New York, pp. 35, 37, 45, 47, 55.

[10] Marioth, E. , Loebbecke, S. , Scholz, M. , Schnürer, F. , Türke, T. , Antes, J. , Krause, H. H. , Lutz, N. , Möllmann, K. -P. , and Pinno, F. (2001) Investigation of microfluidics and heat transferability inside a microreactor array made of glas. Proceedings of the 5th International Conference on Microreaction Technology, 27th-30th May 2001, Strasbourg.

[11] *www. ict. fhg. de.* (2010).

[12] Incropera, F. P. and DeWitt, D. P. (1996) *Fundamentals of Heat and Mass Transfer*, 4th edn, John Wiley & Sons, Inc. , ISBN: 0-471-30460-3.

[13] Brandner, J. J. , Benzinger, W. , Schygulla, U. , Zimmermann, S. , and Schubert, K. (2007) Metallic micro heat exchangers: properties, applications and long term stability. ECI Symposium Series, Vol. RP5: Proceedings of 7th International Conference On Heat Exchanger Fouling and Cleaning - Challenges and Opportunities, Engineering Conferences International, Tomar, Portu-

gal, July 1-6, 2007. (eds H. Müller-Steinhagen, M. R. Malayeri, and A. P. Watkinson).

[14] *www. mikroglas. de.* (2010).

[15] Seeger, K. (1991) *Semiconductor Physics*, Springer Series in Solid State Science, 5th edn, Springer-Verlag, New York, Berlin and Heidelberg.

[16] *www. ipht-jena. de/en/.* (2010).

[17] Madou, M. (1997) *Fundamentals of Microfabrication*, CRC Press, Boca Raton, London, New York, and Washington, DC.

[18] Rowe, D. M. (ed.) (2005) *Thermoelectrics Handbook: Macro to Nano*, CRC Press, Boca Raton, London, New York and Washington, DC.

[19] Möllmann, K. -P., Trull, T., and Mientus, R. (2009) Single Microbolometer as IR Radiation Sensors Results of a Technology Development Project, Proceedings of the Conference Temperature, PTB, Berlin, ISBN: 3-9810021-9-9.

[20] Gerlach, G. and Doetzel, W. (2008) *Introduction to Microsystem Technology*, Wiley-VCH Verlag GmbH.

[21] Hudson, R. D. and Hudson, J. W. (eds) (1975) *Infrared Detectors*, John Wiley & Sons, Inc. , Dowden, Hutchinson and Ross.

[22] *www. ipm. fhg. de.* (2010).

[23] *www. leister. com/axetris/.* (2010).

[24] *www. micropelt. com.* (2010).

[25] Böttner, H. (2002) Thermoelectric micro devices: current state, recent developments and future aspects for technological progress and applications. Proceedings of the 21st International Conference on Thermoelectrics, August 25th-29th, 2002, Long Beach, pp. 511-518.

[26] Böttner, H. , Nurnus, J. , Gavrikov, A. , Kuhner, G. , Jagle, M. , Kunzel, C. , Eberhard, D. , Plescher, G. , Schubert, A. , and Schlereth, K. -H. (2004) New thermoelectric components using microsystem technologies. *J. Microelectromech. Syst.* , pp. 414-420.

[27] *www. naiss. de.* (2010).

第9章　研究和工业中的应用

9.1　引　言

　　红外成像技术在工业和研发领域有着广泛的应用。本章讨论了许多不同的主题，首先是关于热反射这一历来都很重要的问题。它在熔融或抛光金属的红外成像中特别重要，并概述了由于相应的低发射率而导致无法精确测量金属温度这一难题的方法。在接下来的章节中，介绍了汽车、飞机和航天器等不同工业领域的具体质量控制、安全性增强和研究应用。预测性维护（Predictive Maintenance，PDM）和状态监测（Condition Monitoring，CM）这一大领域存在于任何行业，选择通过发电厂、石化行业、聚合物成型和各种电力设施的例子来重点阐述。

9.2　热　反　射

　　热反射是红外热成像解译中的常见问题。特别是，不但原子般光滑的表面，如玻璃、抛光和涂漆的木材、金属或潮湿的表面，而且砖和混凝土也可能很容易引起红外辐射的反射，这些红外辐射通常不受关注。在大多数情况下，人包括热像师，都是热反射的源头（图 9.1）。

图 9.1　一个人站涂漆木墙附近形成的热反射示例
(a) 可见光图像；(b) 使用特写镜头的长波红外图像。

　　如果不注意，这些热反射可能会引起对物体温度的误解。下面从理论上分析了物体红外热辐射和热反射之间的差异之后，讨论了通过使用红外偏光片来抑制或者至少识别这种反射的可能性。使得理论预测和实验结果都很有希望。

9.2.1 从镜面反射到漫反射的过渡

传统光学中，在可见光谱范围内，众所周知，平坦的抛光表面反射一部分入射光，而另一部分则折射到材料中（图9.2）。在物理和技术中，反射有两种不同的用途：首先，反射主要是指镜面反射（即定向反射），即反射定律所描述的反射：

$$\alpha_1 = \alpha'_1 \qquad\qquad (9.1)$$

其中角度的定义如图9.2所示。更为常见的情况是，略微粗糙的表面导致对入射光的漫散射，这些表面在我们的日常生活中占据主导地位，如图9.2（c）、（d）所示。对于理想的漫散射表面，角分布是朗伯（Lambertian）源之一（1.3.1.4节）。

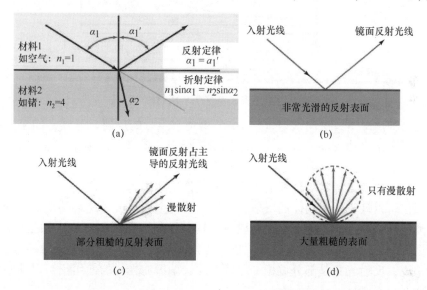

图9.2 镜面反射和折射定律（a），以及从"正常"镜面反射（b）
到漫散射（（c）、（d））的过渡

在下面，当提及常规镜面反射时，通常指的是镜面反射。每当出现漫散射时，都会明确地这样指明。反射镜的反射率 R（反射光的一部分）应接近100%（1.00），两种介质之间的每个边界都会出现较小的反射率（$R<1$）。利用反射定律求出反射角度，再用菲涅耳公式[1]计算可以得到更详细的反射率结果。在本章中，所有使用菲涅耳公式的计算都假设表面完全平坦，不受散射的影响（图9.2（a）、（b））。当粗糙表面的散射贡献变得重要时，必须对理想菲涅耳公式的反射率结果进行修正。

材料的输入参数是折射率，对于透明材料是真实的，对于吸收材料是复杂的。作为透明材料的一个例子，图9.3所示为从空气入射到玻璃上的光的反射率，其折射率使用 $n=1.5$ 表征。显然，反射率在很大程度上取决于入射光的偏振。后者表示电磁波的电场相对于入射平面的方向，入射平面由矢量 k 定义，即光的传播方向和垂直于表面边界的矢量。通常如图 9.3 所示，入射平面就是纸面平面。

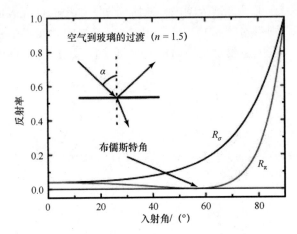

图 9.3　由 $n = 1.5$ 定义的透明材料，根据菲涅耳公式计算其反射率。例如，这可以是可见光从空气到玻璃的过渡

在这种情况下，法向入射（$\alpha = 0°$）会导致 4% 的反射。显然，如果入射角为布儒斯特角（由 $\tan\alpha = n_2/n_1$ 定义），则平行于入射平面的偏振光（p 或 π）根本不会反射。因此，反射光的偏振方向垂直于入射平面（s 或 σ）。这一事实被用在摄影中：玻璃表面的强烈反射很容易通过使用偏振滤光片抑制。

不仅可以计算透明物体的反射，还可以计算金属等吸收材料的反射。理论给出了类似的结果，主要区别在于金属材料具有复杂的折射率。所得到的反射率曲线与透明材料的反射率曲线类似（图 9.4）；但是，最小反射率通常不会为零，也就是说，反射光只是部分偏振。尽管如此，偏振滤光片的使用仍可以抑制部分反射。

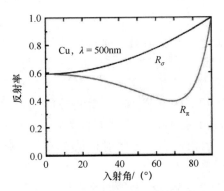

图 9.4　Cu 表面在 $\lambda = 500\mathrm{nm}$ 处的反射率符合菲涅耳公式（$n \approx 1.12 + \mathrm{i}2.6$）

当从可见光移动到热红外光谱区域时，情况非常相似。根据所考虑的材料和波长范围，可能有非吸收透明材料如氯化钠（$\lambda < 20\mu m$）或吸收材料如金属。

与可见光谱范围相比，有关反射的情况甚至可能变得更糟，图9.5所示为一块被氧化物覆盖的旧黄铜板。

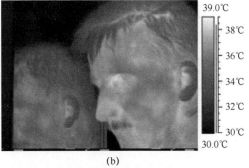

39.0℃
38℃
36℃
34℃
32℃
30℃
30.0℃

(a)   (b)

图9.5   表面粗糙度在$1\mu m$或以下的氧化旧黄铜板漫散射可见光，
但至少部分反射$\lambda \approx 10\mu m$的热红外辐射

这个黄铜板有一个非常粗糙的表面，可以在可见光谱范围内看到：不存在直接的反射。用波长为$8 \sim 14\mu m$的长波红外相机观察，可以立即看到该板的反射：很明显，该板在可见光范围内是一面较差的反射镜，而在红外范围内是一面良好的反射镜。这是由于表面粗糙度与辐射波长的比值造成的。如果波长小于或与表面粗糙度的大小处于相同的量级，光就会漫散射，即不能形成良好的镜像。对于比表面粗糙度尺寸大得多的波长，辐射就像从镜子上反射一样被镜面反射。一个经典的类比就是足球，如果球网的网格尺寸比足球直径小得多，那么根据网线反射定律，足球很可能被反射出来，但如果使用的球更小会如何。

在图9.5中，红外波长比可见光波长大10倍以上，很容易观察到从漫散射到镜面反射的过渡[2]。

图9.6（a）所示为黄铜板的镜面反射率，在波长约为$1.5 \sim 25\mu m$光学抛光的金表面，入射角为20°时测量。测量采用傅里叶变换红外光谱仪[3, 4]。显然，定向反射率在可见光谱范围内显著降低，即大部分漫散射发生在可见光范围内，这解释了为什么在可见光范围内没有出现镜像的原因。相反，在波长为$10\mu m$的情况下，反射率已经达到约70%，从而产生如图9.5（b）所示的镜像。

为了将较低的镜面反射率（即大部分漫散射）与表面粗糙度联系起来，用常规显微镜、暗场显微镜和扫描电子显微镜对一小片黄铜板进行分析，图9.6（b）所示为一个用光学显微镜放大面积约为$100\mu m \times 165\mu m$的铜板的典型示例。该板表面有一些划痕，宽度在$1 \sim 5\mu m$范围内，长度在数毫米或更长。此外，在$1 \sim 3\mu m$的范围内有许多"点状"结构，也有一些较大的"点状"结构，这是通过研究更多的照片和电子显微镜所揭示的。这些结构类似于表面粗糙度，负责从镜面散射到漫散射的过渡。

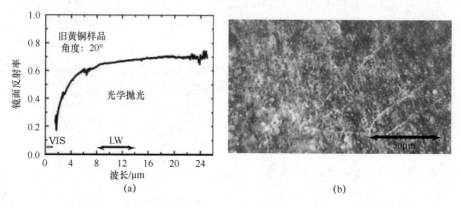

图 9.6 黄铜板的分析

（a）用傅里叶变换红外光谱仪测量的镜面反射率；（b）黄铜板表面的光学显微镜图像。

这种讨论的结果是：平坦和抛光的表面，特别是各种金属表面，即使在可见光范围内不反射，也很容易引起红外辐射的反射。因此，对红外热像的所有分析都必须考虑热反射的可能性。

如果没有注意，热反射可能会被误解为所研究的反射体表面上的热源。有许多可能的热源可以作为反射的来源。例如，太阳对于室外热成像，或者移动的热源（如人体）对于室内热成像。

然而，识别并抑制热反射是可能的。为了实现这一目标，在中波（3.0 ~ 5.0μm）和长波（8 ~ 14μm）范围内使用了红外辐射偏光片，其工作原理与可见光摄影中抑制反射的原理相同：根据菲涅耳公式，垂直或平行于入射平面的偏振辐射将会被不同程度地反射。

9.2.2 选定材料的热红外反射率

在红外成像系统的工作波长范围内，计算了一些选定材料的反射率。以下示例基于一组光学参数，尽管有时会有多组可用[5]。由于材料的所有表面性质都可能因氧化或腐蚀而发生明显的变化，因此所有的理论示例都应只是给出反射率的示值。如果需要非常精确的数值，每个选定的样品都需要用实验进行表征。

通过引入参数 z，可以定量地描述偏光片的抑制效果，该参数是由 R_p 曲线的最小值所对应的角度 ϕ_{min} 定义的，即

$$z = (R_s(\varphi_{min}) - R_P(\varphi_{min}))/R_s(\varphi_{min}) \qquad (9.2)$$

$z = 1$ 将提供完全抑制的可能性，而 z 接近于 0 表示极小的情况，即几乎没有抑制的机会。此外，实际需求倾向于小的布鲁斯特角，然而，这些角度往往是没有办法实现的。在这种情况下，至少部分抑制或识别热反射仍然是有帮助的。因

此，下面的讨论集中在最小角度以及参数 z 上。在上述图 9.3 的例子中，在 56.3°处，$z = 1$；可见光范围内的铜（图 9.4）在大约 70°处，$z \approx 0.54$。

9.2.2.1 金属

使用最广泛的金属是铁、铁合金或者铝。图 9.7 所示为 MW 和 LW 红外相机在选定波长范围内铁的反射率。同样，图 9.8 给出了铝的例子。图 9.7 和图 9.8 的曲线图代表 MW 和 LW 区域的热成像，因为光学常数随波长缓慢而单调地增加。显然，对于这些（以及许多其他）金属来说，R_p 的最小值对应的是非常大的角度，即几乎是掠入射。这不适合于实际的外场工作。因此，第一个结论是，抑制热反射将不适用于纯金属表面。但是，即使在 40°~60°的角度范围内，许多金属的 z 值也在百分之几的范围内，这至少足以识别热反射。

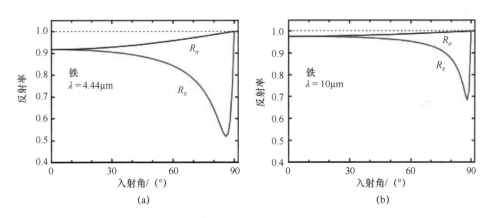

图 9.7　铁的反射率随入射角的变化

（a）$\lambda = 4.44\mu m$，$n = 4.59 + i13.8$，$\varphi_{min} = 86°$，$z\,(86°) \approx 47\%$，$z\,(60°) = 12.5\%$；

（b）$\lambda = 10.0\mu m$，$n = 5.81 + i30.4$，$\varphi_{最小} = 88°$，$z\,(86°) \approx 32\%$，$z\,(60°) = 3.6\%$。

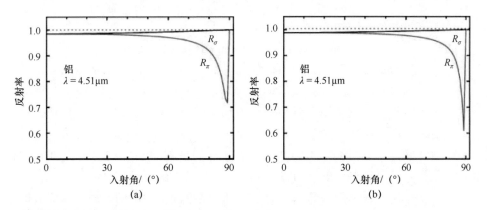

图 9.8　铝的反射率随入射角的变化

（a）$\lambda = 4.51\mu m$，$n = 7.61 + i44.3$，$\varphi_{min} = 89°$，$z\,(86°) \approx 28\%$，$z\,(60°) = 2.2\%$；

（b）$\lambda = 10.0\mu m$，$n = 25.3 + i89.8$，$\varphi_{min} = 89°$，$z\,(86°) \approx 40\%$，$z\,(60°) = 1.7\%$。

9.2.2.2 非金属

与金属相比，其他实际使用的吸收红外的材料提供了更好的可能性。图 9.9 说明了玻璃（SiO₂）的反射率。在 MW 区，$z = 1$，即在布儒斯特角上实现 100% 的抑制是可能的。此外，对于角度大于 30°的情况，也有可能出现明显的局部抑制。由于玻璃在 8 ~ 10μm 范围内的最大吸收峰在波长为 9μm 附近，因此 LW 相机不允许完全抑制。但同样对于角度大于 30°的情况，已经如期望那样得到了令人非常满意的结果。

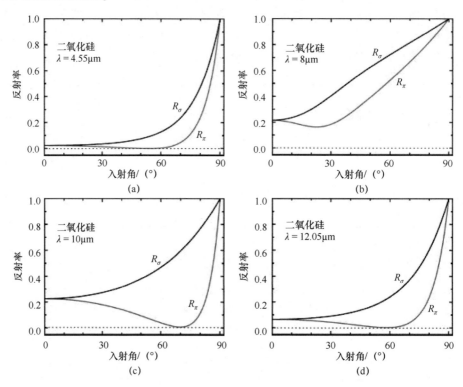

图 9.9　玻璃（SiO₂）的反射率随入射角的变化

（a）$\lambda = 4.55\mu m$，$n = 1.365 + i0.000256$，$\varphi_{min} = 54°$，$z\,(54°) \approx 1$；（b）$\lambda = 8\mu m$，$n = 0.4113 + i0.323$，$\varphi_{min} = 23°$，$z\,(23°) \approx 50\%$；（c）$\lambda = 10\mu m$，$n = 2.694 + i0.509$，$\varphi_{min} = 70°$，$z\,(70°) \approx 1$；（d）$\lambda = 12.05\mu m$，$n = 1.615 + i0.267$，$\varphi_{min} = 58°$，$z\,(58°) \approx 1$。

作为最后一个例子，图 9.10 所示为硅的反射率。这个例子的动机是通过红外成像研究硅片在原位的温度。然而，由于硅的折射率与实部很大，约为 3.4，硅片是非常好的热辐射反射镜，因此，抑制反射是正确测量所必需的。

从这些理论反射率得到的一个明显的初步结论是，使用偏振滤光片应有助于抑制许多材料的热反射，但最小角度接近掠入射的金属除外。一些实用材料的性能类似于所示的示例，例如，家具或其他室内应用的木材通常用漆处理，从而得到非常平滑的反射表面。

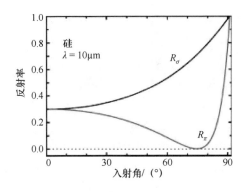

图 9.10　硅的反射率（$\lambda = 10\mu m$，$n = 3.4215 + i6.76 \times 10^{-5}$，$\varphi_{min} \approx 75°$，$z\ (75°) \approx 1$）

在 MW 和 LW 热红外辐射区域，光学常数几乎不变，因此，$\lambda = 4\mu m$ 的结果与所示

$10\mu m$ 的例子完全相同

9.2.3　测量光谱反射率：实验室实验

为验证理论预测和研究抑制热反射的适用性，进行了一系列的实验室实验。被研究的物体发出无偏振的红外辐射。此外，还有来自周围温暖或热的物体的热反射干扰。这些反射对应于部分偏振辐射，可以通过适当的偏光片予以消除。

9.2.3.1　偏光片

偏光片必须是一种对红外辐射透明的材料。在下面所述的研究中，使用了孔径为 50mm 的偏光片，LW 范围由 Ge 材料制成，MW 范围由 CaF₂ 材料制成（原则上，Ge 偏光片也可用于 MW 范围）。偏振功能是由于在各个基片的顶部上面有小的金属条。对于 Ge 偏光片，金属条的宽度为 $0.12\mu m$，由铝制成，光栅常数约为 $0.25\mu m$。类似于用于微波辐射的金属栅极或偏光片[1]，只传输电场矢量垂直于条带的辐射。为了最大限度地减少反射损耗，Ge 偏光片涂敷了 AR 涂层。

9.2.3.2　定量实验的实验装置

图 9.11 所示为定量角分辨反射率测量的主要装置。为了简化实验，设计了一个温度 T 为 1000 ~ 1500℃ 的球体作为热反射红外光源和探测器（即红外相机），并保持二者处于相对固定位置，同时又易于满足反射定律的条件。整个组件安装在带有角度刻度的透明板材上。使用此组件，可以在 27° ~ 85° 之间进行角度测量。对于非常大的样品，角度范围可以扩展到 89°，即金属所必需的掠入射。

使用这种装置，已经对 Al、Fe、SiO₂（玻璃）或 Si 等材料进行了许多精确的测量。测量结果符合菲涅耳公式的理论预测。

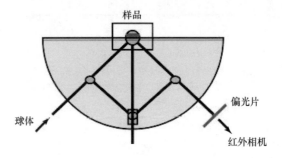

图 9.11　红外光源和红外相机处于固定位置的装置。来自球体的热辐射从样品中反射出来，并通过偏光片到达相机。工作期间，组件上的样品旋转时，射向相机的光束方向保持精确的共线。来自固定球体的入射辐射通过反射镜（未显示）导向组件的入射光束

9.2.3.3　测量反射率曲线示例

对于选定的材料，分别对平行偏振和垂直偏振的反射率随波长的变化情况进行了测量。对于抛光和光滑的表面，预计同样不会偏离菲涅耳公式的预测。如果表面粗糙度起作用，那么漫散射的影响可能会引起差异。利用傅里叶变换式红外光谱仪的反射附件进行了实验研究。对于选定的角度，记录了反射光谱。因此，从原则上讲，所有波长的光谱都是可用的。图 9.12 所示为硅片的一些测量结果，以及理论预测的放大图（图 9.10）。可以看出，实验值与 p – 偏振的预测结果吻合良好。

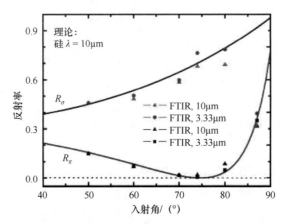

图 9.12　在波长 10μm 和 3.33μm 处，硅的反射率 R_p 和 R_s 实测结果与理论预测结果随角度变化情况

9.2.4　热反射的识别与抑制实例

下面介绍三种应用。首先，研究了抛光硅片的反射；其次，讨论了普通玻璃的二次反射（在不同的热成像应用中，如建筑物中可能经常遇到这种情况）；最后，讨论了抛光和涂漆木材的三次反射。其他章节还介绍了更多的示例，如 9.4

节中的金属反射。

9.2.4.1 硅片

从图9.10和图9.12可以看出，在波长约为$10\mu m$时，平行于入射平面的偏振热辐射完全被抑制。吸收系数在LW相机的波长范围内确实有一点变化[5]，但这不足以大幅改变图9.10中的曲线。对于波长在$3\sim5\mu m$之间的中波红外，它可能甚至更低。因此，首先，硅在所有MW和LW范围内的红外辐射特性就应该表现得如图9.10所示。

图9.13所示为本实验的装置和带有玻璃的硅片。一块8英寸（20.32cm）的抛光硅片贴在一块干净的玻璃板上，它会立即通过黏附力粘住它。一个人的脸作为红外辐射的来源，这是从硅片上反射出来的。LW红外相机位于与硅片表面法线成75°角的方向上，也就是接近其布儒斯特角的方向。图9.14所示为生成的热红外图像。

图9.13 玻璃板和硅片（通过黏合方式连接）垂直定向的实验装置。一位同事的脸充当了红外辐射源。入射角（和反射角）选择接近75°

显然，如果偏光片透射垂直分量，则在可见光和红外波段都能看到完美的镜像（图9.14（a））。特别地，可以同时研究硅片和玻璃的反射。将偏光片旋转90°（图9.14（b）），硅片上的热镜像或多或少被完全抑制，而人们仍然可以看到玻璃上的部分热反射。

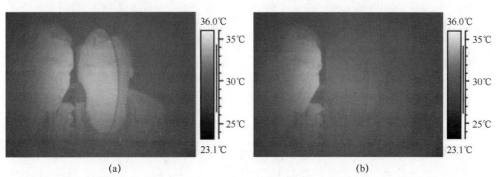

(a)   (b)

图9.14 通过红外偏光片（a）垂直于或（b）平行于入射平面，以约75°的角度观察到的硅片热反射抑制

9.2.4.2 玻璃板

根据图 9.9，75°角，即硅的布儒斯特角，对玻璃来说不会有同样的效果。这就是为什么图 9.14 仍然显示玻璃板上反射图像的轮廓。这是一个在角度不完美的情况下该方法如何工作的示例：只有部分抑制，但这至少足以识别热反射源。尽管如此，玻璃的热反射也可以或多或少地被抑制。图 9.15 再次显示了一个人的红外图像，他俯身在一张水平的桌子旁，桌子上有一个垂直方向的玻璃板。

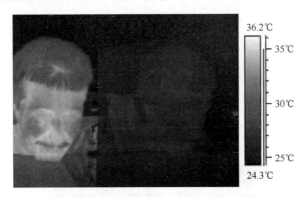

图 9.15 用不带偏振滤光片的 LW 红外相机观察玻璃板的热反射

硅片被移走，也就是说，只能从玻璃上反射。显然，从玻璃板上可以观察到明显的热反射。

图 9.16 所示为通过红外偏光片朝向平行或垂直于入射平面的相同场景。绝对温度的变化与此无关，这是因为温暖的偏光片刚刚放在相机的前面。首先，来自偏光片表面的热探测器的热反射可能有贡献（水仙花效应）；其次，红外相机没有用该滤光片进行校准。因此，结果或多或少只是定性的。

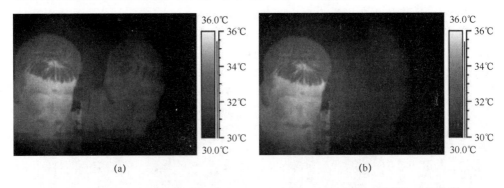

(a)   (b)

图 9.16 用 LW 红外相机通过垂直于（a）和平行于（b）入射平面的红外偏光片
观察图 9.15 中的玻璃板的热反射

图 9.16 很好地证明了对热反射或多或少的抑制。根据图 9.9，由于玻璃的反射率曲线变化较大，因此很难将波长范围为 8 ~ 14μm 内的特定布鲁斯特角归因于玻璃。因此，针对这些图像对该角度进行了优化，并且该角度可能在 60°左右。

对于不同的角度，抑制将只是部分的，但仍然足以识别干扰热源。

玻璃在热成像的许多应用中被使用，特别是在建筑热成像中，因此应注意确保相机显示的信号是真实的，而不是由于反射造成的。

9.2.4.3 涂漆木材

涂漆的木材表面非常光滑，类似于薄膜。因此，镜面反射是可以预期的，特别是对于大的入射角。图9.1已经所示为来自这些表面的明显的热反射。在图9.17中，通过 Ge 偏光片观察同一场景的红外图像。与硅片和玻璃板的情况类似，如果偏光片平行于入射面方向，则反射可以被强烈抑制（图9.17（b））。

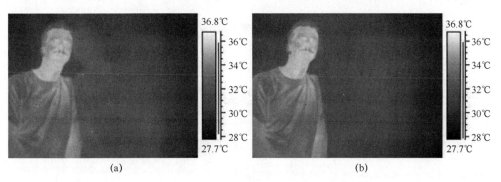

图9.17　通过红外偏光片（a）垂直和（b）平行于入射平面观察到的涂漆木材的热反射抑制

9.2.4.4 结论

热反射是红外成像中的一大难题。它们是对目标信号干扰贡献的常见来源，因此可使任何一种定量分析都变得更为复杂。因此，确定热反射的来源，并在可能的情况下抑制它们是非常重要的。到目前为止，还没有可用的商业解决方案。然而，实验室的实验已经证明了偏振滤光片在非法向入射时至少能识别这种反射的适用性。研究者对几种材料进行了验证，结果非常令人鼓舞，表明该方法适用于更广泛的材料。

9.3　金属工业

金属工业涉及制造单个零件、部件或大型结构的各个方面。金属加工一般分为成形、切削和连接三大类。这些类别中的每一种都包含不同的工艺过程。成形工艺过程通过变形工件而不去除任何材料来修改工件。这是通过热和压力，或机械力，或两者兼而有之来实现的。在铸造过程中，通过将熔化的金属浇注成某种形式并使其冷却，可以得到金属物体的某种特定形式。切割和连接由一系列工艺组成，其中通过使用各种工具去除多余材料或通过焊接等工艺连接两个金属零件，使材料成为规定的几何形状。在材料方面，人们常常把钢铁工业与轻金属工业（铝、镁、钛等）以及与其他有色金属工业（铜、铂、贵金属等）区分开来。

显然，金属工业提供了许多不同的工艺，其中一些与非常高的温度有关。因此，尝试用红外热成像测量相关温度是很自然的。特别是，乍一看，测量金属模具（如钢或铝铸件）的温度似乎是很有希望的。

9.3.1 高温金属模具直接成像

图 9.18 所示为一个铝铸件的例子。虽然接触测量得到了 800℃ 左右的较大温度，但红外成像在确定温度方面并不十分准确。有几方面原因：首先，金属在热红外波段具有很低的发射率（1.4 节），较小的发射率变化会导致测量温度的较大变化。金属模具发射率的变化与自身温度、熔渣厚度（密度较低、覆盖于纯金属上面）、观测角度等因素有关。此外，金属模具的行为类似于液体[6]。特别是，它们可能会出现对流单元（如伯纳德对流，5.3.3 节），从而在模具表面诱发温度波动。所有这些影响可能会导致产生数百开的测量误差！

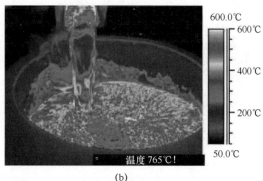

(a)   (b)

图 9.18　铝铸件（图片来源：H. Schweiger[7]）

（a）可见光图像；（b）热成像显示，由于各种参数的变化，模具温度变化较大，影响发射率

这个例子表明，对于测量熔融金属的温度，传统的热成像方法通常是不合适的。相反，需要一种与发射率无关的方法，如比色测温法（3.2.2 节）。在高温测量中，对应的仪器称为双色高温计[8]。

9.3.2 制造高温实心金属条：热反射

一旦有了纯金属和固态金属，金属的加工仍然需要高温。例如，图 9.19 所示为一家铝制品厂在生产铝金属带材过程中的场景。在前景中，可以看到一条热的纯铝金属带（厚度约 3cm，宽度约 2m）以约 2m/s 的速度移动，其表面温度约为 480℃。由于制造工艺，铝带表面非常平坦，发射率很低，约为 $\varepsilon = 0.065$。在背景中，可以看到较冷的铝辊（厚度通常在 2~5mm 之间的较薄铝带，在 200℃ 左右的较低温度下轧制形成便于运输的圆柱体）。同样，图 9.20 所示为另一个为研究目的而生产的铝带（宽度约 0.6m）的示例。这条铝带有几张桌子支撑着，以便慢慢降温。在测量时，它仍然有大约 200℃ 的温度。由于表面非常平坦，两幅红外图像都清楚地显示了热反射。

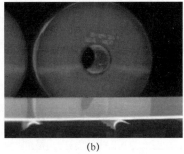

(a)   (b)

图 9.19 冷铝辊（$T < 200℃$）位于极低发射率（$\varepsilon = 0.065$）的热铝带（$T = 480℃$）后方，可以看到热反射

在图 9.19 中，背景中 200℃ 的铝带圆柱体的反射在前面的 480℃ 铝带上显示出明显较高的温度。乍一看似乎是自相矛盾的：当观察到较冷的金属在较热金属带上的热反射时，为什么较冷的金属会产生更大的辐射信号？答案其实很简单：通过轧制金属薄带形成圆柱体，表面粗糙度很大程度上增加了法向的发射率。红外图像所示为另一个特征：在圆柱体的左侧能够形成对铝带表面的掠入射视角。在如此大的角度下，导体的发射率增加（图 1.33），这就解释了为什么圆柱体的周界表面比它的正面发射更多的辐射。这一特性在热铝带的热反射图像中也很明显。

图 9.20 显示了一个类似的令人惊讶的特征，其中皮肤和衣服温度在 30℃ 左右的人在 200℃ 的热铝带上的热反射显示出来的红外发射也更强。类似地，与热金属相比，图像中的人具有更高的发射率。

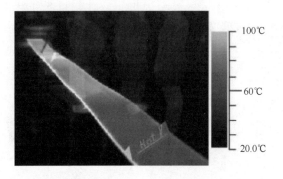

图 9.20 具有强反射的低发射率铝带（约 200℃）的热图像，显示非均匀背景辐射的影响

如果物体的发射率 ε_0 是已知的，那么低温物体在高温物体上的热反射中显示为强红外辐射源的热反射效应也可以定量地理解。除了发射的物体辐射 $\varepsilon_0 S_{obj}$ 外，从高反射表面探测到的辐射信号 S_{det} 还包含反射的背景辐射 $(1 - \varepsilon_0) S_{backgr}$。

$$S_{\mathrm{det}} = \varepsilon_0 S_{\mathrm{obj}} + (1 - \varepsilon_0) S_{\mathrm{backgr}} \qquad (9.3)$$

式中：S_{obj} 为从温度相同的黑体上检测到的辐射信号。铝的发射率很低，通常 $\varepsilon_0 = 0.02 \sim 0.2$，这取决于合金成分、表面粗糙度和温度。表 9.1 比较了在 LW 相机光谱区域内（$8 \sim 14 \mu m$）反射背景辐射对物体发射信号的贡献。令人惊讶的是，来自 200℃、$\varepsilon_0 = 0.02$ 的铝的信号仍然比反射 25℃ 物体的辐射要小。显然，温度较高的背景物体会将信号比例提高到一个更加不利的值。

表 9.1　发射率 $\varepsilon_0 = 0.02$、背景温度 $T = 25$℃ 的纯铝对工作在 $8 \sim 14 \mu m$
光谱范围内的红外相机的信号贡献

铝带温度 /℃	背景温度 $i = 25$℃时，反射背景辐射的比例	纯铝发射率为 $\varepsilon_0 = 0.02$ 时，表面发射辐射的比例
70	83.4	16.6
200	59.2	40.8
400	34.0	66.0

9.3.3　发射率已知条件下金属温度的测定

从理论上讲，物体表面的低发射率和相应的反射是众所周知的，为了能够确定物体的温度，红外相机系统的制造商通常进行反射率校正。但是，这种校正假设所有背景物体的环境温度恒定，并且精确地知道物体的发射率。只有当 ε_0 很大时，相机才能正常工作。对于金属其 ε 值非常小，物体发射率的变化和背景温度的波动可能会导致偏差。如果发射率是精确已知的，则可以通过使用已知背景温度的均匀背景照明（半球照明）来解决这一问题。

图 9.21 说明了在两种不同的背景温度下，在铝材冷轧过程中，发射率不会

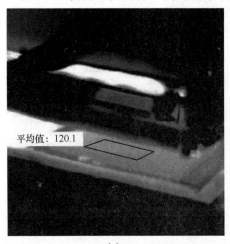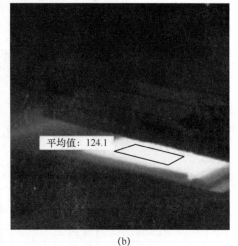

(a) (b)

图 9.21　对 125℃ 铝带进行温度测量，背景用不同温度的黑体进行照射
(a) 30℃；(b) 140℃。

因温度处理而改变。铝带（发射率为 0.05，表面光滑均匀的纯铝合金）被两个发射体（发射率为 0.98，温度分别为 30℃ 和 140℃）照射。对于铝条带温度的测定，发射体温度被用作环境温度。结果表明，铝带温度为 125℃，测量不确定度小于 5°。

9.3.4 发射率未知条件下金属温度的测定：金杯法

工业应用的典型情况更为复杂（图 9.22）。在大多数情况下，发射率无法准确地获取，并且在生产过程中还会发生变化。在不同的温度和变化的角度下，目标信号受到背景物体（结构化，非均匀背景）热反射的强烈影响。由于反射变化的强烈影响（比较表 9.1），目标信号变化可能高达 20%，从而导致较大的温度测量误差。

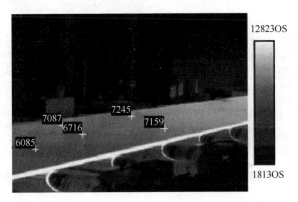

图 9.22 在铝带的不同位置测量目标信号

"金杯法"[9] 是使用一个高反射半球，在靠近目标表面的地方开了一个用于相机观测的小孔（类似于积分球）。所有热反射的辐射源都被阻挡，腔内的多次反射增加了表观发射率，使其接近于 1；然而，这种方法的应用需要一个非常干净的环境以避免半球内部反射率的降低，并且需要非常小的工作距离以抑制来自外部背景的任何热反射。在大多数工业过程中，这种清洁的条件和小的距离都是无法获得的。

9.3.5 发射率未知条件下金属温度的测定：楔形法与黑体法

在发射率变化的工业条件下，解决这一问题有两种可能的解决方案：第一，楔形法[9]可用于铝材轧制。在这种应用中，有高度抛光的轧辊形成铝带。这些轧辊和带材形成一个楔形（图 9.23），可以看作空腔（多次反射），因此具有更高的发射率[10]。图 9.23 表明，原则上，楔形提高了发射率，因此增强了红外发射。然而，定量分析仍然需要准确地了解发射率。

为了估计楔体引起的发射率变化，在已知温度的铝带上进行了实验测量（附带接触测量）。由于铝带的纯度和光滑、光亮的表面，在 8 ~ 14μm 范围内的发射率低至 0.04（图 9.24）。可见光图像显示了在形成的楔体内吸收率显著增加的空腔效应。LW 区的发射率从 0.04 增加到了 0.6。最大发射率值受到热成像系统几何分辨率的限制。显然，很难准确地猜测出精确的发射率值，因此楔形法不适合作为定量测量金属温度的标准方法。

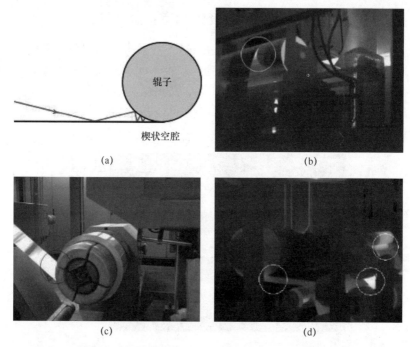

图 9.23　由轧辊和铝带形成的楔形示意图（（a）、（c））与红外图像示例（（b）、（d））

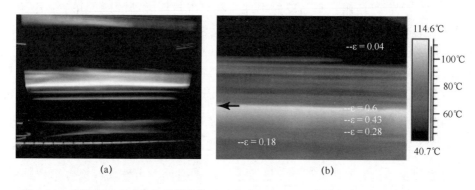

图 9.24　采用楔形法测量铝的热成像（温度为 110℃，温度标度对应的发射率为 0.6），
－－ε 代表发射率计算值

　　第二种方法是使用两个黑体来估计低发射率金属的准确温度。用两个具有不同温度的黑体照射（接近半球照射）待测物体，如图 9.25 所示。利用式（9.3），在两种不同的背景温度下，可以测定被测物体的发射率和发射辐射（目标信号），利用成像仪的校准曲线（温度－辐亮度）可以准确地确定物体的

温度。有关铝的辐射测温的详细分析，见文献［11，12］。

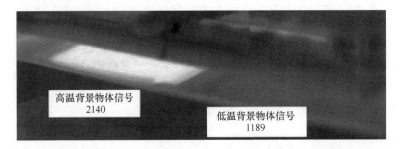

图9.25　不同温度黑体在铝带上的投影。对这两种信号分析可以得到发射率和金属温度

双色测温法（3.2.2节）也可以精确测量金属温度，前提是在所选的两个波段的发射率相同。今后将该方法推广到热成像系统是有意义的。

9.3.6　其他应用

红外热成像在金属工业中有更多的应用。有关辐射测温在钢铁和铝工业中的早期综述，见文献［8］。在本章中，还提到了另外两个使用红外相机的示例。

首先，最近有关于钢厂设备的热成像应用的报道[13]，主要是在产品数据管理（Product Data Management，PDM）项目中。这方面的例子还包括机械、电气系统（包括电动机和变电站）以及锅炉和管道的检查。此外，由于热因素引起的技术或研究与开发中的问题，通常需要采用红外光谱法进行分析。

另一个例子是关于铸造，特别是消失模铸造工艺。消失模铸造是一种蒸发型铸造工艺。首先，所需零件形状的图案是由聚苯乙烯泡沫制成的，这样最终的图案主要包含空气和少量的聚苯乙烯；其次，它被一个陶瓷涂层覆盖，形成一个屏障，这样熔化的金属就无法渗透；再次，将其放入烧瓶中，并用沙子（或其他成型介质）将其压实；最后，模具就可以浇铸了。熔化的金属使泡沫蒸发，也就是说，它会取代泡沫，直到完全充满成为所需的金属构型。热解产物通过多孔陶瓷涂层逸出到周围的多孔介质（砂）中。冷却和凝固后，将铸件从烧瓶中取出。

在消失模铸造过程中，重要的是避免缺陷的形成，如以后可能导致在役零件失效的缺陷。在铝消失模铸造中，这种折叠形成的原因是在金属填充和凝固过程中存在残留的泡沫残渣。因此，利用每秒10帧的实时中波红外成像技术，研究了不同工艺参数对金属填充和铸件质量的影响[14]。为此目的，在模具温度高达700℃的条件下，烧瓶内装有一个用于中波红外检测的陶瓷窗。研究发现，降低液态金属冷却过程中的热损失速率可以减少褶皱的形成。

9.4　汽车工业

汽车工业是许多国家的关键工业，不仅因为它拥有大量的雇员，而且因为它是一个不断引进高科技创新的领域。在这方面，利用红外热成像来弥补从制造分析工具与最终产品之间的差距只是一个时间问题。因此，热成像技术在汽车工业中的应用至少还应扩大了 3 倍。首先，它可以用于工厂各种设备的状态监测（Condition Monitoring，CM）和 PDM（9.6.1 节和 9.7 节）；其次，它可以用来检查产品质量；最后，红外热成像作为一种新技术，可用于提高夜间驾驶的安全性。CM 和 PDM 的例子与其他行业没有什么不同，如检查电气面板、机器人焊工、电机等[15,16]，这里不做讨论。

9.4.1 供热系统的质量控制

汽车工业提供了直接使用热像仪检查汽车某些部件质量的案例。图 9.26～图 9.28 给出了部分典型应用案例。图 9.26 所示为一个有缺陷的后窗电加热器（也称为除雾器），它最初由一排 12 根平行的电线连接在窗户上组成。由于窗户上的盖子被刮破了，同时一些电线也损坏了：从上往下的第二根电线和最下面的三根电线显然不能正常工作。该技术除了检测后窗除雾器的新损伤外，还可用于质量控制。最近，一家现代汽车制造商表示，一款后窗除雾器之前的故障率为 1/50。为了克服这一点，红外热检测作为一种质量控制手段，被证明是成功的[17]。

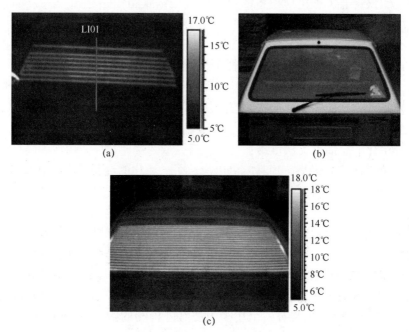

图 9.26　有缺陷的后窗加热器的红外（a）和可见光（b）图像，（c）更昂贵汽车的加热器正常工作示例（更多的电线和更小的距离）

同样，现代汽车也有前挡风玻璃加热器，如图 9.27 所示。而且，在汽车中普遍使用座椅加热器（图 9.28）。

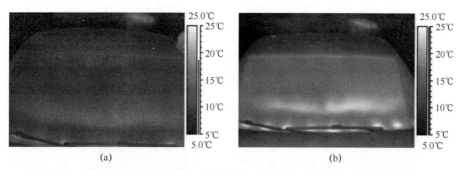

图 9.27　前挡风玻璃加热器使用来自风扇（底部 8 个等距开口）的热空气，
以及嵌在玻璃上的许多很小的加热线，确保非常快地去雾

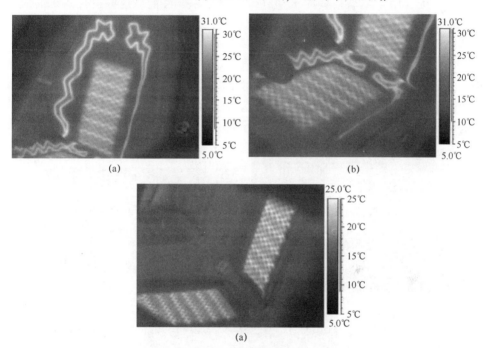

图 9.28　（a）、（b）汽车前座加热器和（c）后座加热器

在汽车工业中使用红外热检测的其他例子包括刹车测试（9.6.6.2 节；文献
[18]）。还有，特别是轮胎的质量控制。除了常规轮胎外，红外成像还经常用于
赛车专用轮胎的检测。

有许多不同的专利与汽车轮胎和热成像有关。例如，一项欧洲专利申请提议
使用高速红外成像[19]测量整个轮胎轮廓线的温度，另一项美国专利建议使用高
速热成像[20]预测轮胎磨损。

9.4.2　主动和被动红外夜视系统

近几十年来，红外成像技术在汽车工业中的一项最新、也许是最重要的创新

出现在驾驶安全领域。在白天开车可以观察前方数百米的道路和潜在障碍，而在夜间，只有被车头灯照亮的部分道路是可见的。虽然在照明行业领域有很多创新，例如，智能前大灯光束在弯道行驶时可以弯曲，但夜间行驶时的视野范围大大减小。如果较冷的岩石或树木等物体挡住了前方的道路，或者动物等较热的物体横穿马路，或者人在路上移动，例如，汽车抛锚后，就会出现问题。如果前灯很晚才能照亮这些障碍物，这样司机更晚才能看到它们，为了避免事故，允许的反应时间就变得非常短。驾驶员这种有限的视觉检测能力可以通过红外热成像来克服。目前，有两种不同类型的夜视系统可供一定数量的汽车使用（到目前为止，大多数是昂贵的汽车）。一种系统（用于奔驰）使用主动红外成像技术，而另一种系统（用于宝马）使用被动红外成像技术。目前，这些夜视系统的成本在2000欧元左右。这两种系统都有各自的特点：主动系统在观察冷物体方面有优势，而被动系统可以在更远的距离探测到热的障碍物。

在主动系统中，近红外辐射是由靠近常规可见光前照灯的特殊红外前照灯发射，挡风玻璃后面的近红外摄像头检测散射的近红外辐射，类似于人眼探测到由前照灯照亮的物体散射的可见光。红外信号随后以灰度图像的形式显示在驾驶舱中心的8英寸（20.32cm）TFT显示器上（图9.29）。

图 9.29　使用梅赛德斯夜视系统在夜间驾驶时的主动红外成像示例

（a）车内视图；（b）放大的红外图像；（c）另一个夜景。在红外前照灯范围内，可以清楚地看到冷、热物体。速度显示在屏幕下方边缘。（图片由戴姆勒公司提供）

这项技术适用于100m左右的距离，相当于通常的远光灯的照射范围，但不会使驶近车辆的司机致盲。如图9.29所示，很容易检测到行人等"热对象"。此外，"冷目标"如路边的一辆废弃汽车也可以提前看到。

被动系统使用常规但小型化的红外相机（FPA 测辐射热计 8～14μm 长波系统，通常为 324×256 像素，相机尺寸约 6cm×6cm×7cm），带有广角镜头（36°水平和 27°垂直视场），它可以很容易地探测到 300m 远的红外辐射。该系统不需要主动照明，而是利用物体发出的红外辐射，因此，它可以很容易地识别动物或人类，而它可能检测不出寒冷的目标，如道路上的岩石。与主动系统类似，图像以大约 8Hz 的帧速显示在驾驶舱的屏幕上。这意味着驾驶员必须稍微移动头部，但这可能成为一种类似检查后视镜的自然动作。红外相机的光学元件配备了电加热装置，以防止镜头上出现雾或冰。

图 9.30 和图 9.31 所示为从被动系统看到的红外图像示例。

(a)　　　　　　　　　　　　(b)

图 9.30　（a）夜间驾驶时，从驾驶员身后观察宝马 7 系轿车的驾驶舱，以及前方道路的视觉
图像。道路左侧两名行人和右侧一名行人不在可见光前照灯的照射范围内，但使用红外
被动夜视系统可以清楚地看到他们。（b）放大的红外图像，显示在驾驶舱的屏幕上
（图片由德国宝马公司提供）

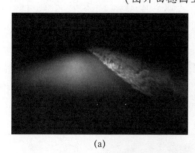

(a)　　　　　　　　　　　　(b)

(c)

图 9.31　公路上的夜景

（a）人眼观察到的可见光图像；（b）用夜视系统观测到的人与狗；（c）夜视系统观测到的鹿过马路。
（图片由 FLIR 公司提供）

最后但并非最不重要的一个与汽车行业相关的间接应用是，红外热成像也可以作为路面行业质量控制的一种方法[21-25]。

9.5 航空航天工业

9.5.1 飞机红外成像

在过去的几十年内，国内和国际航空运输有了巨大的增长。除了偶尔用于机场检查外，相关行业还在各个领域广泛使用红外成像。例如，对于 PDM（9.6节），红外热成像技术通常用作无损检测方法[26-28]，用于发动机分析、电气和液压检查，用于检测排气泄漏以及研究复合材料，如螺旋桨[29]。其他应用包括使用锁相热成像对飞机机身进行检查[30]（3.5.4节）。

在面向科研的背景下，红外热成像技术也用来研究新型推进系统[31]。

此处，主要是从外部展示飞机的定性图像，飞机热像中的特征取决于推进系统的类型。螺旋桨驱动的飞机以及直升机都有一个独特的热特征，因为排气羽流从发动机喷出。同样，不同的涡轮排气羽流则是喷气式飞机所特有的。如果在飞机起飞或着陆时进行红外成像采集，可以很容易发现跑道上的热反射。无论研究哪种飞机，它们通常都会涵盖非常宽的温度或辐射范围，从相对寒冷的环境（如天空）到飞机蒙皮的环境温度，再到非常热的发动机或排气羽流。如此宽的温度范围通常会导致辐射亮度差异超过一个数量级。因此，如果不受探测器的过低信号非线性效应或过高信号饱和效应的影响，那么红外相机无法在一组给定的参数（积分时间、滤光片）下准确地采集图像。因此，飞机红外成像是使用超帧技术（3.3节）的理想示例，以便在一幅图像中具有几个数量级的非常大的辐射亮度动态范围。此外，飞机通常是快速运动的目标，这意味着需要以较小的积分时间和较高的帧率进行高速热成像，才能获得清晰的静止图像。图9.32～图9.34所示为几个典型示例。

(a)   (b)

图9.32 飞机正准备在德国法兰克福/美因河机场附近降落。飞机下腹的热点是由于货舱门打开造成的。在图中，它们看起来是最热的地方，因为从前方观察到的发动机排气羽流光学厚度非常薄

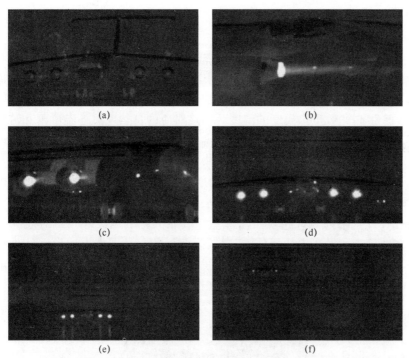

图 9.33 用 Agema900 高速相机记录的飞机起飞过程中的红外图像序列，从侧面观察到的
尾喷流的光学厚度依然很薄。热发动机引起跑道上的热反射（图片来源：FLIR 公司）

图 9.34 起飞前的小型螺旋桨飞机。由于温差很大，使用超帧技术记录图像（3.3 节）。温度
从光斑 1 到光斑 6 在 26 ~ 140℃之间。由于尾喷流并非是光学透明的，因此看不到更高的温度
（图片来源：FLIR 公司）

9.5.2 航天器红外成像

由于对所用材料和工艺的特殊要求，航空航天结构的无损检测是一项具有挑战性的任务[26]。任何进入太空并返回地球的航天器都需要配备防热罩。这对于飞行器安全重返大气层至关重要，因为快速飞行的物体与大气层内空气之间的摩擦很容易产生高达数千摄氏度的温度。与之对应的自然现象是流星雨和流星的出现，当小陨石进入地球大气层，迅速升温，最终在发光时蒸发，有时伴随着壮观的夜空现象。

像"阿波罗"或"索尤斯"这样的航天器使用的是一次性防热罩技术；另外，像航天飞机等多用途航天器需要防热罩，必要时还可以对其进行维修。2003年"哥伦比亚"号航天飞机发生事故后，开始大量利用红外相机对航天飞机外壳进行在轨检查和潜在损坏评估[32-34]。为此目的，必须将一架商用红外相机改造成一架空间坚固的照相机，以便在空间中进行外太空活动。第一次成功的太空检查也是对国际空间站（ISS）的检查（图9.35），是在"发现"号航天飞机执行 STS 121 任务[35]期间进行的。

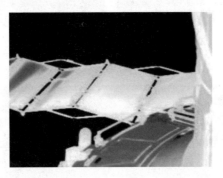

图 9.35　在航天飞机执行 STS 121 任务期间，用商业改装的红外相机在太空中记录的首批定性红外图像之一。除了检查航天飞机隔热板的样本外，宇航员塞勒斯和浮苏姆还将相机对准了国际空间站的一组散热片阵列，以便日后在地球上进行分析（图片由 NASA 提供）

在这次任务中，为了测试新的黏合修复技术，红外相机也用于检查一组预先损坏的增强型碳-碳样品，该样品类似于防热罩的部件。

最近，美国宇航局（NASA）的研究人员报告称，他们利用红外热成像技术研究了航天飞机重返地球大气层期间的表面热模式[36]。到目前为止，"亚特兰蒂斯"号和"发现"号航天飞机的三次飞行任务（图9.36）已经为一个名为"高超声速热力学红外测量（HYTHIRM）"的项目提供了支持。该项目是为了检查和保护航天飞机的飞行任务而开发的，以避免类似于 2003 年"哥伦比亚"号的事故，当时航天飞机机翼的损坏破坏了它的防热罩，导致它在重返大气层时失去结构完整性并解体。

该项目的部分目标是在重返大气层期间创建三维表面温度图，将其与航天飞机腹部下表面热传感器的测量结果进行比较，并使用计算流体力学模拟这些温度图。一旦掌握峰值温度出现的时间和地点，就可以为航天飞机的后续型号设计材料的类型和保护系统的尺寸，该航天飞机的任务计划在 STS134 之后结束。

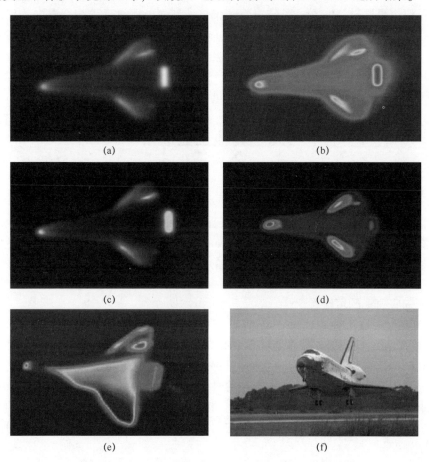

图 9.36 "亚特兰蒂斯"号和"发现"号航天飞机的热图像和可见光图像（图片均由 NASA 提供）。（a）、（b）"发现"号的飞行任务 STS128。原始数据是黑白图像（a）。在伪彩色图像（b）中，蓝色表示最低温度，红色表示最高温度。（c）、（d）"发现"号在飞行任务 STS128 中的边界层实验（c）和"亚特兰蒂斯"号在任务 STS125 中以 8km/s 飞行时（d），机头和机翼处有热点。（e）、（f）"发现"号在 STS119 飞行任务中以约 4.8km/s 速度飞行（e）与其在飞行着陆任务 STS121 时的可见光图像（f）（见彩插）

　　由于温度非常高，在 HYTHIRM 项目中航天飞机重返地球大气层时的成像是使用带有近红外辐射滤光片的相机完成的。相机搭载在一架距离航天飞机 37km 的飞机上，从而获取了大约 8min 的数据。原则上，一旦考虑了航天飞机与相机之间大气路径变化的校正，经过校准的传感器就可用于计算表面温度。这项研究集中在航天飞机的下腹部，上面覆盖着大约 1 万块隔热瓦。发现温度最高的区域出现在机头附近和每个机翼的前缘。当航天飞机进入大气层时，它会将空气分子推开。因此，作为保护层的边界层在航天飞机周围形成，边界层内的温度在1100~1650℃之间。在这个保护层之外，温度可以上升到大约5500℃。

显然，必须避免对航天飞机表面的隔热瓦或凸起部位造成任何损坏，因为它们会导致边界层破裂。在这种情况下，来自外部的极端热量可能会流向表面，从而导致其被严重破坏。为了研究这种效应，在"发现"号的机翼上增加了人造的微小凸起。同样，对未来航天器的隔热材料也进行了测试。图9.36所示为在STS119、STS125和STS128三次飞行任务中采集的"亚特兰蒂斯"号和"发现"号航天飞机热成像的一些定性结果，定量结果尚未公布。

9.6 其他工业应用

9.6.1 预测性维护和质量控制

本书的前几章和本章的前几节中，已经介绍了热成像在各个领域中的示范应用。然而，如今热成像在工业中的应用如此广泛，以至于不可能给出所有应用领域的示例。尽管如此，确定红外热成像在工业中的基本应用领域是可能的。一方面，热成像在PDM程序中主要用作CM的工具；另一方面，它在质量控制领域提供了一些独特的可能性。

PDM程序是工业中用于长期降低成本的主要工具，它们最重要的部分是CM。通常情况下，PDM技术能够帮助确定在役设备的状况，以便预测何时应该进行维护，以避免系统故障。目标是只有在需要时才执行维修或维护任务。在理想情况下，当维护也是最具成本效益的时候，也可以提前安排维护，例如，在机器的正常停机期间。此方法比基于时间的维护程序便宜得多，在基于时间的维护程序中，维护或更换部件并不是因为它们可能需要它，而是因为预定义的时间间隔已经到期。

为了监控设备或部件何时失去最佳性能，PDM程序使用CM。在CM中，设备检查是在设备工作时进行的，也就是说，CM不应影响系统的正常运行，同时应提供设备参数发生重大变化的可靠信息，这些变化表明正在发生故障。

除了由专家进行成本低廉且相当可靠的定性目视检查外，最常用的CM技术 – 取决于要检测的设备 – 还有以下无损检测方法：

（1）振动分析（特别是对带有旋转部件的设备进行振动分析，利用振动、压电或涡流传感器，并结合快速傅里叶变换（FFT）分析）；

（2）油品检测（对油品的化学成分进行光谱分析）；

（3）超声波（机械应用、高压流体流动）；

（4）热成像。

近年来，红外热像分析已经成为一种重要的工具，因为零件表面的高温往往预示着元件正在发生故障，例如，电触点和端子退化。它还可以检测许多其他热异常，如管道周围的隔热层缺失或脱落，或管道和阀门的泄漏。在所有的试验中，必须出现与参考值（例如，特定的振动特性、油品质量、温度值）的偏差，以识别防止损坏的因素。

质量控制是任何行业的一个重要因素，应确保工业产品具有符合设计的性能。因此，质量控制涉及到产品设计和生产中的故障测试。显然，可以采用各种破坏性和非破坏性的检测方法。再次，热成像技术是一种无损检测技术，它的优点是在产品制造过程中或制造后的热性能测试时不需要接触产品。

热成像技术在 PDM、CM 和质量控制等领域的应用已有大量报道[37]，如化石[38]、天然气[39]和核电厂[40,41]、容量为 3GW 的电力变流器系统[42]、化工和石油工业[43]、煤矿[44]、采砂业[45]、糖业[46]、造纸业[47-49]、曲轴生产线[50]、船舶检查[51,52]，或管道检查[53,54]，炼油厂[55,56]，大型邮件配送中心[57,58]，使用锁相技术的太阳能电池板检查[59]，风能转子叶片检查[60]，或超市/杂货店的冷却食品检查[61]。

每种应用都有其自身的特点。在这里，我们只举 3 个例子：第一，电厂管道和阀门的 PDM；第二，石化工业中大型储罐中液体液位的检测；第三，使用聚合物焊接技术对自行车头盔生产线进行质量控制。下节将讨论广泛的电气应用领域。

9.6.2 电厂的管道和阀门

电厂是一个非常复杂的系统，其设备种类繁多，从电气元件到流体动力元件应有尽有。对于大多数设备来说，热特征的确为状态监测（CM）系统提供了重要的信息，因此，热成像技术已经成为电厂 PDM 系统中一项常用的技术。许多早期检测中发现问题的案例已经被广泛报道[40,41]，这些项目包括大型冷水机组电缆连接中的热点检测、关键控制面板中的热总线连接检测、复杂压缩机问题、终端面板热点检测、泵密封泄漏远程监控、关键阀门泄漏检测、压缩机负荷评估，以及发电机设备、开关站设备和电机控制中心的热点研究。由于电厂的复杂性，事实证明，以案例历史记录的形式对检测到的异常情况进行仔细地记录是非常重要的，例如，将这些记录输入部件健康数据库。这有助于判断已识别异常的严重程度，并提示最重要的问题"显示异常的组件还能使用多长时间？"

图 9.37 是对高能给水泵的泵密封泄漏进行远程监控的案例。通过相机远程记录排水管道泄漏的红外图像，无需进入房间，为监控设备状况提供了一种更安全的方法。如果管道剖面中的温度保持不变，则泄漏也应保持相对恒定。修理可以推迟到两年周期结束。

图 9.38 所示为一幅红外图像以及与之对应的带有主蒸气管道泄漏阀的排水管道的照片。这种泄漏对工厂效率的影响微乎其微，但却引起了对废物处理设备的关注，因为这些设备必须解决高温水的输入问题。必须准确地识别在几十个阀门中到底是哪一个发生了泄漏，以便在预定的加油停运期间进行修理。

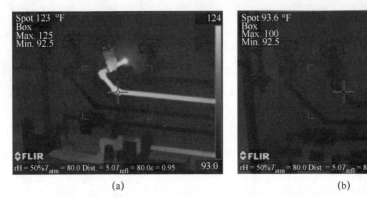

(a)   (b)

图 9.37 密封泄漏 (a) 和无泄漏 (b) 的配套泵的红外热成像图

(图片来源：迈克尔·拉尔夫，埃斯隆核能公司)

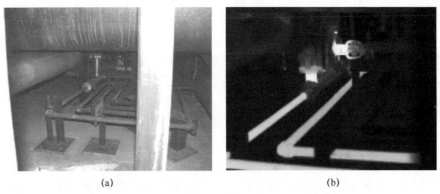

(a)   (b)

图 9.38 排水阀装置的照片 (a) 和排水阀泄漏的热管的红外图像 (b)

(图片来源：迈克尔·拉尔夫，埃斯隆核能公司)

9.6.3 石化工业储罐中液位

石油化工行业大量使用红外热成像技术，不仅用于使用 GasFind 相机检测挥发性有机化合物 (第 7 章)，而且还用于其他设备[55, 56]。例如，利用红外热成像可以成功地研究油田采油设备内部的工艺条件[62, 63]。

特别是利用热像技术监测石油生产领域中使用的各种储罐、处理罐和运输罐中的原油状况，结果表明，热像仪可以很容易地检测出储罐和容器内液体和固体的含量。由于其他方法往往不可靠，因此热成像技术对于确定储罐和筒仓中的液位非常有用。准确的信息往往是至关重要的，例如，要核实一个储罐中是否还有足够的空间可供填充。

以下示例的主要重点是确保泡沫、固体和其他原油工艺条件是已知的，并进行适当处理，以优化处理、加工和转移成本。该技术已被用于炮筒罐、储水罐、燃油加热器和生产容器的生产。

炮筒罐是一种大型储罐，当油和水混合在一起从生产井中流出后，用它来分离油和水。这类储罐的容量一般从500桶到10000桶不等（1桶相当于约159L的容积）。它们是由钢或玻璃纤维制成的，通常涂成黑色。炮筒罐位于一个油罐组内，其中还包括一些储油罐和储水罐，以及一个监测出售给管道公司的石油质量的装置。如果油中的污染物（水、沉积物和其他物质）超过预设的限制值（通常为1%），则油将被分流回到储罐进行处理。这种油将经过另一个处理过程，使其在可接受的范围内，然后才能重新进入销售罐。炮筒罐是原油销售和水处理工艺的重要组成部分。原油从生产井直接进入炮筒罐，在其中气体、石油、水和少量的固体经过一个分离过程，油分离后向上漂浮，气体也会到达储罐的顶部，而较重的水和固体则沉淀在底部。

红外热成像可以用来从炮筒罐外部识别所有这些分层物[63]。油和水之间的一层称为界面垫。这是分离过程的正常组成部分，但有时石蜡、沥青质和铁化合物会悬浮在界面垫内。当这种情况发生时，界面垫会变得更厚、更硬，从而抑制分离过程并导致许多问题。通过使用红外成像技术定位这些垫块及其厚度，就可以在垫块变得过厚和过硬之前采取措施将其分解。例如，可以添加化学物质来打破炮筒罐内的悬浮液。另一种方法是停止炮筒罐的工作，并实际清除其中的物质，这通常需要工作人员进去刮掉固体，然后将其装上卡车，并按废物处理。

储油罐和储水罐是另一个红外热成像成为重要的 CM 工具的领域。储水罐通常与注水设备相连，并从原油池和炮筒罐中接收水；然后将水重新注入生产地层，以提高石油产量。与储水罐有关的问题是尚未与水分离的油，与炮筒罐一样，还有固体和其他不需要的化合物。红外热成像技术可以用来定位这些"底部"的位置—浮在水面上的沉淀物和油层，并可以回收和出售。储罐底部堆积量大，也更容易引发罐底腐蚀问题。

图9.39是一幅水面上漂浮着大量油的储水罐的热图像。它提供了这些储罐和容器内部情况所需的数据，而不是仅仅做出一个有根据的猜测。这些知识可以

图9.39　确定储罐中液体的液位。一个高约1.5m的冷油层垫（1.524m）漂浮在温度更高的水面上。该罐直径约为4.7m、高度为4.9m、容量为500桶（79.5m³）。油层的含油量约为23.9m³
（图片来源：丹尼·西姆斯，美国雪佛龙公司）

使我们能够优先开展针对这些储罐的维护工作，并首先解决最关键的问题，从而最大限度地减少储罐溢油和泄漏等潜在环境风险。它不仅有助于识别那些风险等级较高的储罐和容器和船只，而且还可以推迟对不需要注意的维修的储罐。

显然，需要存在热对比度才能记录出来这样的图像[64]，这是由于储罐或筒仓中的材料，无论是固体、液体还是气体，在经历热转变时都会表现出不同的方式。气体通常比液体更容易改变温度，这是因为它们的热容要低得多。以空气和水为例，如果等体积的空气和水中加入相同数量的热量 ΔQ，所产生的温差就会有很大的不同。根据一般关系式 $\Delta Q = cm\Delta T$ 可知，其中 c 为比热容，$m = \rho V$ 为气体、液体或固体的质量（ρ 为密度，V 为体积），由此可得：

$$\frac{\Delta T_{\text{air}}}{\Delta T_{\text{water}}} = \frac{c_{\text{water}} \cdot \rho_{\text{water}}}{c_{\text{air}} \cdot \rho_{\text{air}}} \tag{9.4}$$

由已知的比热和密度（空气：$c_{\text{p}} \approx 1\text{kJ} \cdot (\text{kg} \cdot \text{K})^{-1}$，$\rho = 1.293\text{kg} \cdot \text{m}^{-3}$；水：$c = 4.182\text{kJ} \cdot (\text{kg} \cdot \text{K})^{-1}$，$\rho = 1000\text{kg} \cdot \text{m}^{-3}$），可得空气的温度与水的温度相差高达 3000 倍以上。现在想象有一个存储液体的罐子，其上部是气体。如果储罐是从外部加热的，例如，由于太阳负载，气体可以很容易地升高温度，也就是说，它会使其温度适应罐壁的温度。相反，下面的液体由于具有较大的热容，其温升要小得多。这就在液体和气体分界面对应的外壁上有一个明显的热信号。如果存储的是不同的液体，由于二者具有不同的热容，相同的机理会导致在液体分界面上出现明显不同的热信号。

在储罐中，也可能有固体，如污泥。由于液体和固体具有相似的密度，因此由相同的输入热量而引起的温升与气体相比没有那么明显。在这种情况下，温度对比度还受到不同传热方法的影响（4.2 节）。在固体中，热量是通过传导传递的；而在液体中，对流也起着主要作用。如果从罐壁加热，固体和液体内部的各种传热机制就会产生观测到的热信号。

在这里讨论的例子中，温度对比度是如何实现的？得克萨斯州的天气条件提供了大量的阳光，这意味着太阳照射在油箱的外壁上。在图 9.39 中，油层顶部（图像的上 1/3）气体的热容较低，这意味着壁面温度主要是由于太阳负载造成的。在下面的冷油冷却外墙，底部的温水加热墙壁。由于流体的热容较大，达到了准稳态条件。

9.6.4 聚合物成型

聚苯乙烯、聚丙烯等膨胀聚合物以及由此产生的各种共混物的形状和块状成型，如今已经广泛用于制造许多日常生活产品，从简单的包装材料或野餐用品到工业技术产品，如汽车保险杠、自行车头盔或飞机结构件等。除了直接制造产品外，这种泡沫还可用于金属 – 泡沫铸造工艺（9.3.6 节）。

泡沫成型零件的制造需要精确的成型控制，例如，将精确数量的蒸气能量输送到模具，并在随后的冷却循环中提取。实现这种"能量平衡"对于成型高质量的零件至关重要。除了质量控制，人们还想减少过度的能源消耗。

利用红外热成像可以对刚成型的零件进行表征。零件在制造过程中会有不同的水分含量和热梯度。对热梯度的定量分析可以改进工艺过程，识别制造零件的缺陷区域。特别是，热梯度往往与相应位置的力学性能变化直接相关。

图 9.40 所示为自行车防护头盔的制造实例[65]。它们都是模压成型的。完成这一过程后，压力机两半分开，机身滑出，以便取出新成型的头盔。图中给出了头盔弹出时带头盔的框架的两幅图像，显示出模具和头盔之间存在显著的温度梯度（右侧的线状图）。

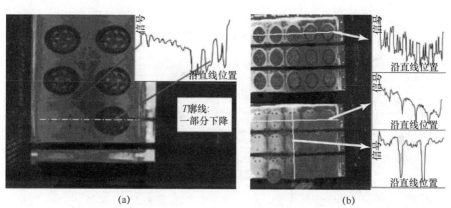

图 9.40　两台热压机在自行车头盔弹射点处的热图像（图片由 G. V. Walford 提供）

图 9.41 所示头盔的红外图像是在从模具中弹出 60 s 后记录的。为了确定观测到的温度梯度是否对头盔的性能有影响，对该部件进行了 X 射线质量剖面图，通过扫描头盔的几个截面，对头盔进行了切片检查。这些也绘制在图 9.41 中。

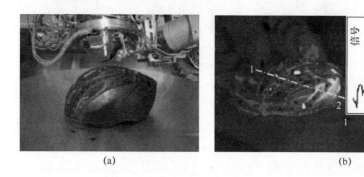

图 9.41　从热压机上取下的头盔的可见光图像（a）和热像图（b）。该头盔随后进行了 X 射线剖面分析（参见热图像中的插图）（图像由 G. V. Walford 提供）

头盔一侧较高的质量分布剖面与压力机中的热特性相吻合。这可能意味着一侧存在珠状填充问题，当头盔上的蒸气分布不同时，就会产生不同的熔合和密度分布[65]。这些特征可能导致头盔的力学性能不均匀。在这种情况下，头盔的不对称性很容易通过热成像观察到。这种不均匀性可能会对最终应用产生重大影响，无论是头盔还是其他模具零件，因为力学性能会根据原始设计规范进行相应地修改。

9.6.5　塑料薄膜：选择性发射体

精确的温度测量对于塑料工业的任何工艺过程都是至关重要的，因为温度是一个重要的因素。热成像在挤压、涂层、热成型、层压和压花等领域有着广泛的应用。然而，由于塑料是选择性发射体，因此在红外成像方面存在一些问题（1.4 节）。塑料薄膜对红外辐射是透明的（图 9.42）。透过率取决于材料和厚度[6]。通过薄膜的透射光谱 $\tau(\lambda)$ 可以研究其特性。

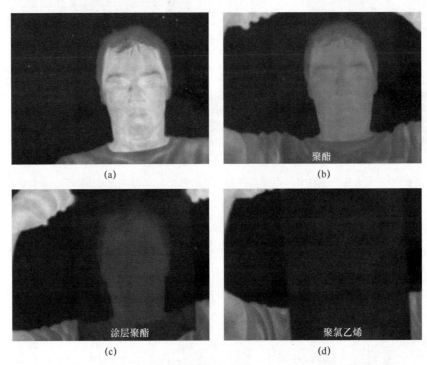

图 9.42　利用热成像技术研究了各种塑料薄膜在 LW 红外光谱范围内的透过率

塑料薄膜是典型的选择性发射体。它们的光谱发射率等于与光谱相关的吸收率 $\alpha(\lambda)$，反射率很小（约百分之几的量级），此处可以忽略。图 9.43 给出了几种薄膜吸收光谱的示例，这是根据 $\alpha(\lambda) \approx 1 - \tau(\lambda)$ 的透射光谱计算得到的。

由图 9.43 可以明显看出，塑料薄膜（如 PVC、聚酯、聚乙烯、聚丙烯、尼龙等）的发射率在中波和长波热成像系统的光谱范围内发生了很大的变化。这种薄膜是选择性发射体。此外，它们是透明的，也就是说，红外相机部分地透过这样的薄膜。因此，任何宽波段热成像给出的温度值都是不准确的，尤其是当其他热物体处于薄膜后方时。

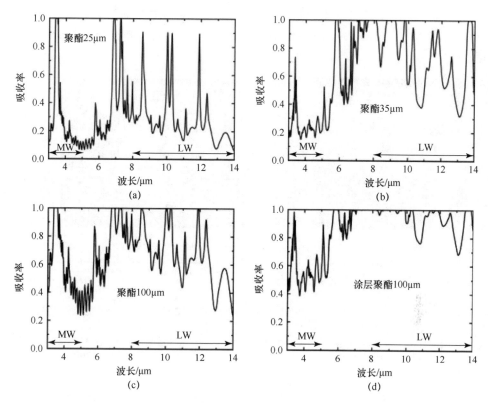

图9.43 不同厚度的聚酯薄膜吸收率（发射率）随光谱的变化情况
（Bruker IFS 66 傅里叶变换光谱仪测量）

即使背景辐射可以忽略不计，定量分析也很棘手。例如，可以考虑通过对红外成像系统光谱范围内的吸收率进行平均化处理来校正不断变化的发射率。不可能简化计算平均发射率，因为发射光的光谱分布遵循普朗克定律（1.3.2 节）。因此，用于热成像的光谱波段内的"有效发射率"取决于物体温度[66]，如选择性透射红外窗口所示。

为了说明这一效应，我们开展了一项实验。加热的黑体源的一半被 25μm 的聚酯薄膜覆盖（仅在测量过程中防止薄膜的温度升高）。记录并比较了中波（3 ~ 5μm）和长波（7 ~ 14μm）相机在使用薄膜和不使用薄膜情况下输出的辐射信号（图9.44）。对于中波相机，观察到有、无薄膜的两个目标信号之间的比值几乎不变，这表明可以用一个"有效发射率"值来表征薄膜的吸收。这是由于在 MW 区，普朗克曲线仍在上升，而薄膜的主要作用只是使探测到的光谱区域变窄，因为吸收峰在 3.43μm 附近。

由于普朗克曲线随温度的移动现在受到 8.5μm、10μm 和 12μm 附近吸收带的影响，这一恒定的比率对 LW 区域不再适用。我们的结论是，中波相机更适合测量这种塑料薄膜的温度。

然而，从图9.43的光谱也可以清楚地看出，LW相机非常适合分析涂层塑料（以及厚度大于250μm的薄膜）的温度，因为发射率高，并且与波长的相关性很小。

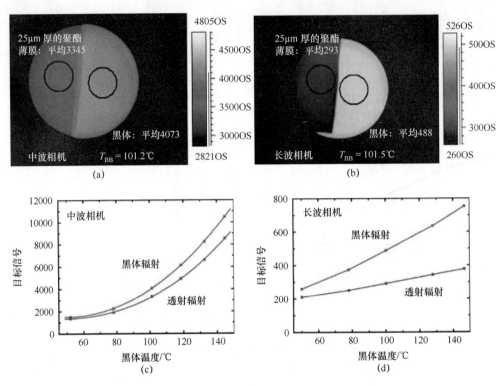

图9.44　厚度25μm的聚酯薄膜在MW和LW光谱范围内随温度变化的
吸收率/发射率（在不同黑体温度下测量）

测量塑料薄膜温度的最佳选择是使用一种适用于窄带光谱吸收的滤光片。吸收带所处波长取决于塑料的类型，可以通过红外透射率测量来确定。

9.6.6　运动物体的行扫描成像

通常情况下，需要考虑技术、工业或日常生活过程中的移动物体。根据物体速度的不同，使用不同的技术。最好的解决方案是使用高速红外相机。如果没有这些设备，或者更重要的是，如果大规模生产设备需要更便宜的解决方案，那么红外行扫描仪是首选。

9.6.6.1　红外相机对快速运动物体的行扫描

考虑以下任务：在制动试验台上测量车轮制动系统制动盘的瞬态温度分布，同时假设制动盘外缘的初始速度为180km/h。对于直径约为32cm（周长1m）的圆盘，180km/h的外缘速度（即50m/s），相当于50r/s。如果要测量车轮的温度分布，则需要相当小的积分时间。在10μs内，圆周上的一个点只移动约0.5mm，而100μs的积分时间已经达到5mm，也就是图像会变得模糊。所需的积分时间也取决于信噪比，幸运的是，制动能够达到很高的温度（对应相当高的热辐射水平），这就抵消了金属制动器的低发射率造成的影响。

由于需要小的积分时间，因此测辐射热计相机不能用来分析这样的问题（2.4.2节）。图9.45所示为利用测辐射热计相机测量的结果。显然，只观察到径向对称分布效果，而沿圆周的所有不均匀性都已被抹去。

 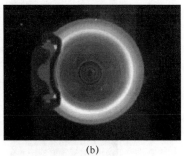

(a)　　　　　　　　　　　(b)

图9.45　分别由可见光相机和红外测辐射热计相机拍摄的旋转车轮制动时的图像
（由 SIS Schonbach 提供）

为了以更高的时间分辨率测量温度分布，需要使用高速红外相机。所有这些相机必须在很小的积分时间内工作，才能实现高速拍照。如2.4.2节（图2.32）所述，高速必须伴随着图像尺寸的减小，而最高速度通常是通过单条直线或线状矩形来实现的，其中一边比另一边长得多。对于制动轮的情况，Agema900相机使用了其最快的图像生成模式，即行扫描模式，该模式提供3500行/s的扫描速度。图9.46所示为测量方案：当轮子旋转时，相机以行扫描模式记录。对于旋转的制动轮，这相当于每转扫描70行。

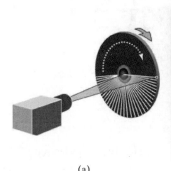 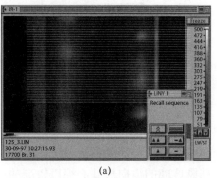

(a)　　　　　　　　　　　(a)

图9.46　当车轮旋转时，相机行扫描测量（a）。行扫描只是给出需要换算成车轮大小和速度的原始数据（b）。为此，相机是由车轮触发的，即每次扫描与车轮位置之间存在相关性
（由 SIS Schonbach 提供）

应该指出的是，由于采用金属材料，必须对反射的背景辐射进行非常仔细的

补偿，并对制动轮的发射率进行测量。

　　图 9.47 所示为重建的车轮红外图像（右）的示例，这是基于大量单独的行扫描图像（左）处理而成的。与测辐射热计图像（图 9.45）相比，很明显车轮加热不均匀，这些研究有助于表征制动器的散热特性，因此，如有必要，可对制动器进行改进。

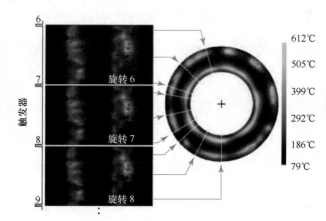

图 9.47　由大量的单独行扫描图像重建的制动轮旋转时的红外图像（由 SIS Schonbach 提供）

9.6.6.2　慢速运动物体的行扫描测温

　　图 9.48 所示为一个典型的行业示例。有些产品，如此处的挡风玻璃，在生产过程中以一定的速度传送。其中一项主要任务是分析运动过程中的产品质量。在图 9.48 的示例中，挡风玻璃进入折弯工位，应该测试弯曲工艺是否会在其中会引入任何缺陷。

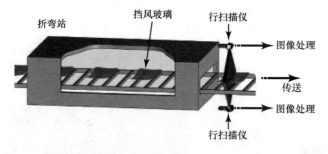

图 9.48　在折弯工位出口汽车挡风玻璃温度分布的测量（图片来源：Raytek GmbH，柏林）

　　这个问题有两种可能的解决办法。首先，可以使用如上例所示的高速红外相机。由于挡风玻璃的横向尺寸必须以较高的空间分辨率记录下来，因此最终的检测区域可能是细长矩形。尽管有实现的可能，但与第二种可能性相比，这是一种非常昂贵的方法，即从一开始就使用行扫描仪（2.4.1 节，图 2.19）。事实上，行扫描仪是用线速度监测工业过程的理想选择：横向尺寸沿直线记录，积分时间短；纵向尺寸（平行于速度方向）由行扫描的时间序列自动记录。

例如，可以使用最多1024像素的商用行扫描仪，与典型的640×480像素相机的最大像素数640相比，最大可用像素数显然是一个优势（由于成本较高，工业应用百万像素红外相机仍是例外，而非常规）。玻璃测量的工作波长约为5μm。这是宽带探测器通过使用窄带滤光片来实现的（3.2.1节）。玻璃是不透明的，在这个波长有一个很高的发射率值，这使得研究挡风玻璃的表面温度分布成为可能。行扫描仪的优点是视场很大，约为90°，这意味着扫描仪和挡风玻璃之间的距离可以很短。相比之下，大多数红外相机的标准镜头最多能够提供45°的视场。

下面描述一个由256个像素组成的扫描仪的示例，例如，它具有150Hz的帧速，即两次扫描时间间隔为6.6ms（1024像素对应为40Hz）。假设传送带上挡风玻璃的速度为1m/s，则随后的两次行扫描对应的距离为6.6mm（1024像素相机对应为25mm）。图9.49所示为扫描挡风玻璃的过程。由扫描速度给出的顺序读出导致扫描线相对于横向物体方向有轻微旋转。两次连续扫描之间的距离形成一个线网格，该线网格叠加在物体区域上，并形成一个二维轻微旋转的红外图像。其横向空间分辨率由像素数确定，纵向空间分辨率由两条扫描线之间的距离（在上述示例中为6.6mm）定义。倾斜角度取决于扫描速度与物体速度的比值。

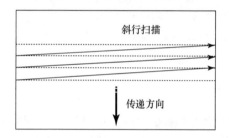

图9.49　对移动物体的行扫描将导致相对于该物体倾斜的网格线

图9.50所示为使用上述方法记录的带有缺陷的挡风玻璃的红外图像。首先采用先进的图像处理技术对红外图像进行处理，消除了图像的倾斜角度和噪声。显然，这样的红外图像可以检测到温度分布的任何扩展不均匀性，例如，由于裂缝、划痕等原因，除非它们与扫描线完全平行，并且由于线间距（如6.6mm）而丢失，否则很难检测到较小尺寸的点缺陷。由于生产过程的原因，挡风玻璃仍

图9.50　显示存在线型缺陷的挡风玻璃的热图像（图片来源：Raytek GmbH，柏林）

然是热的。因此，其他缺陷的任何裂缝都可能出现在红外图像中，因为此类缺陷首先会导致发射率的不均匀，其次会改变缺陷附近的传导等传热机制。然而，如图9.50这样的图像可以使用适用于该问题的图像处理软件工具（3.2.2节）进行在线分析，因此，如果检测到某个缺陷级别，就可以安装自动报警器。

9.7　电气应用

在电气应用领域，红外热成像的例子数不胜数[67]。范围从低电压室内测量，电气组件或电路板上元件的研究以及电子元件[68-71]，电动马达（如文献[72]），到充油断路器[73]，变压器和变电站[74,75]，再到高压线路的研究，有时仅从直升机上观察[76]。对于任何定量的室外检测，必须考虑风速对所研究部件温度读数的潜在影响[77]。

由于对电气设备的热成像检查只有在元件处于满载状态时才有意义，因此通常必须将电气面板等取下[78]，除非使用特殊的红外窗[79,80]，使用这种窗可以在安全距离内研究目标。在任何情况下，当研究高压和/或高功率负载设备时，必须采取特殊的个人保护措施，以避免电弧闪发危险[81-84]。

下面，只讨论几个与行业相关的特殊主题。其他关于电线内部电加热、微波炉、热电效应或涡流的示例已经在第5章给出。

9.7.1　微电子电路板

由于所有电子元件都在不断小型化，特别是计算机的微电子板，因此整个板的故障问题变得很重要。虽然电压和电流都很低，但它们仍然会产生热量，许多元件在超过临界温度时就会发生故障。旧的486处理器仍然在非冷却状态工作，有时工作温度在80℃以上。从奔腾系列开始，处理器由风扇进行空气冷却。然而，为了避免个别零件过热，有必要将板上所有发热元件分开。为了测试或设计新的电路板，必须在工作条件下操作电路板，并分析红外图像等。图9.51所示为一个包含风扇冷却的奔腾100处理器的电路板示例。当打开计算机，两个IC芯片和另一个处理器在板上被加热，但通常仅比室温高约15℃。

(a)　　　　　　　　　　　　(b)

图9.51　风扇下面是奔腾100处理器的微电路板。热源在这块板上分离得很好。出于演示目的，风扇没有工作

从可见光图像可以看出，该板是由不同的材料制成的，因此红外图像通常反映温度和发射率的对比度。如果发射率很高（$\varepsilon > 0.9$），其值的微小变化并不重要。然而，当存在小的发射率时，特别是热目标的发射率，必须非常仔细地进行定量分析。为了克服这些问题，最近有人建议在电路板上覆盖一层已知发射率的薄涂层，这并不会改变元件的电气性能[68]。在这种情况下，电路板将显示出均匀的发射率，因此可以在它们之间进行敏感的相对温度测量。

除了计算机电路板的设计，红外成像还可用于研究简单电路板的性能。例如，图9.52所示为一种小型扬声器的电路板，这种扬声器通常连接到计算机上。可见光图像显示的是安装在扬声器后盖上的板子，该板子是为实验打开的。播放音乐时显然会使电路板上的4个二极管发热，而功率晶体管则被金属散热片充分冷却。

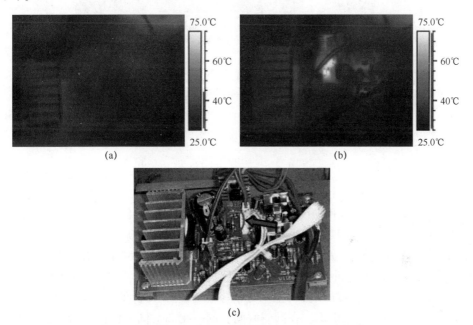

图9.52　连接到计算机的扬声器电路板的可见光图像（c）和红外图像。首先，打开扬声器，但是没有发出任何声音（a），然后扬声器用来播放清晰可听的音乐（b）。显然，在扬声器工作期间，电路板上的4个二极管加热到约75℃

9.7.2　旧的大电路板

电气开关板与工程师的典型工业应用有关，因为对电气开关的定期测试和测量对于减少停机时间，从而保证工厂机器的高生产率至关重要。因此，一个由学生负责的项目[85]搭建了一个电气开关组件来模拟故障并随后识别相关部件。为了直观地研究低电压应用中出现的典型缺陷（$U < 1 \text{kV}$），制备了一种以前在工业中使用过的旧电熔丝板。一些典型的失败案例被人为地安排在教学中。图9.53

所示为该板的可见光图像以及上半部分红外图像的放大视图。可以清楚地看到几处不同的缺陷，如断开的连接、变形（挤压）的接线、带有过渡电阻的松动连接（松动的螺钉）以及非常老旧的氧化的 16A 保险丝。当在红外热成像中观察到这种异常时，必须进行更仔细地观察，这通常可以立即识别并解释问题。

(a)   (b)

图 9.53　　（非常）旧电气设备的可见光图像（a）和红外图像（b）。该电路板被改动，包括 3 种典型的热故障特征。顶部的保险丝：绝缘层内断线产生电阻，使电线升温。中间一排：旧的氧化的保险丝发热。右下角：连接松动，产生过渡电阻

9.7.3　变电站变压器

一个非常重要的应用涉及高压电力线及其与变压器单元的连接。图 9.54 所示为一个 23 ~ 115kV 变电站变压器组的实例[86]。变压器工作在约为最大允许负载 40% 的状态下，相机和变压器之间的距离，由激光测距仪测定约为 11m。红外图像显示至少有两处出现了问题。图 9.54 还说明了研究高压设备时遇到的一个典型的户外电气应用问题。因为观察者（相机）和目标之间的距离往往大于 10m，温度记录仪没有机会靠近目标，而且目标（如图 9.54 中的方头电缆）有时只有几厘米大小，因此相机的空间分辨率会给定量分析带来问题。在本例中，在相同的环境和负载条件下，在同一时间、同一距离对同一目标进行了 3 次不同的测量。使用了 3 种不同的相机（高、中、低像素），不同相机的探测器阵列不同（高：640 × 480 像素；中：320 × 240 像素；低：160 × 120 像素）。由于标准光学系统确定的视场相似，因此只有相机的瞬时视场不同（分别约为 0.65mrad、1.3mrad 和约 2.6mrad）。因此，像素的数量与空间分辨率直接相关（2.5.3 节）。

在距离为 11m 时，一根 2cm 的电缆对应的瞬时视场约为 1.8mrad 或 0.1°。如第 2 章所述，为了获得可靠的温度测量结果，最小的目标尺寸应该是 IFOV 的 2 ~ 3 倍。只有 IFOV = 0.65mrad 的高分辨率相机才能满足这个条件。由于电缆后面的晴空背景温度远低于 0℃，探测器不仅接收到热电缆发出的信号，而且接收来自冷背景的信号，因此可以预期中分辨率相机和低分辨率的相机会显示出更低的温度。

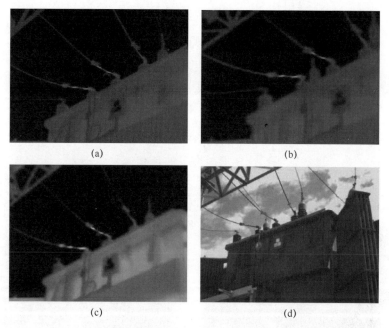

图 9.54　在低位拍摄的 23～115kV 变电站变压器的热图像
（a）高分辨率（640×480 像素）；（b）中分辨率（320×240 像素）；（c）低分辨率（160×120 像素）；
（d）可见光图像。所有相机都能清楚地观察到明显的热异常，但定量分析的结果存在较大差异
（图像由红外培训中心提供）

　　所有相机均可以检测到套管跳线的两个热异常问题区域。从衬套到馈电装置的跳线是多股绞合电缆，其中一些绞合线随着时间的推移已经断裂，或者电气连接不良。这导致其余的良好导体过载，导致明显的发热。初步结论表明，所有相机都能探测到热异常。

　　然而，问题是，这些异常现象是否造成了需要处理的问题。显然，必须定量地估计问题区域的温升。对图 9.54 所示的 3 幅图像最左侧电缆的中的最高温度进行了分析。40% 负载的变压器在 3 个相机中的温升相对于环境温度有着明显的差异，分别为 50℃（低分辨率）、95℃（中分辨率）和 117℃（高分辨率）。

　　这种 40% 的负载情况是在 6 月初出现的，当时天气凉爽，该地区的电力需求较低。显然，在夏末，空调的使用将导致更高的需求。因此，也对 100% 负载时的温升进行了估算（用于负载修正[77]）。研究发现，温差将显著增加到 211℃（低分辨率）、402℃（中分辨率）、甚至 494℃（高分辨率）。温度升高是否严重取决于标准[87]，例如，美国电力研究所（EPRI）的标准。在本例中，根据 EPRI 标准，在 40% 负载时，中分辨率和高分辨率相机测量显示的问题已经非常严重。对于 100% 负载的估计，测量结果表明发生重大故障的概率非常高。

　　图 9.54 的例子很好地说明了准确地知道所使用相机空间分辨率的重要性，特别是当小目标的测量距离相当大时。在这种情况下，一个便宜而简单的 160×120 像素的低分辨率相机是没有用的。

还应该指出的是，每当从高压电气元件测量表面温度时，外表面较小的测量值可能对应着较大的内部温升。例如，石油断路器就是这样的情况[88]。在这种情况下，可以根据测量到的表面温度计算包括对流换热和辐射换热在内的功率损失，从而估计总功率损失，并由此计算出内部电阻。

9.7.4　高压线过热

图 9.55 所示为 130kV 线路的负载情况。与其他冷得多的电缆相比，其中 3 根电缆明显过热。事实证明，这 3 根电缆上的负载偶尔会增大，而没有考虑它们是否在超过规定极限的负载情况下工作。电缆的直径需要增加，以减少其电阻，即减少电缆本身的电力消耗。

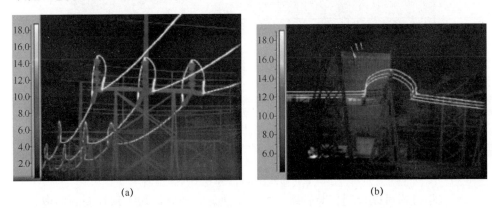

图 9.55　约 130kV 高压线路明显过热（图片由 J. Giesecke 提供）

9.7.5　风扇故障

变压器组是变电站的关键设备。它们的外壳通常由一系列强大的风扇从侧面冷却。图 9.56 所示为一排由 9 个风扇组成的阵列，由一个面积约为 4m^2 的变压器外壳降温。图片中央的风扇出现了严重故障。风扇电机过热，只能在低负荷状态

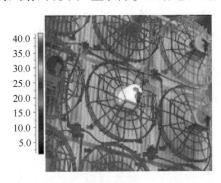

图 9.56　变压器组的外壳，由一排电风扇冷却。中心风扇故障导致冷却功率下降
（图片由 J. Giesecke 提供）

下工作，这也能从对应位置的变压器壁温升高反映出来。当该机组暴露在极高的太阳负载下时，冷却能力下降有时会导致出现故障，即必须立即更换或维修风扇电机。

9.7.6 高压套管中的油位

红外成像的一个非常重要的应用是监测高压电力设备套管中的油位[89,90]。这是因为它间接地处理电网中最昂贵的设备，即电力变压器。套管是一种允许电流通过屏障并在两侧提供电气连接的装置，同时在中心导体和地面之间提供电气绝缘。内部导体被电绝缘材料所包围。高压套管由同心绝缘层和导体箔层组成。这些绝缘层和导体在高压中心铁芯和地电位套管法兰之间形成一个同心电容器。在大多数26kV以上的现代套管中，纸为绝缘系统提供了骨架。纸上浸有矿物油，用以提供更多的绝缘。

高压套管最重要的失效形式之一是漏油。不管泄漏的原因是什么，潮湿的空气可能会进入套管并代替机油。由于纸张会变得贫油，套管的绝缘能力随之会降低。最终，会产生放电现象（电晕放电），它会像蠕虫一样穿透纸张，从而导致箔层短路。在最坏的情况下，干绝缘可能还会导致闪光，并由此产生数百万美元的损失（高压变压器单元的成本）。因此，定期检查高压变压器套管中的油位是至关重要的。

在PDM程序中，红外热成像是确定套管油位的一种非常有用的方法。测定油位的方法很简单。在任何变压器中，都有导致变压器线圈温度升高的能量损失，进而加热变压器油箱里的油，并通过导热加热附在套管里的油层。由于套管壁的导热系数和油相对于套管上方空气的热容，可以看出套管内的油位。因此，在有油的地方，套管会显得更热，而在没有油的地方，套管会显得更冷。红外图像（图9.57）显示了两个套管：右边的一个充满了油，而另一个只有部分充满。

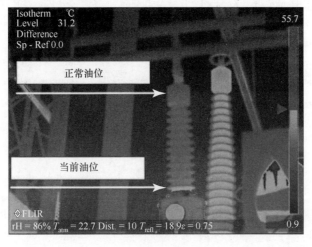

图9.57　高压电力设备套管中的油位检查（图片由 M. B. Goff 提供）

充满油的套管更热（约为 31℃），这是因为热量从充满油的变压器油箱中传到了套管顶部。相比之下，油位低的套管要冷得多，只有 15℃ 左右，因为套管中没有油将热量从变压器传导到套管。左侧套管只有最底部显示出热量传导的迹象，从而标示出了油位的位置。如果检查出油位过低后，应立即停止使用变压器并进行维修，以避免可能发生的灾难性故障。

参 考 文 献

[1] Hecht, E. (1998) Optics, 3rd edn, Addison-Wesley.

[2] Vollmer, M., Henke, S., Karst ädt, D., M. . ollmann, K. P., and Pinno, F. (2004) Identification and suppression of thermal reflections in infrared thermal imaging. Inframation 2004, Proceedings vol. 5, pp. 287-298.

[3] Bell, R. J. (1972) *Introductory Fourier Transform Spectroscopy*, Academic Press, New York.

[4] Kauppinen, J. and Partanen, J. (2001) *Fourier Transform in Spectroscopy*, Wiley-VCH Verlag GmbH, Berlin.

[5] Palik, E. P. (ed.) (1985) *Handbook of Optical Constants of Solids*, vol. 1, Academic Press; vol. 2, (1991).

[6] Möllmann, K. P., Karst ädt, D., Pinno, F., and Vollmer, M. (2005) Selected critical applications of thermography: convections in fluids, selective emitters and highly reflecting materials. Inframation 2005, Proceedings vol. 6, pp. 161-173.

[7] http://www. thermografie-schweiger. de. (2010).

[8] De Witt, D. P. and Nutter, G. D. (1988) *Theory and Practice of Radiation Thermometry*, Jhon Wiley & Sons, Inc., New York.

[9] Holst, G. C. (2000) *Common Sense Approach to Thermal Imaging*, SPIE Optical Engineering Press, Washington, DC.

[10] Vollmer, M., Henke, S., Karst ädt, D., Möllmann, K. P., and Pinno, F. (2004) Challenges in infrared imaging: low emissivities of hot gases, metals, and metallic cavities. Inframation 2004, Proceedings vol. 5, pp. 355-363.

[11] Schmidt, V., Möllmann, K. -P., Muilwijk, F., Kalz, S., and Stoppiglia, H. (2002) Radiation thermometry on aluminium. VIR[*]-Conference 2002, Ijmuiden, vol. 78, October 2002, pp. 897-901.

[12] G ärtner, R., Klatt, P., Loose, H., Lutz, N., Möllmann, K. -P., Pinno, F., Muilwijk, F., Kalz, S., and Stoppiglia, H. (2004) New aluminium radiation thermometry. VIR[*]-Conference 2004, Brussels, vol. 80, June 2004, pp. 642-647.

[13] Papp, L. (2004) Using IR surveys in DUNAFERR steelworks complex diagnostic systems. Inframation 2004, Proceedings vol. 5, pp. 371-386.

[14] Nolan, D., Zhao, Q., Abdelrahman, M., Vondra, F., and Dinwiddie, R. B. (2006) The effect of process characteristics on metal fill and defect formation in aluminum lost foam casting. Inframation 2006, Proceedings vol. 7, pp. 51-64.

[15] Calmes, F. (2000) Infrared inspections of robotic welders in automotive assembly. Inframation 2000, Proceedings vol. 1, pp. 25-23.

[16] Sinclair, D. (2004) Infrared cameras enhance productivity and safety at GM. Inframation 2004, Proceedings vol. 5, pp. 281-286.

[17] Predmesky, R. and Ruane, T. (2004) Using infrared cameras for process control. Inframation 2004, Proceedings vol. 2, pp. 27-29.

[18] Royo, R. (2004) Characterization of automation brake thermal conditions by the use of infrared thermography. Inframation 2004, Proceedings vol. 5, pp. 259-266.

[19] Infrared detection of standing waves. European patent application 1255102, see http://www.freepatentsonline.com/EP1255102.pdf. (2010).

[20] Tire wear forecasting method and apparatus. US patent 6883962. (2005).

[21] Putman, B. J. and Amirkhanian, S. N. (2006) Thermal segregation in asphalt pavements. Inframation 2006, Proceedings vol. 7, pp. 233-244.

[22] Steyn, W. Jvd. M. (2005) Applications of thermography in pavement engineering. Inframation 2005, Proceedings vol. 6, pp. 81-89.

[23] Monem, T. A., Olaufa, A. A., and Mahgoub, H. (2005) Asphalt crack detection using thermography. Inframation 2005, Proceedings vol. 6, pp. 139-150.

[24] Amirkhanian, S. N. and Hartman, E. (2004) Applications of infrared cameras in the paving industry, Inframation 2004, Proceedings vol. 5, pp. 91-99.

[25] Philipps, L., Willoughby, K., and Mahoney, J. (2003) Infrared thermography revolutionizes hot-mix asphalt paving. Inframation 2003, Proceedings vol. 4, pp. 213-221.

[26] Crane, R. L., Astarita, T., Berger, H., Cardone, G., Carlomagno, G. M., Jones, T. S., Lansing, M. D., Russell, S. S., Walker, J. L., and Workman, G. L. (2001) Aerospace applications of infrared and thermal testing, in *Nondestructive Testing Handbook*, Infrared and Thermal Testing, vol. 3, 3rd edn, Chapter 15 (ed. P. O. Moore), American Society for Nondestructive Testing, Inc., Columbus. pp. 489-526.

[27] Spring, R. W. (2001) An overview of infrared thermography applications for nondestructive testing in the aerospace industry. Inframation 2001, Proceedings vol. 2, pp. 191-196.

[28] Genest, M. and Fahr, A. (2009) Pulsed thermography for nondestructive evaluation (NDE) of aerospace materials. Inframation 2009, Proceedings vol. 10, pp. 59-65.

[29] Figg, J. and Daquila, T. (2001) Applying the benefits of infrared thermography in naval aviation. Inframation 2001, Proceedings vol. 2, pp. 207-214.

[30] Tarin, M. and Kasper, A. (2008) Fuselage inspection of Boeing-737 using lock-in thermography. *Proceedings of the Thermosense XXX*, *Proceedings of SPIE vol.* 6939, SPIE Press, Bellingham, electronic file: 693919-1 to 693919-10.

[31] Holleman, E., Sharp, D., Sheller, R., and Styron, J. (2007) IR characterization of Bi-propellant reaction control engines during auxiliary propulsion systems tests at NASA's White Sands test facility in Las Cruces, New Mexico. Inframation 2007, Proceedings vol. 8, pp. 95-107.

[32] Gazarek, M., Johnson, D., Kist, E., Novak, F., Antill, Ch., Haakenson, D., Howell, P., Jenkins, R., Yates, R., Stephan, R., Hawk, D., and Amoroso, M. (2005) Infrared on-orbit

415

RCC inspection with the EVA IR camera: development of flight hardware from a COTS system. Inframation 2005, Proceedings vol. 6, pp. 273-284.

[33] Gazarik, M. , Johnson, D. , Kist, E. , Novak, F. , Antill, C. , Haakenson, D. , Howell, P. , Pandolf, J. , Jenkins, R. , Yates, R. , Stephan, R. , Hawk, D. , and Amoroso, M. (2006) Development of an extra-vehicular (EVA) infrared (IR) camera inspection system. Proceedings of the Thermosense XXVIII, Proceedings of SPIE vol. 6205, p. 62051C.

[34] Elliott Cramera, K. , Winfreea, W. P. , Hodgesb, K. , Koshtib, A. , Ryanc, D. , and Reinhardt, W. W. (2006) Status of thermal NDT of space shuttle materials at NASA. Proceedings of the Thermosense XXVIII, Proceedings of SPIE vol. 6205, p. 62051B.

[35] ITC Newsletter, vol. 7, issue 9, p. 2, see http://itcnewsletter. com (September 2006).

[36] Sauser, B. http://www. technologyreview. com/computing/23533/, published by MIT, Monday, Image Credit: NASA/HYTHIRM team (28 September 2009).

[37] Schultz, C. (2004) Developing and implementing an infrared predictive maintenance program. Maintenance Technology, May 2004, pp. 28-32.

[38] May, K. B. (2003) Predictive maintenance inspections - boilers in fossil power plants. Inframation 2003, Proceedings vol. 4, pp. 161-166.

[39] Updegraff, G. (2005) Infrared thermography program at a gas-fired turbine generation plant. Inframation 2005, Proceedings vol. 6, pp. 293-300.

[40] Ralph, M. J. (2004) Power Plant Thermography- wide Range of Applications. Inframation 2004, Proceedings vol. 5, pp. 241-248.

[41] Ralph, M. J. (2009) The continuing story of power plant thermography. Inframation 2009, Proceedings vol. 10, pp. 253-258.

[42] Didychuk, E. (2006) Predictive maintenance of HVDC converter stations within Manitoba Hydro. Inframation 2006, Proceedings vol. 7, pp. 409-422.

[43] Bales, M. J. , Berardi, P. G. , Bishop, C. C. , Cuccurullo, G. , Grover, P. E. , Mack, R. T. , McRae, T. G. , Pelton, M. W. , Seffrin, R. J. , and Weil, G. J. (2001) Chemical and petroleum applications of infrared and thermal testing, in Nondestructive Testing Handbook, Infrared and Thermal Testing, vol. 3, 3rd edn, Chapter 17 (ed. P. O. Moore), American Society for Nondestructive Testing, Inc. , Columbus. pp. 571-600.

[44] Massey, L. G. (2007) IR keeps West Virginia coal miners safe. Inframation 2007, Proceedings vol. 8, pp. 327-334.

[45] Blanch, M. (2008) Thermal imaging extracting faults in the sand mining industry. Inframation 2008, Proceedings vol. 9, pp. 45-48.

[46] Blanch, M. (2008) How sweet it is using infrared thermography. Inframation 2008, Proceedings vol. 9, pp. 49-51.

[47] Thon, R. J. (2002) Troubleshooting paper machine problems through thermal imaging. Inframation 2002, Proceedings vol. 3, pp. 191-194.

[48] Baird, L. W. and Bushee, R. L. (2003) Paper mill predictive maintenance utilizing infrared. Inframation 2003, Proceedings vol. 4, pp. 17-24.

[49] Thon, R. J. (2007) Using thermography to reduce energy costs in paper mills. Inframation 2007,

Proceedings vol. 7, pp. 553-555.

[50] Bremond, P. (2004) IR Imaging Assesses Damage in Mechanical Parts. Photonics Spectra (February 2004), pp. 62-64.

[51] Allison, J. N. (2005) Applying infrared imaging techniques to marine surveying . . . identifying moisture intrusion in a wood cored FRP yacht. Inframation 2005, Proceedings vol. 6, pp. 1-13.

[52] Allison, J. N. (2008) Infrared thermography as part of quality control in vessel construction. Inframation 2008, Proceedings vol. 9, pp. 11-16.

[53] Ershov, O. V., Klimova, A. G., and Vavilov, V. P. (2006) Airborne detection of natural gas leaks from transmission pipelines by using a laser system operating in visual, near-IR and mid-IR wavelength bands. Thermosense XXVIII, Proceedings of SPIE vol. 6205, p. 62051G.

[54] Miles, J. J., Dahlquist, A. L., and Dash, L. C. (2006) Thermographic identification of wetted insulation on pipelines in the arctic oilfields. Thermosense XXVIII, Proceedings of SPIE vol. 6205, p. 62051H.

[55] Bonin, R. G. (2002) Infrared applications in the petrochemical refinery. Inframation 2002, Proceedings vol. 3, pp. 13-17.

[56] Whitcher, A. (2004) Thermographic monitoring of refractory lined petroleum refinery equipment. Inframation 2004, Proceedings vol. 5, pp. 299-308.

[57] Susralski, B. D. and Griswold, Th. (2000) Predicting mechanical systems failures using IR thermography. Inframation 2000, Proceedings vol. 1, pp. 81-87.

[58] Pearson, J. and Pandya, D. A. (2006) IR thermography assessment enhanced compressed air system operations & indirectly slashed $26 K utility bills at New Jersey international and bulk mail center. Inframation 2006, Proceedings vol. 7, pp. 117-121.

[59] Tarin, M. (2009) Solar panel inspection using lock-in thermography. Inframation 2009, Proceedings vol. 10, pp. 225-237.

[60] Aderhold, J., Meinlschmidt, P., Brocke, H., and J.. ungert, A. (2008) Rotor blade defect detection using thermal and ultrasonic waves. Proceedings of the 9th International German Wind Energy Conference DEWEK, held 26th - 27th November 2008, in Bremen, http:// 08. dewek. de/; see also Fraunhofer Gesellschaft/Germany: http://www. vision. fraunhofer. de/ en/20/ projekte/459. html.

[61] Moore, S. (2007) Thermography improves operations at grocery stores. Inframation 2007, Proceedings vol. 8, pp. 181-186.

[62] Sims, D. (2001) Using infrared imaging on production tanks and vessels. Inframation 2001, Proceedings vol. 2, pp. 119-125.

[63] Sims, D. (2004) Monitoring the process conditions in oil field production vessels with infrared technology. Inframation 2004, Proceedings vol. 5, pp. 273-280.

[64] Snell, J. and Schwoegler, M. (2004) Locating levels in tanks and silos usinginfrared thermography. Proceedings of the Thermosense XXVI, Proceedings of SPIE vol. 5405, pp. 245-248.

[65] Walford, G. V. (2008) Use of infrared imaging techniques to understand and quantify expanded polymer molding operations and part quality. Inframation 2008, Proceedings vol. 9, pp. 493-503.

[66] Madding, R. P. (2004) IR window transmittance temperature dependence. InfraMation 2004, Proceedings vol. 5, pp. 161-169.

[67] Bosworth, B. R. , Eto, M. , Ishii, T. , Mader, D. L. , Okamoto, Y. , Persson, L. , Rayl, R. R. , Seffrin, R. J. , Shepard, S. M. , Snell, J. R. , Teich, A. C. , Westberg, S. -B. , and Zayicek, P. A. (2001) Electric power applications of infrared and thermal testing, in *Nondestructive Testing Handbook*, Infrared and Thermal Testing, vol. 3, 3rd edn, Chapter 16 (ed. P. O. Moore), American Society for Nondestructive Testing, Inc. , Columbus. pp. 527-570.

[68] Bennett, R. (2009) Normalizing the E-values of components on a printed circuit board. Inframation 2009, Proceedings vol. 10, pp. 157-162.

[69] Fergueson, D. E. (2006) Applications of thermography in product safety. Inframation 2006, Proceedings vol. 7, pp. 203-206.

[70] Fishbune, R. J. (2000) IR thermography for electronic assembly design verification. Inframation 2000, Proceedings vol. 1, pp. 211-217.

[71] Wallin, B. and Wiecek, B. (2001) Infrared Thermography of electronic components, in *Nondestructive Testing Handbook*, Infrared and Thermal Testing, vol. 3, 3rd edn, Chapter 19 (ed. P. O. Moore), American Society for Nondestructive Testing, Inc. , Columbus. pp. 659-678.

[72] Radford, P. (2008) Ship's stearing gear motor problem diagnosed using IR technology. Inframation 2008, Proceedings vol. 9, pp. 373-376.

[73] Madding, R. P. (2001) Finding internal electrical resistance from external IR thermography measurements on oil-filled circuit breakers during operation. Inframation 2001, Proceedings vol. 2, pp. 37-44.

[74] Leonard, K. (2006) What if ? Inframation 2006, Proceedings vol. 7, pp. 123-127.

[75] Maple, C. (2003) Secure Plant infrastructure through remote substation monitoring. Inframation 2003, Proceedings vol. 4, pp. 151-159.

[76] Brydges, D. (2005) Aerial thermography surveys find insulator and other problems. Inframation 2005, Proceedings vol. 6, pp. 193-202.

[77] Madding, R. P. (2002) Important measurements that support IR surveys in substations. Inframation 2002, Proceedings vol. 3, pp. 19-25.

[78] Gierlach, J. and DeMonte, J. (2005) Infrared inspections on electric panels without removing covers: can the inspection be completed correctly? Inframation 2005, Proceedings vol. 6, pp. 203-212.

[79] *www. iriss. com*, free download of The Ten Things You Need To Know About Infrared Windows. (2010).

[80] Robinson, M. (2007) Infrared Windows: Where do I start? Inframation 2007, Proceedings vol. 8, pp. 291-307.

[81] Newton, V. (2008) Arc flashand electrical safety for thermographers. Inframation 2008, Proceedings vol. 9, pp. 321-332.

[82] Theyerl, M. N. (2008) Arc Flash concerns & detecting early signs. Inframation 2008, Proceedings vol. 9, pp. 447-457.

[83] Androli, D. (2006) A thermographers common sense approach to arc flash safety. Inframation

2006, Proceedings vol. 7, pp. 207-214.

[84] Woods, B. (2005) Reducing arc flash hazards through electrical system modifications. Inframation 2005, Proceedings vol. 6, pp. 15-21.

[85] M öllmann, K. -P. and Vollmer, M. (2007) Infrared thermal imaging as a tool in university physics education. Eur. J. Phys. , 28, S37-S50.

[86] Madding, R. P. , Orlove, G. L. , and Lyon, B. R. (2006) The importance of spatial resolution in IR thermography temperature measurement - three brief case studies. Inframation 2006, Proceedings vol. 7, pp. 245-251.

[87] Giesecke, J. L. (2006) Adjusting severity criteria. Inframation 2006, Proceedings vol. 7, pp. 33-35.

[88] Madding, R. P. , Ayers, D. , and Giesecke, J. L. (2002) Oil circuit breaker thermography. Inframation 2002, Proceedings vol. 3, pp. 41-47.

[89] Goff, M. B. (2001) Substation equipment (bushings). Inframation 2001, Proceedings vol. 2, pp. 113-117. 90. Goff, M. B. (2008) The secrets of bushing oil level. Inframation 2008, Proceedings vol. 9, pp. 167-174.

第10章 其他领域的应用

10.1 医学应用

10.1.1 引 言

热成像作为一种辅助诊断手段和多种疾病的监测工具，正日益被医生所接收。这基于疾病和伤害都会导致体表温度的变化这一事实，而体表温度的变化会被敏感的红外相机记录下来。

极端的体表温度反映的是中心和局部调节系统复杂组合的结果[1]。人体作为一个有生命的有机体，它会试图维持体内所有系统的平衡，以适应所有的生理过程，而这些生理过程（以及其他生理过程）会导致热量释放的动态变化。这种动态变化取决于内部条件（如血液流动、激素分泌、食物摄入，特别是酒精、吸烟、锻炼、情绪等）和外部条件（如室温、湿度、服装、化妆品、珠宝等）。因此，这就不可避免地需要制定标准的操作流程，以便能够正确地解译热成像结果，这些结果可能会影响医生对进一步诊断过程和治疗方案的决定。

最重要的因素似乎是动脉血流量，因为体表温度随着动脉血流量的增加而升高，而静脉血流量的增加则与体表温度的降低有关（例如，体育锻炼导致静脉扩张，从而降低核心体温）[2]。这一生理过程是由许多因素维持的：交感神经系统和激素/儿茶酚胺的激活似乎起着重要作用，因为交感神经系统的激活（部分由激素和儿茶酚胺控制）导致血管收缩。健康的人，皮肤温度是对称的。然而，肢端温度的变化比躯干区域的温度变化更大，而躯干区域的温度通常高于肢端[3]。

医学红外成像的主要优点除了是一种易于操作的诊断和监测工具外，还可以让患者直观地看到疾病的进展和/或治疗措施的效果。特别是在治疗初期，患者可能没有充分意识到病情已经得到缓解。在这种情况下，红外图像可以帮助显示已经开始的变化，并提高医务人员的依从度，以加强时效性要求较高的工作。糖尿病患者的压疮最能说明这一点：由于潜在的疾病，多神经病变损害了愈合的感觉。在此，红外热像图可以直观地显示治疗的积极效果，然后再进行明显的宏观改善。利用现代相机系统热成像的优点是空间分辨率高，数据记录速度快。

本书对热成像的标准条件进行了详细的讨论[4]。然而还是会出现一些错误，首先是因为时间不够；其次是因为患者不遵医嘱；最后是因为缺乏知识，他们没有被定期随访。例如，报告中应包括室温、湿度和药物，这些因素可能会影响表面血流量。为了实现标准化，应满足以下 5 个主要条件，以避免常见错误[5]：

1）合适的房间条件

（1）最小尺寸应为 9m²；

（2）应具有恒定的室温（23.5℃）；

（3）湿度应为 45% ~ 60%；

（4）应避免湍流气流，即在患者附近没有取暖器、通风机或空调；

（5）如有必要，应备有遮阳帘，以减少阳光的影响；

（6）应在墙壁和天花板上选择合适的材料，以避免热反射。

2）患者的适当准备

（1）在适当的房间里适应至少 15min（自然姿势休息，穿轻便的衣服，不要觉得太热或太冷），然后再在待检查区域脱掉衣服；

（2）检查前 2h 内不得进食，包括酒精、尼古丁、咖啡或茶；

（3）检查前 24h 禁止进行体育锻炼；

（4）在被监测的体表区域没有除臭剂、乳霜、香水、剃须液、溶液；

（5）检查前无针灸、经皮神经电刺激或侵入性手术；

（6）检查前 4h 取下首饰；

（7）检查前 7 ~ 10 天不得过度晒黑或晒伤。

3）标准设备

（1）经校准的低 NETD 红外相机；

（2）在同一房间检查前，相机至少已打开 1h（2.4.6 节）。

4）正确记录和储存已获取的图像

（1）避免掠入射辐射对准相机，选择观测视角接近 0°，因为发射率 ε 与角度有关（1.4 节）；

（2）档案应包括性别、年龄、病历、当前用药、身高、体重、房间条件和日期。

5）图像的表示

标准化的温标（调色板，电平，量程），通常量程为 23 ~ 36℃或 24 ~ 38℃是首选。

在许多皮肤病学或生理学书籍中，"正常皮肤温度"的定义范围为 32 ~ 34℃。此外，尽管进行了适当的适应，但在检查前至少让皮肤温度继续下降 30min（图 10.1）。即使上述项目都严格遵循，但由于人体是一个高度动态的生物，也就是说，即使是在相同的条件下，体表温度也可能在没有明显原因的情况下在不同个体内部（0.4 ~ 11K）和个体间（最多可达 12.3K）产生变化，最大的不同发生在四肢（图 10.2）。这使得热图像的解译更加复杂[6]。

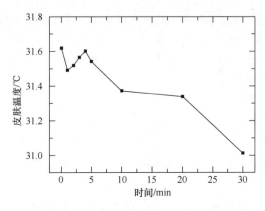

图 10.1　在适应15min后，皮肤（手）温度下降超过30min（图片由 K. Agarwal 提供）

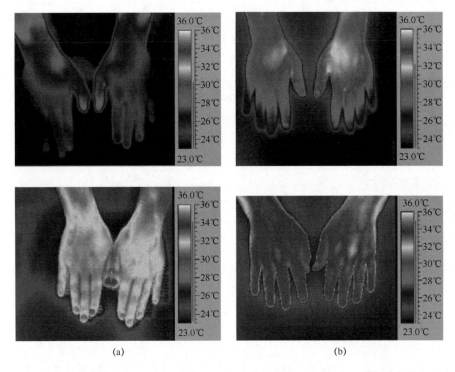

(a)　　　　　　　　　　　　　　　(b)

图 10.2　4 名健康受试者（（a）女性，（b）男性，年龄均为 25 岁）在标准条件下适应
环境超过 15min 后的热像图（图片由 K. Agarwal 提供）

对于每种应用，都有其需要注意的方面。因此，这里只对一些医学应用的典型案例进行了更详细的讨论，即疼痛管理、针灸和乳腺癌，而其他只是简单地提及。

10.1.2　疼痛的诊断与监测

客观地确定疼痛强度是疼痛治疗的重要目的之一。不幸的是，到目前为止还没有开发出能够充分完成这项任务的工具。因此，要断定给予患者的治疗是否有帮助是极其复杂的。特定形式的疼痛，即神经病理性和交感神经维持性疼痛中，阻断交感神经系统以减轻疼痛强度。这样做往往能显著减轻疼痛，尽管目前还无法证明疼痛的改善是由于阻断了交感神经系统以外的其他结构，如脊髓神经，还是仅仅只是一种心理效应。由于交感神经纤维通过不同大小的血管影响血流，因此在进行交感神经阻滞时，皮肤温度会升高，因为皮肤灌注的变化与体表温度有关。除了患者的主观印象外，皮肤温度变化的结构形态还为我们提供了干预成功与否的宝贵信息。因此，有人提出[7-9]，红外热成像可以很明显地作为一种具有极高灵敏度和重复性的诊断工具，尽管目前还很少以这种方式应用。在文献［10］中更详细地讨论了两个疼痛治疗的案例。

第一，复杂局部疼痛综合征（Complex Regional Pain Syndrome，CRPS）是一种影响肢体末端的疼痛综合征，表现为多种多样的症状。最显著的特征是难以忍受的疼痛，包括自发性疼痛、触痛、痛觉超敏和痛觉过敏。通常，受影响的肢体表现为颜色和/或温度的变化（血管舒缩障碍）、水肿、蒸腾作用改变、毛发和指甲的生长（生长机能紊乱）、肌肉萎缩或功能障碍（运动障碍）。在某些情况下，可以确定特定的初始事件，如创伤或外科手术，但偶尔也能在中风、心肌梗死、感染后甚至是没有明显刺激的情况下观察到。这种疾病的病程因人而异。如果不能得到适当的治疗，或在某些情况下尽管进行了治疗，但仍可能导致患肢功能持续下降，这就严重损害患者的生活质量。

温度变化通常被认为是诊断 CRPS 的主要诊断标准。因此，红外热像仪可以作为 CRPS 的诊断工具，它具有非常高的灵敏度和重复性，但并不具有特异性（图 10.3）。皮肤温度是交感神经活动的一个较好的预测因子，因为皮肤温度与交感神经活动之间存在很好的相关性。

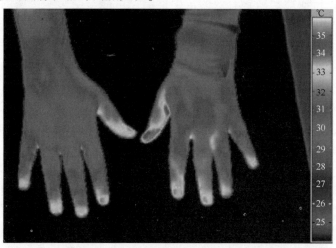

图 10.3　女性 CRPS 患者交感神经阻滞前的热像图，注意右手的体表温度比未受影响的左手低约 2K（图片由 K. Agarwal 提供）

这种疾病可以通过阻断交感神经系统来治疗，而交感神经系统反过来又会影响皮肤的灌注（图10.4）。疼痛通常可以在注射局部麻药后几小时内减轻，但整个治疗过程非常耗时，患者常常会失去耐心。为了提高继续治疗的依从性，红外图像是非常有用的。

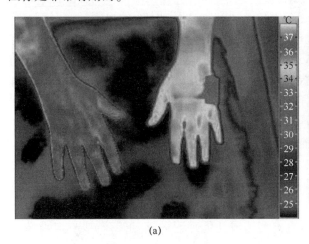 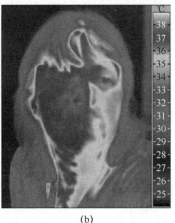

(a)   (b)

图10.4　同一患者手部交感神经阻断2h后的热图像；在右侧进行阻断，因此，右手和右侧脸部的灌注导致皮肤温度升高 $\Delta T \approx 10K$，而左侧皮肤温度升高 $\Delta T \approx 3K$。所有热图均按上述标准程序记录（图片由 K. Agarwal 提供）

第二，骨髓炎是一种痛苦的骨髓感染疾病。在成年人中，它主要影响脚趾，并且通常与糖尿病有关。通常伴有神经性疼痛，研究者总结了一系列具有共同特征的疼痛状态：症状提示功能障碍和/或神经病变。

治疗可能是复杂和费时的，通常需要数周或数月的长期抗生素治疗，有时也可能需要手术干预[10]。缺乏有效的抗生素治疗可能与受影响区域的血流减少有关。使用热成像，这种症状就可以很容易地检测出来。特别是，红外热成像可以描述超声、计算机断层扫描（CT）或磁共振成像（MRI）无法显示的生理变化。健康人的体表温度通常是对称的，这与组织血液流动有关，而组织血流量受交感神经活动的影响。在交感神经持续性疼痛的治疗中，热像图被用来证明阻断交感神经链的疗效，以确定是否有神经消融的迹象，以及是否有效。图10.5 ~图10.7所示为一位年轻男性的红外图像，他在一次事故后患上了超过5年颌骨骨髓炎。他接受了包括颌骨重建在内的早期手术，并接受过多次抗生素治疗。尽管如此，伤口的愈合并没有达到预期的效果，而且他的整个面部都出现了神经性疼痛。由于要向感染部位输送足够数量的抗生素，足够的血液供应是不可避免的，因此治疗该患者的主要方式是增加相关区域的灌注。

图10.5为治疗前患者的面部和手部情况。基于整个疾病可能由交感神经系统维持的假设，他接收了星状神经节和胸部交感神经链的阻断治疗。图10.6所示为

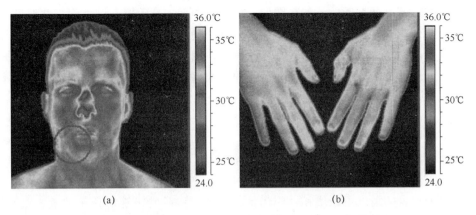

(a)　　　　　　　　　　　　　　　　(b)

图 10.5　患者治疗前的红外图像（图片由 K. Agarwal 提供）

（a）面部红外图像，圆圈表示感染的位置；（b）手背的红外图像。

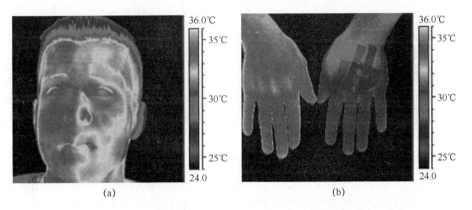

(a)　　　　　　　　　　　　　　　　(b)

图 10.6　患者治疗期间的红外图像（图片由 K. Agarwal 提供）（见彩插）

（a）面部的红外图像，显示右侧面部血流增加；（b）手掌的红外图像，手背的粉红色圆点和
深蓝色阴影源于用胶带粘在皮肤上的静脉注射孔。

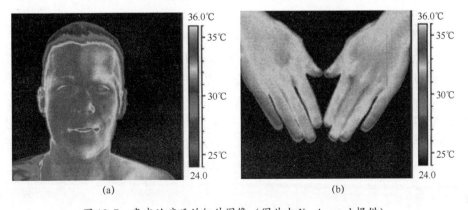

(a)　　　　　　　　　　　　　　　　(b)

图 10.7　患者治疗后的红外图像（图片由 K. Agarwal 提供）

（a）面部的红外图像，全身血流增强；（b）手部灌注恢复到介入前水平。

持续输注局部麻药期间的体温热图像。血流量的增加导致了右侧面部皮肤温度的升高。此外，同样的道理也适用于手部，这证明了这种效果很可能是由交感神经系统维持的。图 10.7 为局部麻药输液治疗 10 天后的红外图像：面部血流量全面增强，而手部的灌注已恢复到介入前水平。患者在接受治疗 15 个月后仍然感觉良好。

10.1.3 针灸

针灸是中国古代治疗各种疾病的一种方法。如今，特别是在西方社会，已经广泛用于治疗疼痛。它被越来越多地应用于治疗多种疾病的治疗理念中，尤其是由于患者自身的需求不断增长，因为他们希望这种治疗方法比西医的危害更小、更温和，避免常规药物和药片中的化学物质。与传统西医相比，针灸在欧美被认为是一种非传统的治疗方法。如果在实验室标本或成像技术等诊断方法中找不到形态学上的相关性，从而导致西医可能无法提供有效的解决方案的情况下，同样也会导致对针灸的需求在不断增加。

针灸最重要的有效结构要素是穴位。根据传统中医理论，它们的分布定义了"气"流经的经络系统，也称为经脉。目前为止，还没有公认的关于经络的确切证据。"气"在西医中并没有确切的解释，尽管它可以归因于"气"。在针灸中，针是插入穴位的。在这种情况下，患者经常会表现出一种奇怪的感觉，可能包括温暖、寒冷、强烈的情绪或放松的感觉等，这种感觉被称为"得气"。到目前为止，科学家还无法将这种感觉归因于一种特定的身体反应。总的来说，目前还没有发现关于针灸疗效的科学证据。有几种理论可以解释针灸的原理和作用机理。由于缺乏科学依据，传统医学往往不接受、也不相信针灸可以缓解症状。最近的研究表明，至少在合谷穴产生了一种特殊的效应：针刺该穴位会导致皮肤温度大幅升高，而针刺皮肤或肌肉（所谓的假针刺或误针刺）或不针刺则会导致皮肤温度下降（图 10.8）。这项研究是由 50 名健康志愿者参与的随机单盲安慰剂对照交叉临床试验[11]。

通过测量皮肤表面温度直观地显示穴位和经络的分布正在引起争议。由于一些研究人员可以发现类似经络的结构，其他人则指责低劣的技术会产生这些现象。利歇尔[12]无法根据中医学中描述的经络可视化这种结构。借助具有不同特性（如分辨率）的红外相机和不同的刺激方法（即艾灸、针灸、激光），他们显然能够客观地量化艾灸在健康者皮肤上的反射伪像，这些伪像乍一看就像经络线。当无热反射现象、无热刺激时，无经络存在。其他作者描述了中医所不知道的通道样式的通路。考虑到目前为止发现的所有事实，很明显，一个潜在的反常色散必须加以注意。

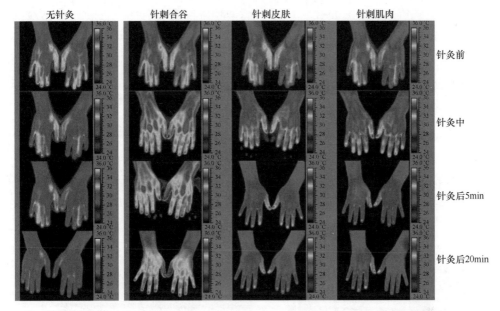

无针灸	针刺合谷	针刺皮肤	针刺肌肉	
				针灸前
				针灸中
				针灸后5min
				针灸后20min

图 10.8　针刺合谷穴前后手部皮肤和肌肉的热图像（图片由 K. Agarwal 提供）

10.1.4　乳腺热成像与乳腺癌检测

由于其无创性、无辐射性和被动性，热成像技术在早期发现乳腺异常方面又一次被广泛接收。通常，临床乳房检查、乳房 X 光片和超声波用于诊断乳腺疾病。虽然传统的乳房成像技术通常包括乳房 X 光片和超声波检查，但人们对其他方法的兴趣越来越大，这使得人们越来越重视利用解剖学和生理学基础来理解乳腺癌。在红外热像仪的帮助下，由于细胞活动增强引起血流量增加进而引起体表温度升高，因此可以用于识别乳腺肿瘤。

具体来说，乳腺热成像的前提是，在异常细胞可能生长之前，必须不断地向生长区域稳定地供应血液。热成像测量乳房表面的温度，因此，在这个过程中，由血液在乳房内微循环产生了热量。

癌前组织和正在发展中的乳腺癌周围区域的化学和血管活性几乎总是高于正常乳腺[13,14]。由于癌块是高度新陈代谢的组织，它们需要充足的营养物质来维持生长，这是通过增加细胞的血液供应来实现的。由此导致的乳房局部表面温度的升高可以通过乳房红外热成像检测出来。

1956 年，热成像技术被引入到乳腺筛查中，但 20 年后被放弃了，尽管没有一种单一的工具能提供良好的敏感性和特异性，但它与前面提到的方法并不相同。1982 年，美国食品和药物管理局（FDA）批准了乳腺热成像技术，作为检测乳腺癌的辅助诊断筛查手段。有关患者检查前准备、图像采集和诊断报告的流程也已标准化[13]。

热成像的应用作为一个被动的过程，尤其适用于年轻的男性和女性，因为有害辐射的影响可能会被最小化。结合热成像技术的组合方法可以有效提高精确度。人们期望通过包括回归分析在内的新方法，利用热成像技术和高分辨率数码相机系统等来实现高精度诊断[15]。在过去的几年里，许多关于乳腺热成像的研究不仅在医学上有报道，而且在红外领域也有报道[13, 14, 16-18]。

图 10.9 为两例高危患者的红外图像。这些图像是按照标准程序进行评估的，包括分析乳房之间热模式的对称性，热模式与正常解剖结构的一致性，以及乳房之间的定量温差[13]。在图 10.9 中，两例患者体温异常的范围均在 2K 或以上。所有的图像都使用专门的软件进行分析，乳房图像被分为从 TH-1 到 TH-5 的 5 个风险类别，其中 TH-1 表示发生乳腺疾病的风险最低，而 TH-5 表示风险最高。任何异常的乳房热成像扫描结果都可以清楚地显示存在异常的热区域。这应该被认为是一个警示，提示人们乳房的生理机能可能出了问题，有可能是炎症、创伤或癌症等。

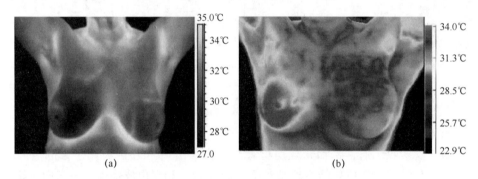

图 10.9 两幅采用标准程序进行乳腺筛查的红外图像（图片由 K. Agarwal 提供）
（a）约 2K 的温差意味着需要更多的诊断工具和更仔细地观察。在这个病例中，乳房 X 光检查呈阴性；（b）每年定期乳房 X 光检查呈阴性的患者热图像示例。高危热成像检查后确诊为乳腺癌并导致左乳切除

因此，热成像绝对不是一种独立的筛查检查手段，它只是一种检测与乳腺癌发生或风险增加相关的生理变化的方法。乳腺热成像的研究已有 50 多年的历史，发表了 800 多篇经同行评审的乳腺热成像研究报告。在医学索引数据库中，超过 25 万名女性被纳入研究。因此，乳腺热成像检查的平均敏感性和特异性为 90%[13]。

10.1.5　其他医学应用

10.1.5.1　雷诺氏现象

在雷诺氏现象中，长期反复发作的血管痉挛主要发生在对寒冷或情绪压力做出反应的四肢，尽管其他肢端部位，如耳朵、下巴、鼻子、乳头和舌头也可能受到影响。患者确实有可逆的不适和颜色变化（苍白、发绀、红斑）。这种疾病在寒冷的气候中很常见，并且年轻女性比其他群体更容易受到影响。从病理生理学上讲，由于过度的 α_2 肾上腺素能够引发血管痉挛。有时也可以发现与风湿病有关。但是，

目前仅限于临床诊断。红外热像图可以显示出在临床上不太明显的雷氏综合征，尽管患者报告有疼痛或感觉异常，但皮肤有时在检查时看起来很正常（图10.10）。

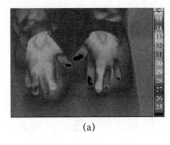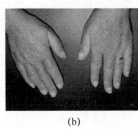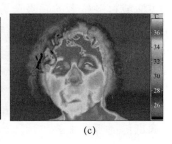

| (a) | (b) | (c) |

图10.10　雷诺氏现象的手部和脸部的热像图。注意，临床检查时，手部图片中未发现任何病理现象。在脸部的热像图中，鼻子的温度明显降低（$\Delta T = 7.6K$）（图片由 K. Agarwal 提供）

10.1.5.2　压疮

压疮又称压力性溃疡、褥疮，是一种皮肤病，主要由于局部组织长期受压，发生持续缺血、缺氧、营养不良而致组织溃烂坏死。老年患者或患有循环功能受损、活动受限、营养不良和尿失禁的人容易出现这种并发症，并且细菌的重复感染是一种严重的风险。病变的临床表现通常足以诊断为溃疡，但其深度和程度可能难以证实。持续和重复的评估是成功管理该疾病的必要条件。一系列的常规可见光照片和红外热像图，有助于记录愈合的过程（图10.11）。

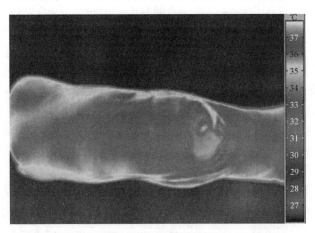

图10.11　右脚跟有压疮（图片由 K. Agarwal 提供）

其他相当多的医学热成像的成功应用案例已被广泛报道。作为选定的例子，首先，在心肌血管重建手术中评估冠状动脉血流量[19]；其次，使用红外成像是作为医疗紧急情况下快速获取分诊信息的一种工具，即帮忙确定哪些受害者首先需要帮助[20]，如车祸的受害者；再次，通过注册和合并二维红外图像与三维磁共振成像技术，开发扩展新的医学成像技术[21]。

最后，红外相机新的医学应用有时也受到一些热点问题的影响。一个例子是几年前爆发的重症急性呼吸综合征（SARS）。2003 年，SARS 的爆发在半年时间里造成了全球 813 人死亡，官方报告有 8437 人受到感染[22]。SARS 是通过呼吸道飞沫或接触患者的呼吸道分泌物而传播的。它可以通过火车和飞机等公共交通工具迅速传播。因此，在疫情爆发后不久，政府就安排对旅客进行大规模筛查，寻找有发烧症状的人[23]。其目标是通过筛查（例如，大量从国外抵达机场的旅客），在数千名没有发烧的感染者中找出少数发烧的人，从而防止疾病的传播。由于数量众多，常规的口腔温度计或点式红外测温仪均无法有效工作。相反，红外成像系统被用来寻找潜在的发热患者[22,23]。由于要阻止一场正在发展的大规模病毒传播所带来的政治压力，需要大量的红外成像系统和红外点温仪，因此短期内推动了该行业的大发展。

10.2　动物与兽医应用

像人类这样的动物会对身体的痛苦变化做出不同的反应，不管是疾病还是受伤。大多数情况下，流向身体各个部位血流量的增加或减少会导致体温从正常水平发生变化。因此，许多疾病或结构变化可以通过动物表面的热异常或不对称间接观察到。重要的问题是，动物的身体即使没有表现出剧烈的疼痛迹象，通常也会出现热信号或不对称，而这种温度变化往往是问题的第一个迹象。热成像是识别热模式变化并在诊断中使用这些信息的一种合适工具[24]。

例如，考虑腿部疼痛的马：有些马明显变得跛足，有些马可能表现轻微的变化，但都需要重要的检查方法来尝试发现变化的原因。相比之下，其他马则会掩盖它们的疼痛，并没有明显的步态变化[25]。在后一种情况下，红外相机是评估和检测此类跛足问题的很有价值的工具，否则可能需要长达两周的时间才会出现明显的症状。如果兽医借助热成像技术就可以立即做出改变，从而可能会防止某些伤害对动物造成灾难性影响。

然而，当热像仪用于兽医目的时，必须记住，如果需要，这种方法通常应该与其他检查方法相结合，如 X 射线扫描。例如，热异常应和所有方法的信息结合起来进行诊断，如 X 射线、CT 扫描和/或 MRI。

例如，考虑 X 射线：它们有助于识别骨骼的变化和软组织的某些变化，但不能跟热成像一样评估软组织的变化程度。热成像可以显示生理变化，如血液循环增加或减少，神经功能缺乏或减弱以及肿胀。因此，它可以为其他检测技术提供额外的、部分补充的信息。由于它是一种非接触技术，它还有一个额外的优势，那就是它可以减轻主人和动物的压力。

目前，动物热像学通常分为马的热像学和其他动物的热像学。这很可能是因为马是非常昂贵的动物，尤其是对于赛马运动而言。

10.2.1　宠物的图像

大多数红外相机的主人可能都拍下了一些动物的照片，大多是健康的宠物

（图 10.12）。因此，这类红外图像与兽医应用无关。它们通常很有趣，但它们也可能显示出不同动物之间的差异，例如，由于皮毛或裸露皮肤而导致体温或隔热性差异等方面。

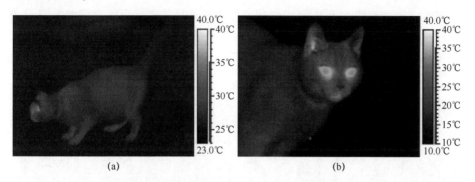

(a)　　　　　　　　　　　　　(b)

图 10.12　（a）猫在室内的红外图像（21℃）；（b）在 10℃ 以下的户外停留一段时间后猫的红外图像

对宠物的定期观察也有助于发现疾病或受伤，因为与"健康"的红外图像相比，可以发现热异常或不对称性。在这方面，一个热像仪分析师的宠物可能会从热成像中获得最大的好处。下面给出的例子讨论了热成像已被证明是一种多功能和成功的诊断工具。

10.2.2　动物园里的动物

世界上许多大城市都有动物园，里面关着各种各样的动物。显然，动物园动物的护理是首要关注的问题，而热成像已被证明是诊断、记录和监测的很有价值的工具，特别是对大象或骆驼等大型动物[26,27]。

图 10.13 所示为两只长颈鹿的红外图像[25]。前面的长颈鹿（图 10.13（a））已知左后腿受伤。红外图像清楚地显示了一个热异常的形态，即伤腿比其他腿的温度较低。这是由于腿部血液循环不畅而造成的。

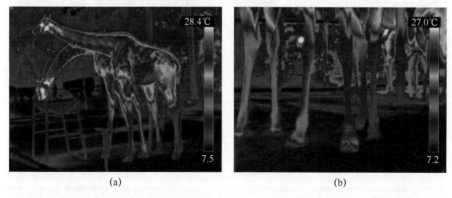

(a)　　　　　　　　　　　　　(b)

图 10.13　（a）长颈鹿的红外图像，其中一只长颈鹿的左后腿受伤；（b）腿部的深蓝—紫色和脚部的紫—淡紫色表明体温较低，这是由于缺乏血液循环或神经传导造成的
（图片来源：Peter Hopkins，联合红外公司[28]）

10.2.3 马的热成像

马的热成像是热成像技术最早应用于动物的领域之一，目前，红外成像在兽医领域的应用正在快速地发展[25]。研究热不对称是非常有用的。例如，图 10.14 所示为对一匹计划在 7 天后离开赛道的赛马进行的例行检查。红外扫描发现了一个异常的热点，后来证实是炮骨骨折。此外，后腿蹄温较低。这是该马由于先前未知的受伤而改变了体重的结果。

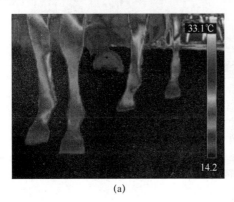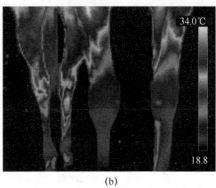

(a)　　　　　　　　　　　　　(b)

图 10.14　赛马常规检查（图片来源：Peter Hopkins，联合红外公司[28]）
(a) 左后腿（图中右起第一条腿）温度较低，表明炮骨骨折导致重心转移；(b) 腿部异常热点
（左起第二条腿），后证实为炮骨骨折。

图 10.15 显示了另一个示例。这匹马的红外图像是在谷仓发生火灾期间紧急疏散后拍摄的。事件发生后，马的行为发生了变化，怀疑可能是在疏散过程中受伤的。热成像扫描显示颈部不对称，可能提示下颈部损伤。后来经过 X 线片证实确实存在 C6/7 部位骨折。

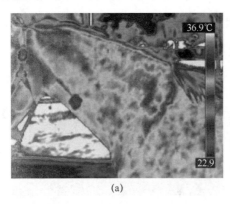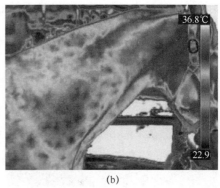

(a)　　　　　　　　　　　　　(b)

图 10.15　（a）和（b）中马的颈部扫描显示热不对称，后来证实为下颈部损伤（C6/7 骨折）
（图片来源：Peter Hopkins，联合红外公司[28]）

热成像技术也用来检测马匹最严重的疾病之一，如腱鞘炎[29]。

10.2.4　其他

利用热像仪还研究了许多其他动物，包括对仍然生活在自然环境中的动物（如鲸鱼、大象、豹子或海豹等）的精彩瞬间进行拍摄[30, 31]，以及有目的性的研究（如石油泄漏后鸟类的营救、恢复和重新安置等）。对飞行中的鸟类或蝙蝠的探测可能会提出一些关于探测器的时间响应的重要问题（第2章）。装有微测辐射热计探测器的慢速照相机通常会显示出飞鸟身后的条纹。当然，这种现象不能被解释为在鸟儿飞过时加热了空气。相反，它们代表了对2.5.5节中讨论过的探测器积分时间的影响。图10.16所示为一只蜂鸟。蜂鸟几乎可以在空中停留，同时迅速地扇动翅膀，以获得花蜜。因此，必须使用高速相机记录图像。

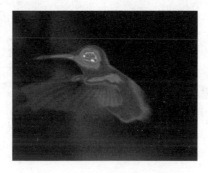

图10.16　飞行中的蜂鸟，用MW相机以430帧/s拍摄（图片来源：A. Richards，FLIR系统公司）

另一个典型的兽医应用是乳制品和家禽行业[27]。例如，红外成像可以作为野牛呼吸系统疾病的早期识别手段，也可以用于奶牛乳腺炎的检测。在家禽养殖业中，热成像技术也用于研究羽毛覆盖物，而羽毛覆盖物本身就是决定动物健康的一个重要因素。

动物热成像技术在世界某些地区的另一个重要应用领域是白蚁和害虫检测[34, 35]。例如，在美国，白蚁每年造成的危害比火灾和飓风的总和还要大[35]。例如，世界上最具破坏性的白蚁是中国台湾的地下白蚁，因为它们能分泌一种酸，可以溶解混凝土、钢铁、铅、铜、玻璃，当然还有木头等。一个蚁群每天可以消耗超过1kg木材，这意味着如果受到感染，木制房屋可以很快被摧毁。如果建筑物内部有湿气来源，则在地面上墙壁的某个地方筑巢。这就是热成像技术的用武之地。白蚁会产生不规则的热模式，原因有两个：一方面，白蚁所建造的泥管中含水量高，可以应用红外成像技术进行含水率检测；另一方面，热量以二氧化碳的形式从白蚁的消化系统中释放出来。这会导致墙壁、天花板和地板表面的热量变化，产生不规则的温度模式，这也可以通过红外成像检测出来。

最后，最近报道了另一个用热像仪研究昆虫温度的有趣案例[36]。日本大黄蜂是一种以蜜蜂和黄蜂为食的食肉动物，通常几个大黄蜂联合起来对一个蜂巢进行大规模攻击。与欧洲蜜蜂不同的是，日本蜜蜂开发了一种巧妙的策略来应对大黄蜂的攻击。由于单个的反击是无用的，它们利用大量蜜蜂产生的热量来杀死试图进入蜂巢的大黄蜂。如果收到攻击警告，通常会有许多工蜂在入口处等待，一旦大黄蜂试图进入，它很快就会被一个约有 500 只工蜂的球所吞没。而一个没有防护的工蜂的体温大约是 35℃，球内的温度则可以迅速上升到 47℃（图 10.17）。这种温度对大黄蜂来说是致命的（日本大黄蜂最高的致死温度是 44 ~ 46℃），但对蜜蜂则并非如此（日本蜜蜂最高致死温度是 48 ~ 50℃）。

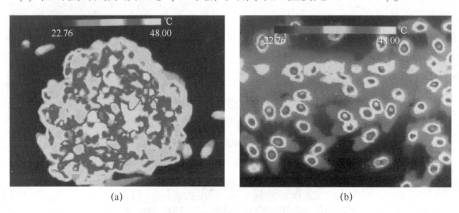

图 10.17　许多蜜蜂组成的热防御球，将内部温度提高到约 47℃（a），个别防御工蜂在巢穴入口处爬行。它们的胸骨温度已经升高了（b）（图片来源：M. Ono，东京）

10.3　体　育

在体育运动中，许多过程涉及传热。通常，这些过程也非常快，需要高速数据采集。例如，在网球、壁球、足球、排球、台球等运动中，球被球拍、手、脚或其他物体击中的各种游戏活动。对于这些活动，红外热成像可以记录非弹性碰撞过程前、后的温度变化。根据运动项目的不同，相应的信息可能有不同的用途。例如，可以直接决定网球发球是在场地内还是在场地外。下面，首先介绍了一些涉及非弹性碰撞和摩擦力的应用。然后，讨论了红外成像在体育运动中的其他潜在好处。

10.3.1　网球发球的高速记录

网球与地面碰撞的介绍已经在 5.2.4 节中进行过简要讨论。在这里，将更详细地讨论这个问题。现代网球是一种包着毛毡的加压橡胶球，质量约为 57 ~ 58g，直径约为 6.7cm。它们很有弹性，如果从 2.5m 的高度落下，新球必须反弹到至少 1.35m 的高度。能量守恒要求球的所有初始势能都转化为其他能量。就在落地之前，球获得了最大的动能，大约和初始势能一样大（在这种小速度下，与空气周围的摩擦力可以忽略不计）。然而，开始回弹时动能很小，这就是为什么后来球停在一个更小高度的原因（至少是原来高度的54%）。碰撞前后能量的差异是由于球撞击地面时的变形造成的。因此，一部分动能转化为变形能。因为变形不是纯弹性的，一部分能量转化为热能，也就是说，球和地板被加热了一点。因此，能量守恒意味着势能转化为动能和热能之和。

当网球从2.5m的高度落下时，由此产生的温升相当小。然而，排名前十的网球运动员的发球能力可使网球的速度达到大约250km/h。如果网球以这种速度撞击到球场表面（不管是草地还是人造场地），非弹性碰撞可使网球产生巨大的变形。图10.18所示为网球在落地前、后的可见光图像，网球的速度只有大约86km/h。在非弹性碰撞过程中，在其与地面接触的时间约为4ms的过程中，球接触到地面时，受到明显的压缩，最大压缩量约为其接触时间内初始体积的1/2。撞击地面后，球反弹的速度降低到原来的1/2。

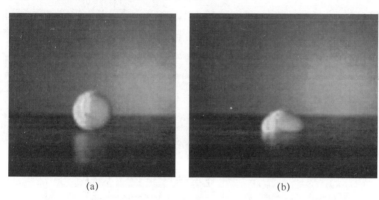

图10.18　网球击打在地板上的高速摄像（球速约为86km/h）

球在碰撞前后动能的差异转化为热能，也就是说，人们可以预期球和地板都会升温。图10.19所示为使用长波红外微测辐射热计相机以50Hz帧速率拍摄的两幅热图像。第一幅图像直接显示了网球落地后的情况。由于球飞得太快，只留下了一个彗星状的条纹，类似于2.5.5节中讨论过的球下落的示例（如果初始速度为86km/h的网球将40%的动能转化为热能，那么在其与地面接触后25ms内就会离开相机视场，这大致相当于25ms对应的帧速）。

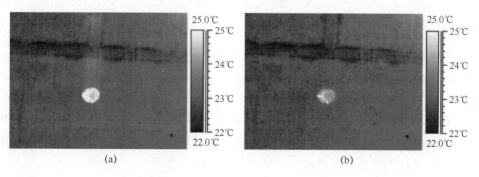

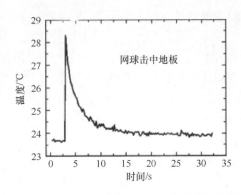

图 10.19　用 SC2000 相机以 50Hz 帧速拍摄的网球

(a) 球落地后的第一幅图像；(b) 球落地后 1.7s；(c) 地板接触点表面温度随时间的变化曲线。

　　使用这些图像，不可能对整个碰撞过程进行定量分析，因为首先只记录了地板的温升情况，而网球本身离开场景时的温度是不确定的；其次，加热是一种瞬态现象，取决于球和地板内部的热传导以及各自的热容。然而，最终可以分析地板加热作为时间的函数。图 10.19（c）为地板上热点的最高温度随时间的变化情况。在这种情况下，初始温升约为 5K，时间常数为数秒。顶级选手可以轻松达到 ΔT 约为 10～15K 的温升值，并且可以使观察信号的时间轻松超过 1min。因此，球与地面碰撞的红外特征是很容易被获取到的，这意味着原则上就可以利用这种现象来确定发球落点在对手场地中的具体位置。这一想法早在 10 多年前的 1996 年，德国汉诺威举办的国际职业网球联合会（Association of Tennis Professional，ATP）总决赛上得到了验证。在我们的实验中，球场的边线只是粗略地用白色粉笔在地毯上做了标记，这只给出了一点点发射率的差异。在一个真正的网球场上，网球场和金属之间较大的发射率对比可以使线条清晰可见。不幸的是，这种方法虽然可以即时回放，但却没有被选为网球裁判的辅助手段，这可能是因为使用多个红外相机的成本太高所致。

　　图 10.20（b）为网球与地面接触后约 1.7s 的红外图像。它很好地展示了毛毡部分和网球表面橡胶线的不同热性能。一方面，橡胶线表面光滑，使其具有更好的传热性能；另一方面，热扩散系数也较大。结果，橡胶线比网球的其他部分获得了更高的温度。

　　为了观察网球本身，我们使用了一台高速红外相机（SC6000）来观察这种碰撞。图 10.20 所示为一个略慢的球的三幅图像，记录的帧频为 400Hz、积分时间为 0.75ms。由于积分时间较短，因此图像或多或少会变得锐化和失焦。第一幅图像表示球的最大变形。在球的上表面，仍然可以看到网球被球拍击打后的网线结构。第二幅和第三幅图片显示了该网球与地面碰撞后的情况。地板也变热了。人们甚至可以在热成像中观察到网球的轻微旋转。一方面，这些实验直接将非弹性碰撞过程的运动学可视化；另一方面，它们也可用于研究能量学。

(a)   (b)   (c)

图 10.20　网球落地（a）和再次弹起（b）、（c）时的红外图像（记录帧频为 400Hz、积分时间为 0.75ms）。图像显示出球拍击球的位置，特别是与尼龙或聚酯合成材料制成的网线接触时产生的加热线，以及地板上接触点的升温

10.3.2　壁球和排球

与网球类似，壁球运动由球在墙壁和球拍之间不断发生的非弹性碰撞构成。壁球是由直径几厘米、充满空气的小橡胶球组成的。当从 1m 的高度落下时，它们反弹得不是很好，也就是说，它们相当缺乏弹性。比赛过程中几乎永久性的碰撞显然会导致球的加热。假设稳态条件下，即每次以给定的频率在相似的强度下击球，将导致由于非弹性碰撞过程而传递到球的热量和由于对流和辐射而从球传递出去的热量之间达到平衡，并且在短时间内还在一定程度上将热量传导到墙体壁面上。图 10.21 所示为一个壁球在开始玩之前和玩了几分钟之后。该球的温度已上升了约 20℃，并且几乎均匀加热了整个球体表面。

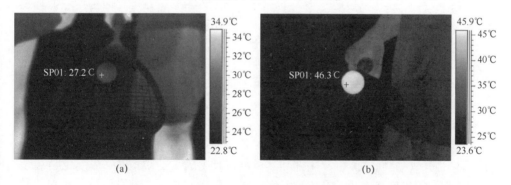

图 10.21　一个壁球在玩了几分钟后，温升约 20℃

排球的直径约为 21cm，质量一般为 270g。排球运动中存在着几种典型的非弹性碰撞，如单手发球或单手进攻，双臂防守或球落地时。在进攻中，手击球并使其变形，这已经导致了球的受热。其次，当这样一个快速的攻击球（速度高达 30m/s）击中地板时，也会导致地板加热，类似于网球运动。

排球的可用动能与网球相似：质量大约为网球的 4 倍，而最大速度大约为网球的 1/2。因此，可以假设具有同样的能量，这些能量可以转化为对球和地板的加热。然而，由于其直径更大，排球与地面的接触面积也更大，因此热量可以转移到更大的面积上。总体而言，预计排球的温升幅度较小。图 10.22 所示为一个排球高速撞击地面的结果，同样用高速红外相机 SC6000 记录下来。与网球相似，地板受热明显，并且由于传热速率的不同，可以很清楚地在地板上显示出排球的表面几何结构。

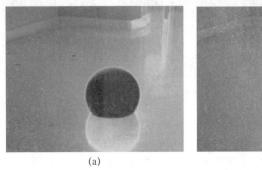 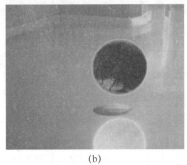

(a)   (b)

图 10.22　排球落地时的两幅快照。在撞击时，它明显变形，导致地板和球体温度升高。此外，可以看到之前温度较低的球体表面的热反射

10.3.3　其他体育应用

与体育相关的红外成像应用越来越多。例如，运动鞋已经使用热成像技术进行了测试，或者可以研究导致热不对称或异常的运动损伤。这里，再简单讨论一个例子，研究运动员的热损失模式[37]。在运动和任何一项体育活动中，肌肉的活动都会产生热量，也就是说，体温会升高。这种升温被各种温度调节机制抵消，所有这些机制都将多余的热量散发到外部环境中。其中有两种机制特别重要：第一种是通过出汗来蒸发热量进行降温；第二种是从体表到环境的直接辐射降温。这些冷却机制对避免运动员中暑至关重要，中暑可能会导致成绩下降，最坏的情况可能会导致重伤甚至死亡。在 1995—2008 年期间，33 名高中、大学和职业足球运动员因中暑而死亡。

就运动员的散热而言，职业美式足球是一项特别值得注意的运动，因为运动员必须在胸部、肩膀、腿部、手部和其他部位戴上大量的防护垫，这势必降低身体许多消除多余热量途径的有效性。因为除了手臂和腿的一部分，脸部本身也可以作为散热面，所以在比赛休息期间会摘下头盔。

最近有关组织发表了一项研究[37]，使用红外成像技术分析了 53 名全国足球联盟（National League Football，NFL）的球员在 12 场常规赛中脸部静脉丛的热模式。证明了脸部是有效的散热区域，因为在运动中，当体温上升时，血液流动会增加。这些热像图是运动员们在运动后的短暂恢复期间在场边休息时被拍摄下来的，共拍摄了 1858 张图像。皮肤温度的红外跟踪被证明是一种有用的技术，用于研究剧烈运动后脸颊区域的生理热交换模式。在运动过后的阶段，可以看出运

动的特征趋势。例如，许多运动员在运动后的前 0~3min 内，脸颊区域的皮肤温度通常会有一段明显的升高。

10.4 艺术：音乐、当代舞蹈、绘画和雕塑

令人惊讶的是，红外热成像在艺术领域中的许多应用已经被报道。下面就乐器和当代舞蹈的例子作详细的讨论，而其他关于绘画和艺术作品则将简要讨论。

10.4.1 乐器

当音乐家呼出的热气吹进乐器时，乐器就会发出声音。因此，通常的情况下，一旦环境温度与体温不同，乐器的温度就会发生变化。下面讨论黄铜乐器。在室内如音乐厅里演奏铜管乐器时，几分钟后，乐器腔内空气的有效温度会决定乐器的音准。音准是衡量音调的基频与参考音阶基频之间偏差的方法。通常，一个音阶指的是均匀音阶，其中一个八度音阶分为 12 个相同音程大小的半音阶（由频率比定义）。定量分析时，将一个八度音阶划分为 1200 个音程，每个音程 1 份，即每个半音阶被划分为 100 份。

室内的平均温度相对稳定，每位音乐家都可以通过吹奏技术在一定程度上改变乐器的音准。因此，在管弦乐队中几乎不会出现与环境温度有关的音准变化问题。然而，这种情况在室外准温度较低时会发生变化，比如低于 10℃。同样，乐器的特点是有效温度决定了音准。然而，音乐会期间（如圣诞节前后）铜管乐器经常出现的音乐停顿会导致内腔空气冷却。因此，在这些停顿期间，音准就会发生变化[38]。如果温差太大，乐手们利用嘴唇的力量所做的必要纠正可能会使音乐变得单调乏味。这些问题对于大型铜管乐器来说更加严重，一方面是因为金属表面有很大的导热系数；另一方面则是因为它们尺寸过大以至于无法通过将其压在身体上或者放在衣服下面来保暖。

同时，通过红外热成像技术测量长号第一个上滑道的温度，并测量音准的变化。结果发现，由于通过口腔吹出的热气流使乐器升温，这将导致音准约有 3 份/K 的变化。所有自然音调都会发生类似的变化，即乐器在温度变化期间并不改变其特性。即使在 5℃ 的低温下，升温的过程也不超过 10min，也就是说，经过这段时间后，乐器的音准就可以稳定。为了校正音调，长号演奏者要么通过调音滑块来校正乐器的长度，要么在最坏的情况下使用不同的嘴唇吹气的强度来校正乐器的长度。

图 10.23 所示为吹奏长号时获得的两幅红外图像。很明显，温度梯度在演变，在主滑道的弯处会产生明显的影响。经过几分钟的连续演奏，达到了稳定状态，其特点是在吹口处几乎与体温一致，而在较高的温度水平下梯度要小得多。

图 10.23 吹奏长号时的两幅红外图像。开始时，可以观察到相当大的温度梯度，但几分钟后，达到了稳态条件

10.4.2 当代舞蹈

指向聚光灯经常会遇到这样的问题，即尽管将可以根据需要将人或物体照得很亮，但通常也会产生令人不安的阴影。此外，舞台技术人员还必须经常实时手动地在选定的点上引导光斑。为了克服这两个缺点，Milos Vujkovi′c[39, 40] 基于红外热成像发明了一种新的照明技术。使用红外 – 可见光的反馈回路耦合到聚光灯实现基于目标的照明，可以证明：这种技术能够有效避免照射时的任何阴影。此外，这种创新的技术，使得个性化的聚光灯不再需要任何手动调整光斑。这项技术在当代舞蹈中得到了展示，使灯光能够实时跟随舞者在舞台上的动作，并且只有他们的身体一直保持充分的照明[40]。

一般来说，反馈描述的是这样一种情况：是指当某个现象的输出信号被用来在将来以某种方式对同一现象产生影响。如果相应的信号以一种因果关系的方式使用，也就是说，如果将现象的输出信号（或部分输出信号）用作输入信号的一种控制变量，以创建一个新的变化的输出信号，这就是所谓的反馈回路。这种反馈回路在科学、工业和技术的许多不同领域都是广泛使用的。典型的例子包括电子电路，其中反馈回路用于放大器、振荡器和逻辑电路元件的设计，以及机械、音频和视频的反馈现象。

在艺术中，光学反馈有时用于实现特殊效果。当光学信号（如电视屏幕、计算机监视器或视频波束器上的图像）被相机观测到时，相机的输出被送入监视器或波束器，就会产生反馈（图 10.24）。反馈回路创建同一对象的无限序列图像，所有这些图像都位于在同一图像内。生成图像的实际外观取决于相机和监视器的设置参数，如光亮度、对比度、距离、角度等。

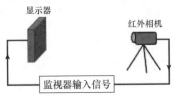

图 10.24 光学反馈回路示意图

在可见光谱范围内使用红外相机而不是可见光相机，可以生成非常相似的红外－可见光反馈回路。这个想法是用红外相机记录一个场景，例如，一个正在表演的舞者（图 10.25）。相机的实时信号可以输入到一个视频投影仪里面，投影仪将红外图像投射到舞者身后的屏幕上。如果屏幕在空间上与舞者分开，则只需将典型的红外图像（图 10.26）投射到屏幕上。

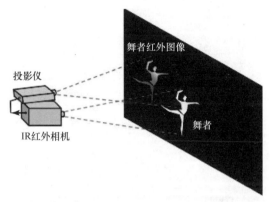

图 10.25　一种红外光学反馈回路的设计方案。将红外相机记录舞者的图像作为
投影仪的输入信号

图 10.26　两个当代舞蹈的红外图像示例

　　如果将投影仪尽量与红外相机对齐放置（投影仪最好使用长焦镜头，使得相机加上投影仪的距离比舞者的尺寸大），也就是说，如果两者几乎共线对准，则视频投影仪的输出信号可以叠加到舞者身上。通过调整视频投影仪的长焦镜头，就可以将投影图像的大小调整为舞者的大小（图 10.27）。出于演示的目的，可以选择比舞者略大的投影图像尺寸（图 10.27（a））。然而，原则上，尺寸可以减小到只有舞者被照亮（图 10.27（b））。

　　这种红外－可见光反馈回路背后的想法似乎很简单，有人曾经尝试通过可见光相机来实现这种照明。然而，这将引发以下问题：可见光相机确实需要一定的光照水平才能工作，这就自动意味着背景也会被看到并通过反馈回路放大。这会导致舞者和背景之间形成不良的对比。然而，使用红外相机很容易克服这个问题，因为它能检测到舞者的表面温度，这比背景温度要高得多。通过简单地改变红外图像的温度范围，对比度可以变得非常大（图 10.28）。如果使用此反馈信号，背景仍然很暗，只有舞者温暖的皮肤和衣服仍然可见。结果是一个白色的投影，它几乎完美地符合舞者身体的几何形状。

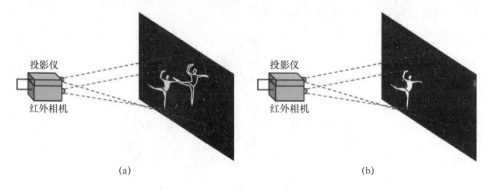

图 10.27　（a）、（b）分别为两种常用的红外 – 可见光反馈回路排列方案

图 10.28　图 10.26 中以不同测温范围达到饱和的舞者的红外图像，
该图像用作投影仪的反馈信号

图 10.29 所示为一个视频序列中的几幅静止图像，参照图 10.29（a）中的情况。选择略大于舞者的投影图像，这样可以同时观察投影图像的边缘以及舞者的移动阴影。以慢动作分析的电影序列表明，投影可以做得非常快，以至于投影可以实时跟随舞者非常快的动作。

在实验中[40]，采用像素为 640 × 512 的 SC6000 红外相机（波长范围 1.5 ～ 5μm）作为研究工具。它提供了一个 30Hz 的模拟输出信号，可以直接作为视频投影仪的输入。即使是在现代舞中快速的身体运动也可以很容易地使用红外 – 可见光反馈回路，并且任何一种输出帧速率为 30Hz 的红外相机都可以用于这些实验，尽管希望至少具有 640 × 512 的像素。根据上述应用需求，提出了未来的一些改进建议，例如，从正面和侧面同时使用多个相机，使用频率较高的具有模拟输出的相机，或在红外相机和投影仪之间安装一台计算机来控制相机信号。

(a)   (b)

图 10.29　舞者在舞台上被稍微大一点的投影红外图像照亮的照片。

有关艺术方面的更多细节参见文献 [39]

10.4.3　艺术中的其他应用

近年来，相当多的先进设备被用于博物馆的绘画修复。其中一些技术还可以让人观察不同油漆层的下面。一项特别有趣的技术是红外反射成像技术，它使用的是短波（SW）红外相机，就像工作波长范围为 1 ~ 2.5μm 的近红外相机一样[41]。红外反射成像技术基于这样一个事实：在特定的照明条件下，油画颜料对红外相机来说是透明的，因为允许特定的红外波长透射，并从画布上反射出去。画布上的石墨素描不反射红外线，因此可以看到画布上的黑色区域。油漆层的不透明度随着漆层厚度的增加而增加。如果油漆不是太厚，透过油漆的同时又能保持在白色背景下检测石墨线能力的最优波长为 2μm。这些图像被称为红外反射图，因为该图像是利用反射光制作的，而不是热辐射（热图）。通过这种方式，艺术史学家研究艺术家的思维过程，也就是判断艺术家在勾画一个场景和描绘过程中具体在哪个阶段改变了他们的想法。在 20 世纪 60 年代，使用带有 PbS 探测器（峰值响应率为 2μm）的相机，通过使用钨灯照亮绘画的主动模式来研究 16 世纪绘画的底图。

在最近的一项研究中，使用了探测器为 InGaAs、像素为 320 × 256、工作波长为 0.9 ~ 1.7μm 的焦平面阵列近红外相机。博物馆里这幅画是用白炽钨丝灯泡照亮的。为了优化相机的配置和滤光片的选择，制作了一个底图测试板，该测试板由一幅普通的涂过底漆的艺术家画布组成，画布上用炭笔画有垂直的黑色条纹，然后这些条纹被涂上不同颜色的油漆。InGaAs 红外相机成功地拍摄到了洛伊德·布兰森（Loyd Branson）原画下方的一幅素描。底图是朝向风景的方向，而顶画则是朝向肖像方向。除了绘画，红外热成像技术还是一种用于研究历史壁画、壁画或其他构成文化遗产的室内外石材的无损检测方法[42-46]。

法医学[47]中也使用了非常相似的技术。犯罪学家经常使用近红外成像技术来检查文件是否可能发生篡改。图 10.30 所示为几个文档的示例，这些文档被修改过，比如用圆珠笔在一些字母上涂上校正液或墨水。油墨和校正液既不吸收也不反射短波红外辐射。因此，它们对 1.6μm 波长的辐射是或多或少透明的。然而，底层纸张不仅反射红外辐射，也反射可见光辐射。打印机炭粉最终吸收了短波红外光，从而导致出现了图像对比度。

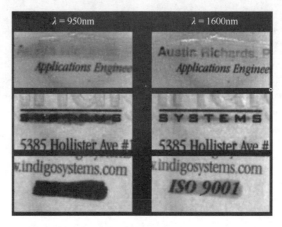

图 10.30　有疑问文件的近红外成像（图片来源：A. Richards，FLIR 系统公司）

　　类似地，可以用短波红外辐射穿透薄薄的涂层进行观测。如图 10.31 所示，金属容器的序列号被涂料覆盖。在可见光范围内，是不可能探测到这些数字的，而在 1.3 ~ 2.5μm 之间的短波红外辐射却很容易检测油漆下面隐藏的数字。

图 10.31　近红外成像透过油漆（图片来源：A. Richards，FLIR 系统公司）

10.5　安防监控

10.5.1　监控应用

　　毫无疑问，红外热成像在安全和监视领域有着广泛的应用。与经典的近红外图像增强系统相比，现代相机系统具有许多优点[48]。红外成像广泛用于保护关键基础设施，如机场、发电厂、石化装置或仓库等工业资产。特别是用于周界监控。如今，通过使用一系列具有视场重叠的红外相机和适当的软件工具，甚至可以在任何设施周围建造复杂的"热栅栏"。每当某个高温物体越线时，就会触发自动报警。所有类型的红外相机都可以用作常规监视工具，与其他成像应用的唯一区别在于，这些相机必须在任何天气条件下都可以工作，无论是极端温暖还是寒冷，无论是阳光、雨水还是大雾。因此，监控相机大多采用特殊设计。

图 10.32 和图 10.33 所示为两个典型的示例。监控相机可用于在夜间监控大型黑暗的停车场（图 10.32）或工业设施的围栏周界（图 10.33）。

图 10.32 使用监控相机监控安全停车场。可以发现企图盗窃汽车的行为

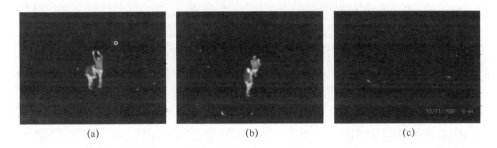

| (a) | (b) | (c) |

图 10.33 使用监控相机监控围栏内的财产。与红外图像（a）、（b）相比，可见光图像（c）没有显示任何特征，因为栅栏没有照明

除了安全应用，红外成像还可用于搜索失踪人员，例如走失人员、逃犯，甚至海上失事人员[49]。

监控相机可灵活配备制冷型中波探测器或非制冷型微测辐射热计长波探测器、320×240 像素或 640×480 像素，以及各种镜头和视场。为避免冬季镜头结冰，相机通常配备镜头加热器（这也是车内 PathFindIR 相机的标准配置（9.4.2 节）），这样同样有助于避免在高湿度的情况下镜头上出现水膜。

10.5.2 红外相机的应用范围

在常规热成像应用中并不重要（汽车被动红外应用除外，9.4.2 节），但是在监控主题中被反复提及的一个重要问题是：是否能够透过雾霾、灰尘和雨看到东西？红外相机的拍摄范围是多少？这个问题与相当多的航空航天应用有关。例如，在大雾等恶劣天气条件下，机场着陆时的安全问题引发了这样一个疑问：红外相机能否提高能见度，从而帮助飞机着陆[50]。

从不同的角度解决了一个类似的问题：对于中波红外相机的辐射定标来说，

雾气沉沉的数十至数百米长的大气路径会产生什么影响？通过将实验数据与大气传输计算模型 MODTRAN 的计算结果进行对比，对上述问题进行了研究[51]。在中波范围内，两种主要的衰减物质是 CO_2 和 H_2O。气溶胶的贡献通常由气溶胶的类型（见下文）和能见度确定。结果发现，实验和理论之间存在偏差，这意味着定量辐射测量通常不能在几百米到 1km 的距离内进行。

然而，确定红外相机的实际作用距离到底是多少这一问题并不需要任何定量的辐射测量数据。因此，可以预期会有更大的作用距离。然而，许多因素会对红外相机的实际作用距离产生影响。

(1) 光谱范围、探测器类型（制冷或非制冷）和灵敏度；

(2) 镜头和目标尺寸；

(3) 目标和背景的温度；

(4) 理想晴空条件下的大气传输；

(5) 大气湿度；

(6) 大气气溶胶的贡献：霾；

(7) 其他大气特性：雾、雨。

前三个因素对所有应用都是通用的。该距离与表观对比度的降低有关[52, 53]。在可见光谱范围，能见度是由目标和背景之间辐亮度的表观对比度降低到 2% 来定义的。红外相机的作用距离与 MRTD 和 NETD 有关（2.5 节）。在模型中[50]，通过分析条形图与背景的温差来确定红外作用距离。然后，该距离被定义为当该辐射温差等于 NETD 时的距离。

衰减本身是由大气中气体组分引起的衰减决定的（第 7 章），特别是湿度变化较大的情况。此外，各种气溶胶可以散射或吸收红外辐射。为了便于建模，只定义了 6 种大气模式：热带气候、中纬度夏季、中纬度冬季、低纬度夏季、低纬度冬季和美国 1976 年标准大气。此外，每种大气模式都可以与不同类型的气溶胶结合，并且能够分析多种气溶胶类型：乡村、城市、海洋和沙漠。

每一种气溶胶类型的特征是由其具有明确的辐射吸收和散射特性的尺寸和物质的贡献进行表征的。这些气溶胶的浓度通常由各自的可视距离或气象光学距离进行表征[54]。

与其说是空气中的气溶胶，不如说是一种含有雾霾的大气。雾霾指的是灰尘、烟雾和其他干燥颗粒（来自交通、工业、森林大火等）会模糊天空的清晰度，从而降低能见度。除了雾霾，世界气象组织还将大气中的水平遮蔽按照雾、雨、霾、烟、火山灰、灰尘、沙子和雪来进行分类。

通常，干霾指的是典型尺寸为 $0.1\mu m$ 的灰尘或盐粒子形成的小颗粒。这些颗粒物主要是根据瑞利散射与辐射的相互作用，瑞利散射有利于短波散射。如果空气的相对湿度增加到 75% ~80% 以上，这些干燥雾霾中的微小气溶胶颗粒就充当凝结核，从而产生湿雾霾。它由尺寸在微米范围内的小液滴组成。它们能够比干雾霾更有效地散射光线，从而缩短红外作用距离。如果凝结核变得更大，则雾滴的大小可能在 10μm 左右，类似于云中雾滴的大小。同样，这些液滴的散射效率随着尺寸的增加而增加，从而进一步降低了红外作用距离。

在某些情况下，红外辐射的作用距离比可见光大得多。这种情况最容易发生在散射颗粒直径小于 500nm 的干雾霾中。在这个尺寸范围内，可见光明显被散射。主要的瑞利散射机制随波长的增加而明显减弱（散射与 $1/\lambda^4$ 成正比）。因此，在 0.9~1.7μm 范围内的短波红外辐射受到的影响要小得多。这意味着，近红外可以通过这种雾霾提供比可见光更清晰的图像。图 10.34 所示为近红外辐射用于探测海平面水平距离为 50km 左右的目标的例子。显然，如果它们能被观测到的话，对应的可见光只能产生非常模糊的图像。

(a)

(b)

图 10.34　距离为 47km 的石油平台的短波红外图像（a）（InGaAs 相机和长焦镜头）与可见光图像对比（b）（普通彩色胶片）（图片来源：A. Richards，FLIR 系统公司）

原则上，对于波长更长的中波和长波相机而言，由于瑞利散射导致的红外辐射在大气中的衰减减少，这就是人们之所以会怀疑这些系统作用范围更大的原因。然而，实际情况并非如此。主要原因是近红外波段的远距离通常是在白天进行的，而白天，在太阳照射下的目标可以在很远的距离被观测到。因此，所探测到的辐射包括这个波长范围内的太阳散射辐射，与在中波或长波红外光谱区域的太阳散射辐射贡献相比仍然非常大（对比图 6.44）。例如，长波相机只能探测到不多的散射太阳光。为了看到远距离的目标，需要一个热信号。例如，目标比周围环境要热得多。对于图 10.34 中观察到的目标，情况并非如此。它们与周围环境的微小温差只会产生微小的目标信号，而这些信号由于水蒸气和二氧化碳的吸收和气溶胶的散射而减弱。

因此，近红外相机是白天在干燥的雾霾环境中进行远距离拍摄的最佳选择。然而，在夜间，它们也依赖于目标的热辐射。由于它们的光谱范围，只有非常热的目标才能在远距离被探测到。

对于干雾霾和湿雾霾，即雾天情况，利用大气辐射传输代码 MODTRAN 进行建模计算，以表征红外相机的作用距离[50]。该模型的参数包括气候和气溶胶类型、湿度、能见度、大气路径的几何形状和长度，以及目标和背景的温度和发射率。对于上述气候模型和不同的局部气溶胶，计算了从紫外线到中波区域内光谱分辨率为1cm^{-1}的透射光谱。通常包括25种大气组分，以及50个大气分层（从海平面到120km高度）的压力、温度和混合比。

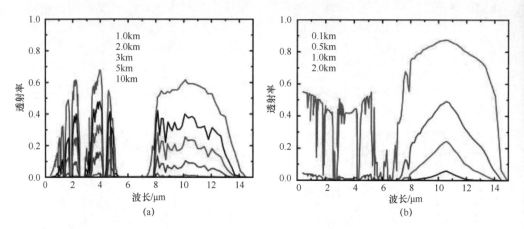

图 10.35 预定义的气候和气溶胶光谱传输模型，（a）中纬度夏季气候和农村气溶胶，能见度为 1220m；（b）中纬度冬季，辐射雾，能见度为 610m

一般来说，海洋气溶胶的能见度最低，因为通常海洋气溶胶的颗粒较大，与农村或城市气溶胶类似。对于有雾的情况，能见度也非常敏感地取决于雾的类型，即其大小分布和液滴浓度。图 10.35（a）所示为一个在可见光波段的具有合理能见度的示例，即通常小于 1μm 的纯净干燥的农村气溶胶颗粒。由于瑞利散射的显著影响，可见光波段的透射率明显低于两种红外波段。超过 5km 的路径范围仍然显示出合理的传输，也就是说，它们仍然可以在两个红外波段内被检测到。因此，与可见光目视距离相比，红外传输距离预计至少要大 4 倍。

图 10.35（b）为中纬度冬季辐射雾条件下的计算结果[50]。视距估计约为 0.61km。红外透射光谱的计算结果表明，中波红外光谱透射率也很低，但长波红外辐射的透射率要大得多。在这种情况下，长波红外相机的作用距离预计比可见光或中波红外相机的作用距离大 4 倍左右。最后，对于能见度在 300m 或 90m 以下的浓雾，其可见光、中波或近红外的透射光谱相似。辐射并不是在所有光谱波段（可见光、近红外、中波和长波）都能穿透这种浓雾，也就是说，大气层本身是观察距离的限制因素，在可见光和红外波段都是一样的。

例如，图 10.36 所示为通过含有薄雾的大气观察远处目标时的可见光图像和红外图像。红外图像非常清晰，甚至可以识别行人，但这对于可见光范围内的静止图像来说是不容易做到的。

根据上述 NETD 准则，这些透射光谱已用于确定作用实际距离。目标与背景之间的温差在 1 ~ 100K 之间变化。图 10.37 所示为假设所用相机的 NETD 为 0.15K 时的结果（较低的 NETD 值只会导致其在图 10.37（a）中所对应的响应水平线的下降）。

| (a) | (b) |

图 10.36　（a）可见光相机和（b）红外相机透过薄雾观测的示例（图片来源：FLIR 系统公司）

　　红外探测距离随物体与背景温差的增加而增大，在 $\Delta T = 10K$ 时探测距离为 2.4km 左右，比目视距离大 4 倍。降低 NETD 也会带来更大的探测距离。

　　这些理想的、与传感器无关的结果仍然必须对传感器的特性进行校正，特别是由于光学系统、探测器和系统噪声造成的相机有限的空间和辐射分辨率。

　　最后，主要是目标的视角尺寸（对 MTF 有影响，见第 2 章）决定了可达到的探测距离。图 10.37（b）显示了目标与背景之间温差为 $\Delta T = 10K$ 作为作用距离函数。通过比较不同目标尺寸的结果可以看出，有限的空间分辨率占主导地位，较小的目标将在更短的距离内就会变得不可见。

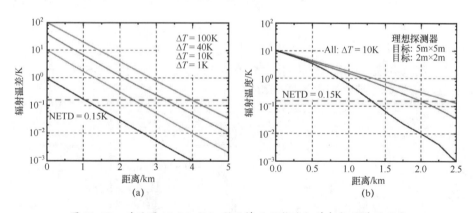

图 10.37　对于图 10.36（b）所示情况下长波红外相机的作用距离
（中纬度冬季，有辐射雾，能见度 610m）（图片来源：德国航空太空中心）
（a）理想情况，仅考虑 $\Delta T = 1K$、10K、40K、100K 时的大气条件；
（b）$\Delta T = 10K$ 时，理想条件（MTF = 1）与实际条件（MTF < 1）的比较。

　　总的来说，这些模型结果表明，与中波红外波段相比，长波红外波段对雾的穿透率更高。长波红外系统的另一个优点是受二氧化碳吸收的影响较小，而且它们比中波红外相机更便宜。

　　最后，降雨由更大的水滴组成，其大小在毫米范围内。它们增加的散射贡献和吸收特性显著降低了长波红外和中波红外的作用距离。根据雨滴密度的不同，辐射信号的衰减幅度很大，这种条件下红外作用距离很少在 500m 以上。另一个与雨水有关的问题是，镜头上的雨滴（或污垢）是否重要。首先，如果镜头上有小颗粒，它们就会失焦，因此不会影响图像质量（类似于在可见光范围内的正常摄影）；其次，在大多数相机中，镜头也有加热器以防止冷凝。

10.6　自　　然

10.6.1　天空与云

几乎每个拥有红外相机的人可能都曾把它对准过天空。根据云的光学厚度可以测量云的温度。然而，晴朗的天空带来了一个问题。由于大气在红外光谱范围内不具有光学厚度，所测得的表观温度是无用的。图 10.38 所示为近红外波段垂直大气的光谱。显然，在长波红外和中波红外光谱范围内，由于散射和吸收衰减，传输距离都是有限的。因此，垂直大气的光学厚度并不大，也就是说，红外相机可以探测到来自大气的辐射，但也可以探测到更冷的背景，即空间辐射。较小且有限的吸收贡献，与小且有限的发射率值有关。因此，晴空某一方向的实测辐射贡献为外层空间背景辐射（3K）（图 1.22）与大气气体和气溶胶辐射之和。后者取决于气体/气溶胶的温度，而温度本身又取决于其在大气层的高度。结果，这些辐射贡献共同导致测量到的"温度"，远高于预期的宇宙 3K 背景辐射。此外，典型的测量范围远高于天空的最低温度，这可以用红外相机测量。显然，大气层外的敏感探测器确实可以摆脱大气辐射的影响，从而直接观测到空间的红外辐射。这是天文红外光谱最令人着迷的地方。

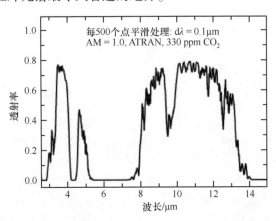

图 10.38　垂直大气在热红外光谱范围内的透射光谱（光谱由德国斯图加特大学的 A. Krabbe 和 D. Angerhausen 用 ATRAN 软件计算生成）

令情况更加复杂的是，表观天空温度也是天顶角的函数。这是由于所谓的气团造成的：穿透大气层的辐射不是来自天顶，而是在明确界定的天顶角下，将在大气层中经过较长的一段距离，从而与更多的物质相互作用。物质总量包含在空气质量的无量纲参数中，该无量纲参数在地平线附近可以达到约38的值（图10.39）[55]。

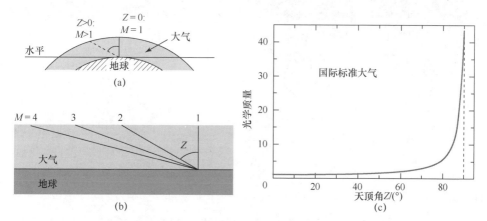

图10.39　（a）、（b）用于解释空气质量的平面和球面几何结构示意图；
（c）空气质量是天顶角的函数

这意味着，沿着从地平线到观测者的切线方向穿透大气层的辐射必须经过38倍于垂直方向（即天顶方向）的物质量。因此，它被散射、吸收或发射的概率要高得多。因此，由于较高的大气贡献，来自更接近地平线方向的红外辐射将增加。总的来说，从地平线到天顶的天空表观温度将会降低（图10.40）。由于水平路径将包含更多来自低层大气的贡献，因此测量的温度与空气质量的相关性并不大。对于用户来说，一个实际问题是如何选择合适的测量距离和发射率。相机软件中使用的距离通常是指以不透明物体为终点时的水平路径。然而，大气层首先不是不透明的，其次路径不是水平的，最后最大距离通常是被限制的，如10km。此外，什么样的发射率应该适用于大气？另一个问题是湿度和温度随高度的变化相当明显，例如，在0km的高度时，温度大约为 $T = -60℃$。与其详细讨论这些问题，不如定性地解释结果。检测到的最低表观温度很容易低于常规红外相机的最低温度范围，例如，在图10.40中直线顶端处的温度达到约 $-60℃$ 的测量下限。

图10.40还显示出月球的图像。透过大气观测到的月球或任何其他热物体也会产生表观温度，这是由于不同的辐射贡献造成的。首先，红外相机探测来自大气发射的辐射；其次是来自月球辐射的贡献，这些辐射在穿过大气时会衰减。后者也同样取决于空气质量，即天顶角[56]。

夜间晴朗天空的低温也适用于红外成像。一方面，它们也可以用于冷却的目的[57]；另一方面，晴朗的夜空辐射冷却会对室外建筑的热成像产生影响（第6章）。对于各自的辐射传输率，定义有效天空温度通常很有用，它类似于由总能量传输定义的平均值[58]。有效天空温度主要取决于露点温度和云量。

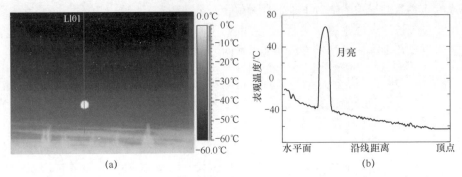

(a) (b)

图 10.40 寒冷冬日早晨，月亮落山时的地平线和天空视图（$T_{air} = -10℃$）。天空的
表观温度随着地平线上方角度的增加而下降。精确的数值取决于选择的距离和发射率
（此处随意设置的发射率 $\varepsilon = 0.95$，距离为 2000m）

10.6.2 森林火灾

世界各地都有不可预测的森林火灾发生，大多发生在炎热和干燥的季节。它们会消耗数千公顷的生产性木材，破坏野生动物的栖息地，并使空气中充满烟雾和二氧化碳，从而对环境造成毁灭性的影响。

森林火灾要么是自然原因（闪电活动的结果），要么是人为原因，这需要立即采取有效的抑制措施。在南欧（如意大利、西班牙和希腊）、美国（如加利福尼亚）、加拿大（如阿尔伯塔省）或澳大利亚等地区，森林火灾是众所周知的常见事件。例如，仅阿尔伯塔省每年平均就发生约 1380 起这样的灾难性事件[59]。仅在 1998—2007 年间，就有超过 10.7 万公顷土地被烧毁。闪电占起火原因的 49%；剩下的 51% 是可预防的人为火灾。

因此，发现和快速报告火情以及对土地、人民和野生动物实施保护非常重要。以下是来自阿尔伯塔省可持续资源开发林业部门的一个示范项目，该项目使用多种红外方法来支持森林灭火活动。该项目是基于在该领域 32 年的热红外外场业务。第一次使用的是手持红外相机（主要使用红外扫描，例如，从直升机上），第二次是低空和高空测量红外相机（安装在用于高空飞行的直升机或固定翼飞机的陀螺稳定框架之上），第三个基于卫星的系统（使用中分辨率成像光谱仪，如 MODIS）。

整体的红外热成像首先有助于检测冬季燃烧造成的残留火种，如场地清理、电力和管道建设、刷桩等；其次，确定在浓烟条件下空中灭火剂喷洒的最有效位置；最后，获得森林大火的热点位置和边界。总的来说，有限的消防资源的分配基于以下优先原则：人类生命、社区、敏感的水域和土壤、自然资源和重要的基础设施。

手持式红外成像的一个典型应用场景是拆掉直升机舱门并在直升机内部使用相机拍摄。工作人员必须戴上安全带。工作人员扫描了一场大火，并用标记材料和 GPS 坐标标记了已识别的地点。这种手持式扫描技术最适用于面积小于 1000 公顷的大火，或者需要沿着火线部分区域定位热点时。

低空红外扫描包括使用轻型直升机（Bell 206），在飞机陀螺稳定框架下安装一个红外相机。这些更昂贵的系统能够对更大的范围（通常为 1000 ~ 10000hm^2）进行更灵活的扫描。热点的空间分辨率范围从 1 英寸到 1 英尺，最高飞行高度为1000 英尺。根据热点的数量和飞机的速度，每天可以扫描约 100km 的长度。

一般来说，由于以下几个原因，红外成像并不总是以相同的方式工作。

（1）降雨使地面通过蒸发降温。这种冷却降低了热特征，并能将热点带到地下，使其在有机材料中阻燃。具有足够能量的热点区域可能会重新出现，带来潜在的风险。如果在降雨后立即进行扫描，就可能会错过这类热点。因此，根据湿度的大小，降雨后的红外测量应该等待干燥几天后进行，然后再尝试寻找重新出现的热点。

（2）由于第一太阳增益和第二太阳反射率，扫描时间可能对结果产生影响。这两种效应都可能导致对热点的假阳性识别。因此，应在改变目标观测角度的同时观测同一地方。

（3）红外成像无法穿透固体目标（如树干、直升机窗户等），这些固体对红外是不透明的。

（4）红外辐射能穿透烟雾的程度比可见光大得多。因此，红外相机能够在一个安全的距离内透过烟雾识别火灾的边界或源头。然而，烟雾可能会改变被探测到的红外信号，首先是烟雾吸收了其后的热点信号，其次是烟雾根据自身的温度和发射率（这取决于其光学厚度）发射红外辐射，最后是烟雾对红外辐射的散射。这些影响的重要性取决于烟雾粒径大小（通常比可见光波长大，比红外波长小）和相关波长辐射的比值。对于森林大火产生的烟雾，长波红外相机信号不易被吸收和散射。

在山火上发现的热点温度范围从 800℃ 左右以上的烈焰燃烧到 100℃ 以下的埋在高温区域的大量白灰，这可能是透过烟雾观察到的。而后一种热点很难用其他方法探测到。

图 10.41 所示为一个低空探测森林大火热点的案例（Vis 图像和 IR 图像）。

高空红外扫描是通过在飞机机头或机翼上安装陀螺稳定框架和红外相机来完成的。该方法的空间分辨率在地面为 0.5 ~ 30m，适用于监测面积超过 1 万 hm^2 的森林火灾。这些图像可以精确地定位大火的头部和边界，从而有效地支持空中运输机洒下的阻燃剂和水，而空中运输机往往由于浓烟造成能见度较低而使其使用受阻（图 10.42）。由于飞机运动的速度，图像有时似乎有点模糊，但这并不影响热点或火头等信息。

利用地球轨道卫星上搭载的中分辨率成像光谱辐射仪 MODIS 和 Aqua-MODIS等仪器对热点进行了最大规模的扫描。它们每隔一两天重访一次整个地球表面，每天两次覆盖阿尔伯塔省。火灾探测数据来源于这些数据，每天都有各种与热点探测相关的产品可用[60]。数据的空间分辨率约为 1km。因此，卫星数据可以提供正在大范围内发生的事情的概览。

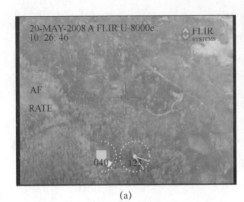
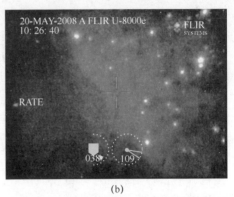

(a)   (b)

图 10.41 低空红外成像观测到的森林大火热点火头（b）和对应的可见光图像（a）。可见光图像上的彩色线条类似于阻燃剂，用于减缓火灾的进展（图像来源：阿尔伯塔省可持续资源开发部门）

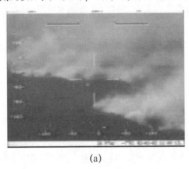
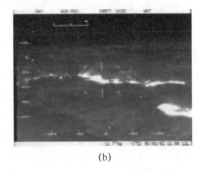

(a)   (b)

图 10.42 在热红外图像下的森林火灾火头（b）和对应的可见光图像（a）。红外辐射能够穿透烟雾，可以识别火灾前方的火头（图像来源：阿尔伯塔省可持续资源开发部门）

  当然，红外成像技术是昂贵的，特别是在直升机和飞机上使用。例如，阿尔伯塔省政府在每个火灾季节担负的热红外检测成本约为 160 万美元[59]。然而，必须从更为长远的角度来看待这样做的极大好处。

10.6.3 地热现象

10.6.3.1 间歇喷泉

  地热现象不仅是自然界最壮观的现象，而且也是最危险的现象。在美国黄石国家公园或冰岛等的国家公园里，可以安全地观测这种地热物理现象，因为那里有壮观的间歇泉喷发，时间间隔明确。间歇泉喷发是可以观察到的，一个洞穴里的热水在高压作用下，水柱从洞穴向上延伸到地面（例如，在一个小池塘中结束），则可以观察到泉水喷发。由于地热能的作用，洞穴内的水温升高到沸点以上，并且由于高压导致温度升高到 100℃ 以上。当温度超过临界极限时，就会开始沸腾，并在洞穴中形成气泡。在沿着水道到达水面的过程中，它们的体积随着压力的减小而迅速膨胀，从而将其上方的水柱高速喷射出来。图 10.43 所示为在冰岛观测到的带有热水喷射的间歇泉喷发。从前景的观众可以看出，喷泉相当高，这当然是在距离热水足够安全的地方。

图 10.43　冰岛间歇泉的喷发（图像来源：红外培训中心）

10.6.3.2　火山学中的红外热成像

近几十年来，地面热辐射测量在火山学中的价值已得到公认[61]。然而，由于以手持式红外相机等功能强大的辐射成像仪器的发展，这种方法直到最近才成为常规手段，包括从直升机和海上采集数据[62-67]。

近年来，对活火山特征的热红外测量已被用于：

（1）识别最上层火山喷发通道内的岩浆运动；

（2）检测浅层支线岩脉的向上运动；

（3）追踪火山喷发活动，例如，即使穿过厚厚的气体幕，也要追踪火山口内部的喷发活动；

（4）识别和测量活跃的玄武岩熔岩流、熔岩管、硅质熔岩流以及入海口热异常的热流变特性；

（5）跟踪熔岩流场结构的发展，如通道、管道、洞穴、熔岩滴丘等；

（6）分析喷气孔流场的演化；

（7）研究活火山喷发柱，斯特隆波利活动和持续脱气；

（8）获得活动熔岩流的喷出速率；

（9）在最近形成的火山灰锥和活火山侧面崩塌前形成的裂缝上探测潜在的破裂面；

（10）分析活动的熔岩湖。

因此，红外热成像有助于制作详细的火山喷发年表和在喷发时了解熔岩流和喷发过程。在喷发过程中，热像图已经被证明是必不可少的，因为它可以区分不同年代的熔岩流和隐藏的熔岩管路径，从而提高对危险性的评估能力。特别是对2002 年/2003 年的埃特纳火山和斯特隆波利火山爆发进行了详细的热成像分析，记录了火山爆发前、期间和之后的 10 多万幅热图像。通过对这些图像进行分析，并结合可见光图像，以及在喷发期间常规收集的地震活动、地面变形和气体地球化学数据，可以改进对喷发参数的量化，如喷发速率和山顶火山口底部的最高温度，对熔岩流特征、裂缝和喷口进行定性跟踪，借助传统的地面测量是极其困难和危险的，通常有助于更好地理解喷发现象。

在埃特纳，每月对火山顶部采集的热图像显示，裂缝系统早在几个月前就已经开始出现。2002 年侧翼火山爆发开始后，每日的热图可以监测到在浓密的火山灰和气体羽流的下面有一个复杂的熔岩流场在森林中蔓延。在斯特隆波利（Stromboli），直升机上的热测量图像显示，在 2002 年 12 月 30 日造成该岛严重破坏的那次大喷发前的一个小时，就发现了沿西阿拉德尔福奥科海岸（Sciara del Fuoco）的裂缝。这是有史以来第一次用热像仪监测火山侧翼塌陷。此外，2003 年 4 月 5 日在斯特隆博利发生的异常爆炸事件，也是由直升机上的热红外相机观测到的，获取了大爆炸前、后的画面。根据些调查结果，有人提出应在地面、固定位置和直升机上更多地使用热红外相机监测火山，将会大幅提高对火山现象的理解和火山危机期间的风险评估。如果将热成像技术应用于对火山特征的日常跟踪，将对火山监测和灾害评估具有重要意义。

图 10.44 和图 10.45 所示为一些典型的熔岩流热图像示例。埃特纳火山新喷出的熔岩流中心温度最高可达 1085℃、外表面温度最高可达 900℃（其他火山的最高温度可能更高，如夏威夷火山）。图 10.46 和图 10.47 所示为带有火山灰羽流的斯特隆博利火山爆发活动。火山灰羽状物在光学上很厚，但有时可以用来估计最高温度。例如，温度约 900℃是典型的在 250m 距离测量的结果。然而，对于火山特征的任何定量分析，都需要考虑到周围环境的特殊性，如 SO_2 的强吸收和视线范围内气溶胶的吸收[65]，具体参见附录 7.A 中 SO_2 的光谱。

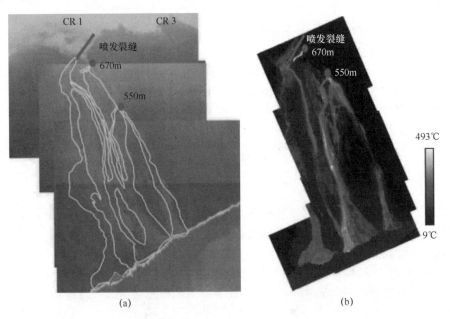

(a)   (b)

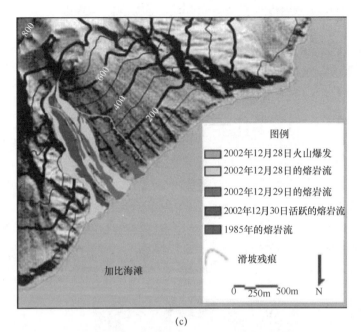

(c)

图 10.44 意大利南部斯特隆博利火山西亚拉德尔富奥科东半部的合成照片（a）、热图像（b）、
地图（c）。所示为 2002 年 12 月 28 日、29 日和 30 日的熔岩流，1985 年的熔岩流，斯皮加尼
亚德加比亚尼海滩上的热雪崩，以及 2002 年 12 月 30 日的部分滑坡疤痕
（图片来源：索尼娅·卡尔瓦里，卡塔尼亚国家火山地理和研究所）

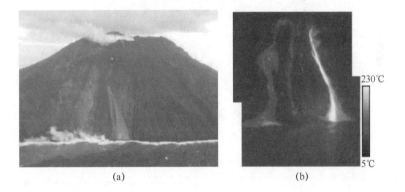

(a)   (b)

图 10.45 （a）从西亚拉德尔富奥科（斯特隆博利火山）的北部拍摄，显示熔岩流场从海拔
500m 的火山口喷发。（b）热像图显示的是 2003 年 1 月 3 日，活跃（黄色）和不活跃
（红紫色）的两支热流分别流入海洋，可以很容易地探测到海水表面的热反射
（图片来源：索尼娅·卡尔瓦里，卡塔尼亚国家地理和火山研究所）（见彩插）

图10.46 通过热图像和可见光图像探测到斯特隆博利火山爆发性活动和灰柱。图中显示的是一个2750m的火山口,上面有2002年11月19日靠近喷口处火山灰柱被风吹弯的过渡性活动的数码照片和相应的热图像重叠部分(图片来源:莱蒂齐亚·斯潘皮纳托,卡塔尼亚国家地理和火山研究所)

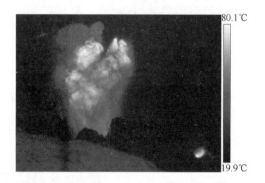

图10.47 斯特隆博利火山西南火山口的斯特隆博利爆发活动
(图片来源:索尼娅·卡尔瓦里,卡塔尼亚国家地理和火山研究所)

参 考 文 献

[1] Jessen, C. (2003) in Lehrbuch der Physiologie, 4th edn (ed. S. Klinke), Thieme, Stuttgart.

[2] Bennaroch, E. (2007) Thermoregula-tion: recent concepts and remaining questions. Neurology, 69, 1293-1297.

[3] Uematsu, S. (1988) Quantification of thermal asymmetry. Part 1: normal values and reproducibility. J. Neurosurg. ,break 69 (4), 553-555.

[4] Leroy, P. and Filasky, R. (1992) in Eval-uation and Treatment of Chronic Pain, 2nd edn (ed. G. Aronoff), Williams and Wilkins, Baltimore, London, Hong Kong, and Munich, pp. 202-212.

[5] Cockburn, W. (2006) Common errors in medical thermal imaging. Inframation 2006, Proceedings Vol. 7, pp. 165-177.

[6] Agarwal, K., Lange, A. -Ch., and Beck, H. (2007) Thermal imaging in healthy humans, what

is normal skin temperature? Inframation 2007, Proceedings Vol. 8, pp. 399-403.

[7] Agarwal, K. , Spyra, P. -S. , and Beck, H. (2008) Monitoring treatment effects in Osteomyelitis with the aid of infrared thermography. Inframation 2008, Proceedings Vol. 9, pp. 1-6.

[8] Agarwal, K. , Spyra, P. -S. , and Beck, H. (2007) Thermographic imaging for interventional pain management. Inframation 2007, Proceedings Vol. 8, pp. 391-394.

[9] Agarwal, K. , Spyra, P. -S. , and Beck, H. (2007) Thermal imaging provides a closer look at stellate blocks in pain management. Inframation 2007, Proceedings Vol. 8, pp. 391-394.

[10] Agarwal, K. , Spyra, P. -S. , and Beck, H. (2008) Monitoring effects of sympathicolysis with infrared-thermography in patients with complex regional pain syndromes (CRPS). Inframation 2008, Proceedings Vol. 9, pp. 7-10.

[11] Agarwal-Kozlowski, K. , Lange, A. C. , and Beck, H. (2009) Contact free infrared thermography for assessing effects of acupuncture: a randomized single-blinded placebo-controlled cross-over clinical trial. Anesthesiology, 111 (3), 632-639.

[12] Litscher, G. (2005) Infrared Thermography Fails to Visualize Stimulation-induced Meridian-like Structures, BioMedical Engineering, online http://www. biomedical-engineeringonline. com/content/4/1/38, accessed 2010.

[13] Mostovoy, A. (2008) Breast thermography and clinical applications. Inframation 2008, Proceedings Vol. 9, pp. 303-307.

[14] Mostovoy, A. (2009) Clinical applications of medical thermography. Inframation 2009, Proceedings Vol. 10, pp. 23-27.

[15] Kennedy, D. A. , Lee, T. , and Seely, D. (2009) A comparative review of thermography as a breast cancer screening technique. Integr. Cancer Ther. , 8 (1), 9-16.

[16] Cockburn, W. (2007) Functional thermography in diverse medical practice. Inframation 2007, Proceedings Vol. 8, pp. 215-224.

[17] Bretz, P. and Lynch, R. (2007) Me lding Three emerging technologies: pharmacogenomics, digital infrared and argon gas, to eliminate surgery, chemotherapy and radiation in diagnosing and treating breast cancer. Inframation 2007, Proceedings Vol. 8, pp. 225-234.

[18] Bretz, P. , Lynch, R. , and Dreisbach, Ph. (2009) Breast cancer in tough economic times - is there a new diagnostic and treatment paradigm? Inframation 2009, Proceedings Vol. 10, pp. 435-448.

[19] Brioschi, M. L. , Vargas, J. V. , and Malafaia, O. (2004) Review of recent developments in thermographic applications in health care. Inframation 2004, Proceedings Vol. 5, pp. 9-17.

[20] Brioschi, M. L. , Silva, F. M. R. M. , Matias, J. E. F. , Dias, F. G. , and Vargas, J. V. C. (2008) Infrared imaging foremergency medical services (EMS): using an IR camera to identify life-threatening emergencies. Inframation 2008, Proceedings Vol. 9, pp. 549-560.

[21] Brioschi, M. L. , Sanches, I. , and Traple, F. (2007) 3D MRI/IR imaging fusion: a new medically useful computer tool. Inframation 2007, Proceedings Vol. 8, pp. 235-243.

[22] Wu, M. (2004) Proceedings of the Thermosense XXVI (2004), Proceedings of the SPIE Vol. 5405, SPIE Press, Bellingham, pp. 98-105.

[23] Tana, Y. H. , Teoa, C. W. , Onga, E. , Tanb, L. B. , and Sooa, M. J. (2004) Proceedings of

the Thermosense XXVI (2004), Proceedings of SPIE Vol. 5405, SPIE Press, Bellingham, pp. 68-78.

[24] Harper, D. L. (2000) The value of infrared thermography in the diagnosis and prognosis of injuries in animals. Inframation 2000, Proceedings Vol. 1, pp. 115-122.

[25] Hopkins, P. and Bader, D. R. (2009) Mammals communicate, infrared listens utilizing infrared imaging for injury identification. Inframation 2009, Proceedings Vol. 10, pp. 179-188.

[26] Reese, J. (2006) Applications of infrared imagery in the monitoring and diagnosis of zoo animals in anchorage, Alaska. Inframation 2006, Proceedings Vol. 7, pp. 145-150.

[27] Church, J. S. , Cook, N. J. , and Schaefer, A. L. (2009) Recent applications of infrared thermography for animal welfare and veterinary research: everything from chicks to elephants. Inframation 2009, Proceedings Vol. 10, pp. 215-224.

[28] www. unitedinfrared. com, www. equineir. com. (2010).

[29] West, M. (2007) The odd couple the professor and the thermographer. Inframation 2007, Proceedings Vol. 8, pp. 281-289.

[30] Allison, J. N. (2007) Infrared goes on safari. Inframation 2007, Proceedings Vol. 8, pp. 353-359.

[31] Whitcher, A. (2006) Hunting seals with infrared. Inframation 2006, Proceedings Vol. 7, pp. 155-164.

[32] Reese-Deyoe, J. (2008) Practical applications of infrared thermography in the rescue, recovery, rehabilitation and release of wildlife following external exposure to oil. Inframation 2008, Proceedings Vol. 9. pp. 389-402.

[33] Schwahn, B. (2009) Infrared thermal imaging to prevent bat mortality at wind farms. Inframation 2009, Proceedings Vol. 10, pp. 385-392.

[34] Rentoul, M. (2007) The practice of detecting termites with infrared thermal imaging compared to conventional techniques. Inframation 2007, Proceedings Vol. 8. pp. 15-19.

[35] Bruni, B. (2004) Three ways the pest professional can use infrared thermography. Inframation 2004, Proceedings Vol. 5, pp. 109-119.

[36] Ono, M. , Igarashi, T. , and Ohno, E. (1995) Unusual thermal defense by a honeybee against mass attack by hornets. Nature, 377, 334-336.

[37] Garza, D. , Rolston, B. , Johnston, T. , Sungar, G. , Ferguson, J. , and Matheson, G. (2009) Heat-loss patterns in national football league players as measured by infrared thermography. Inframation 2009, Proceedings Vol. 9, pp. 541-547.

[38] Vollmer, M. and Wogram, K. (2005) Zur Intonation von Blechblasinstrumenten bei sehr niedrigen Umgebungstemperaturen. Instrumentenbau-Zeitschrift - Musik International, 59 (3-4), 69-74.

[39] Coram Populo! - A Mystery, International Dance Theatre Production, (2008), project proposal by Miloš Vujković, Arthouse Tacheles Berlin; contact: milosh@ tacheles. de.

[40] Vollmer, M. , Vujković, M. , Trellu, Y. , and M.. ollmann, K. -P. (2009) IR feedback loops to spotlights: thermography and contemporary dancing. Inframation 2009, Proceedings Vol. 10, pp. 89-97.

[41] Dinwiddie, R. W. and Dean, S. W. (2006) Case study of IR reflectivity to detect and document the underdrawing of a 19th century oil painting. Proceedings of the Thermosense XXVIII, Proceedings of SPIE Vol. 6205, p. 620510 /1 - 12.

[42] Grinzato, E. and Rosina, E. (2001) Infrared and thermal testing for conservation of historic buildings, in Nondestructive Testing Handbook, Infrared and Thermal Testing, Vol. 3, 3rd edn, Chapter 18. 5 (ed. P. O. Moore), American Society for Nondestructive Testing, Inc. , Columbus, p. 624-646.

[43] Humphries, H. E. (2001) Infrared and thermal testing for conservation of fine art, in Nondestructive Testing Handbook, Infrared and Thermal Testing, Vol. 3, 3rd edn, Chapter 18. 6 (ed. P. O. Moore), American Society for Nondestructive Testing, Inc. , Columbus, pp. 647-658.

[44] Poksinska, M. , Wiecek, B. , and Wyrwa, A. (2008) Thermovision investigation of frescos in Cistercian monastery in Lad (Poland). Proceedings of the 9th International Conference on Quantitative InfraRed Thermography in Krakow, QIRT 2008, pp. 653-658.

[45] Poksinska, M. , Cupa, A. , and Socha-Bystron, S. (2008) Thermography in the investigation of gilding on historical wall paintings. Proceedings of the 9th International Conference on Quantitative InfraRed Thermography in Krakow, Poland, QIRT 2008, pp. 647-652.

[46] Magyar, M. (2006) Thermography applied to cultural heritage. Inframation 2006, Proceedings Vol. 7. pp. 325-332.

[47] Richards, A. (2001) Alien Vision, SPIE Press, Bellingham.

[48] Rogalski, A. and Chrzanowski, K. (2006) Infrared devices and techniques, in Handbook of Optoelectronics, vol. 1 (eds J. R. Dakin and R. G. W. Brown), Taylor and Francis, New York, p. 653-691.

[49] Zieli, M. and Milewski, S. (2006) Thermal images and spectral characteristics of objects that can be used to aid in rescue of shipwrecked people at sea. Inframation 2006, Proceedings Vol. 7, pp. 279-286.

[50] Beier, K. and Gemperlein, H. (2004) Simulation of infrared detection range at fog conditions for enhanced vision systems. Civ. Aviat. Aerosp. Sci. Technol. , 8, 63-71.

[51] Richards, A. and Johnson, G. (2005) Proceedings of the Thermosense XXVII (2005), Proceedings of SPIE Vol. 5782, SPIE Press, Bellingham, pp. 19-28.

[52] Duntley, S. Q. (1948) The reduction of apparent contrast by the atmosphere. J. Opt. Soc. Am. , 38, 179-191.

[53] Jha, A. R. (2000) Infrared Technology, John Wiley & Sons, Inc.

[54] Mason, N. and Hughes, P. (2001) Introduction to Environmental Physics, Taylor and Francis.

[55] Vollmer, M. and Gedzelman, S. (2006) Colors of the sun and moon: the role of the optical air mass. Eur. J. Phys. , 27, 299-309.

[56] Vollmer, M. , M. . ollmann, K. -P. , and Pinno, F. (2010) Measurements of sun and moon with IR cameras: effect of air mass. Inframation 2010, Proceedings Vol. 11, to be published.

[57] M öllmann, K. -P. , Pinno, F. , and Vollmer, M. (2008) Night sky radiant cooling - influence on outdoor thermal imaging analysis. Inframation 2008, Proceedings Vol. 9, pp. 279-295.

[58] Martin, M. and Berdahl, P. (1984) Characteristics of infrared sky radiation in the United

States. Solar Energy, 33, 321-336.

[59] Simser, S. (2008) Utilization of thermal infrared technology on wildfires in Alberta. Inframation 2008, Proceedings Vol. 9, pp. 417-428.

[60] http://activefiremaps. fs. fed. us (2010).

[61] Birnie, R. W. (1973) Infrared radiation thermometry of Guatemalan volcanoes. Bull. Volcanol. , 37, 1-36.

[62] Calvari, S. , Lodato, L. , and Spampinato, L. (2004) Proceedings of the Thermosense XXVI (2004), Proceedings of SPIE Vol. 5405, SPIE Press, Bellingham, pp. 199-203.

[63] Calvari, S. , Spampinato, L. , Lodato, L. , Harris, A. J. L. , Patrick, M. R. , Dehn, J. , Burton, M. R. , and Andronico, D. (2005) Chronology and complex volcanic processes during the 2002-2003 flank eruption at Stromboli volcano (Italy) reconstructed from direct observations and surveys with a handheld thermal camera. J. Geophys. Res. , 110, B02201, doi: 10. 1029/2004JB003129.

[64] Calvari, S. , Spampinato, L. , and Lodato, L. (2006) The 5 April 2003 vulcanian paroxysmal explosion at Stromboli volcano (Italy) from field observations and thermal data. J. Volcanol. Geotherm. Res. , 149, 160-175.

[65] Sawyer, G. M. and Burton, M. R. (2006) Effects of a volcanic plume on thermal imaging data. Geophys. Res. Lett. , 33, L14311.

[66] Spampinato, L. , Calvari, S. , Oppenheimer, C. , and Lodato, L. (2008) Shallow magma transport for the 2002-2003 Mt. Etna eruption inferred from thermal infrared surveys. J. Volcanol. Geotherm. Res. , 177, 301-312.

[67] Calvari, S. , Coltelli, M. , Neri, M. , Pompilio, M. , and Scribano, V. (1994) The 1991-1993 Etna eruption: chronology and lava flow-field evolution. Acta Vulcanolo. , 4, 1-14.

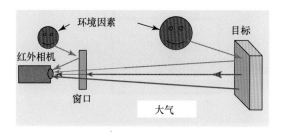

图 1.2　各种外部因素对红外摄像机输出信号的贡献

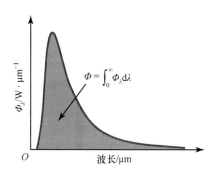

图 1.14　辐射功率与其光谱密度之间的关系：红色部分表示总的辐射功率是整个波长
范围内的光谱辐射功率之和（蓝线范围内）

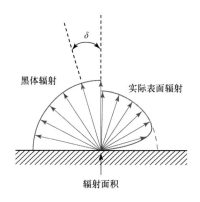

图 1.31　黑体辐射（左/红）与角度无关和实际表面辐射（右/蓝）与方向相关的示意图

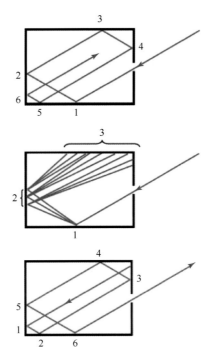

图 1.40 带孔的空腔可以捕获入射辐射（蓝色），即使与表面的每次相互作用的吸收很小，因为辐射在再次发射之前经历了多次反射。如果内表面是漫射反射，效果会更强烈。同样，从壁面某点（红色）发出的任何热辐射在离开开口之前都会处于热平衡状态

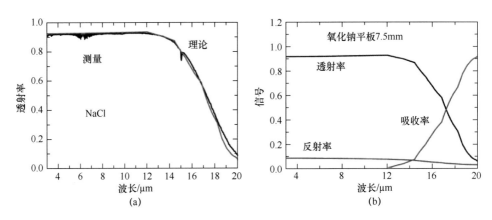

图 1.48　7.5mm 厚 NaCl 平板的实验（黑色）和理论（红色）透射光谱（a）以及反射和吸收贡献（b）

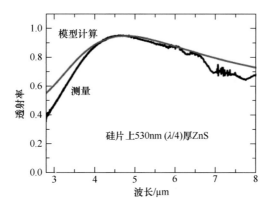

图 1.62 硅片表面 ZnS 单层抗反射涂层模型（蓝色曲线）的实例

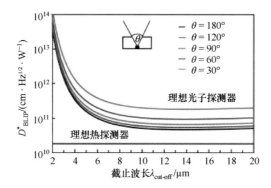

图 2.8 理想光子探测器的 D^*_{BLIP}，取决于截止波长和背景辐射的视场 θ，背景
辐射 $T_{\mathrm{background}} = 300\ \mathrm{K}$（与理想热探测器比较）

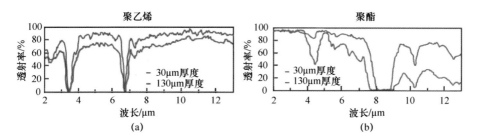

图 3.4 不同厚度的聚乙烯（a）和聚酯（b）薄膜的光谱透射率，分别在约 $6.7\,\mu\mathrm{m}$（a）
和 $8.3\,\mu\mathrm{m}$（b）处显示出强吸收带（图片来源：Raytek GmbH Berlin）

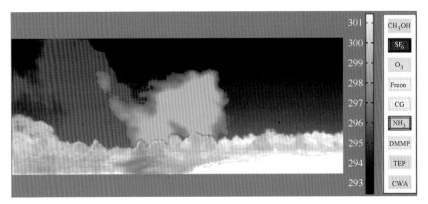

图 3.22 利用高光谱成像技术对混合气体成分进行检测和识别。不同的光谱通道对应于 NH_3（黄色）和 SF_6（紫色）的吸收特性从而可以很容易地同时区分几种气体。此外，不透明目标的温度由灰度表示

（图片来源：加拿大魁北克 Telops 公司；www. telops. com）

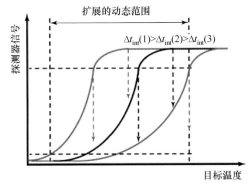

图 3.24 同一探测器对不同积分时间的响应曲线

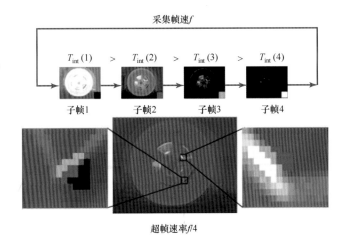

图 3.25 由 4 个子帧生成超帧图像的方案。该方法也称为动态范围扩展

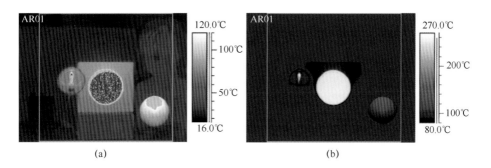

(a)   (b)

图 3.28　高动态场景的热图像

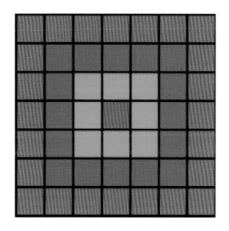

图 3.45　红外图像的像素阵列示意图。中心像素（红色）信号的新值可以通过以下两种方法计算：用 8 个最近邻（绿色，算子：3×3 矩阵）、24 个邻（蓝色，算子：5×5 矩阵）或 48 个邻（粉色，算子：7×7 矩阵）求其信号的平均值

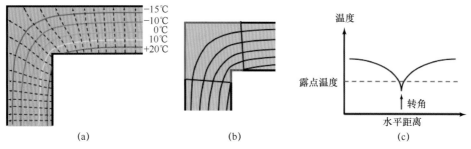

(a)   (b)   (c)

图 4.12　（a）冬季屋角几何热桥示意图，热流垂直于弯曲的等温线（虚线箭头）；（b）外墙的蓝色区域，比内墙相应的红色区域大得多，热量通过它传递到外面的空气中；转角区域温度下降；（c）如果转角温度降至露点温度以下，霉菌就可能生长。

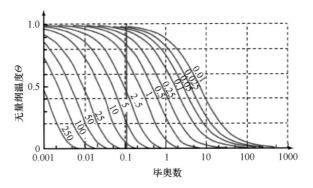

图 4.15　以傅里叶数为参数的无量纲球体表面温度与毕奥数的函数关系示意图（有关示例（红线）的详细信息，请参见文献［7］）

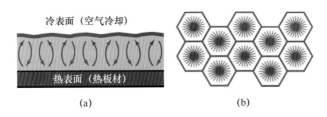

(a)   (b)

图 5.16　液体从下面加热、在上面冷却，形成贝纳德 - 马兰戈尼对流
（a）热油（红色）上升，而冷油（蓝色）下沉；（b）这可以在表面上形成六边形二维结构（理想的），其中上升的油位于晶胞中间，而下沉的油形成了晶胞的边界。

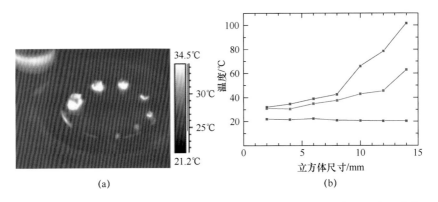

(a)   (b)

图 5.23　（a）在微波炉内加热（800W）奶酪块，（b）分别测量其加热前（蓝线）、加热 10s 后（绿线）和加热 30s 后（红线）的最高温度

图 6.1　这张房子的红外热像图刊登在报纸上（2009 年 5 月 23 日的柏林早报，www. morgenpost. de/berlin/article1097945）。许多不同的报纸都刊登了这张图片，有的甚至没有温标，标题通常会提到图中红色部分表示墙壁的散热位置。事实上，如果有人相信这种说法，那么整栋房子都需要整修。但事实果真如此吗？

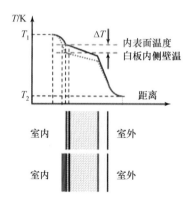

图 6.11　外墙内侧安装保温层（蓝色区域）的方案。保温层的内表面温度与无保温层的相邻墙体的内表面温度相同，但保温层后面的墙体表面温度较低

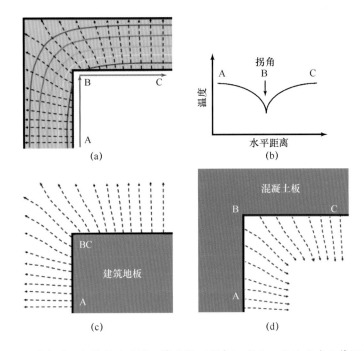

图6.14 (a) 屋角的几何热桥示意图。等温线（彩色）弯曲，热流垂直于等温线（带箭头的虚线）。(b) 沿 ABC 线绘制墙体内部温度分布曲线。在角点 B 处，温度出现了明显的极小值。(c) 用室外热像仪观察到的几何热桥。在90°的建筑混凝土地板的角点 B 处，室外热流较大，导致混凝土地板（90°）在角落处温度较低。(d) 说明了在270°的建筑混凝土地板的角点 B 处，室外热流较小，导致混凝土地板（90°）在角落处温度较高

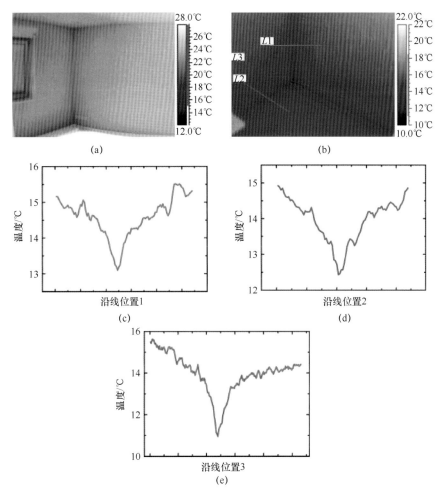

(a)

(b)

(c)

(d)

(e)

图 6.17　由地下室（无地窖）的两个外墙组成的内角的几何热桥。深蓝色区域（a）表示最低
温度。如 3 条线（b）所示，更详细地分析了下角截面的温度分布。这 3 条线对应的温度
曲线如图（c）～（e）所示。室外气温为 1℃

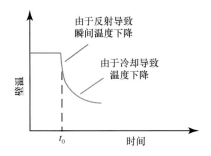

图 6.40　墙面反射检测。长期暴露在太阳照射下的墙体，其稳态温度（蓝色）几乎不受影响。
在冷却过程（绿色曲线）开始之前，由于太阳的反射突然消失，墙壁上的阴影导致表观温度
瞬间下降（红色曲线）

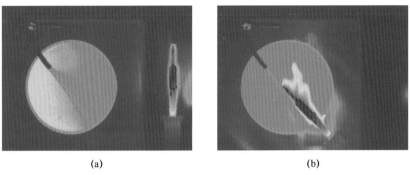

(a)　　　　　　　　　(b)

图 7.31　在 80℃ 黑体源前方，喷射流量为 700 mL·min^{-1} 的室温 CO_2 气体

（a）低温气体导致红外辐射衰减；（b）由于对 400℃ 烙铁红外辐射的散射作用，可同时
观察到气体吸收和散射效果。烙铁放在气流前方几厘米处。

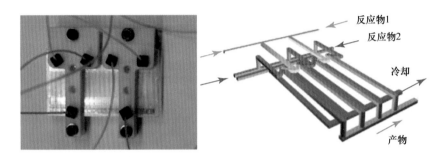

图 8.9　用于强放热的液 – 液反应的微玻璃反应器（描述区域总尺寸 6cm×8cm，排液输出为
蓝色，反应物 1 输入为灰色，反应物 2 输入为黄色，冷却系统未连接）

（图片由 visimage 提供：Fraunhofer ICT, Pfinztal, Germany[11]）

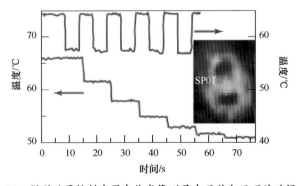

图 8.34　微型珀耳帖制冷器在热成像测量中两种电压下的时间响应

（方形脉冲电压—蓝色曲线、阶跃脉冲电压—红色曲线）

（插图中所示为典型的红外图像）

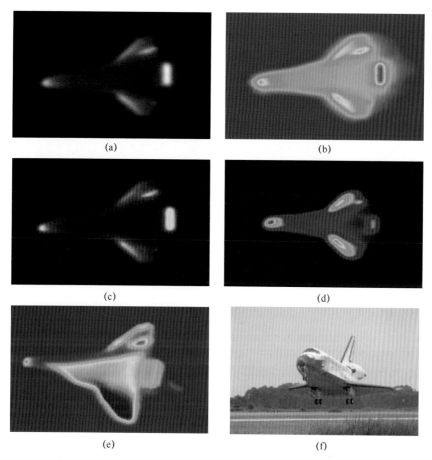

(a) (b)

(c) (d)

(e) (f)

图 9.36 "亚特兰蒂斯"号和"发现"号航天飞机的热图像和可见光图像（图片均由 NASA 提供）。（a）、（b）"发现"号的飞行任务 STS128。原始数据是黑白图像（a）。在伪彩色图像（b）中，蓝色表示最低温度，红色表示最高温度。（c）、（d）"发现"号在飞行任务 STS128 中的边界层实验（c）和"亚特兰蒂斯"号在任务 STS125 中以 8km/s 飞行时（d），机头和机翼处有热点。（e）、（f）"发现"号在 STS119 飞行任务中以约 4.8km/s 速度飞行（e）与其在飞行着陆任务 STS121 时的可见光图像（f）

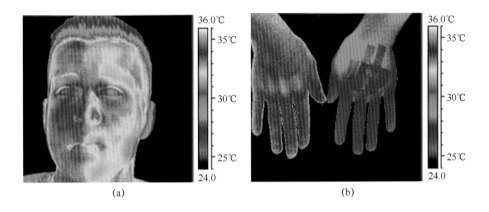

图 10.6　患者治疗期间的红外图像（图片由 K. Agarwal 提供）
（a）面部的红外图像，显示右侧面部血流增加；（b）手掌的红外图像，手背的粉红色圆点和
深蓝色阴影源于用胶带粘在皮肤上的静脉注射孔。

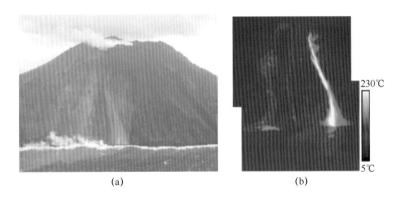

图 10.45　（a）从西亚拉德尔富奥科（斯特隆博利火山）的北部拍摄，显示熔岩流场从海拔
500m 的火山口喷发。（b）热像图显示的是 2003 年 1 月 3 日，活跃（黄色）和不活跃
（红紫色）的两支热流分别流入海洋，可以很容易地探测到海水表面的热反射
（图片来源：索尼娅·卡尔瓦里，卡塔尼亚国家地理和火山研究所）